中国农业标准经典收藏系列

中国农业行业标准汇编

（2023）

水产分册

标准质量出版分社　编

中国农业出版社
农村读物出版社
北　京

主　　编： 刘　伟
副 主 编： 冀　刚
编写人员（按姓氏笔画排序）：
冯英华　刘　伟　李　辉
杨桂华　胡烨芳　廖　宁
冀　刚

出 版 说 明

近年来，我们陆续出版了多版《中国农业标准经典收藏系列》标准汇编，已将2004—2020年由我社出版的5 000多项标准单行本汇编成册，得到了广大读者的一致好评。无论从阅读方式还是从参考使用上，都给读者带来了很大方便。

为了加大农业标准的宣贯力度，扩大标准汇编本的影响，满足和方便读者的需要，我们在总结以往出版经验的基础上策划了《中国农业行业标准汇编（2023）》。本次汇编对2021年出版的415项农业标准进行了专业细分与组合，根据专业不同分为种植业、畜牧兽医、植保、农机、综合和水产6个分册。

本书收录了水产品中渔药残留量测定、稻渔综合种养技术规范、人工繁育技术规范、渔具通用技术要求、品种命名规则、鱼病监测技术规范、鱼病诊断规程等方面的农业标准45项，并在书后附有2021年发布的6个标准公告供参考。

特别声明：

1. 汇编本着尊重原著的原则，除明显差错外，对标准中所涉及的有关量、符号、单位和编写体例均未做统一改动。

2. 从印制工艺的角度考虑，原标准中的彩色部分在此只给出黑白图片。

3. 本辑所收录的个别标准，由于专业交叉特性，故同时归于不同分册当中。

本书可供农业生产人员、标准管理干部和科研人员使用，也可供有关农业院校师生参考。

标准质量出版分社

2022年9月

目　录

附录

ICS 67.120.30
CCS X 20

中华人民共和国国家标准

GB 31656.1—2021

食品安全国家标准
水产品中甲苯咪唑及代谢物残留量的测定
高效液相色谱法

National food safety standard—
Determination of mebendazole and its metabolites residue in fishery products by high performance liquid chromatography

2021-09-16 发布　　2022-02-01 实施

中华人民共和国农业农村部
中华人民共和国国家卫生健康委员会　发布
国家市场监督管理总局

前　　言

本文件按照GB/T 1.1—2020《标准化工作导则　第1部分:标准化文件的结构和起草规则》的规定起草。

本文件系首次发布。

食品安全国家标准
水产品中甲苯咪唑及代谢物残留量的测定
高效液相色谱法

1 范围

本文件规定了水产品中甲苯咪唑及其代谢物氨基甲苯咪唑、羟基甲苯咪唑残留检测的制样和液相色谱测定方法。

本文件适用于鱼、虾和蟹可食组织中甲苯咪唑及其代谢物氨基甲苯咪唑和羟基甲苯咪唑残留量的检测。

2 规范性引用文件

下列文件中的内容通过文中的规范性引用而构成本文件必不可少的条款。其中，注日期的引用文件，仅该日期对应的版本适用于本文件；不注日期的引用文件，其最新版本（包括所有的修改单）适用于本文件。

GB/T 6682 分析实验室用水规则和试验方法

GB/T 30891—2014 水产品抽样规范

3 术语和定义

本文件没有需要界定的术语和定义。

4 原理

试样中残留的甲苯咪唑及其代谢物，用乙酸乙酯提取，正己烷除脂，阳离子固相萃取柱净化，高效液相色谱-紫外检测器测定，外标法定量。

5 试剂和材料

以下所用试剂，除另有注明外均为分析纯，水为符合 GB/T 6682 规定的一级水。

5.1 试剂

5.1.1 乙腈（CH_3CN）：色谱纯。

5.1.2 甲醇（CH_3OH）：色谱纯。

5.1.3 正己烷（C_6H_{14}）：色谱纯。

5.1.4 乙酸乙酯（$CH_3COO\ CH_2CH_3$）：色谱纯。

5.1.5 N,N-二甲基甲酰胺（C_3H_7NO）：色谱纯。

5.1.6 磷酸（H_3PO_4）。

5.1.7 磷酸二氢铵（$NH_4H_2PO_4$）。

5.1.8 三乙胺[$(C_2H_5)_3N$]。

5.1.9 甲酸（HCOOH）。

5.1.10 氨水（$NH_3 \cdot H_2O$）。

5.2 标准品

甲苯咪唑（mebendazole，$C_{16}H_{13}N_3O_3$，CAS 号：31431-39-7）、羟基甲苯咪唑（5-hydroxymebendazole，$C_{16}H_{15}N_3O_3$，CAS 号：60254-95-7）和氨基甲苯咪唑（amino-mebendazole，$C_{14}H_{11}N_3O$，CAS 号：52329-60-9）：含量≥98%。

5.3 溶液配制

5.3.1 80%甲醇溶液：取甲醇80 mL，加水至100 mL，混匀。

5.3.2 1%甲酸溶液：取甲酸1 mL，加水至100 mL，混匀。

5.3.3 0.05 mol/L 磷酸二氢铵-三乙胺溶液：取磷酸二氢铵5.8 g，加水溶解并稀释至1 000 mL，加三乙胺1 mL，混匀。

5.3.4 0.05 mol/L 磷酸二氢铵缓冲液：取磷酸二氢铵2.9 g，加水450 mL使溶解，用磷酸调pH至2.0，用水稀释至500 mL。

5.3.5 5%氨化甲醇溶液：取氨水5 mL、甲醇95 mL，混匀；临用前配制。

5.3.6 溶解液：取N，N-二甲基甲酰胺150 mL，用0.05 mol/L 磷酸二氢铵缓冲液稀释至500 mL。

5.4 标准溶液制备

5.4.1 标准储备液（100 μg/mL）：分别取甲苯咪唑、氨基甲苯咪唑和羟基甲苯咪唑各10 mg，精密称定，加甲酸5 mL使其溶解，并用甲醇稀释定容至100 mL容量瓶，摇匀，配制成浓度各为100 μg/mL的标准储备液。−18 ℃以下避光保存，有效期6个月。

5.4.2 混合标准中间液：分别准确量取甲苯咪唑、氨基甲苯咪唑和羟基甲苯咪唑标准储备液适量，用甲醇稀释配制成含氨基甲苯咪唑5 μg/mL、羟基甲苯咪唑2.5 μg /mL和甲苯咪唑2.5 μg/mL的混合标准中间液。−18 ℃以下避光保存，有效期3个月。

5.5 材料

5.5.1 混合型阳离子固相萃取柱：60 mg/3 mL，或相当者。

5.5.2 水相聚砜醚针式滤器：0.45 μm。

6 仪器和设备

6.1 高效液相色谱仪，配紫外检测器。

6.2 分析天平：感量0.000 01 g和0.01 g。

6.3 离心机：6 000 r/min。

6.4 旋转蒸发仪。

6.5 固相萃取装置。

6.6 超声波清洗仪。

6.7 氮吹仪。

6.8 鸡心瓶：100 mL。

7 试样的制备与保存

7.1 试样的制备

按GB/T 30891—2014中附录B的要求制样。

a) 取均质后的供试样品，作为供试试样；

b) 取均质后的空白样品，作为空白试样；

c) 取均质后的空白样品，添加适宜浓度的混合标准溶液，作为空白添加试样。

7.2 试样的保存

−18 ℃以下保存，有效期3个月。

8 测定步骤

8.1 提取

取试样3 g（准确至±0.03 g）于50 mL离心管中，加水2 mL，涡旋30 s，使其分散；加乙酸乙酯

10 mL,振荡 2 min,超声 5 min,4 500 r/min 离心 10 min,乙酸乙酯转入 100 mL 鸡心瓶。残渣加乙酸乙酯 10 mL,按上述方法重复提取 2 次。合并乙酸乙酯至 100 mL 鸡心瓶中,40 ℃旋转蒸发至干。加 80%甲醇溶液 3 mL,涡旋混合 1 min,加正己烷 3 mL,混合 1 min,将溶液转入 10 mL 离心管中,6 000 r/min 离心 5 min,去除正己烷层;下层再加正己烷 3 mL,重复去脂一次。向下层溶液中加 1%甲酸水溶液 3 mL,混匀,6 000 r/min 离心 5 min,上清液备用。

8.2 净化

固相萃取柱依次用甲醇、水各 3 mL 活化,将上清液过柱;依次用水、甲醇各 4 mL 淋洗,弃去流出液,抽干。用 5%氨化甲醇溶液 5 mL 洗脱,洗脱液接收至 10 mL 离心管中,40 ℃氮气吹干。加溶解液 1.0 mL溶解残余物,涡旋混合 1 min,用水相针式滤器过滤至进样小瓶中,供高效液相色谱测定。

8.3 标准工作曲线的制备

精密量取混合标准中间液适量,用溶解液稀释配制成甲苯咪唑、羟基甲苯咪唑浓度分别为 0.02 μg/mL、0.05 μg/mL、0.1 μg/mL、0.25 μg/mL、0.5 μg/mL 和 1.0 μg/mL,氨基甲苯咪唑浓度为 0.04 μg/mL、0.1 μg/mL、0.2 μg/mL、0.5 μg/mL、1.0 μg/mL 和 2 μg/mL 的系列标准工作液,供高效液相色谱测定。分别以甲苯咪唑、氨基甲苯咪唑和羟基甲苯咪唑的峰面积为纵坐标,相应浓度为横坐标,绘制标准曲线,求回归方程和相关系数。此标准工作液现用现配。

8.4 测定

8.4.1 液相色谱条件

a) 色谱柱:C_{18}柱(250 mm×4.6 mm,5μm),或相当者;

b) 流动相:A 为乙腈,B 为 0.05 mol/L 磷酸二氢铵-三乙胺溶液,梯度洗脱条件见表 1;

表 1 梯度洗脱条件

时间 min	乙腈 %	0.05 mol/L 磷酸二氢铵-三乙胺溶液 %
0.0	20	80
18.0	40	60
20.0	40	60
20.1	20	80
25.0	20	80

c) 流速:0.9 mL/min;

d) 柱温:40 ℃;

e) 进样量:30 μL;

f) 检测波长:289 nm。

8.4.2 测定法

取系列标准工作液和试样溶液,作单点或多点校准,按外标法以色谱峰面积定量。标准溶液和试样液中甲苯咪唑、氨基甲苯咪唑和羟基甲苯咪唑的响应值均应在仪器检测的线性范围之内。在上述色谱条件下,标准溶液液相色谱图见附录 A。

8.5 空白试验

取空白试料,除不加标准溶液外,采用相同的测定步骤进行平行操作。

9 结果计算和表述

试样中甲苯咪唑、氨基甲苯咪唑和羟基甲苯咪唑的残留量按公式(1)计算。

$$X_i = \frac{C_i \times V \times f}{m} \times 1000 \quad \cdots\cdots (1)$$

式中:

X_i ——试样中甲苯咪唑或代谢物残留量的数值,单位为微克每千克(μg/kg);

C_i ——从标准工作曲线计算得到的试样溶液中甲苯咪唑或代谢物浓度的数值，单位为微克每毫升（μg/mL）；

V ——溶解残余物体积的数值，单位为毫升（mL）；

f ——稀释倍数；

1 000——换算系数；

m ——供试试样质量的数值，单位为克（g）。

10 方法灵敏度、准确度和精密度

10.1 灵敏度

本方法甲苯咪唑和羟基甲苯咪唑检测限为 5 μg/kg，定量限为 10 μg/kg。

本方法氨基甲苯咪唑检测限为 10 μg/kg，定量限为 20 μg/kg。

10.2 准确度

本方法甲苯咪唑、羟基甲苯咪唑在 10 μg/kg～200 μg/kg，氨基甲苯咪唑在 20 μg/kg～400 μg/kg 的添加浓度范围内，回收率为 70%～100%。

10.3 精密度

本方法批内相对标准偏差≤15%，批间相对标准偏差≤15%。

附 录 A
（资料性）
甲苯咪唑、氨基甲苯咪唑和羟基甲苯咪唑液相色谱图

甲苯咪唑、氨基甲苯咪唑和羟基甲苯咪唑混合标准溶液液相色谱图见图 A.1。

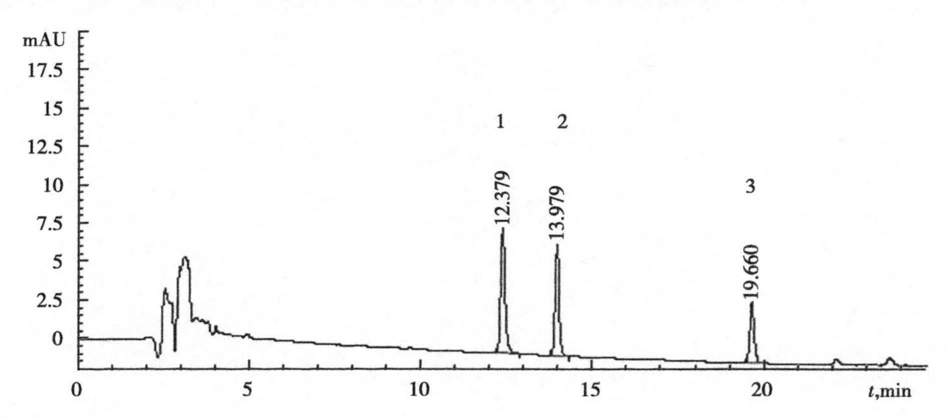

标引序号说明：

1——氨基甲苯咪唑（1.0 μg/mL）；

2——羟基甲苯咪唑（0.5 μg/mL）；

3——甲苯咪唑（0.5 μg/mL）。

图 A.1 甲苯咪唑、氨基甲苯咪唑和羟基甲苯咪唑混合标准溶液液相色谱图

ICS 67.120.30
CCS X 20

中华人民共和国国家标准

GB 31656.2—2021

食品安全国家标准
水产品中泰乐菌素残留量的测定
高效液相色谱法

**National food safety standard—
Determination of Tylosin residues in aquatic products by high performance liquid chromatography**

2021-09-16 发布　　　　2022-02-01 实施

中华人民共和国农业农村部
中华人民共和国国家卫生健康委员会　发布
国家市场监督管理总局

前　言

本文件按照 GB/T 1.1—2020《标准化工作导则　第1部分：标准化文件的结构和起草规则》的规定起草。

本文件系首次发布。

食品安全国家标准
水产品中泰乐菌素残留量的测定　高效液相色谱法

1　范围

本文件规定了水产品中泰乐菌素残留检测的制样和高效液相色谱测定方法。

本文件适用于鱼、虾、蟹、甲鱼等水产品可食组织中泰乐菌素残留量测定。

2　规范性引用文件

下列文件中的内容通过文中的规范性引用而构成本文件必不可少的条款。其中，注日期的引用文件，仅该日期对应的版本适用于本文件；不注日期的引用文件，其最新版本（包括所有的修改单）适用于本文件。

GB/T 6682　分析实验室用水规格和试验方法

GB/T 30891—2014　水产品抽样规范

3　术语和定义

本文件没有需要界定的术语和定义。

4　原理

试料中残留的泰乐菌素，在弱碱性条件下，用乙酸乙酯提取、正己烷脱脂、SCX固相萃取柱净化，高效液相色谱法测定，外标法定量。

5　试剂与材料

以下所用的试剂，除特别注明外均为分析纯试剂；水为符合GB/T 6682规定的一级水。

5.1　试剂

5.1.1　乙腈（CH_3CN）：色谱纯。

5.1.2　甲醇（CH_3OH）：色谱纯。

5.1.3　正己烷（C_6H_{14}）：色谱纯。

5.1.4　乙酸乙酯（$CH_3COOC_2H_5$）：色谱纯。

5.1.5　磷酸氢二钾（K_2HPO_4）。

5.1.6　磷酸二氢钾（KH_2PO_4）。

5.1.7　磷酸（H_3PO_4）

5.2　标准品

酒石酸泰乐菌素（Tylosin tartrate，CAS号：74610-55-2）：含量≥98%。

5.3　溶液配制

5.3.1　磷酸盐缓冲溶液Ⅰ（pH 8.0）：取磷酸二氢钾0.52 g、磷酸氢二钾16.73 g，用水溶解并稀释至500 mL。

5.3.2　磷酸盐缓冲溶液Ⅱ（pH 4.0）：用磷酸调节磷酸盐缓冲溶液Ⅰ的pH至4.0。

5.3.3　磷酸氢二钾溶液（0.1 mol/L，pH 9.0）：取磷酸氢二钾1.74 g，用水溶解并稀释至100 mL。

5.3.4　磷酸二氢钾溶液（0.01 mol/L，pH 2.5）：取磷酸二氢钾1.36 g，用水溶解并稀释至1 000 mL，磷酸调节pH至2.5。

5.4 标准溶液制备

泰乐菌素标准储备液(100 μg/mL):取酒石酸泰乐菌素标准品约 10 mg,精密称定,加乙腈适量使溶解并定容至 100 mL 棕色容量瓶中,摇匀,即得。2 ℃~8 ℃避光保存,有效期 1 个月。

5.5 材料

SCX 固相萃取柱:500 mg/3 mL,或相当者。

6 仪器和设备

6.1 液相色谱仪:配紫外检测器。

6.2 分析天平:感量 0.000 01 g 和 0.01 g。

6.3 高速组织捣碎机。

6.4 离心机:5 000 r/min。

6.5 涡旋混合器。

6.6 振荡器。

6.7 旋转蒸发器。

6.8 固相萃取装置。

6.9 鸡心瓶:100 mL。

6.10 具塞离心管:50 mL。

7 试料的制备与保存

7.1 试料的制备

按 GB/T 30891—2014 中附录 B 的要求制样。

a) 取均质后的供试样品,作为供试试料;

b) 取均质后的空白样品,作为空白试料;

c) 取均质后的空白样品,添加适宜浓度的标准工作液,作为空白添加试料。

7.2 试料的保存

−18 ℃以下保存,有效期 3 个月。

8 测定步骤

8.1 提取

取试料 5 g(准确至±0.05 g),于 50 mL 具塞离心管中,加磷酸盐缓冲溶液Ⅰ5 mL,涡旋混匀 1 min。加乙酸乙酯 25 mL,振摇提取 10 min,4 500 r/min 离心 5 min,上清液转移至 100 mL 鸡心瓶中,加乙酸乙酯 25 mL,重复提取一次,合并提取液,45 ℃水浴减压蒸发至近干。

8.2 净化

用甲醇 1 mL 溶解残渣,转移至另一 50 mL 离心管,用磷酸盐缓冲溶液Ⅱ10 mL 和正己烷 10 mL 洗涤鸡心瓶,涡旋混合 2 min,洗涤液合并于离心管,涡旋混匀,4 500 r/min 离心 5 min,弃去上层正己烷,取下层水溶液,备用。

取 SCX 固相萃取柱,用甲醇 5 mL、磷酸盐缓冲溶液Ⅱ5 mL 活化,备用液过柱(控制流速约1.5 mL/min)。依次用水 3 mL、甲醇 5 mL、水 3 mL、磷酸氢二钾溶液 3 mL、甲醇 0.4 mL 洗柱,弃去洗出液,抽干。加甲醇 3.0 mL 洗脱,收集洗脱液,涡旋混匀,0.45 μm 微孔滤膜过滤,待上机分析。

8.3 标准曲线的制备

精密量取泰乐菌素标准储备液适量,用甲醇稀释制成浓度为 0.050 μg/mL、0.10 μg/mL、0.50 μg/mL、1.00 μg/mL、2.00 μg/mL、5.00 μg/mL 的系列标准工作液,供液相色谱仪分析。

8.4 测定

8.4.1 液相色谱参考条件

a) 色谱柱：C_{18}色谱柱(250 mm×4.6 mm,5 μm)或性能相当者；

b) 检测波长：285 nm；

c) 流动相：A 为磷酸二氢钾溶液，B 为乙腈，梯度洗脱条件见表 1；

表 1 流动相梯度洗脱条件

时间 min	磷酸二氢钾溶液 %	乙腈 %
0	75	25
3	75	25
9	50	50
16	50	50
19	75	25
25	75	25

d) 流速：1.0 mL/min；

e) 柱温：35 ℃；

f) 进样量：50 μL。

8.4.2 测定法

取试样溶液和标准溶液各 50 μL，作单点或多点校准，按外标法以色谱峰面积定量。标准溶液及试样溶液中泰乐菌素响应值应在仪器检测的线性范围之内。根据泰乐菌素标准工作液的保留时间定性，外标法定量。色谱图见附录 A。

8.4.3 空白试验

取空白试料，除不加标准溶液外，采用相同的测定步骤进行平行操作。

9 结果计算和表述

试样中待测药物的残留量按标准曲线或公式(1)计算。

$$X=\frac{C_S \times A \times V}{A_S \times m} \times 1000 \quad (1)$$

式中：

X ——试样中泰乐菌素残留量的数值，单位为微克每千克(μg/kg)；

C_S ——标准溶液中泰乐菌素浓度的数值，单位为微克每毫升(μg/mL)；

A ——试样溶液色谱图中泰乐菌素峰峰面积；

A_S ——标准溶液色谱图中泰乐菌素峰峰面积；

V ——试样溶液定容体积的数值，单位为毫升(mL)；

m ——试样质量的数值，单位为克(g)。

10 检测方法的灵敏度、准确度和精密度

10.1 灵敏度

本方法的检测限为 30 μg/kg，定量限为 50 μg/kg。

10.2 准确度

本方法在 50 μg/kg～500 μg/kg，添加浓度水平的回收率为 70%～110%。

10.3 精密度

本方法的批内相对标准偏差≤15%，批间相对标准偏差≤15%。

附 录 A
(资料性)
泰乐菌素标准品色谱图

泰乐菌素标准品色谱图见图 A.1。

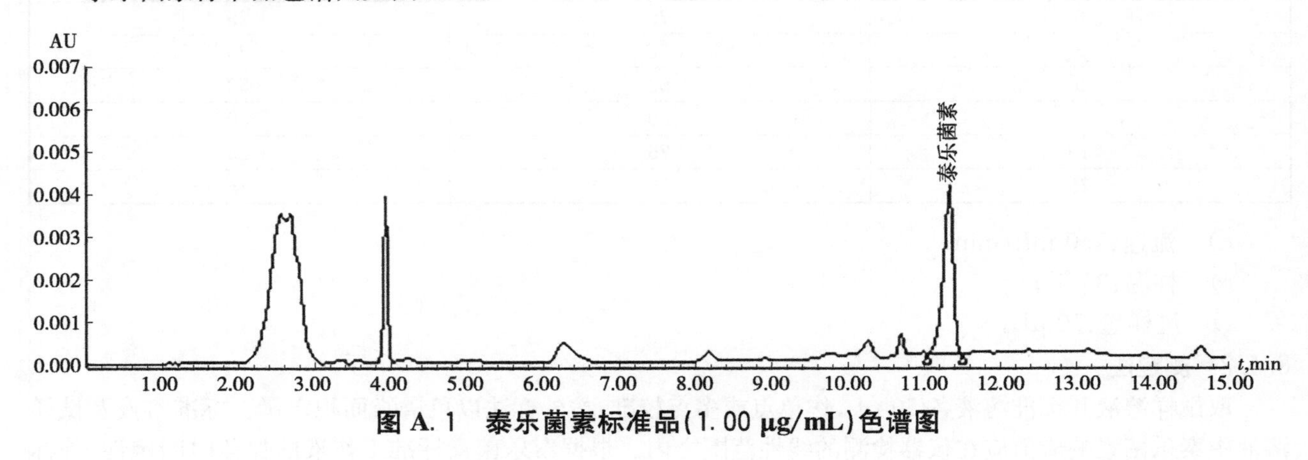

图 A.1 泰乐菌素标准品(1.00 μg/mL)色谱图

ICS 67.120.30
CCS X 20

中华人民共和国国家标准

GB 31656.3—2021

食品安全国家标准
水产品中诺氟沙星、环丙沙星、恩诺沙星、氧氟沙星、噁喹酸、氟甲喹残留量的测定 高效液相色谱法

**National food safety standard—
Determination of norfloxacin,ciprofloxacin,enrofloxacin,ofloxacin,oxolinic acid and flumequine residues in fishery products by high performance liquid chromatography**

2021-09-16 发布　　2022-02-01 实施

中华人民共和国农业农村部
中华人民共和国国家卫生健康委员会　发布
国家市场监督管理总局

前　　言

本文件按照 GB/T 1.1—2020《标准化工作导则　第 1 部分:标准化文件的结构和起草规则》的规定起草。

本文件系首次发布。

食品安全国家标准
水产品中诺氟沙星、环丙沙星、恩诺沙星、氧氟沙星、噁喹酸、氟甲喹残留量的测定　高效液相色谱法

1　范围

本文件规定了水产品中诺氟沙星、环丙沙星、恩诺沙星、氧氟沙星、噁喹酸、氟甲喹残留量检测的制样和高效液相色谱测定方法。

本文件适用于水产品中鱼类肌肉组织，虾、蟹、贝类的可食组织中诺氟沙星、环丙沙星、恩诺沙星、氧氟沙星、噁喹酸、氟甲喹残留量的检测。

2　规范性引用文件

下列文件中的内容通过文中的规范性引用而构成本文件必不可少的条款。其中，注日期的引用文件，仅该日期对应的版本适用于本文件；不注日期的引用文件，其最新版本（包括所有的修改单）适用于本文件。

GB/T 6682　分析实验室用水规格和试验方法

GB/T 30891—2014　水产品抽样规范

3　术语和定义

本文件没有需要界定的术语和定义。

4　原理

试料中残留的诺氟沙星、环丙沙星、恩诺沙星、氧氟沙星、噁喹酸、氟甲喹，经酸化乙腈提取，正己烷脱脂，C_{18}固相萃取柱净化，液相色谱-荧光检测法测定，外标法定量。

5　试剂与材料

除另有规定外，所有试剂均为分析纯，水为符合 GB/T 6682 规定的一级水。

5.1　试剂

5.1.1　乙腈（CH_3CN）：色谱纯。

5.1.2　甲醇（CH_3OH）：色谱纯。

5.1.3　正己烷（C_6H_{14}）：色谱纯。

5.1.4　盐酸（HCl）。

5.1.5　磷酸（H_3PO_4）。

5.1.6　氨水（$NH_3 \cdot H_2O$）。

5.1.7　氢氧化钠（NaOH）。

5.1.8　二水合磷酸二氢钠（$NaH_2PO_4 \cdot 2H_2O$）。

5.1.9　无水硫酸钠（Na_2SO_4）。

5.1.10　四丁基溴化铵（$C_{16}H_{36}BrN$）。

5.2　标准品

诺氟沙星、环丙沙星、恩诺沙星、氧氟沙星、噁喹酸、氟甲喹：含量≥98.0%，详见附录 A。

5.3　溶液配制

5.3.1　盐酸溶液：取盐酸 50 mL，加水稀释至 100 mL，混匀。

5.3.2 磷酸溶液:取磷酸 1 mL,加水稀释至 10 mL,混匀。

5.3.3 酸化乙腈溶液:取乙腈 250 mL,加盐酸溶液 2 mL,充分混匀。

5.3.4 乙腈饱和正己烷溶液:取正己烷 200 mL 于 250 mL 分液漏斗中,加适量乙腈后,剧烈振摇,待分配平衡后,弃去乙腈层,即得。

5.3.5 0.1 mol/L 盐酸溶液:取盐酸 9 mL,用水稀释至 1 000 mL。

5.3.6 0.1 mol/L 氢氧化钠溶液:取氢氧化钠 4 g,用水溶解并稀释至 1 000 mL。

5.3.7 0.05 mol/L 磷酸盐缓冲溶液:取二水合磷酸二氢钠 1.56 g,加 0.1 mol/L 氢氧化钠溶液 79 mL 溶解,用水稀释至 200 mL。

5.3.8 0.01 mol/L 四丁基溴化铵溶液(pH 3.0):取四丁基溴化铵 3.22 g,加水 900 mL 使溶解,用磷酸溶液调节 pH 到 3.0,用水稀释至 1 000 mL。

5.3.9 洗脱液:取氨水 25 mL,用甲醇稀释至 100 mL。

5.4 标准溶液制备

5.4.1 诺氟沙星、氧氟沙星标准储备液(100 μg/mL):取诺氟沙星、氧氟沙星各约 10 mg,精密称定,用 0.1 mol/L 盐酸溶液 10 mL 使溶解,用乙腈稀释定容至 100 mL 棕色容量瓶中,摇匀,即得。4 ℃以下避光保存,有效期 3 个月。

5.4.2 环丙沙星、恩诺沙星标准储备液 (100 μg/mL):取盐酸环丙沙星、恩诺沙星各约 10 mg,精密称定,用甲醇溶解并稀释定容至 100 mL 棕色容量瓶中,摇匀,即得。4 ℃以下避光保存,有效期 3 个月。

5.4.3 噁喹酸、氟甲喹标准储备液 (100 μg/mL):取噁喹酸、氟甲喹各约 10 mg,精密称定,用 0.1 mol/L 氢氧化钠溶液 10 mL 使溶解,加乙腈稀释定容至 100 mL 棕色容量瓶中,摇匀,即得。4 ℃以下避光保存,有效期 3 个月。

5.4.4 混合标准工作液(10 μg/mL):精密量取诺氟沙星、氧氟沙星标准储备液,环丙沙星、恩诺沙星标准储备液,噁喹酸、氟甲喹标准储备液各 1 mL,于 10 mL 棕色容量瓶中,用流动相 A 稀释至刻度,摇匀,配制成浓度为 10 μg/mL 混合标准工作液。4 ℃以下避光保存,有效期 1 个月。

5.5 材料

C_{18}固相萃取柱:500 mg/3 mL,或相当者。

6 仪器和设备

6.1 高效液相色谱仪:配荧光检测器。

6.2 分析天平:感量 0.000 01 g 和 0.01 g。

6.3 氮吹仪。

6.4 超声波振荡器。

6.5 均质机:15 000 r/min。

6.6 离心机:4 000 r/min。

6.7 尼龙微孔滤膜:0.22 μm。

6.8 梨形瓶:100 mL。

6.9 分液漏斗:250 mL。

6.10 旋转蒸发器。

6.11 分液漏斗振摇器。

7 试样的制备与保存

7.1 试样的制备

取适量新鲜或解冻的空白或供试组织,按 GB/T 30891—2014 中附录 B 的要求制样。

a) 取均质后的供试样品，作为供试试样；

b) 取均质后的空白样品，作为空白试样；

c) 取均质后的空白样品，添加适宜浓度的标准工作液，作为空白添加试样。

7.2 试样的保存

−18 ℃以下保存，3 个月内进行分析检测。

8 测定步骤

8.1 提取

称取试样 5 g(准确至±0.02 g)，加酸化乙腈溶液 20 mL、无水硫酸钠 10 g，高速均质 1 min～2 min，3 000 r/min离心 5 min，取上清液至分液漏斗，用酸化乙腈溶液 20 mL，清洗刀头并溶解沉淀，重复提取 2 次，合并上清液。加乙腈饱和正己烷溶液 60 mL，置分液漏斗振摇器(150 r/min)上振荡 20 min，静置，取下层乙腈至梨形瓶，40 ℃旋转蒸发至干。加磷酸盐缓冲液 4 mL，超声振荡 1 min，静置 30 s，溶液转移至 15 mL 离心管。再重复提取残余物 2 次，溶液转移至同一离心管，合并 3 次残余物溶解液，3 000 r/min 离心 5 min，取上清液，备用。

8.2 净化

取 C_{18} 固相萃取柱，依次用甲醇、水、磷酸盐缓冲液各 3 mL 活化。取上述备用液过柱，流速控制为每秒 1 滴。水 3 mL 淋洗，抽干，加洗脱液 5 mL，收集洗脱液，50 ℃氮气吹干，加流动相 A 1.0 mL 使溶解，过 0.22 μm 微孔滤膜，高效液相色谱测定。

8.3 标准曲线的制备

分别精密量取混合标准工作液适量，用流动相 A 稀释成浓度分别为 10 ng/mL、50 ng/mL、100 ng/mL、500 ng/mL、1 000 ng/mL、2 000 ng/mL 的系列标准溶液，供高效液相色谱分析；现用现配。以峰面积为纵坐标、浓度为横坐标，制作标准曲线。

8.4 测定

8.4.1 色谱条件

a) 色谱柱：C_{18} 色谱柱(150 mm×4.6 mm，5 μm)，或相当者；

b) 流动相：A 为 0.01 mol/L 四丁基溴化铵溶液-乙腈(94∶6，*V*/*V*)，B 为乙腈，梯度洗脱条件见表 1；

表 1 流动相梯度洗脱条件

时间 min	A %	B %
0	100	0
14	100	0
15	60	40
24	60	40
25	100	0
30	100	0

c) 流速：0.9 mL/min；

d) 柱温：35 ℃；

e) 进样量：10 μL；

f) 检测波长：时间程序见表 2。

表 2 检测波长时间程序

时间 min	激发波长 nm	发射波长 nm
0	280	480
18.5	325	365

8.4.2 测定法

取试样溶液和标准溶液，作单点或多点校准，按外标法以色谱峰面积定量。标准溶液及试样溶液中目标药物的峰面积均应在仪器检测的线性范围之内。在上述色谱条件下，混合标准溶液色谱图见附录B。

8.5 空白试验

取空白试料，除不加标准溶液外，采用相同的测定步骤进行平行操作。

9 结果计算和表述

试样中待测药物的残留量按标准曲线或公式(1)计算。

$$X = \frac{C_S \times A \times V}{A_S \times m} \quad \cdots\cdots (1)$$

式中：

X ——试样中被测组分残留量的数值，单位为微克每千克(μg/kg)；

C_S ——标准工作液测得的相应被测组分溶液浓度的数值，单位为纳克每毫升(ng/mL)；

A ——试样溶液中相应被测组分峰面积；

A_S ——标准溶液中相应被测组分峰面积；

V ——试样溶液定容体积的数值，单位为毫升(mL)；

m ——试样质量的数值，单位为克(g)。

10 方法灵敏度、准确度和精密度

10.1 灵敏度

本方法诺氟沙星、环丙沙星、恩诺沙星、氧氟沙星的检测限为2.5 μg/kg，噁喹酸、氟甲喹的检测限为5 μg/kg；诺氟沙星、环丙沙星、恩诺沙星、氧氟沙星的定量限为5 μg/kg，噁喹酸、氟甲喹的定量限为10 μg/kg。

10.2 准确度

诺氟沙星、环丙沙星、恩诺沙星、氧氟沙星在5 μg/kg～100 μg/kg，添加浓度的回收率为70%～120%；噁喹酸、氟甲喹在10 μg/kg～100 μg/kg，添加浓度的回收率为70%～120%。

10.3 精密度

本方法的批内相对标准偏差≤15%，批间相对标准偏差≤15%。

附 录 A
（资料性）
药物中英文通用名称、化学分子式、CAS 号

药物中英文通用名称、化学分子式、CAS 号见表 A.1。

表 A.1 药物中英文通用名称、化学分子式、CAS 号

中文通用名称	英文通用名称	化学分子式	CAS 号
诺氟沙星	norfloxacin	$C_{16}H_{18}FN_3O_3$	70458-96-7
环丙沙星	ciprofloxacin	$C_{17}H_{18}FN_3O_3$	85721-33-1
恩诺沙星	enrofloxacin	$C_{19}H_{22}FN_3O_3$	93106-60-6
氧氟沙星	ofloxacin	$C_{18}H_{20}FN_3O_4$	82419-36-1
噁喹酸	oxolinic acid	$C_{13}H_{11}NO_5$	14698-29-4
氟甲喹	flumequine	$C_{14}H_{12}FNO_3$	42835-25-6

附 录 B
(资料性)
色谱图

混合标准溶液色谱图(0.5 μg/mL)见图 B.1。

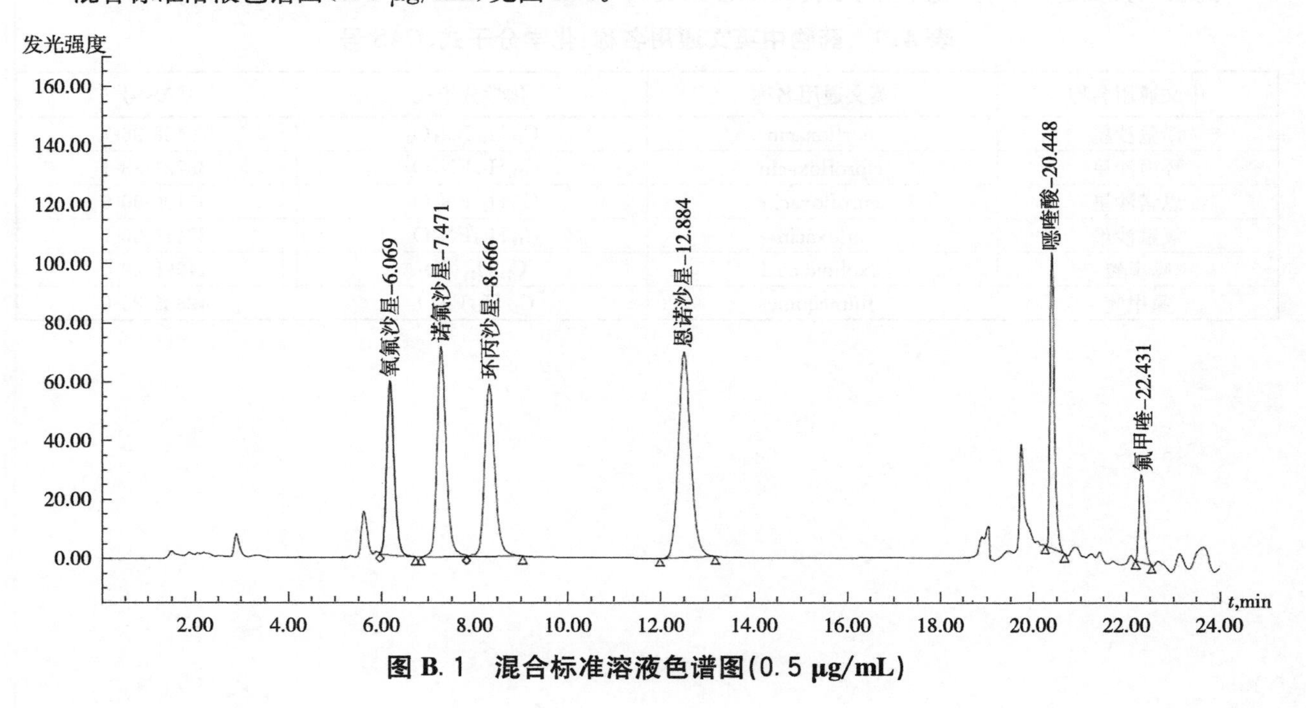

图 B.1 混合标准溶液色谱图(0.5 μg/mL)

ICS 67.120.30
CCS X 20

中华人民共和国国家标准

GB 31656.4—2021

食品安全国家标准
水产品中氯丙嗪残留量的测定
液相色谱-串联质谱法

**National food safety standard—
Determination of chlorpromazine residue in fishery products by
liquid chromatography-tandem mass spectrometric method**

2021-09-16 发布　　　　2022-02-01 实施

中华人民共和国农业农村部
中华人民共和国国家卫生健康委员会　发布
国家市场监督管理总局

前　言

本文件按照 GB/T 1.1—2020《标准化工作导则　第 1 部分：标准化文件的结构和起草规则》的规定起草。

本文件系首次发布。

食品安全国家标准
水产品中氯丙嗪残留量的测定　液相色谱-串联质谱法

1　范围

本文件规定了水产品中氯丙嗪残留检测的制样和液相色谱-串联质谱测定方法。

本文件适用于鱼、虾、蟹可食组织中氯丙嗪残留量的检测。

2　规范性引用文件

下列文件中的内容通过文中的规范性引用而构成本文件必不可少的条款。其中，注日期的引用文件，仅该日期对应的版本适用于本文件；不注日期的引用文件，其最新版本(包括所有的修改单)适用于本文件。

GB/T 6682　分析实验室用水规格和试验方法

GB/T 30891—2014　水产品抽样规范

3　术语和定义

本文件没有需要界定的术语和定义。

4　原理

试样中残留的氯丙嗪，用乙腈提取，混合型阳离子固相萃取柱净化，液相色谱-串联质谱测定，内标法定量。

5　试剂和材料

以下所用试剂，除另有注明外均为分析纯，水为符合 GB/T 6682 规定的一级水。

5.1　试剂

5.1.1　乙腈(CH_3CN)：色谱纯。

5.1.2　甲醇(CH_3OH)：色谱纯。

5.1.3　甲酸(HCOOH)：色谱纯。

5.1.4　乙酸铵($NH_4C_2H_3O_2$)。

5.1.5　氨水($NH_3 \cdot H_2O$)。

5.2　标准品

5.2.1　盐酸氯丙嗪(Chlorpromazine hydrochloride，$C_{17}H_{20}Cl_2N_2S$，CAS 号：69-09-0)：含量≥97.0%。

5.2.2　盐酸氯丙嗪-d_6(Chlorpromazine-d_6 Hydrochloride，$C_{17}H_{14}D_6Cl_2N_2S$，CAS 号：1228182-46-4)：含量≥97.0%。

5.3　溶液配制

5.3.1　5%氨化甲醇溶液：取氨水 5 mL、甲醇 95 mL，混匀。

5.3.2　2 mmol/L 乙酸铵溶液：取乙酸铵 0.154 g，加甲酸 1 mL，用适量水溶解并稀释至 1 000 mL。

5.3.3　30%甲醇-乙酸铵溶液：取甲醇 30 mL、2 mmol/L 乙酸铵溶液 70 mL，混匀。

5.4　标准溶液制备

5.4.1　氯丙嗪标准储备液(100 μg/mL)：取盐酸氯丙嗪标准品约 11 mg，精密称定，加甲醇适量使溶解并稀释定容至 100 mL 容量瓶,摇匀,即得。−18 ℃以下避光保存,有效期 6 个月。

5.4.2 内标储备液(100 μg/mL):取盐酸氯丙嗪-D_6标准品约 11mg,精密称定,加甲醇适量使溶解并稀释定容至 100 mL 容量瓶,摇匀,即得。−18 ℃以下避光保存,有效期 6 个月。

5.4.3 氯丙嗪标准中间液(500 ng/mL):准确量取氯丙嗪标准储备液适量,用甲醇稀释制成浓度为 500 ng/mL氯丙嗪标准中间液。−18 ℃以下避光保存,有效期 3 个月。

5.4.4 内标工作液(200 ng/mL):准确量取内标储备液适量,用甲醇稀释配制成浓度为 200 ng/mL 氯丙嗪-D_6内标工作液。−18 ℃以下避光保存,有效期 3 个月。

5.5 材料

5.5.1 混合型阳离子固相萃取柱:60 mg/3 mL,或相当者。

5.5.2 水相聚砜醚针式滤器:0.22 μm。

6 仪器和设备

6.1 液相色谱-串联质谱仪:配电喷雾离子源。

6.2 天平:感量 0.01 g 和 0.000 01 g。

6.3 均质机。

6.4 离心机:6 000 r/min。

6.5 旋转蒸发仪。

6.6 涡旋混合器。

6.7 超声波清洗器。

7 测定步骤

7.1 试样的制备

按 GB/T 30891—2014 中附录 B 的要求制样。

a) 取匀浆后的供试样品,作为供试试样;

b) 取匀浆后的空白样品,作为空白试样;

c) 取匀浆后的空白样品,添加适宜浓度的标准中间液,作为空白添加试样。

7.2 试样的保存

−18 ℃以下保存,有效期 3 个月。

8 测定步骤

8.1 提取

取试样 5 g(准确至±0.05 g)于 50 mL 离心管中,加内标工作液 50 μL,加乙腈 15 mL,均质 1 min,超声 10 min,4 000 r/min 离心 7 min,将上清液转移至另一 50 mL 离心管中;另取乙腈 10 mL 清洗均质机 30 s,洗液倒入残渣中,涡旋混合 2 min,超声 10 min,4 000 r/min 离心 7 min,合并上清液,6 000 r/min 离心 5 min,取上清液,备用。

8.2 净化

取固相萃取柱,依次用甲醇、水各 5 mL 活化,将上清液过柱,速度约为每秒 1 滴,用甲醇 5 mL 淋洗,弃去流出液,抽干。用 5%氨化甲醇溶液 3 mL 洗脱,收集洗脱液,40 ℃氮气吹干。准确加入 30%甲醇-乙酸铵溶液 1 mL 溶解残留物,用水相针式滤器过滤至进样小瓶中,供液相色谱-串联质谱测定。

8.3 基质标准曲线的制备

准确量取适量 500 ng/mL 氯丙嗪标准中间液和 200 ng/mL 内标工作液,40 ℃氮气吹干,用空白基质液配制成同位素内标物浓度为 10 ng/mL,氯丙嗪浓度为 2.5 ng/mL、5.0 ng/mL、25.0 ng/mL、100.0 ng/mL 和 250.0 ng/mL 的系列基质标准工作液,供液相色谱-串联质谱测定。以氯丙嗪特征离子质量色谱峰面积与同位素内标物特征离子质量色谱峰面积比值为纵坐标、相应的浓度为横坐标绘制标准曲线，求回归方程和相关系数。

8.4 测定

8.4.1 液相色谱条件

a) 色谱柱：C_{18}柱，150 mm×2.1 mm，5 μm，或性能相当；

b) 流速：0.2 mL/min；

c) 柱温：25 ℃；

d) 进样量：25 μL；

e) 流动相：A 为甲醇，B 为 2 mmol/L 乙酸铵，梯度洗脱条件见表 1。

表 1 梯度洗脱条件

时 间 min	甲醇 %	2 mmol/L 乙酸铵溶液 %
0.0	60	40
6.0	60	40
6.1	90	10
10.0	90	10
10.1	60	40
15.0	60	40

8.4.2 质谱条件

a) 离子源：电喷雾离子源；

b) 扫描方式：正离子扫描；

c) 检测方式：多反应监测；

d) 喷雾电压：4 500 V；

e) 离子传输毛细管温度：300 ℃；

f) 源内碰撞诱导解离电压：8 V；

g) 雾化气流速：12.3 L/h；

h) 辅助气流速：1.7 L/h；

i) 母离子、子离子和碰撞能量参考值见表 2。

表 2 母离子、子离子和碰撞能量参考质谱条件

目标化合物	母离子 *m/z*	子离子 *m/z*	碰撞能量 eV
氯丙嗪	319.0	214.1	42
		86.4[a]	19
氯丙嗪-D_6	325.0	92.4	19
[a] 为定量离子。			

8.4.3 测定法

取试样溶液和基质标准工作液等体积进样，作单点或多点校准，以色谱峰面积定量，内标法计算。基质标准溶液及试样溶液中氯丙嗪的响应值均应在仪器检测的线性范围之内。通过试样中待测物的保留时间、特征离子相对丰度与浓度相近的基质标准溶液的保留时间、特征离子相对丰度相对照定性。试样液中待测物与标准品的保留时间偏差在±2.5%以内；特征离子相对丰度偏差满足表 3 的要求，则可判定试样中存在相应的被测物。在上述色谱-质谱条件下，氯丙嗪及内标标准溶液特征离子色谱图见附录 A。

表3　相对离子丰度的最大允许偏差

单位为百分号

相对离子丰度	>50	>20～50	>10～20	≤10
允许的最大偏差	±20	±25	±30	±50

8.5　空白试验

取空白试料，除不加标准溶液外，采用相同的测定步骤进行平行操作。

9　结果计算和表述

试样中氯丙嗪的残留量按公式(1)计算。

$$X=\frac{C\times V\times f}{m} \quad \cdots\cdots (1)$$

式中：

X ——试样中氯丙嗪残留量的数值，单位为微克每千克(μg/kg)；

C ——从标准曲线计算得到的试样溶液中氯丙嗪浓度的数值，单位为纳克每毫升(ng/mL)；

V ——溶解残余物所用体积的数值，单位为毫升(mL)；

f ——稀释倍数；

m ——供试试样质量的数值，单位为克(g)。

10　方法灵敏度、准确度和精密度

10.1　灵敏度

本方法检出限为0.5 μg/kg，定量限为1.0 μg/kg。

10.2　准确度

本方法氯丙嗪在1 μg/kg～50 μg/kg添加浓度范围内，回收率为70%～110%。

10.3　精密度

本方法的批内相对标准偏差≤15%，批间相对标准偏差≤15%。

附 录 A
（资料性）
特征离子质量色谱图

氯丙嗪及同位素内标标准溶液特征离子质量色谱图见图 A.1。

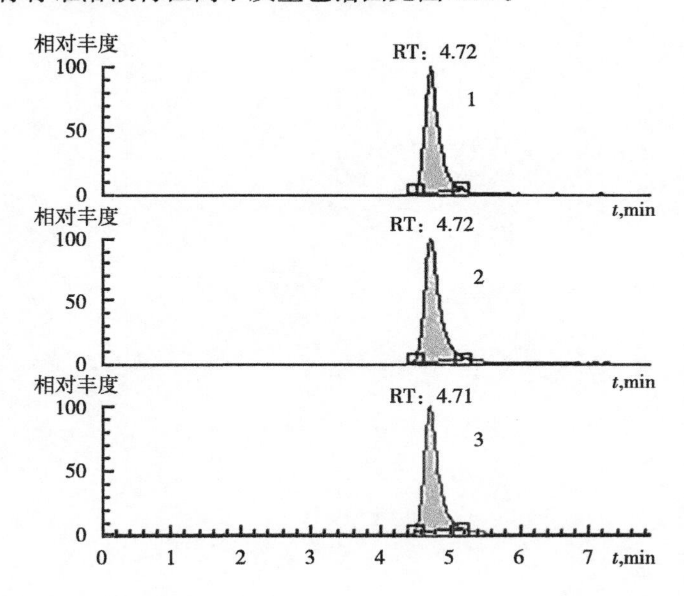

标引序号说明：

1——氯丙嗪特征离子质量色谱图（319>214.1）；

2——氯丙嗪特征离子质量色谱图（319>86.4）；

3——氯丙嗪-D_6特征离子质量色谱图（325>92.4）。

图 A.1 氯丙嗪及同位素内标标准溶液特征离子质量色谱图（25 ng/mL）

ICS 67.120.30
CCS X 20

中华人民共和国国家标准

GB 31656.5—2021

食品安全国家标准
水产品中安眠酮残留量的测定
液相色谱-串联质谱法

National food safety standard—
Determination of methaqualone residue in fishery products by liquid chromatography-tandem mass spectrometric method

2021-09-16 发布　　　　2022-02-01 实施

中华人民共和国农业农村部
中华人民共和国国家卫生健康委员会　发布
国家市场监督管理总局

前　言

本文件按照 GB/T 1.1—2020《标准化工作导则　第 1 部分:标准化文件的结构和起草规则》的规定起草。

本文件系首次发布。

食品安全国家标准
水产品中安眠酮残留量的测定　液相色谱-串联质谱法

1　范围

本文件规定了水产品中安眠酮残留量检测的制样和液相色谱-串联质谱测定方法。

本文件适用于鱼、虾可食组织中安眠酮残留量的检测。

2　规范性引用文件

下列文件中的内容通过文中的规范性引用而构成本文件必不可少的条款。其中，注日期的引用文件，仅该日期对应的版本适用于本文件；不注日期的引用文件，其最新版本（包括所有的修改单）适用于本文件。

GB/T 6682　分析实验室用水规格和试验方法

GB/T 30891—2014　水产品抽样规范

3　术语和定义

本文件没有需要界定的术语和定义。

4　原理

试样中残留的安眠酮，用正己烷提取，硅胶柱净化，液相色谱-串联质谱测定，内标法定量。

5　试剂和材料

以下所用试剂，除另有注明外均为分析纯，水为符合 GB/T 6682 规定的一级水。

5.1　试剂

5.1.1　丙酮（CH_3COCH_3）：色谱纯。

5.1.2　甲醇（CH_3OH）：色谱纯。

5.1.3　甲酸（HCOOH）：色谱纯。

5.1.4　正己烷（C_6H_{14}）：色谱纯。

5.1.5　乙醚（$C_2H_5OC_2H_5$）：色谱纯。

5.2　溶液配制

5.2.1　20%乙醚-正己烷淋洗液：取乙醚 20 mL、正己烷 80 mL，混匀。

5.2.2　50%乙醚-正己烷混合溶液：取乙醚 50 mL、正己烷 50 mL，混匀。

5.2.3　50%甲醇溶液：取甲醇 50 mL，加水至 100 mL，混匀。

5.2.4　0.1%甲酸溶液：取甲酸 1 mL，加水至 1 000 mL，混匀。

5.3　标准物质

5.3.1　安眠酮（methaqualone，$C_{16}H_{14}N_2O$，CAS 号：72-44-6）标准溶液，浓度 1 mg/mL。−18 ℃以下避光保存。

5.3.2　安眠酮-D_7（methaqualone-D_7，$C_{16}H_7D_7N_2O$，CAS 号：136765-41-8）标准溶液，浓度 100 μg/mL。−18 ℃以下避光保存。

5.4　标准溶液制备

5.4.1　200 ng/mL 安眠酮标准中间液：精密量取安眠酮标准溶液适量，用甲醇稀释配制成浓度为

200 ng/mL标准中间液。置−18 ℃以下避光保存，有效期 3 个月。

5.4.2 内标工作液：精密量取安眠酮-D_7标准溶液适量，用甲醇稀释配制成浓度为 200 ng/mL 内标工作液。置−18 ℃以下避光保存，有效期 3 个月。

5.5 材料

5.5.1 固相萃取柱：硅胶柱，500 mg/3 mL，或性能相当。

5.5.2 水相聚砜醚针式滤器：0.22 μm。

6 仪器和设备

6.1 液相色谱-串联质谱仪：配电喷雾离子源。

6.2 天平：感量 0.01 g 和感量 0.000 01 g。

6.3 均质机。

6.4 离心机：6 000 r/min。

6.5 氮吹仪。

6.6 超声波清洗器。

6.7 涡旋混合器。

6.8 具塞玻璃离心管：10 mL。

7 测定步骤

7.1 试样的制备

按 GB/T 30891—2014 中附录 B 的要求制样。

a) 取均质后的供试样品，作为供试试料；

b) 取均质后的空白样品，作为空白试料；

c) 取均质后的空白样品，添加适宜浓度的安眠酮标准中间液，作为空白添加试料。

7.2 试料的保存

−18 ℃以下保存，保存期 3 个月。

8 测定步骤

8.1 提取

取试样 5 g(准确至±0.05 g)，于 50 mL 离心管中，加内标工作液 50 μL、水 3 mL，涡旋混合 30 s，加正己烷 15 mL，振荡提取 3 min，超声 5 min，4 500 r/min 离心 7 min，取正己烷层至 25 mL 容量瓶；残渣再加正己烷 8 mL，重复提取一次，合并正己烷液，并用正己烷稀释定容至刻度，混匀，备用。

8.2 净化

取固相萃取柱，依次用丙酮 5 mL、正己烷 5 mL 活化。精密量取备用液 10 mL 过柱，速度约为每秒 1 滴，用 20%乙醚-正己烷淋洗液 5 mL 淋洗，弃去流出液，抽干。用 50%乙醚-正己烷混合溶液 8 mL 洗脱，收集洗脱液，40 ℃氮气吹干。准确加入 50%甲醇溶液 1 mL 溶解残余物，用水相针式滤器过滤至进样小瓶中，供液相色谱-串联质谱测定。

8.3 标准工作曲线的制备

分别精密量取安眠酮标准中间液和内标工作液适量，用 50%甲醇溶液稀释制成含同位素内标物浓度为 4 ng/mL，安眠酮浓度为 0.4 ng/mL、1.0 ng/mL、5.0 ng/mL、25.0 ng/mL 和 100.0 ng/mL 的系列标准工作液，供液相色谱-串联质谱测定。以安眠酮特征离子质量色谱峰面积与同位素内标物特征离子质量色谱峰面积比值为纵坐标、相应的浓度为横坐标绘制标准曲线，求回归方程和相关系数。

8.4 测定

8.4.1 液相色谱条件

a) 色谱柱：C_{18}柱(100 mm×2.1 mm,5 μm)或相当者；

b) 流动相：A为甲醇，B为0.1%甲酸溶液，梯度洗脱条件见表1；

表1 梯度洗脱条件

时间 min	甲醇 %	0.1%甲酸 %
0.0	50	50
1.0	50	50
1.1	95	5
8.0	95	5
8.1	50	50
12.0	50	50

c) 流速：0.3 mL/min；

d) 柱温：25 ℃；

e) 进样量：25 μL。

8.4.2 质谱条件

a) 离子源：电喷雾离子源；

b) 扫描方式：正离子扫描；

c) 检测方式：多反应监测；

d) 喷雾电压：4 500 V；

e) 离子传输毛细管温度：350 ℃；

f) 源内碰撞诱导解离电压：10 V；

g) 雾化气流速：12.3 L/h；

h) 辅助气流速：1.7 L/h；

i) 母离子、子离子和碰撞能量参考值见表2。

表2 母离子、子离子和碰撞能量参考质谱条件

目标化合物	母离子 m/z	子离子 m/z	碰撞能量 eV
安眠酮	251.1	132.1	18
		91.2[a]	34
安眠酮-D_7	258.1	139.1	21
[a] 为定量离子。			

8.4.3 测定法

取试样溶液和系列标准工作液等体积进样测定，作单点或多点校准，以色谱峰面积定量，内标法计算。标准溶液及试样溶液中安眠酮的响应值均应在仪器检测的线性范围之内。通过试样中待测物的保留时间、特征离子相对丰度与浓度相近的标准溶液的保留时间、特征离子相对丰度相对照定性。试样液中待测物与标准品的保留时间偏差在±2.5%以内；特征离子相对丰度偏差满足表3的要求，则可判定试样中存在相应的被测物。在上述色谱-质谱条件下，安眠酮标准溶液特征离子色谱图参见附录A。

表3 相对离子丰度的最大允许偏差

单位为百分号

相对离子丰度	>50	>20～50	>10～20	≤10
允许的最大偏差	±20	±25	±30	±50

8.5 空白试验

取空白试料，除不加标准溶液外，采用相同的测定步骤进行平行操作。

9 结果计算及表述

试样中安眠酮的残留量按公式(1)计算。

$$X = \frac{C \times V \times f}{m} \tag{1}$$

式中：

X ——试样中安眠酮残留量的数值，单位为微克每千克(μg/kg)；

C ——从标准曲线计算得到的试样液中安眠酮浓度的数值，单位为纳克每毫升(ng/mL)；

V ——溶解残余物所用体积的数值，单位为毫升(mL)；

f ——稀释倍数；

m ——供试试样质量的数值，单位为克(g)。

10 方法灵敏度、准确度和精密度

10.1 灵敏度

本方法检测限为 0.2 μg/kg，定量限为 0.5 μg/kg。

10.2 准确度

本方法在 0.5 μg/kg～20 μg/kg 添加浓度范围内，回收率为 70%～110%。

10.3 精密度

本方法的批内相对偏差≤15%，批间相对标准偏差≤15%。

附 录 A
（资料性）
特征离子质量色谱图

安眠酮及同位素内标标准溶液特征离子质量色谱图(2 ng/mL)见图 A.1。

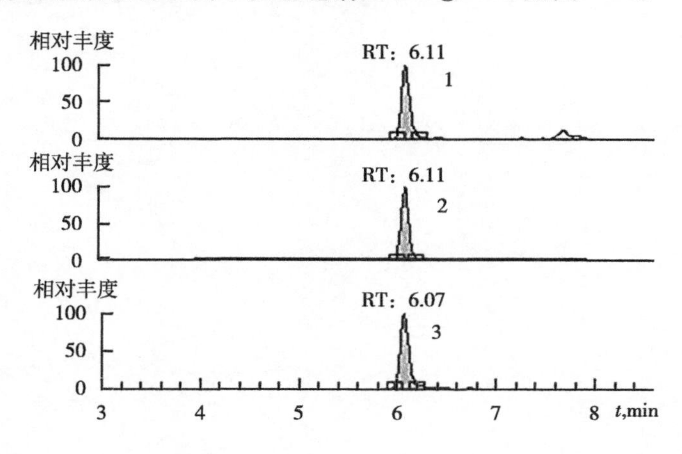

标引序号说明：

1——安眠酮特征离子质量色谱图(251.1>91.1)；

2——安眠酮特征离子质量色谱图(251.1>132.1)；

3——安眠酮-D_7特征离子质量色谱图(258.1>139.1)。

图 A.1 安眠酮及同位素内标标准溶液特征离子质量色谱图(2 ng/mL)

ICS 67.120.30
CCS X 20

中华人民共和国国家标准

GB 31656.6—2021

食品安全国家标准
水产品中丁香酚残留量的测定
气相色谱-质谱法

National food safety standard—
Determination of eugenol residues in aquatic products by gas chromatography mass spectrometry method

2021-09-16 发布　　　　2022-02-01 实施

中华人民共和国农业农村部
中华人民共和国国家卫生健康委员会　发布
国家市场监督管理总局

前　言

本文件按照 GB/T 1.1—2020《标准化工作导则　第 1 部分：标准化文件的结构和起草规则》的规定起草。

本文件系首次发布。

食品安全国家标准
水产品中丁香酚残留量的测定　气相色谱-质谱法

1　范围

本文件规定了水产品中丁香酚残留量检测的制样和气相色谱质谱测定方法。

本文件适用于鱼、虾可食组织中丁香酚残留量的检测。

2　规范性引用文件

下列文件中的内容通过文中的规范性引用而构成本文件必不可少的条款。其中，注日期的引用文件，仅该日期对应的版本适用于本文件；不注日期的引用文件，其最新版本（包括所有的修改单）适用于本文件。

GB/T 6682　分析实验室用水规格和试验方法

GB/T 30891—2014　水产品抽样规范

3　术语和定义

本文件没有需要界定的术语和定义。

4　原理

试样中残留的丁香酚经乙腈提取，固相萃取柱净化，正己烷除脂，气相色谱质谱法测定，内标法定量。

5　试剂和材料

除另有规定外，所有试剂均为分析纯，水为符合 GB/T 6682 规定的一级水。

5.1　试剂

5.1.1　乙腈（CH_3CN）：色谱纯。

5.1.2　正己烷（C_6H_{14}）：色谱纯。

5.1.3　乙酸乙酯（$CH_3COOCH_2CH_3$）：色谱纯。

5.1.4　甲醇（CH_3OH）：色谱纯。

5.2　溶液配制

5.2.1　甲醇溶液：取甲醇 10 mL，加水至 100 mL。

5.2.2　乙腈饱和正己烷：取正己烷 200 mL 于 250 mL 分液漏斗，加适量乙腈，剧烈振摇，待分配平衡后，弃去下层乙腈层，即得。

5.3　标准品

5.3.1　丁香酚（Eugenol，$C_{10}H_{12}O_2$，CAS 号：97-53-0），含量≥99%。

5.3.2　氘代丁香酚（Eugenol-d_3，$C_{10}H_9D_3O_2$，CAS 号：1335401-17-6），含量≥99%。

5.4　标准溶液配制

5.4.1　丁香酚标准储备液：取丁香酚标准品 10 mg，精密称定，用乙酸乙酯溶解并定容于 100 mL 棕色容量瓶，制成浓度为 100 μg/mL 标准储备液。−18 ℃以下避光保存，有效期 2 个月。

5.4.2　内标储备液：取氘代丁香酚标准品 10 mg，精密称定，用乙酸乙酯溶解并定容于 100 mL 棕色容量瓶，制成浓度为 100 μg/mL 的内标储备液。−18 ℃以下避光保存，有效期 2 个月。

5.4.3　丁香酚标准工作液：准确移取丁香酚标准储备液适量，用乙酸乙酯稀释为浓度 1 μg/mL 的标准工作液。4 ℃下避光保存,有效期1个月。

5.4.4 内标工作液:取内标储备液适量,用乙酸乙酯稀释浓度约为1 μg/mL的标准工作液。4 ℃下避光保存,有效期1个月。

5.5 材料

5.5.1 固相萃取柱(C_{18}):300 mg/3 mL,或相当者。

5.5.2 具塞塑料离心管:50 mL。

5.5.3 尼龙微孔滤膜:0.22 μm。

6 仪器与设备

6.1 气相色谱-串联质谱仪:配电子轰击电离离子源。

6.2 分析天平:感量0.01 g和感量0.000 01 g。

6.3 氮吹仪。

6.4 涡旋混合器。

6.5 离心机:4 000 r/min。

6.6 超声波振荡器。

6.7 均质机。

7 试料的制备与保存

7.1 试料的制备

按GB/T 30891—2014中附录B的要求制样。

a) 取均质的供试样品,作为供试试料;

b) 取均质的空白样品,作为空白试料;

c) 取均质的空白样品,添加适宜浓度的标准工作液,作为空白添加试料。

7.2 试料的保存

−18 ℃以下保存。

8 测定步骤

8.1 提取

取试料约2 g(准确至±0.02 g),于50 mL具塞塑料离心管中,加内标工作液0.1 mL、乙腈10 mL,涡旋1 min,超声10 min,4 000 r/min离心5 min。取上层液于另一50 mL具塞塑料离心管中,残渣用乙腈10 mL重复提取一次,合并上清液。加乙腈饱和正己烷10 mL,脱脂,涡旋,1 min,4 000 r/min离心5 min,取乙腈层,按上述方法重复脱脂一次。45 ℃水浴氮气吹至近干,加甲醇水溶液10 mL使溶解,备用。

8.2 净化

固相萃取柱依次用甲醇、水各3 mL活化。取备用液过柱,加水3 mL淋洗,抽干5 min,加甲醇3 mL洗脱,取洗脱液,氮气吹干。加乙酸乙酯1.0 mL使溶解,0.22 μm滤膜过滤,气相色谱质谱测定。

8.3 标准曲线的制备

精密量取丁香酚标准工作液、内标工作液适量,用乙酸乙酯稀释成浓度为4 μg/L、10 μg/L、40 μg/L、100 μg/L、400 μg/L、800 μg/L系列标准工作液。标准工作液中氘代丁香酚的含量均为100 μg/L。现用现配。取系列标准工作液进样,以丁香酚和氘代丁香酚峰面积比值为纵坐标、对应丁香酚浓度为横坐标,绘制标准工作曲线。求回归方程和相关系数。

8.4 测定

8.4.1 气相色谱参考条件

a) 进样针:10.0 μL,或相当者;
b) 色谱柱:毛细管柱(填料:5%-苯基甲基聚硅氧烷,如 HP-5,规格:30 m×250 μm×0.25 μm),或相当者;
c) 进样方式:不分流进样;
d) 载气:氦气,纯度 99.999%,流速 1.0 mL/min;
e) 进样量:2.0 μL;
f) 进样口温度:280 ℃;
g) 柱温:起始温度 70 ℃,保持 1 min;以 40 ℃/min 升温至 120 ℃,以 10 ℃/min 升温至 170 ℃,保持 3 min。

8.4.2 质谱参考条件

a) 离子源:EI 源;
b) 电子能量:70 eV;
c) 离子源温度:280 ℃;
d) 四级杆温度:150 ℃;
e) 接口温度:280 ℃;
f) 后运行温度:280 ℃,3 min;
g) 溶剂延迟:4.0 min;
h) 测定方式:多反应(MRM)监测模式,定性离子对、定量离子对和保留时间参考值详见表 1。

表 1 丁香酚的定性离子对、定量离子对和保留时间参考值

化合物	保留时间 min	定性离子对 m/z	定量离子对 m/z
丁香酚	6.58	164>104	164>104
		164>103	
氘代丁香酚	6.58	167>149	167>149
		167>121	

8.4.3 测定法

取试料溶液和标准溶液,作单点或多点校准,以色谱峰面积定量,内标法计算。标准溶液及试料溶液中目标化合物的特征离子质量色谱峰面积均应在仪器检测的线性范围之内。试料溶液中丁香酚的特征离子质量色谱峰面积均应在仪器检测的线性范围内。试样溶液中的相对离子丰度与标准溶液中的相对离子丰度相比,符合表 2 的要求。标准溶液特征离子质量色谱图见附录 A。

表 2 定性测定时相对离子丰度的最大允许偏差

单位为百分号

相对离子丰度	>50	>20~50(含)	>10~20(含)	≤10
允许的相对偏差	±20	±25	±30	±50

8.5 空白试验

取空白试料,除不加标准溶液外,采用相同的测定步骤进行平行操作。

9 结果计算和表述

试样中待测药物的残留量按标准曲线或公式(1)计算。

$$X = \frac{A \times A'_{iS} \times C_S \times C_{iS} \times V}{A_{iS} \times A_S \times C'_{iS} \times m} \quad \cdots\cdots (1)$$

式中:

X ——试样中丁香酚残留量的数值,单位为微克每千克(μg/kg);

A ——试样溶液中丁香酚的峰面积；
A_{iS} ——试样溶液中内标的峰面积；
A_S ——标准溶液中丁香酚的峰面积；
A'_{iS} ——标准溶液中内标的峰面积；
C_{iS} ——试样溶液中内标浓度的数值，单位为微克每升（μg/L）；
C_S ——标准溶液中丁香酚浓度的数值，单位为微克每升（μg/L）；
C'_{iS} ——标准溶液中内标浓度的数值，单位为微克每升（μg/L）；
V ——定容体积的数值，单位为毫升（mL）；
m ——试样质量的数值，单位为克（g）。

10 检测方法灵敏度、准确度和精密度

10.1 灵敏度

本方法的检测限为 2.5 μg/kg，定量限为 10 μg/kg。

10.2 准确度

本方法在 10 μg/kg～200 μg/kg 添加浓度水平上的回收率为 70%～120%。

10.3 精密度

本方法批内相对标准偏差≤20%，批间相对标准偏差≤20%。

附　录　A
（资料性）
丁香酚及其内标物丁香酚-d_3标准溶液特征离子质量色谱图

丁香酚及其内标物丁香酚-d_3标准溶液特征离子质量色谱图（100 ng/mL）见图 A.1。

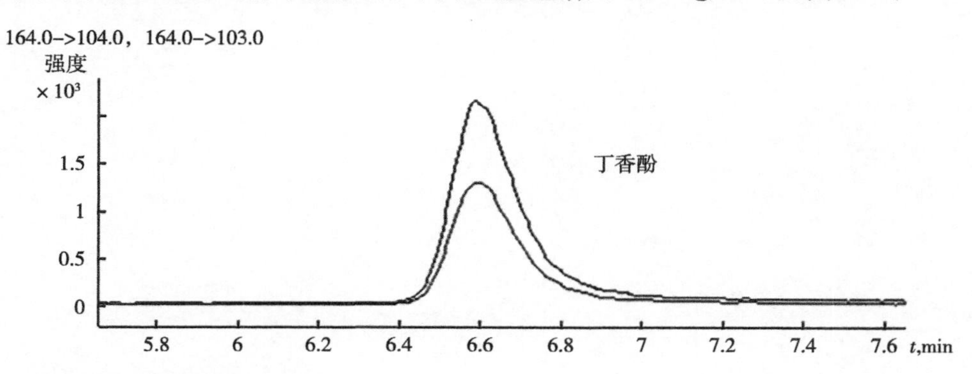

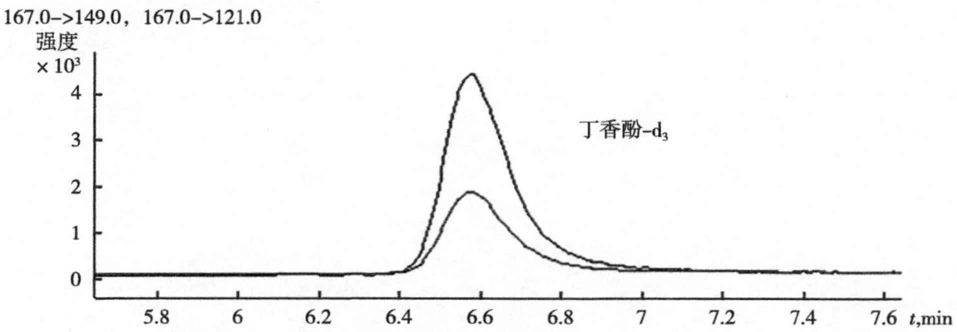

图 A.1　丁香酚及其内标物丁香酚-d_3标准溶液特征离子质量色谱图（100 ng/mL）

ICS 67.120.30
CCS X 20

中华人民共和国国家标准

GB 31656.7—2021

食品安全国家标准 水产品中氯硝柳胺残留量的测定 液相色谱-串联质谱法

**National food safety standard—
Determination of niclosamide residues in aquatic products by liquid chromatography-tandem mass spectrometry**

2021-09-16 发布　　2022-02-01 实施

中华人民共和国农业农村部
中华人民共和国国家卫生健康委员会　发布
国家市场监督管理总局

前　言

本文件按照GB/T 1.1—2020《标准化工作导则　第1部分:标准化文件的结构和起草规则》的规定起草。

本文件系首次发布。

食品安全国家标准
水产品中氯硝柳胺残留量的测定　液相色谱-串联质谱法

1　范围

本文件规定了水产品中氯硝柳胺残留量检测的制样和液相色谱-串联质谱测定方法。

本文件适用于鱼、虾、鳖等水产品可食组织中氯硝柳胺残留量的检测。

2　规范性引用文件

下列文件中的内容通过文中的规范性引用而构成本文件必不可少的条款。其中，注日期的引用文件，仅该日期对应的版本适用于本文件；不注日期的引用文件，其最新版本（包括所有的修改单）适用于本文件。

GB/T 6682　分析实验室用水规格和试验方法

GB/T 30891—2014　水产品抽样规范

3　术语和定义

本文件没有需要界定的术语和定义。

4　原理

试料中残留的氯硝柳胺，用氨化乙腈提取，C_{18}吸附剂净化，液相色谱-串联质谱仪检测，外标法定量。

5　试剂和材料

除另有规定外，所有试剂均为分析纯，水为符合 GB/T 6682 规定的一级水。

5.1　试剂

5.1.1　乙腈（C_2H_3N）：色谱纯。

5.1.2　氨水（$NH_3 \cdot H_2O$）。

5.1.3　无水硫酸镁（$MgSO_4$）。

5.2　溶液配制

5.2.1　氨水使用液：取氨水 5 mL，加水 5 mL，混匀。

5.2.2　氨化乙腈溶液：取氨水使用液 100 μL，加乙腈至 100 mL，混匀。

5.2.3　70%乙腈水溶液：取乙腈 70 mL，加水 30 mL，混匀。

5.3　标准品

氯硝柳胺（Niclosamide，$C_{13}H_8Cl_2N_2O_4$，CAS 号：50-65-7），含量≥96.0%。

5.4　标准溶液制备

5.4.1　标准储备液（0.1 mg/mL）：取氯硝柳胺标准品 10 mg，精密称定，加乙腈 10 mL，超声使溶解，用乙腈稀释定容至 100 mL 棕色容量瓶，摇匀，即得。−18 ℃以下保存，有效期 2 个月。

5.4.2　标准工作液（1 μg/mL）：准确量取标准储备液 1 mL，于 100 mL 棕色容量瓶中，用乙腈稀释至刻度，摇匀，即得。−18 ℃以下保存，有效期 1 个月。

5.5　材料

C_{18}吸附剂：粒径 40 μm～60 μm，或相当者。

6 仪器和设备

6.1 液相色谱-串联质谱仪:配有电喷雾离子源(ESI)。

6.2 分析天平:感量 0.01 g 和感量 0.000 01 g。

6.3 离心机:8 000 r/min 或以上。

6.4 涡旋混合器。

6.5 超声波清洗仪。

6.6 氮吹仪。

6.7 具塞聚丙烯离心管:50 mL。

6.8 具塞离心管:10 mL、25 mL。

7 试料的制备与保存

7.1 试料的制备

按 GB/T 30891—2014 中附录 B 的要求制样。

a) 取均质的供试样品,作为供试试料;

b) 取均质的空白样品,作为空白试料;

c) 取均质的空白样品,添加适宜浓度的标准工作液,作为空白添加试料。

7.2 试料的保存

−18 ℃以下保存。

8 测定步骤

8.1 提取

取试料 5 g(准确至±0.02 g),于 50 mL 具塞离心管中,加氨化乙腈溶液 10 mL,涡旋混合 1 min,超声 10 min,加无水硫酸镁 3 g,涡旋混合 1 min,5 000 r/min 离心 5 min,取上清液移至 25 mL 容量瓶中,残渣用氨化乙腈 10 mL 重复提取一次,合并上清液,用乙腈稀释定容至刻度,混匀,备用。

8.2 净化

准确量取上述备用液 5 mL 于 10 mL 离心管中,45 ℃下氮气吹干,用 70%乙腈水溶液 1.0 mL 溶解残渣,再加入 C_{18}吸附剂 50 mg 涡旋振荡 30 s,8 000 r /min 离心 6 min,取上清液过 0.22 μm 有机系滤膜,供 LC-MS/MS 测定。

8.3 基质匹配标准曲线的制备

取空白样品 6 份,按照 7.1 步骤提取,准确量取氯硝柳胺标准工作液 5 μL、10 μL、25 μL、50 μL、100 μL、200 μL 分别加入 6 份空白样品提取液中,按照 8.2 步骤净化,取上清液,配制成氯硝柳胺浓度为 0.5 ng/mL、1 ng/mL、2.5 ng/mL、5 ng/mL、10 ng/mL、20 ng/mL 的系列基质匹配标准溶液,过滤,供 LC-MS/MS 测定。以测得的氯硝柳胺定量离子峰面积为纵坐标、对应的浓度为横坐标,绘制基质标准曲线。求回归方程和相关系数。

8.4 测定

8.4.1 液相色谱参考条件

a) 色谱柱:C_{18}(150 mm ×2.1 mm,5 μm),或相当者;

b) 柱温:35 ℃;

c) 流速:0.2 mL/min;

d) 进样量:10 μL;

e) 流动相: A 为乙腈,B 为水,梯度洗脱程序见表 1。

表 1　流动相及梯度洗脱条件

时间 min	A %	B %
0	50	50
2.0	50	50
2.5	90	10
7.0	90	10
7.1	50	50
8.0	50	50

8.4.2　质谱参考条件

a)　离子化模式：电喷雾离子源(ESI)，负离子模式；

b)　喷雾电压：2 500 V；

c)　鞘气压力：40 L/min；

d)　辅助气压力：5 L/min；

e)　离子传输管温度：330 ℃；

f)　扫描模式：选择反应监测(SRM)，选择反应监测母离子、子离子和碰撞能量见表 2；

表 2　母离子、子离子和碰撞能量

目标化合物	母离子 m/z	子离子 m/z	碰撞能量 eV
氯硝柳胺	325	289[a]	20
		171	31
[a] 为定量离子。			

g)　碰撞气：氩气。

8.4.3　测定法

取试料溶液和基质匹配标准溶液，作单点或多点校准，以色谱峰面积定量，外标法计算。试料溶液和基质匹配标准溶液中氯硝柳胺的特征离子质量色谱峰面积均应在仪器检测的线性范围之内。试料液中氯硝柳胺的保留时间与基质匹配标准工作液中氯硝柳胺的保留时间之比，偏差在±2.5%以内。试料溶液中的相对离子丰度与基质匹配标准溶液中的相对离子丰度相比，符合表 3 的要求。标准溶液特征离子质量色谱图见附录 A。

表 3　定性测定时相对离子丰度的最大允许偏差

单位为百分号

相对离子丰度	>50	>20～50	>10～20	≤10
允许的相对偏差	±20	±25	±30	±50

8.4.4　空白试验

取空白试料，除不加标准溶液外，采用相同的测定步骤进行平行操作。

9　结果计算和表述

试料中氯硝柳胺的残留量按标准曲线或公式(1)计算。

$$X=\frac{A \times C_S \times V_1 \times V_3}{A_S \times V_2 \times m} \quad \cdots\cdots (1)$$

式中：

X　——试料中氯硝柳胺残留量的数值，单位为微克每千克(μg/kg)；

C_S　——试样溶液中氯硝柳胺浓度的数值，单位为纳克每毫升(ng/mL)；

A ——试样溶液色谱图中氯硝柳胺峰峰面积；
A_S ——标准溶液色谱图中氯硝柳胺峰峰面积；
V_1 ——试料提取液体积的数值，单位为毫升(mL)；
V_2 ——准确移取的备用液体积的数值，单位为毫升(mL)；
V_3 ——最终溶解残渣液体积的数值，单位为毫升(mL)；
m ——供试试料质量的数值，单位为克(g)。

10 检测方法灵敏度、准确度、精密度

10.1 灵敏度

本方法的检测限为 0.2 μg/kg，定量限为 0.5 μg/kg。

10.2 准确度

本方法在 0.5 μg/kg～20 μg/kg 添加浓度水平上的回收率为 70%～110%。

10.3 精密度

本方法的批内相对标准偏差≤15%，批间相对标准偏差≤20%。

附　录　A
(资料性)
氯硝柳胺标准溶液特征离子质量色谱图

氯硝柳胺标准溶液特征离子质量色谱图见图 A.1。

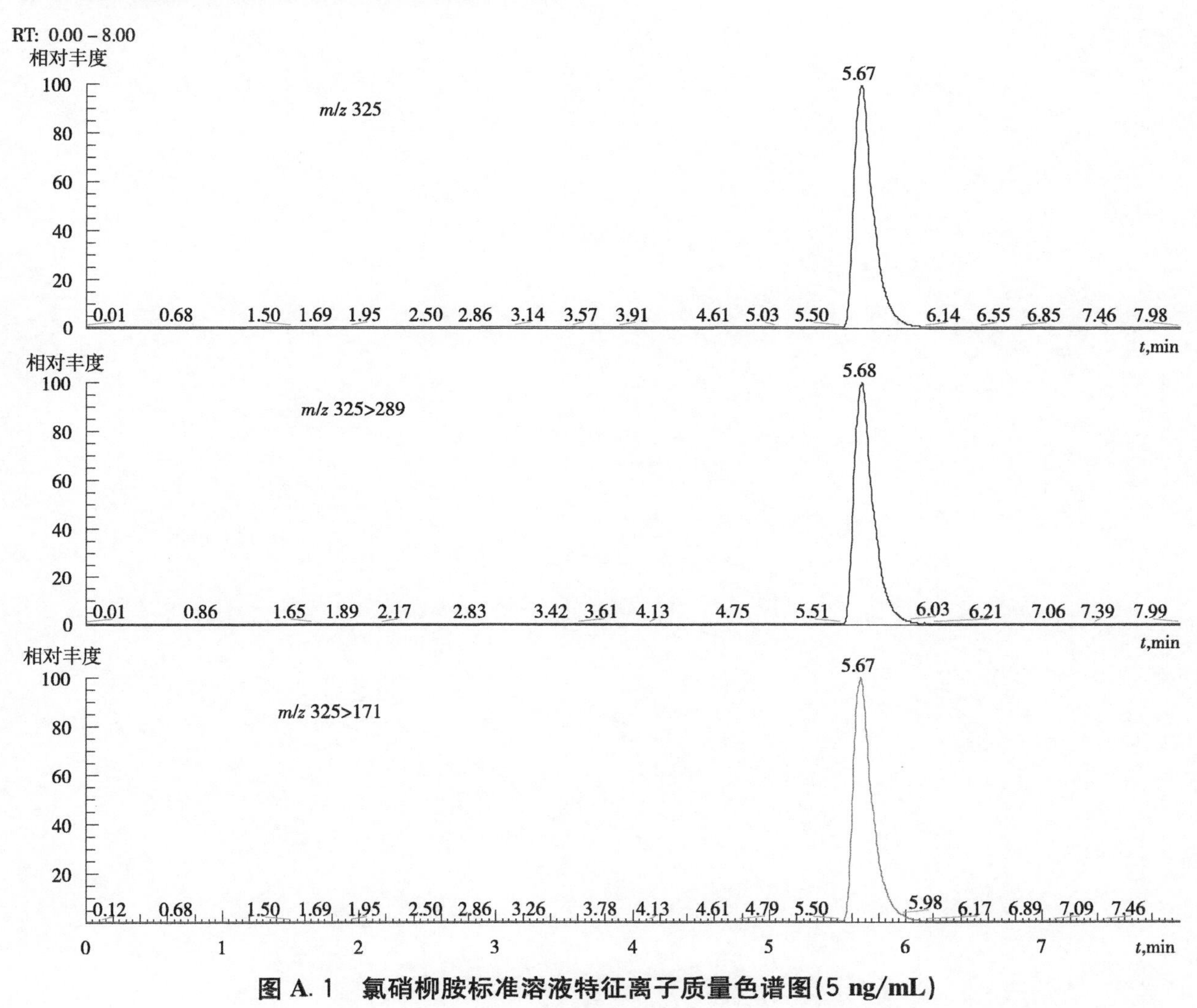

图 A.1　氯硝柳胺标准溶液特征离子质量色谱图(5 ng/mL)

ICS 67.120.30
CCS X 20

中华人民共和国国家标准

GB 31656.8—2021

食品安全国家标准
水产品中有机磷类药物残留量的测定
液相色谱-串联质谱法

National food safety standard—
Determination of organophosphorus pesticide residues in fishery products by liquid chromatography-tandem mass spectrometry

2021-09-16 发布　　　　2022-02-01 实施

中华人民共和国农业农村部
中华人民共和国国家卫生健康委员会　发布
国家市场监督管理总局

前　　言

本文件按照 GB/T 1.1—2020《标准化工作导则　第1部分：标准化文件的结构和起草规则》的规定起草。

本文件系首次发布。

食品安全国家标准
水产品中有机磷类药物残留量的测定　液相色谱-串联质谱法

1　范围

本文件规定了水产品中辛硫磷、巴胺磷、倍硫磷、马拉硫磷、二嗪农、敌百虫、敌敌畏、甲基吡啶磷、蝇毒磷残留量检测的制样和液相色谱-串联质谱测定方法。

本文件适用于鱼、海参、蟹和虾等水产品可食部分中辛硫磷、巴胺磷、倍硫磷、马拉硫磷、二嗪农、敌百虫、敌敌畏、甲基吡啶磷和蝇毒磷残留量的检测。

2　规范性引用文件

下列文件中的内容通过文中的规范性引用而构成本文件必不可少的条款。其中，注日期的引用文件，仅该日期对应的版本适用于本文件；不注日期的引用文件，其最新版本（包括所有的修改单）适用于本文件。

GB/T 6682　分析实验室用水规格和试验方法

3　术语和定义

本文件没有需要界定的术语和定义。

4　原理

试样中有机磷类药物的残留经酸化乙腈提取，经 PSA 吸附剂净化，液相色谱-串联质谱法测定，内标法定量。

5　试剂与材料

除另有规定外，所有试剂均为分析纯，水为符合 GB/T 6682 规定的一级水。

5.1　试剂

5.1.1　乙腈（CH_3CN）：色谱纯。

5.1.2　乙酸（CH_3COOH）：优级纯。

5.1.3　甲酸（HCOOH）：色谱纯。

5.1.4　无水乙酸钠（CH_3COONa）：优级纯。

5.2　溶液配制

5.2.1　定容液：取乙腈 150 mL，加水 350 mL、甲酸 0.5 mL，混匀。

5.2.2　1%乙酸乙腈：取乙腈 990 mL，加乙酸 10 mL，混匀。

5.3　标准品

5.3.1　辛硫磷、巴胺磷、倍硫磷、马拉硫磷、二嗪农、敌百虫、敌敌畏、甲基吡啶磷和蝇毒磷：含量均≥98.0%，具体见附录 A。

5.3.2　倍硫磷-D_6、马拉硫磷-D_{10}、二嗪农-D_{10}、敌敌畏-D_6、甲基吡啶磷-D_6 和蝇毒磷-D_{10}：浓度均为 100 mg/L，具体见附录 A。

5.4　标准溶液的制备

5.4.1　标准储备液：在避光条件下，取有机磷类药物标准各适量（相当于各待测组分 10 mg），精密称定，分别于 10 mL 棕色量瓶中，加乙腈（5.1.1）适量使溶解并稀释至刻度。分别配成浓度为 1 mg/mL 的标准储备溶液。－18 ℃以下保存，有效期 6 个月。

5.4.2 混合标准中间液：分别量取标准储备液(5.4.1)适量，用乙腈(5.1.1)稀释，配成浓度分别为：巴胺磷 10 mg/L、马拉硫磷 10 mg/L、二嗪农 10 mg/L、敌百虫 10 mg/L、敌敌畏 10 mg/L、甲基吡啶磷 10 mg/L；辛硫磷 20 mg/L、倍硫磷 20 mg/L 和蝇毒磷 20 mg/L 的混合标准中间液。0 ℃～4 ℃避光保存，有效期 1 个月。

5.4.3 混合标准工作液：准确量取混合标准中间液(5.4.2)适量，用乙腈(5.1.1)稀释，配成浓度分别为：巴胺磷 1 mg/L、马拉硫磷 1 mg/L、二嗪农 1 mg/L、敌百虫 1 mg/L、敌敌畏 1 mg/L、甲基吡啶磷 1 mg/L；辛硫磷 2 mg/L、倍硫磷 2 mg/L 和蝇毒磷 2 mg/L 的混合标准工作液。0 ℃～4 ℃避光保存，有效期 1 周。

5.4.4 混合内标中间液：准确吸取内标标准物质溶液(5.3.2)，用乙腈(5.1.1)稀释配制成马拉硫磷-D_{10}、二嗪农-D_{10}、敌敌畏-D_6 和甲基吡啶磷-D_6 均为 5 mg/L，倍硫磷-D_6 和蝇毒磷-D_{10} 均为 10 mg/L 的混合内标中间液，0 ℃～4 ℃避光保存，有效期 1 个月。

5.4.5 混合内标工作液：准确吸取内标中间液(5.4.4)，用乙腈(5.1.1)稀释配成马拉硫磷-D_{10}、二嗪农-D_{10}、敌敌畏-D_6 和甲基吡啶磷-D_6 0.5 mg/L，倍硫磷-D_6 和蝇毒磷-D_{10} 1 mg/L 的混合内标工作液，0 ℃～4 ℃避光保存，有效期 2 周～3 周。

5.5 材料

5.5.1 PSA(N-丙基乙二胺)吸附剂：颗粒直径为 40 μm～60 μm。

5.5.2 PVDF(聚偏氟乙烯)滤膜：孔径为 0.22 μm。

6 仪器和设备

6.1 液相色谱串联质谱仪：配电喷雾离子源。

6.2 电子天平：感量 0.000 01 g 和 0.01 g。

6.3 均质机。

6.4 离心机：转速不低于 8 000 r/min。

6.5 超声波清洗器。

6.6 涡旋混合器。

6.7 氮吹仪。

7 试料的制备与保存

7.1 试料的制备

取适量新鲜或解冻的空白或供试组织，绞碎，并使均质。

a) 取均质后的供试样品，作为供试试料；

b) 取均质后的空白样品，作为空白试料；

c) 取均质后的空白样品，添加适宜浓度的标准工作液，作为空白添加试料。

7.2 试料的保存

−18 ℃以下保存。

8 测定步骤

8.1 提取

取试样 5 g(准确至±0.02 g)，加混合内标工作液 100 μL(5.4.5)、1%乙酸乙腈(5.2.2)25.0 mL、无水乙酸钠 1 g(5.1.4)，涡旋混合 2 min，超声 30 min，8 000 r/min 离心 10 min；取上清液，备用。

8.2 净化

备用液加 PSA 吸附剂 500 mg，涡旋振荡 1 min，8 000 r/min 离心 10 min；取上清液 5.0 mL，45 ℃下氮气吹干，准确量取定容液 1.0 mL(5.2.1)溶解残渣，加 PSA 吸附剂 200 mg，涡旋 1 min，5 000 r/min 离心 10 min，取上清液过膜后，供液相色谱-串联质谱测定。实验过程需要注意避免阳光直射，样品前处理完成后应及时上机检测。

8.3 标准曲线的制备

准确量取适量混合标准工作液(5.4.3)及混合内标工作液 20 μL(5.4.5),用定容液(5.2.1)稀释成巴胺磷、马拉硫磷、二嗪农、敌百虫、敌敌畏和甲基吡啶磷浓度分别为 10 μg/L、20 μg/L、50 μg/L、100 μg/L、200 μg/L、500 μg/L,辛硫磷、倍硫磷和蝇毒磷浓度分别为 20 μg/L、40 μg/L、100 μg/L、200 μg/L、400 μg/L、1 000 μg/L 系列标准溶液,供液相色谱-串联质谱测定。以各标准峰面积与内标峰面积的比值为纵坐标,以各标准溶液浓度为横坐标,绘制标准曲线。

8.4 测定

8.4.1 色谱参考条件

a) 色谱柱:ACQUITY™ UPLC BEH C_{18}柱 (100 mm×2.1 mm,1.7 μm);或相当者;

b) 柱温:40 ℃;

c) 进样量:10 μL;

d) 流动相:A 为乙腈,B 为 0.1%甲酸溶液,梯度洗脱程序见表 1。

表 1 流动相梯度洗脱程序

时间 min	流速 mL/min	A 体积分数 %	B 体积分数 %
0.00	0.25	5	95
1.00	0.25	5	95
2.00	0.25	95	5
4.00	0.25	95	5
4.50	0.25	5	95
5.00	0.25	5	95

8.4.2 质谱参考条件

a) 离子化模式:大气压电喷雾离子源(ESI),正离子模式;

b) 电离电压:2.50 kV;

c) 锥孔电压:30 V;

d) 离子源温度:140 ℃;

e) 脱溶剂气温度:400 ℃;

f) 脱溶剂气流速:900 L/h;

g) 锥孔反吹气流速:50 L/h;

h) 氩气流速:0.12 mL/min;其他参数见表 2。

表 2 待测物的监测离子

化合物	母离子 *m/z*	子离子 *m/z*	锥孔电压 V	碰撞能量 eV
辛硫磷	299	129	22	13
		153[a]	22	22
倍硫磷	279.1	169.1	36	16
		247.1[a]	36	13
倍硫磷-D_6	284.9	169[a]	16	16
巴胺磷	282	138	17	20
		156[a]	17	12
马拉硫磷	331	127[a]	20	12
		99	20	24
马拉硫磷-D_{10}	341	132[a]	14	10

表 2 （续）

化合物	母离子 m/z	子离子 m/z	锥孔电压 V	碰撞能量 eV
二嗪农	305.1	169[a]	31	22
		96.9	31	35
二嗪农-D_{10}	315	170[a]	30	20
敌百虫	257	109.0[a]	28	18
		79	28	30
敌敌畏	221	109.0[a]	34	22
		79	34	34
敌敌畏-D_6	229	115[a]	36	16
甲基吡啶磷	325	119	31	35
		138.9[a]	31	24
甲基吡啶磷-D_6	331	112[a]	14	35
蝇毒磷	363	307.0[a]	32	16
		289	32	24
蝇毒磷-D_{10}	373	228[a]	62	28

[a] 为定量离子。

8.4.3 测定法

a) 定性测定

在同样测试条件下，阳性样品的保留时间与标准工作液中待测物的保留时间偏差在±2.5%以内，且检测到的相对离子丰度，应当与浓度相当的校正标准溶液相对离子丰度一致。基峰与次强碎片离子丰度比应符合表 3 的要求。

表 3 定性确证时相对离子丰度的允许偏差

单位为百分号

相对离子丰度	允许偏差
＞50	±20
＞20～50	±25
＞10～20	±30
≤10	±50

b) 定量测定

取试样溶液和相应的标准溶液等体积进样测定，按内标法以标准曲线对样品进行定量。其中辛硫磷、倍硫磷以倍硫磷-D_6为内标；巴胺磷、马拉硫磷以马拉硫磷-D_{10}为内标；二嗪农以二嗪农-D_{10}为内标；敌百虫、敌敌畏以敌敌畏-D_6 为内标；甲基吡啶磷以甲基吡啶磷-D_6为内标；蝇毒磷以蝇毒磷-D_{10}为内标。标准溶液、空白样品及加标样品的总离子流图参见附录 A。

8.5 空白试验

除不加试料外，均按上述测定步骤进行。

9 结果计算和表述

试样中有机磷类药物残留量按公式(1)计算。

$$X = \frac{A \times A'_{iS} \times C_S \times C_{iS} \times V_1 \times V_3}{A_{iS} \times A_S \times C'_{iS} \times V_2 \times m} \quad \cdots\cdots (1)$$

式中：

C_{iS} ——试样溶液中内标浓度的数值，单位为微克每升(μg/L)；

C_S ——标准溶液中待测药物浓度的数值，单位为微克每升（μg/L）；
C'_{iS} ——标准溶液中内标浓度的数值，单位为微克每升（μg/L）；
A_i ——试样溶液中待测药物的峰面积；
A_{iS} ——试样溶液中内标的峰面积；
A_S ——标准溶液中待测药物的峰面积；
A'_{iS} ——标准溶液中内标的峰面积；
V_1 ——提取液体积的数值，单位为毫升（mL）；
V_2 ——净化的上清液体积的数值，单位为毫升（mL）；
V_3 ——溶解残渣体积的数值，单位为毫升（mL）。

10 方法的检测限、定量限、准确度和精密度

10.1 检测限和定量限

本方法的检测限：巴胺磷、马拉硫磷、二嗪农、敌百虫、敌敌畏、甲基吡啶磷均为 5 μg/kg，辛硫磷、倍硫磷和蝇毒磷均为 10 μg/kg。定量限：巴胺磷、马拉硫磷、二嗪农、敌百虫、敌敌畏、甲基吡啶磷均为 10 μg/kg，辛硫磷、倍硫磷和蝇毒磷均为 20 μg/kg。

10.2 准确度

巴胺磷、马拉硫磷、二嗪农、敌百虫、敌敌畏、甲基吡啶磷在 10 μg/kg～500 μg/kg 添加浓度范围内，回收率为 70%～110%；辛硫磷、倍硫磷和蝇毒磷在 20 μg/kg～1 000 μg/kg 添加浓度范围内，回收率为 70%～110%。

10.3 精密度

本方法的批内相对标准偏差≤15%，批间相对标准偏差≤20%。

附 录 A
（资料性）
药物中英文通用名称、化学分子式和CAS号

药物中英文通用名称、化学分子式和CAS号见表A.1。

表A.1 药物中英文通用名称、化学分子式和CAS号

中文通用名称	英文名称	化学分子式	CAS号
辛硫磷	Phoxim	$C_{12}H_{15}N_2O_3PS$	14816-18-3
巴胺磷	Propetamphos	$C_{10}H_{20}NO_4PS$	31218-83-4
倍硫磷	Fenthion	$C_{10}H_{15}O_3PS_2$	55-38-9
马拉硫磷	Malathion	$C_{10}H_{19}O_6PS_2$	121-75-5
二嗪农	Diazinon	$C_{12}H_{21}N_2O_3PS$	333-41-5
敌百虫	Trichlorfon	$C_4H_8Cl_3O_4P$	52-68-6
敌敌畏	Dichlorvos	$C_4H_7Cl_2O_4P$	62-73-7
甲基吡啶磷	Azamethiphos	$C_9H_{10}ClN_2O_5PS$	35575-96-3
蝇毒磷	Coumaphos	$C_{14}H_{16}ClO_5PS$	56-72-4
倍硫磷-D_6	Fenthion-D_6	$C_{10}H_9D_6O_3PS_2$	/
马拉硫磷-D_{10}	Malathion-D_{10}	$C_{10}D_{10}H_9O_6PS_2$	/
二嗪农-D_{10}	Diazinon-D_{10}	$C_{12}D_{10}H_{11}N_2O_3PS$	/
敌敌畏-D_6	Dichlorvos-D_6	$C_4HD_6Cl_2O_4P$	/
甲基吡啶磷-D_6	Azamethiphos-D_6	$C_9H_4D_6ClN_2O_5PS$	/
蝇毒磷-D_{10}	Coumaphos-D_{10}	$C_{14}H_6D_{10}ClO_5PS$	/

附　录　B
（资料性）
色谱图

辛硫磷、巴胺磷、倍硫磷、马拉硫磷、二嗪农、敌百虫、敌敌畏、甲基吡啶磷和蝇毒磷及内标倍硫磷-D_6、马拉硫磷-D_{10}、二嗪农-D_{10}、敌敌畏-D_6、甲基吡啶磷-D_6 和蝇毒磷-D_{10}特征离子流图见图 B.1。

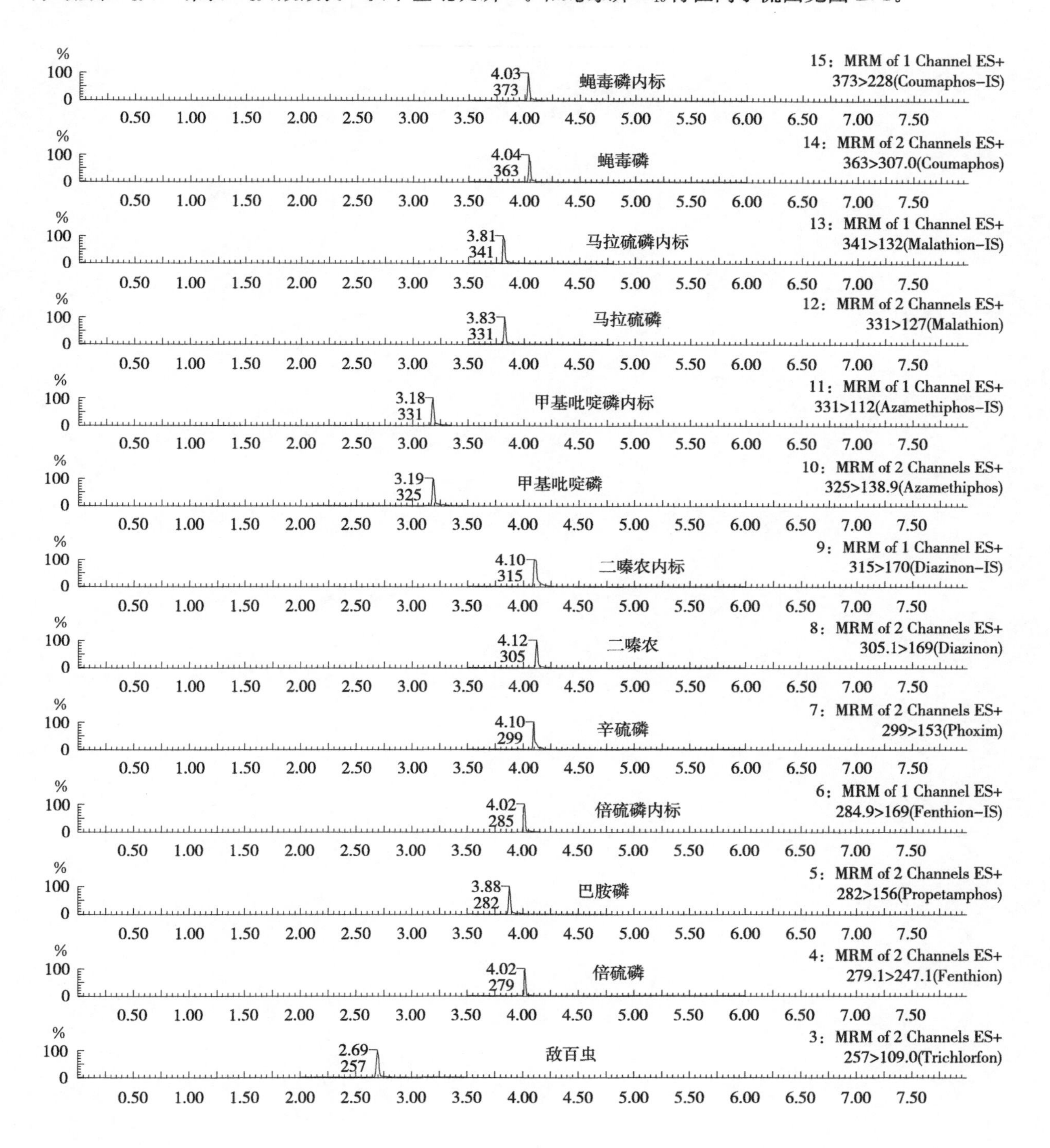

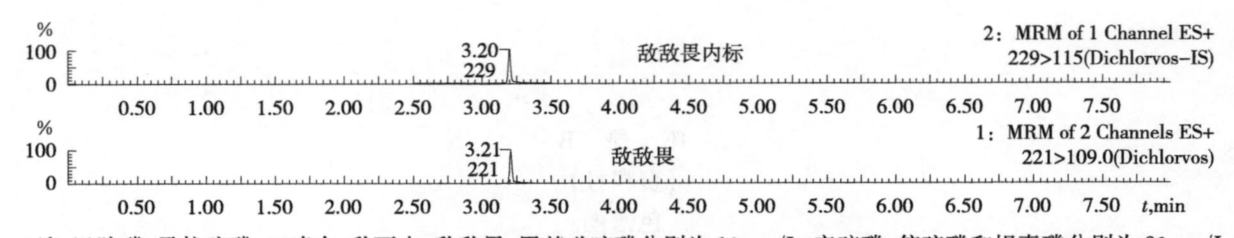

注：巴胺磷、马拉硫磷、二嗪农、敌百虫、敌敌畏、甲基吡啶磷分别为 10 μg/L，辛硫磷、倍硫磷和蝇毒磷分别为 20 μg/L。

图 B.1 辛硫磷、巴胺磷、倍硫磷、马拉硫磷、二嗪农、敌百虫、敌敌畏、甲基吡啶磷和蝇毒磷及内标倍硫磷-D_6、马拉硫磷-D_{10}、二嗪农-D_{10}、敌敌畏-D_6、甲基吡啶磷-D_6 和蝇毒磷-D_{10} 特征离子流图

ICS 67.050
CCS X 50

中华人民共和国国家标准

GB 31656.9—2021

食品安全国家标准
水产品中二甲戊灵残留量的测定
液相色谱-串联质谱法

**National food safety standard—
Determination of pendimethalin residue in aquatic products
by liquid chromatography–tandem mass spectrometry method**

2021-09-16 发布　　　　2022-02-01 实施

中华人民共和国农业农村部
中华人民共和国国家卫生健康委员会　发布
国家市场监督管理总局

前　言

本文件按照 GB/T 1.1—2020《标准化工作导则　第 1 部分:标准化文件的结构和起草规则》的规定起草。

本文件系首次发布。

食品安全国家标准
水产品中二甲戊灵残留量的测定　液相色谱-串联质谱法

1　范围

本文件规定了水产品中二甲戊灵残留量检测的制样和液相色谱-串联质谱测定方法。

本文件适用于鱼、虾、蟹、贝、海参、龟鳖类可食性组织中二甲戊灵残留量的检测。

2　规范性引用文件

下列文件中的内容通过文中的规范性引用而构成本文件必不可少的条款。其中，注日期的引用文件，仅该日期对应的版本适用于本文件；不注日期的引用文件，其最新版本（包括所有的修改单）适用于本文件。

GB/T 6682　分析实验室用水规格和试验方法

GB/T 30891—2014　水产品抽样规范

3　术语和定义

本文件没有需要界定的术语和定义。

4　原理

试样中残留的二甲戊灵经乙腈提取，HLB 固相萃取柱净化，C_{18}吸附剂去除脂类杂质，液相色谱-串联质谱法测定，内标法定量。

5　试剂与材料

除另有规定外，所有试剂均为分析纯，水为符合 GB/T 6682 规定的一级水。

5.1　试剂

5.1.1　乙腈（C_2H_3N）：色谱纯。

5.1.2　甲醇（CH_4O）：色谱纯。

5.1.3　甲酸（CH_2O_2）：色谱纯。

5.1.4　正己烷（C_6H_{14}）：色谱纯。

5.1.5　丙酮（C_3H_6O）：色谱纯。

5.1.6　氯化钠（NaCl）。

5.2　溶液配制

5.2.1　正己烷-丙酮溶液：取正己烷 500 mL、丙酮 500 mL，混匀。

5.2.2　甲酸水溶液（0.1%）：取甲酸 1 mL，用水稀释至 1 000 mL。

5.3　标准品

5.3.1　二甲戊灵（Pendimethalin，$C_{13}H_{19}N_3O_4$，CAS 号：40487-42-1），含量≥98.0%。

5.3.2　氘代二甲戊灵（Pendimethalin-D_5，$C_{13}H_{14}N_3O_4D_5$，CAS 号：1219803-39-0），含量≥98.0%。

5.4　标准溶液配制

5.4.1　标准储备液（1 mg/mL）：取二甲戊灵标准品约 10 mg，精密称定，用乙腈溶解并稀释定容至 10 mL 容量瓶，摇匀，即得。4 ℃避光保存，有效期 6 个月。

5.4.2　内标储备液（1 mg/mL）：取氘代二甲戊灵标准品约 10 mg，精密称定，用乙溶解并稀释定容至

10 mL容量瓶，摇匀，即得。4 ℃避光保存，有效期 6 个月。

5.4.3 标准中间液(1 μg/mL)：准确移取二甲戊灵标准储备液 0.1 mL，于 100 mL 容量瓶中，用乙腈稀释至刻度，配制成浓度为 1 μg/mL 的标准中间液。4 ℃下避光保存，有效期 2 周。

5.4.4 内标中间液(1 μg/mL)：准确移取氘代二甲戊灵标准储备液 0.1 mL，于 100 mL 容量瓶中，用乙腈稀释至刻度，配制成浓度为 1 μg/mL 的内标中间液。4 ℃下避光保存，有效期 2 周。

5.5 材料

5.5.1 HLB 固相萃取柱：60 mg/3 mL，或相当者。

5.5.2 C_{18}吸附剂：40 μm～60 μm。

5.5.3 微孔滤膜：0.22 μm，耐有机试剂。

6 仪器和设备

6.1 液相色谱-串联质谱仪：配电喷雾离子源(ESI 源)。

6.2 分析天平：感量 0.01 g 和 0.000 01 g。

6.3 氮吹仪。

6.4 均质机。

6.5 涡旋混合器。

6.6 离心机：10 000 r/min 或以上。

6.7 超声波振荡器。

6.8 旋转蒸发器。

6.9 固相萃取装置。

7 试料的制备与保存

7.1 试料的制备

按 GB/T 30891—2014 附录 B 的要求制样。

a) 取均质的供试样品，作为供试试料；

b) 取均质的空白样品，作为空白试料；

c) 取均质的空白样品，添加适宜浓度的标准溶液，作为空白添加试料。

7.2 试料的保存

－18 ℃以下保存。

8 测定步骤

8.1 提取

称取试料 5.0 g(准确至±0.02 g)，加内标工作液 50 μL，混匀，依次加水 6 mL、氯化钠 1 g，乙腈 20 mL，3 000 r/min 涡旋 1 min，超声提取 20 min，4 000 r/min 离心 10 min。取上清液，残渣加乙腈 20 mL重复提取一次，合并上清液。40 ℃旋蒸浓缩至近干，加乙腈 3 mL 溶解残渣，备用。

8.2 净化

固相萃取柱用乙腈 3 mL 活化，取备用液过柱，控制流速不超过 1 mL/min，用乙腈 3 mL 淋洗，加正己烷-丙酮溶液 8 mL 洗脱。收集洗脱液，40 ℃氮吹至近干，准确加入乙腈 2 mL 复溶，加 C_{18}吸附剂 0.5 g，以 3 000 r/min 涡旋 1 min，以 4 000 r/min 离心 10 min，取上清液过 0.22 μm 滤膜，供液相色谱-串联质谱仪测定。

8.3 标准曲线的制备

准确移取标准工作液、内标工作液各适量，用乙腈稀释配制成二甲戊灵浓度分别为 2.5 μg/L、5.0 μg/L、10.0 μg/L、20.0 μg/L、50.0 μg/L、100.0μg/L，氘代二甲戊灵浓度均为 25.0 μg/L 的系列混合标准工作溶液,供液相色谱-串联质谱仪测定。使用时现用现配。以待测物与内标物峰面积比值为纵坐标、对应二甲戊灵浓度为横坐标,绘制标准工作曲线,求回归方程和相关系数。

8.4 测定

8.4.1 液相色谱参考条件

a) 色谱柱:C_{18}柱(100 mm×2.1 mm,1.7 μm),或相当者;
b) 柱温:40 ℃;
c) 进样量:5 μL;
d) 流速:0.5 mL/min;
e) 流动相:A 为乙腈,B 为甲酸水溶液(0.1%);
f) 梯度洗脱条件见表 1。

表 1 流动相梯度洗脱条件

时间 min	乙腈 %	0.1%甲酸水溶液 %
0	20	80
1.00	20	80
5.00	95	5
8.00	95	5
8.10	20	80
10.0	20	80

8.4.2 质谱参考条件

a) 离子源:电喷雾离子源(ESI 源);
b) 扫描方式:正离子扫描;
c) 检测方式:多反应监测(MRM);
d) 电喷雾电压:3 000 V;
e) 离子源温度:150 ℃;
f) 脱溶剂气温度:450 ℃;
g) 脱溶剂气、碰撞气、辅助气等气体,在使用前应调节其流量,使质谱灵敏度达到检测要求;
h) 母离子、子离子、锥孔电压和碰撞能量等见表 2。

表 2 多反应监测母离子、子离子、锥孔电压和碰撞能量

化合物名称	母离子 *m/z*	子离子 *m/z*	锥孔电压 V	碰撞能量 eV
二甲戊灵 Pendimethalin	282.3	212.1[a]	24	9
		194.2	24	17
氘代二甲戊灵 Pendimethalin-D_5	287.3	213.1[a]	16	9

[a] 表示为定量离子。

8.4.3 测定方法

a) 定性方法:通过试样中各组分的保留时间、特征离子与相应的标准工作液中各组分的保留时间、特征离子相对照进行定性。在相同测试条件下,阳性样品保留时间与标准物质保留时间相对偏差在±2.5%以内,且检测到的相对离子丰度,应当与浓度相当的校正标准品相对丰度一致。定量与定性碎片离子丰度比应符合表 3 的要求。

表 3　定性确证时相对离子丰度的允许偏差

单位为百分号

相对离子丰度	＞50	＞20～50	＞10～20	≤10
允许相对偏差	±20	±25	±30	±50

b)　定量方法：将试样溶液和标准工作液在相同的色谱质谱条件下进行测定，作单点或多点校准，以色谱峰面积定量，内标法计算。标准工作液和试样液中目标物的响应值均应在仪器检测线性范围内。标准溶液的多反应监测谱图见附录 A。

8.5　空白试验

取空白试料，除不加标准溶液外，采用相同的测定步骤进行平行操作。

9　结果计算和表述

试样中待测物残留量按标准曲线或公式(1)计算。

$$X=\frac{A\times A'_{iS}\times C_S\times C_{iS}\times V}{A_{iS}\times A_S\times C'_{iS}\times m} \quad \cdots\cdots (1)$$

式中：

X ——试样中二甲戊灵残留量的数值，单位为微克每千克(μg/kg)；

A_S ——标准工作液中二甲戊灵的峰面积；

A'_{iS}——标准工作液中氘代二甲戊灵的峰面积；

A ——试样溶液中二甲戊灵的峰面积；

A_{iS} ——试样溶液中氘代二甲戊灵的峰面积；

C_S ——标准工作液中二甲戊灵标准品浓度的数值，单位为微克每升(μg/L)；

C'_{iS}——标准工作液中氘代二甲戊灵标准品浓度的数值，单位为微克每升(μg/L)；

C_{iS} ——试样溶液中氘代二甲戊灵浓度的数值，单位为微克每升(μg/L)；

V ——试样复溶溶液体积的数值，单位为毫升(mL)；

m ——供试试样质量的数值，单位为克(g)。

10　检测方法的灵敏度、准确度和精密度

10.1　灵敏度

二甲戊灵的检测限为 1.0 μg/kg，定量限为 2.0 μg/kg。

10.2　准确度

二甲戊灵在 2 μg/kg～20 μg/kg 添加浓度的回收率为 70%～120%。

10.3　精密度

本方法的批内相对标准偏差≤15%，批间相对标准偏差≤15%。

附　录　A
（资料性）
二甲戊灵标准溶液多反应监测色谱图

二甲戊灵标准溶液多反应监测色谱图见图 A.1。

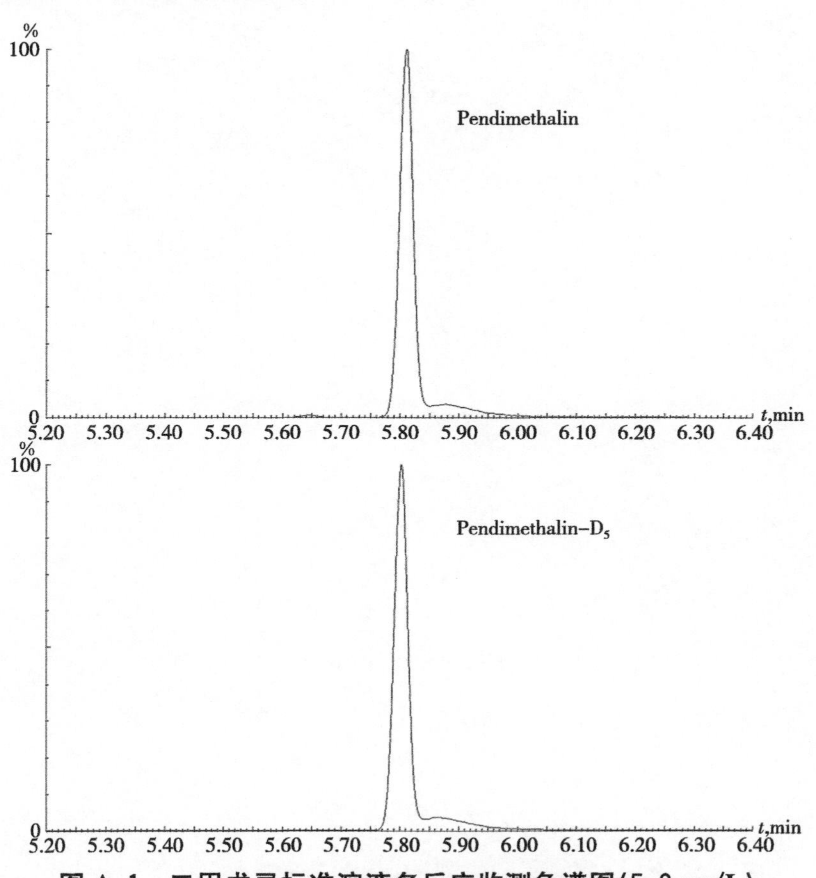

图 A.1　二甲戊灵标准溶液多反应监测色谱图(5.0 μg/L)

ICS 67.050
CCS X 50

中华人民共和国国家标准

GB 31656.10—2021

食品安全国家标准
水产品中四聚乙醛残留量的测定
液相色谱-串联质谱法

National food safety standard—
Determination of metaldehyde residues in aquatic products by liquid chromatography–tandem mass spectrometry method

2021-09-16 发布　　　　2022-02-01 实施

中华人民共和国农业农村部
中华人民共和国国家卫生健康委员会　发布
国家市场监督管理总局

前　　言

本文件按照 GB/T 1.1—2020《标准化工作导则　第 1 部分:标准化文件的结构和起草规则》的规定起草。

本文件系首次发布。

食品安全国家标准
水产品中四聚乙醛残留量的测定　液相色谱-串联质谱法

1　范围

本文件规定了水产品中四聚乙醛残留量检测的制样和液相色谱-串联质谱测定方法。

本文件适用于鱼和虾可食性组织中四聚乙醛残留量的检测。

2　规范性引用文件

下列文件中的内容通过文中的规范性引用而构成本文件必不可少的条款。其中，注日期的引用文件，仅该日期对应的版本适用于本文件；不注日期的引用文件，其最新版本（包括所有的修改单）适用于本文件。

GB/T 6682　分析实验室用水规格和试验方法

GB/T 30891—2014　水产品抽样规范

3　术语和定义

本文件没有需要界定的术语和定义。

4　原理

试料中四聚乙醛经乙腈匀浆提取，提取液经盐析后采用N-丙基乙二胺和C_{18}填料净化，液相色谱-串联质谱法检测，内标法定量。

5　试剂与材料

除另有规定外，所有试剂均为分析纯，水为符合GB/T 6682规定的一级水。

5.1　试剂

5.1.1　乙腈（CH_3CN）：色谱纯。

5.1.2　甲酸（HCOOH）：色谱纯。

5.1.3　氯化钠（NaCl）。

5.1.4　无水硫酸镁（$MgSO_4$）。

5.2　溶液的配制

5.2.1　0.1%甲酸溶液：取甲酸1 mL，加水溶解并稀释至1 000 mL，混匀。

5.2.2　50%乙腈溶液：移取乙腈100 mL，加水100 mL，摇匀。

5.3　标准品

四聚乙醛、四聚乙醛-D_{16}标准品，含量均≥95%，见附录A。

5.4　标准溶液的制备

5.4.1　标准储备液（100 μg/mL）：取四聚乙醛和四聚乙醛-D_{16}适量（相当于有效成分10 mg），精密称定，分别用乙腈溶解并稀释定容至100 mL容量瓶中，摇匀，即得。−18 ℃以下保存，有效期6个月。

5.4.2　标准中间液（5.0 μg/mL）：精密量取四聚乙醛和四聚乙醛-D_{16}标准储备液各0.5mL分别于10 mL容量瓶中，用乙腈稀释至刻度，摇匀，即得。2 ℃～8 ℃避光保存，有效期1个月。

5.4.3　标准工作液（0.25μg/mL）：精密量取四聚乙醛和四聚乙醛-D_{16}标准中间液各0.5 mL分别于10 mL容量瓶中，用乙腈稀释至刻度，摇匀，即得。现用现配。

5.5 材料

5.5.1 N-丙基乙二胺(PSA)填料,40 目～60 目或相当者。

5.5.2 C_{18}填料,40 目～60 目或相当者。

6 仪器和设备

6.1 液相色谱-串联质谱仪:配自动进样器和电喷雾离子源。

6.2 分析天平:感量 0.01 g 和 0.000 01 g。

6.3 均质机。

6.4 离心管:聚丙烯塑料离心管,10 mL 和 50 mL。

6.5 离心机:10 000 r/min 或以上。

6.6 涡旋混合器。

7 试料的制备与保存

7.1 试料的制备

按 GB/T 30891—2014 附录 B 的要求制样。

a) 取均质后的供试料品,作为供试试料;

b) 取均质后的空白样品,作为空白试料;

c) 取均质后的空白样品,添加适宜浓度的标准工作液,作为空白添加试料。

7.2 试料的保存

−18 ℃以下保存,3 个月内进行分析检测。

8 测定步骤

8.1 提取

取试料 5 g(准确至±0.05 g),于 50 mL 离心管中,加四聚乙醛-D_{16}标准工作液(0.25 μg/mL) 100 μL,再依次加入水 2.0 mL 和乙腈 10.0 mL,以 10 000 r/min 速度匀质 1 min 后加入氯化钠 2 g,加盖涡旋混合 1 min 后以 5 000 r/min 的速度离心 2 min,收集上清液,备用。

8.2 净化

取备用液 2.0 mL,转入装有无水硫酸镁 0.3 g、C_{18} 0.1 g、PSA 0.1 g 的 5 mL 离心管,涡旋混匀 1 min,5 000 r/min 离心 2 min,吸取上清液 0.5 mL 用 0.1%甲酸溶液稀释至 1.0 mL 混匀,过 0.22 μm 滤膜,供液相色谱-串联质谱测定。

8.3 标准曲线的制备

精密量取 0.25 μg/mL 四聚乙醛标准工作液和 0.25 μg/mL 四聚乙醛-D_{16}标准工作液适量,用50%乙腈溶液稀释成含四聚乙醛浓度为 0.05 μg/L、0.10 μg/L、0.25 μg/L、0.50 μg/L、1.0 μg/L、2.5 μg/L 和 5.0 μg/L 的系列标准溶液(内标浓度均为 1.25 μg/L),供液相色谱-串联质谱测定。以标准溶液浓度为横坐标、四聚乙醛定量离子对峰面积和四聚乙醛-D_{16}离子对峰面积比值为纵坐标,绘制标准曲线。求回归方程和相关系数。

8.4 测定

8.4.1 液相色谱参考条件

a) 色谱柱:C_{18}柱(50 mm×2.1 mm,1.7 μm)或相当者;

b) 流动相:A 为 0.1%的甲酸溶液,B 为乙腈,梯度洗脱条件见表 1;

c) 流速:0.3 mL/min;

d) 柱温:30 ℃;

e) 进样量:10 μL。

表1 流动相梯度洗脱条件

时间 min	A %	B %
0	90	10
0.5	70	30
1.5	5	95
3.5	5	95
3.6	90	10
5.0	90	10

8.4.2 质谱参考条件

a) 离子源:电喷雾离子源;
b) 扫描方式:正离子扫描;
c) 检测方式:多反应监测(MRM);
d) 毛细管电压:1.5 kV;
e) 锥孔电压:20 V;
f) RF 透镜电压:0.5 V;
g) 离子源温度:150 ℃;
h) 脱溶剂气温度:500 ℃;
i) 锥孔气流速:50 L/h;
j) 脱溶剂气流速:1 000 L/h;
k) 倍增器电压: 650 V;
l) 二级碰撞气:氩气;
m) 定性离子对、定量离子对、碰撞能量和锥孔电压参考值见表2。

表2 定性离子对、定量离子对、碰撞能量和锥孔电压

化合物名称	定性离子对和碰撞能量 m/z(eV)	定量离子对和碰撞能量 m/z(eV)	锥孔电压 V
四聚乙醛	194.2>62.2(8) 194.2>106.2(4)	194.2>62.2(8)	8
四聚乙醛-D_{16}	210.3>66.1(8)	210.3>66.1(8)	8

8.4.3 测定法

取试料溶液和标准溶液,作单点或多点校准,以色谱峰面积定量,内标法计算。标准溶液及试料溶液中目标药物的特征离子质量色谱峰峰面积均应在仪器检测的线性范围之内。试料液中四聚乙醛保留时间与标准工作液中的四聚乙醛保留时间之比,偏差在±2.5%以内,且试料溶液中的相对离子丰度与标准溶液中的相对离子丰度相比,符合表3的要求。标准溶液多反应监测色谱图见附录B.1。

表3 定性确证时相对离子丰度的允许偏差

单位为百分号

相对离子丰度	允许偏差
>50	±20
>20~50	±25
>10~20	±30
≤10	±50

8.5 空白试验

取空白试料,除不加标准溶液外,采用相同的测定步骤进行平行操作。

9 结果计算和表述

试料中待测物的残留量按标准曲线或公式(1)计算。

$$X=\frac{A\times A'_{iS}\times C_S\times C_{iS}\times V\times V_2\times 1000}{A_{iS}\times A_S\times C'_{iS}\times V_1\times m\times 1000} \quad \cdots\cdots (1)$$

式中：

X ——试料中四聚乙醛残留量的数值，单位为微克每千克(μg/kg)；

A ——试料溶液中四聚乙醛的峰面积；

A_{iS} ——试料溶液中四聚乙醛内标的峰面积；

A_S ——标准溶液中四聚乙醛的峰面积；

A'_{iS}——标准溶液中四聚乙醛内标的峰面积；

C_{iS} ——试料溶液中四聚乙醛内标浓度的数值，单位为微克每升(μg/L)；

C_S ——标准溶液中四聚乙醛浓度的数值，单位为微克每升(μg/L)；

C'_{iS}——标准溶液中四聚乙醛内标浓度的数值，单位为微克每升(μg/L)；

V ——定容体积的数值，单位为毫升(mL)；

V_1 ——用于稀释定容的乙腈提取液体积的数值，单位为毫升(mL)；

V_2 ——乙腈提取液体积的数值，单位为毫升(mL)；

m ——试料质量的数值，单位为克(g)。

10 检测方法的灵敏度、准确度和精密度

10.1 灵敏度

本方法在鱼和虾可食性组织中的检测限为 0.50 μg/kg，定量限为 1.0 μg/kg。

10.2 准确度

本方法在 1.0 μg/kg～2.0 μg/kg 添加浓度水平上的回收率为 80%～120%。

10.3 精密度

本方法的批内相对标准偏差≤10%，批间相对标准偏差≤15%。

附 录 A
（资料性）
四聚乙醛和四聚乙醛-D_{16}的英文名称、分子式、CAS 号

四聚乙醛和四聚乙醛-D_{16}的英文名称、分子式、CAS 号见表 A.1。

表 A.1 四聚乙醛和四聚乙醛-D_{16}的英文名称、分子式、CAS 号

化合物	英文名称	分子式	CAS 号
四聚乙醛	metaldehyde	$C_8H_{16}O_4$	108-62-3
四聚乙醛-D_{16}	metaldehyde-D_{16}	$C_8D_{16}O_4$	1219805-73-8

附 录 B
（资料性）
标准溶液 MRM 色谱图

标准溶液 MRM 色谱图见图 B.1。

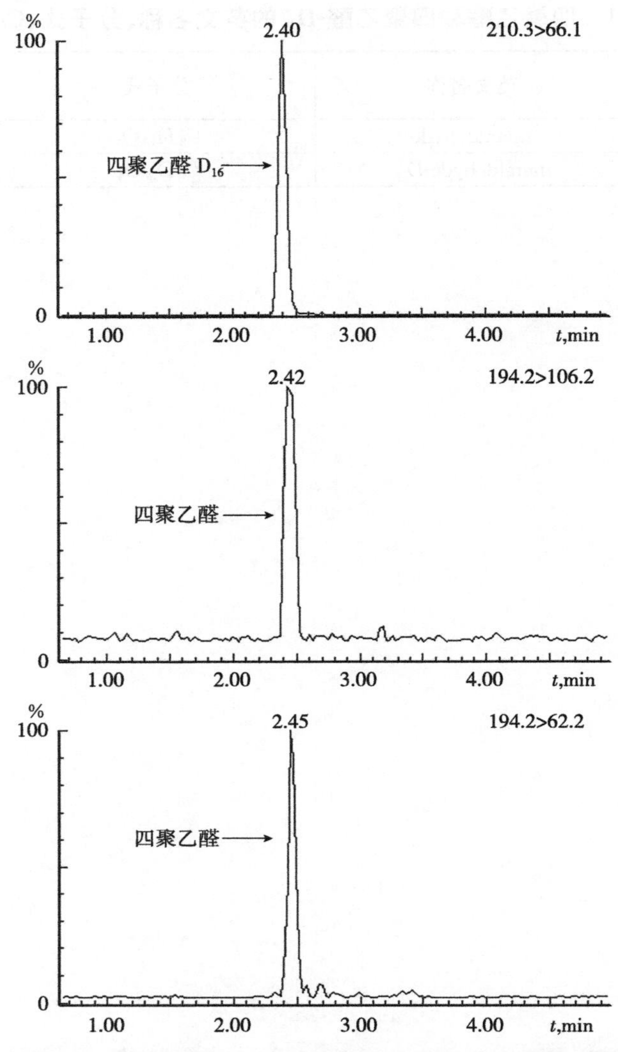

图 B.1 四聚乙醛标准溶液（0.05 μg/L）和四聚乙醛同位素标准溶液（1.25 μg/L）MRM 色谱图

ICS 67.050
CCS X 50

中华人民共和国国家标准

GB 31656.11—2021
代替 GB/T 22961—2008

食品安全国家标准
水产品中土霉素、四环素、金霉素、多西环素残留量的测定

**National food safety standard—
Determination of oxytetracycline,tetracycline,chlortetracycline and doxycycline residues in aquatic products**

2021-09-16 发布　　2022-02-01 实施

中华人民共和国农业农村部
中华人民共和国国家卫生健康委员会 发布
国家市场监督管理总局

前言

本文件按照 GB/T 1.1—2020《标准化工作导则　第 1 部分：标准化文件的结构和起草规则》的规定起草。

本文件代替 GB/T 22961—2008，并增加液相色谱-串联质谱测定方法。

本文件方法一对 GB/T 22961—2008《河豚鱼、鳗鱼中土霉素、四环素、金霉素、强力霉素残留量的测定　液相色谱-紫外检测法》进行修订。本文件与 GB/T 22961—2008 相比，除结构调整和编辑性改动外，主要技术内容变化如下：

——更改了标准的适用范围(见 1、2008 年版的 1)；

——更改了方法的检测器，由紫外检测器改为荧光检测器(见 6.1、2008 年版的 5.1)；

——更改了方法的部分测定步骤和检出限(见 8、2008 年版的 7)。

本文件及其所代替文件的历次版本发布情况为：

——GB/T 22961—2008；

——本次为第一次修订。

食品安全国家标准
水产品中土霉素、四环素、金霉素、多西环素残留量的测定

方法一　高效液相色谱法

1　范围

本文件规定了水产品中土霉素、四环素、金霉素和多西环素残留量测定的高效液相色谱法。

本文件适用于鱼、虾、蟹、鳖及海参等水产品可食组织中土霉素、四环素、金霉素和多西环素残留量的测定。

2　规范性引用文件

下列文件中的内容通过文中的规范性引用而构成本文件必不可少的条款。其中，注日期的引用文件，仅该日期对应的版本适用于本文件；不注日期的引用文件，其最新版本（包括所有的修改单）适用于本文件。

GB/T 6682　分析实验室用水规格和试验方法

GB/T 30891—2014　水产品抽样规范

3　术语和定义

本文件没有需要界定的术语和定义。

4　原理

试样中土霉素、四环素、金霉素和多西环素经柠檬酸缓冲溶液提取后，固相萃取柱净化，液相色谱荧光检测器检测，外标法定量。

5　试剂与材料

以下所用的试剂，除特别注明外均为分析纯；水为符合 GB/T 6682 规定的一级水。

5.1　试剂

5.1.1　甲醇（CH_3OH）：色谱纯。

5.1.2　乙酸镁（$C_4H_6O_4Mg \cdot 4H_2O$）。

5.1.3　咪唑（$C_3H_4N_2$）。

5.1.4　磷酸二氢钾（KH_2PO_4）。

5.1.5　柠檬酸（$C_6H_8O_7 \cdot H_2O$）：优级纯。

5.1.6　磷酸氢二钠（Na_2HPO_4）：优级纯。

5.1.7　乙二胺四乙酸二钠（$Na_2EDTA \cdot 2H_2O$）：优级纯。

5.1.8　冰乙酸（CH_3COOH）。

5.2　溶液配制

5.2.1　磷酸二氢钾溶液：取磷酸二氢钾 13.6 g，加水适量使溶解并稀释至 1 000 mL。

5.2.2　甲醇溶液：取甲醇 5 mL、水 95 mL，混匀。

5.2.3　柠檬酸缓冲液：取柠檬酸 6.30 g、磷酸氢二钠 13.8 g、乙二胺四乙酸二钠 1.86 g，加水 400 mL 使溶解，用冰乙酸调 pH 至 4.0，再用水稀释至 500 mL。

5.2.4　咪唑缓冲溶液：取咪唑 68.0 g、乙二胺四乙酸二钠 0.40 g、乙酸镁 10.0 g，加水 800 mL 使溶解，用

冰乙酸调 pH 至 7.2,再用水稀释至 1 000 mL,经 0.45 μm 水相微孔滤膜过滤后备用。

5.2.5 甲醇-咪唑缓冲溶液:取甲醇 20 mL、咪唑缓冲溶液 80 mL,混匀。

5.3 标准品

盐酸四环素、盐酸金霉素、盐酸土霉素、盐酸多西环素,含量均≥95%,具体见附录 A。

5.4 标准溶液制备

5.4.1 标准储备液(100 μg/mL):分别准确称取适量标准品,用甲醇溶解稀释定容配制成土霉素、四环素、金霉素和多西环素浓度均为 100 μg/mL 的标准储备液。−18 ℃以下避光储存,有效期 1 个月。

5.4.2 混合标准中间液:分别准确移取土霉素、四环素、金霉素和多西环素标准储备液 1.0 mL、1.0 mL、2.0 mL 和 2.0 mL 于 100 mL 容量瓶,用甲醇稀释并定容,配制成土霉素、四环素、金霉素和多西环素浓度分别为 1.0 μg/mL、1.0 μg/mL、2.0 μg/mL 和 2.0 μg/mL 的混合标准中间液。−18 ℃以下避光储存,有效期为 7 d。

5.5 材料

5.5.1 固相萃取柱:500 mg/6 mL,Oasis HLB 或性能相当者。

5.5.2 水相微孔滤膜:0.22 μm。

6 仪器和设备

6.1 高效液相色谱仪:配荧光检测器。

6.2 分析天平:感量 0.01 g。

6.3 分析天平:感量 0.000 01 g。

6.4 涡旋振荡器。

6.5 离心机:转速 6 000 r/min 或以上。

6.6 固相萃取装置(带负压抽滤器)。

6.7 氮吹仪。

6.8 组织匀浆机。

7 试样的制备与保存

7.1 试样的制备

按 GB/T 30891—2014 附录 B 的要求制样。

a) 取均质后的供试样品,作为供试试样;

b) 取均质后的空白样品,作为空白试样;

c) 取均质后的空白样品,添加适宜浓度的标准工作液,作为空白添加试样。

7.2 试样的保存

−18 ℃以下保存。

8 测定步骤

8.1 提取

取试样 5 g(准确至±0.05 g),加柠檬酸缓冲液 20 mL,涡旋震荡 2 min,超声提取 10 min,以 6 000 r/min 离心 10 min,取上清液于另一 50 mL 离心管中。向残渣加柠檬酸缓冲液 10 mL,重复提取 2 次,合并 3 次上清液,待净化。

8.2 净化

将 Oasis HLB 固相萃取柱依次用甲醇 10 mL、水 10 mL、柠檬酸缓冲液 5 mL 活化,移入待净化液,用甲醇溶液 10 mL,水 10 mL 淋洗,抽干,加甲醇 10 mL 洗脱,收集洗脱液,40 ℃氮气吹干,加磷酸二氢钾溶液 1.0 mL 溶解残渣,超声 1min,过 0.22 μm 水相微孔滤膜后,供高效液相色谱测定。

8.3 标准曲线的制备

准确移取土霉素、四环素、金霉素和多西环素混合标准中间溶液适量，用甲醇-咪唑缓冲溶液稀释成土霉素和四环素浓度分别为 50 ng/mL、100 ng/mL、200 ng/mL、500 ng/mL、1 000 ng/mL，金霉素和多西环素浓度分别为 100 ng/mL、200 ng/mL、400 ng/mL、1 000 ng/mL、2 000 ng/mL 的混合标准系列工作溶液供高效液相色谱测定。以待测物峰面积为纵坐标、相应的标准溶液浓度为横坐标，绘制标准曲线。计算回归方程和相关系数。

8.4 测定

8.4.1 液相色谱参考条件

a) 色谱柱：C_{18}色谱柱（250 mm×4.6 mm，5 μm），或相当者；
b) 柱温：40 ℃；
c) 进样量：30 μL；
d) 流速：0.8 mL/ min；
e) 激发波长：380 nm；
f) 发射波长：520 nm；
g) 流动相：甲醇-咪唑缓冲溶液。

8.4.2 测定法

取试样溶液和相应的标准溶液，作单点或多点校准，以色谱峰面积定量，外标法计算。标准工作液及试样溶液中土霉素、四环素、金霉素和多西环素响应值应在仪器检测的线性范围之内。标准溶液的高效液相色谱图见附录 B 中的图 B.1。

8.5 空白试验

取空白试料，除不加标准溶液外，采用相同的测定步骤进行平行操作。

9 结果计算和表述

试样中待测物残留量按标准曲线或公式(1)计算。

$$X = \frac{C_S \times A \times V}{A_S \times m} \qquad (1)$$

式中：

X —— 试样中土霉素、四环素、金霉素和多西环素含量的数值，单位为微克每千克(μg/kg)；
A —— 试样中土霉素、四环素、金霉素和多西环素的峰面积；
A_S —— 标准溶液中土霉素、四环素、金霉素和多西环素的峰面积；
C_S —— 标准溶液中土霉素、四环素、金霉素和多西环素浓度的数值，单位为纳克每毫升(ng/mL)；
V —— 最终试样定容体积的数值，单位为毫升(mL)；
m —— 供试试样质量的数值，单位为克(g)。

10 检测方法的灵敏度、准确度和精密度

10.1 灵敏度

本方法在水产品可食组织中土霉素和四环素的检测限均为 10.0 μg/kg，多西环素和金霉素的检测限均为 20.0 μg/kg；土霉素和四环素的定量限均为 20.0 μg/kg，多西环素和金霉素定量限均为 40.0 μg/kg。

10.2 准确度

土霉素和四环素在 20.0 μg/kg～200 μg/kg 添加浓度的回收率为 60%～110%；多西环素和金霉素在 40.0 μg/kg～400 μg/kg 添加浓度的回收率为 60%～110%。

10.3 精密度

本方法的批内相对标准偏差≤15%，批间相对标准偏差≤15%。

方法二　液相色谱-串联质谱法

11　范围

本文件规定了水产品中土霉素、四环素、金霉素和多西环素残留量测定的液相色谱-串联质谱法。

本文件适用于鱼、虾、蟹、鳖及海参等水产品可食组织中土霉素、四环素、金霉素和多西环素残留量的测定。

12　规范性引用文件

下列文件中的内容通过文中的规范性引用而构成本文件必不可少的条款。其中，注日期的引用文件，仅该日期对应的版本适用于本文件；不注日期的引用文件，其最新版本（包括所有的修改单）适用于本文件。

GB/T 6682　分析实验室用水规格和试验方法

GB/T 30891—2014　水产品抽样规范

13　术语和定义

本文件没有需要界定的术语和定义。

14　原理

试样中残留的土霉素、四环素、金霉素和多西环素，用 Na_2EDTA-Mcllvaine 缓冲溶液提取，醋酸铅沉淀，正己烷除脂，固相萃取柱净化，液相色谱-串联质谱测定，以基质校正标准曲线进行外标法定量。

15　试剂与材料

以下所用的试剂，除特别注明外均为分析纯；水为符合 GB/T 6682 规定的一级水。

15.1　试剂

15.1.1　乙腈（CH_3CN）：色谱纯。

15.1.2　甲醇（CH_3OH）：色谱纯。

15.1.3　乙酸乙酯（$CH_3COOC_2H_5$）：色谱纯。

15.1.4　正己烷（C_6H_6）：色谱纯。

15.1.5　甲酸（HCOOH）：色谱纯。

15.1.6　盐酸（HCl）。

15.1.7　氢氧化钠（NaOH）。

15.1.8　柠檬酸（$C_6H_8O_7 \cdot H_2O$）：优级纯。

15.1.9　磷酸氢二钠（Na_2HPO_4）：优级纯。

15.1.10　乙二胺四乙酸二钠（$Na_2EDTA \cdot 2H_2O$）：优级纯。

15.1.11　醋酸铅[$Pb(CH_3COO)_2 \cdot 3H_2O$]。

15.2　溶液配制

15.2.1　Na_2EDTA-Mcllvaine 缓冲溶液（0.1 mol/L）：称取柠檬酸 12.9 g、磷酸氢二钠 10.9 g、乙二胺四乙酸二钠 37.2 g，各自加水适量使溶解，混合，用水稀释至 1 000 mL，用 0.1 mol/L HCl 或 0.1 mol/L NaOH 调节 pH 至 4.0（±0.05）。

15.2.2　醋酸铅溶液（20.0 g/L）：取醋酸铅 20.0 g，加水溶解并稀释至 1 000 mL。

15.2.3 甲酸溶液(0.1%):取甲酸 0.1mL,加水溶解并稀释至 100 mL。

15.2.4 甲醇溶液:取甲醇 5 mL、水 95 mL,混匀。

15.2.5 甲醇-乙酸乙酯:取甲醇 10 mL、乙酸乙酯 90 mL,混匀。

15.2.6 甲酸溶液(0.1%)-乙腈:取 0.1% 甲酸溶液 90 mL、乙腈 10 mL,混匀。

15.3 标准品

盐酸四环素、盐酸金霉素、盐酸土霉素、盐酸多西环素,含量均≥95%,具体见附录 A。

15.4 标准溶液制备

15.4.1 标准储备液(100 μg/mL):分别取标准品 10 mg,精密称定,加甲醇溶解并分别定容于 100 mL 容量瓶中,配制成土霉素、四环素、金霉素和多西环素浓度分别为 100 μg/mL 的标准储备液。−18 ℃以下避光保存,有效期为 1 个月。

15.4.2 混合标准中间液(1.0 μg/mL):分别准确移取土霉素、四环素、金霉素和多西环素标准储备液 1 mL于 100 mL 容量瓶,用甲醇稀释至刻度,配制成浓度均为 1.0μg/mL 的混合标准中间液。−18 ℃以下避光保存,有效期为 7 d。

15.5 材料

15.5.1 固相萃取柱:60 mg/3 mL。Oasis HLB 或性能相当者。

15.5.2 聚丙烯离心管:50 mL。

15.5.3 微孔滤膜:0.22 μm。

16 仪器和设备

16.1 液相色谱-串联四级杆质谱仪:配有电喷雾离子源(ESI)。

16.2 分析天平:感量 0.01 g。

16.3 分析天平:感量 0.000 01 g。

16.4 离心机:转速 8 000 r/min 或以上。

16.5 固相萃取装置(带负压抽滤器)。

16.6 超声波清洗器。

16.7 涡旋混合器。

16.8 氮吹仪。

16.9 组织匀浆机。

17 试样的制备与保存

17.1 试样的制备

按 GB/T 30891—2014 附录 B 的要求制样。

a) 取均质后的供试样品,作为供试试样;

b) 取均质后的空白样品,作为空白试样;

c) 取均质后的空白样品,添加适宜浓度的标准工作液,作为空白添加试样。

17.2 试样的保存

−18 ℃以下保存。

18 测定步骤

18.1 提取

取试样 2 g(准确至±0.02 g),加入 Na_2EDTA-Mcllvaine 缓冲溶液 6.0 mL、醋酸铅溶液 2.0 mL,涡旋混合 1 min,超声 10 min 后,在 4 ℃下以 8 000 r/min 离心 5 min,移取上清液;残渣分别用 Na_2EDTA-

McIlvaine 缓冲溶液 6.0 mL 重复提取 2 次，合并 3 次提取液。

18.2 净化

向上述提取液中加入正己烷 10 mL，涡旋 1 min 后，8 000 r/min 的速率离心 5 min，去除上层液，下层溶液待进一步净化（对于鳗鲡、蟹和海参样品，需按照上述方法净化 2 次）。

固相萃取柱预先依次用甲醇 5 mL 和水 5 mL 活化，取 10.0 mL 提取液上样，控制流速约 1 mL/min，依次用水 5 mL 和甲醇溶液 5 mL 淋洗萃取柱，弃去全部流出液，减压抽干 5 min。最后用甲醇-乙酸乙酯 5 mL 洗脱，洗脱液于 40 ℃下用氮气吹至近干，用甲酸溶液（0.1%）-乙腈 1.0 mL 溶解残留物，涡旋混匀，过 0.22 μm 微孔滤膜，为防药物变性，需及时供液相色谱-质谱仪测定。

18.3 标准曲线的制备

精密量取 1 μg/mL 混合标准工作液，依次加入 6 份经提取和净化处理的空白试料洗脱液中，氮气吹至近干后，用甲酸溶液（0.1%）-乙腈 1.0 mL 溶解残留物，配制成 5 ng/mL、10 ng/mL、20 ng/mL、50 ng/mL、100 ng/mL 和 250 ng/mL 的基质混合标准系列工作溶液，现用现配。以基质校正标准工作液的浓度为横坐标，峰面积为纵坐标，绘制标准曲线，求回归方程和相关系数。

18.4 测定

18.4.1 色谱参考条件

a) 色谱柱：C_{18} 色谱柱（2.1 mm×150 mm，5 μm），CAPCELL PAK C_{18} MG Ⅱ或性能相当者；
b) 流速：0.2 mL/min；
c) 柱温：30 ℃；
d) 进样量：10 μL；
e) 流动相：A 为甲酸溶液（0.1%）；B 为乙腈。梯度洗脱条件见表 1。

表 1 流动相梯度洗脱条件

时间 min	A %	B %
0.0	90	10
0.5	90	10
3.0	10	90
6.0	10	90
7.0	90	10
8.0	90	10

18.4.2 质谱参考条件

a) 离子源：电喷雾（ESI）离子源；
b) 扫描方式：正离子扫描；
c) 检测方式：多反应监测（MRM）；
d) 喷雾电压：4 200 V；
e) 离子传输管温度：350 ℃；
f) 鞘气流量：35 L/min；
g) 辅助气流量：10 L/min；
h) 碰撞气：氩气；
i) 定性离子对、定量离子对和碰撞能量见表 2。

表 2 土霉素、四环素、金霉素、多西环素的质谱参数

化合物	定性离子对 *m/z*	定量离子对 *m/z*	碰撞能量 eV
土霉素 （Oxytetracycline，OTC）	461>426	461>426	19
	461>443		12

表 2（续）

化合物	定性离子对 m/z	定量离子对 m/z	碰撞能量 eV
四环素（Tetracycline，TC）	445＞410	445＞410	20
	445＞427		13
金霉素（Chlortetracycline，CTC）	479＞444	479＞444	21
	479＞154		24
多西环素（Doxycycline，DOC）	445＞428	445＞428	18
	445＞154		31

18.4.3　**测定法**

18.4.3.1　**定性测定**

在同样测试条件下，试样液中土霉素、四环素、金霉素和多西环素的保留时间与标准工作液中的相应保留时间之比，偏差在±2.5%以内，且检测到的相对离子丰度，应当与浓度相当的校正标准溶液相对丰度一致。基峰与次强碎片离子丰度比应符合表 3 的要求。

表 3　定性确证时相对离子丰度的允许偏差

单位为百分号

相对离子丰度	允许偏差
＞50	±20
20～50	±25
10～20	±30
≤10	±50

18.4.3.2　**定量测定**

待仪器稳定后，将净化好的试样溶液和相应的基质校正标准系列工作液等体积进样，作单点或多点校准，以色谱峰面积定量，外标法计算。标准工作液及试样中土霉素、四环素、金霉素和多西环素的响应值均应在仪器检测的线性范围之内。标准溶液的多反应监测色谱图见图 B.2。

18.5　**空白试验**

取空白试料，除不加标准溶液外，采用相同的测定步骤进行平行操作。

19　结果计算和表述

试样中待测物残留量按标准曲线或公式(2)计算。

$$X=\frac{C_S \times A \times V_1 \times V_3}{A_S \times V_2 \times m} \quad \cdots\cdots (2)$$

式中：

X —— 试样中土霉素、四环素、金霉素和多西环素含量的数值，单位为微克每千克(μg/kg)；

A ——试样中土霉素、四环素、金霉素和多西环素的峰面积；

A_S ——标准溶液中土霉素、四环素、金霉素和多西环素的峰面积；

C_S —— 标准溶液中土霉素、四环素、金霉素和多西环素浓度的数值，单位为纳克每毫升(ng/mL)；

V_1 ——提取溶液总体积的数值，单位为毫升(mL)；

V_2 ——吸取出用于净化的提取溶液体积的数值，单位为毫升(mL)；

V_3 ——最终试样定容体积的数值，单位为毫升(mL)；

m ——供试试样质量的数值，单位为克(g)。

20　检测方法的灵敏度、准确度和精密度

20.1　灵敏度

本方法在水产品可食组织中土霉素、四环素、金霉素和多西环素的检测限均为 5.00 μg/kg，定量限均为 10.0 μg/kg。

20.2 准确度

本方法在水产品可食组织中添加 10.0 μg/kg～200 μg/kg 浓度下的回收率为 60%～120%。

20.3 精密度

本方法的批内相对标准偏差≤15%，批间相对标准偏差≤15%。

附 录 A
(资料性)
药物的英文名称、分子式和CAS号

4种药物的英文名称、分子式和CAS号见表A.1。

表A.1 4种药物的英文名称、分子式和CAS号

化合物	英文名称	分子式	CAS号
盐酸土霉素	Oxytetracycline hydrochloride	$C_{22}H_{24}N_2O_9 \cdot HCl$	2058-46-0
盐酸四环素	Tetracycline hydrochloride	$C_{22}H_{24}N_2O_8 \cdot HCl$	64-75-5
盐酸金霉素	Chlortetracycline hydrochloride	$C_{22}H_{23}ClN_2O_8 \cdot HCl$	64-72-2
盐酸多西环素	Doxycycline hydrochloride	$C_{22}H_{24}N_2O_8 \cdot HCl \cdot 0.5H_2O \cdot 0.5C_2H_6O$	24390-14-5

附 录 B
（资料性）
目标化合物特征离子质量色谱图

目标化合物特征离子质量色谱图见图 B.1 和图 B.2。

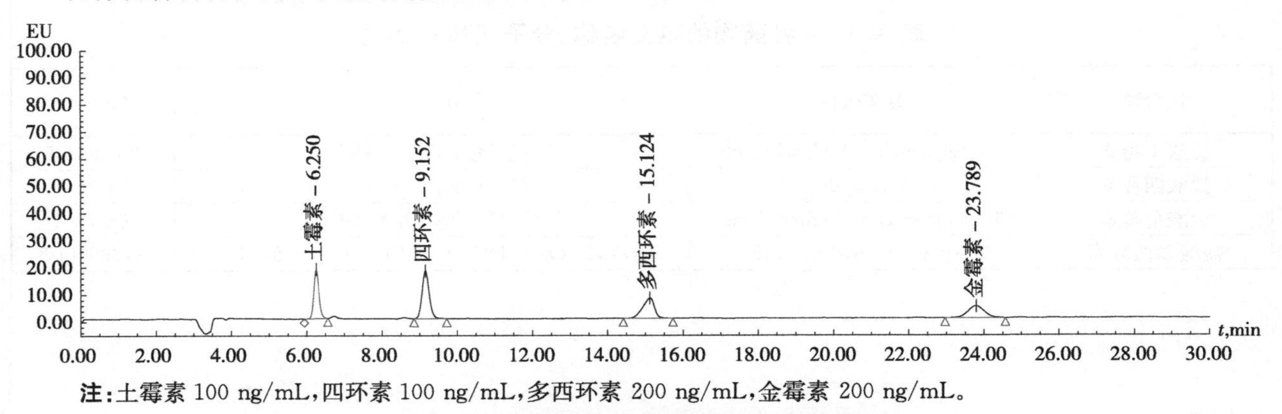

注：土霉素 100 ng/mL，四环素 100 ng/mL，多西环素 200 ng/mL，金霉素 200 ng/mL。

图 B.1 混合标准溶液的液相分离色谱图

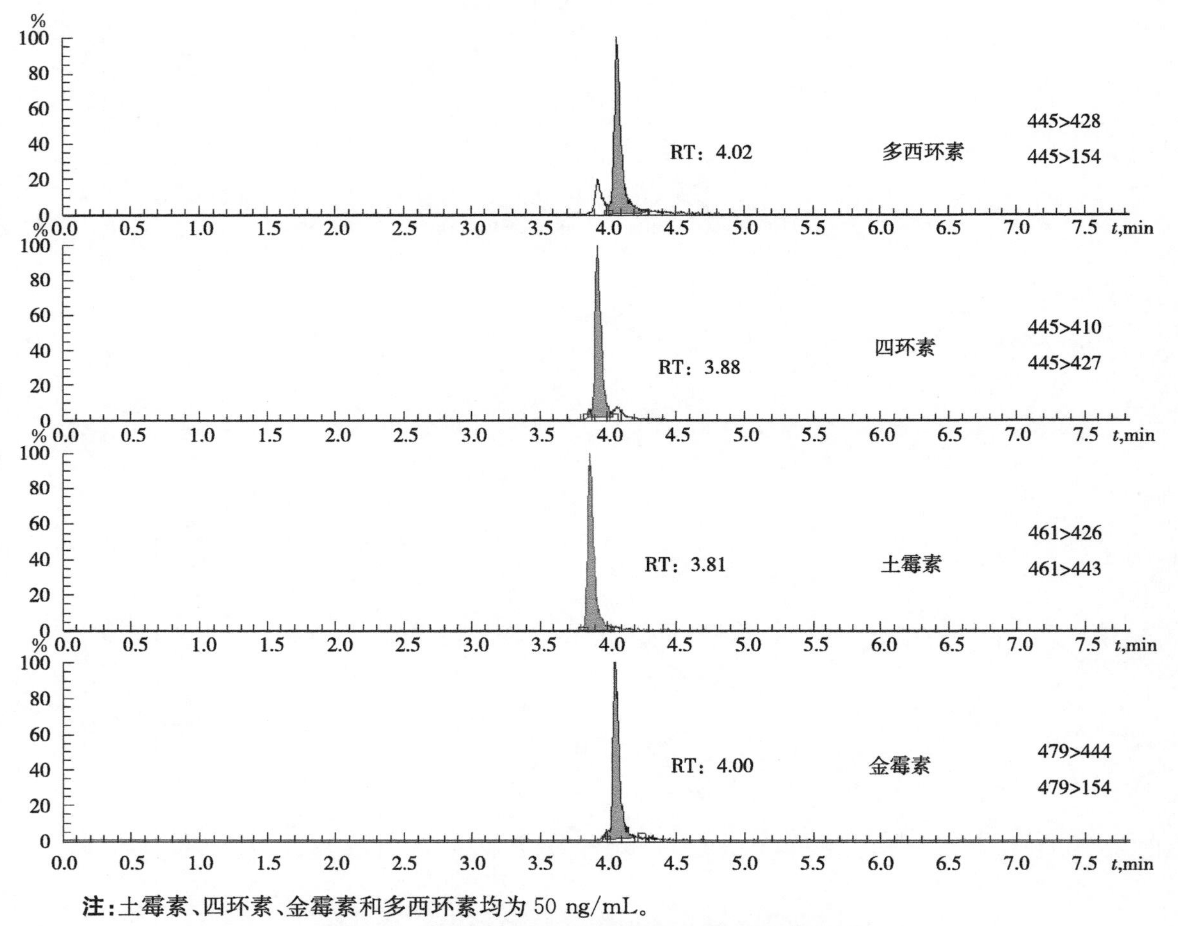

注：土霉素、四环素、金霉素和多西环素均为 50 ng/mL。

图 B.2 混合标准溶液的特征离子质量色谱图

ICS 67.050
CCS X 50

中华人民共和国国家标准

GB 31656.12—2021
代替 GB/T 22952—2008

食品安全国家标准
水产品中青霉素类药物多残留的测定
液相色谱-串联质谱法

National food safety standard—
Determination of Penicillin multi-residues in aquatic products by liquid chromatography-tandem mass spectrometry method

2021-09-16 发布　　　　2022-02-01 实施

中华人民共和国农业农村部
中华人民共和国国家卫生健康委员会　发布
国家市场监督管理总局

前　言

本文件按照 GB/T 1.1—2020《标准化工作导则　第1部分：标准化文件的结构和起草规则》的规定起草。

本文件代替 GB/T 22952—2008《河豚鱼和鳗鱼中阿莫西林、氨苄西林、哌拉西林、青霉素 G、青霉素 V、苯唑西林、氯唑西林、萘夫西林、双氯西林残留量的测定　液相色谱-串联质谱法》，与 GB/T 22952—2008 相比，除结构调整和编辑性改动外，主要技术内容变化如下：

a） 更改了标准的适用范围（见 1，2008 年版的 1）；
b） 增加了阿洛西林和甲氧西林的测定（见表 2、附录 A 表 A.1）；
c） 更改了定量方法（见 8.5.2，2008 年版的 7.4.2）；
d） 更改了部分测定步骤（见 8，2008 年版的 7）；
e） 增加了固相萃取和超滤管离心的净化步骤（见 8.2）；
f） 更改了方法的检出限和定量限（见 10.1，2008 年版的 1）。

本文件及其所代替文件的历次版本发布情况为：

——2008 年首次发布为 GB/T 22952—2008；

——本次为第一次修订。

食品安全国家标准
水产品中青霉素类药物多残留的测定 液相色谱-串联质谱法

1 范围

本文件规定了水产品中青霉素类药物残留量检测的制样和液相色谱-串联质谱测定方法。

本文件适用于鱼、虾、鳖和海参等水产品可食组织中阿莫西林、氨苄西林、青霉素 G、青霉素 V、苯唑西林、氯唑西林、双氯西林、萘夫西林、哌拉西林、阿洛西林和甲氧西林单个或多个药物残留量的测定。

2 规范性引用文件

下列文件中的内容通过文中的规范性引用而构成本文件必不可少的条款。其中,注日期的引用文件,仅该日期对应的版本适用于本文件;不注日期的引用文件,其最新版本(包括所有的修改单)适用于本文件。

GB/T 6682 分析实验室用水规格和试验方法

GB/T 30891—2014 水产品抽样规范

3 术语和定义

本文件没有需要界定的术语和定义。

4 原理

试料中残留的青霉素类药物,用乙腈水溶液提取,固相萃取柱净化,液相色谱-串联质谱测定,内标法定量。

5 试剂与材料

除另有规定外,所有试剂均为分析纯,水为符合 GB/T 6682 规定的一级水。

5.1 试剂

5.1.1 乙腈(CH_3CN):色谱纯。

5.1.2 甲酸(HCOOH):色谱纯。

5.2 溶液配制

5.2.1 30%乙腈水溶液:取乙腈 30 mL、水 70 mL,混合。

5.2.2 80%乙腈水溶液:取乙腈 400 mL、水 100 mL,混合。

5.2.3 0.05%甲酸水溶液:取甲酸 250 μL,加水稀释至 500 mL。

5.2.4 0.05%甲酸乙腈溶液:取甲酸 250 μL,加乙腈稀释至 500 mL。

5.3 标准品

5.3.1 青霉素类药物:阿莫西林、氨苄西林、青霉素 G、青霉素 V、苯唑西林、氯唑西林、双氯西林、萘夫西林、哌拉西林、阿洛西林和甲氧西林,含量均≥95%,具体内容见附录 A。

5.3.2 内标:阿莫西林-d_4、氨苄西林-d_5、青霉素 G-d_7、萘夫西林-d_6,含量均≥95%,具体内容见附录 A。

5.4 标准溶液制备

5.4.1 青霉素标准储备液(0.10 mg/mL):取青霉素类药物标准品约 10 mg,精密称定,用 30%乙腈水溶液溶解并稀释定容至 100 mL,配制成浓度均为 0.10 mg/mL 的标准储备液。−18 ℃避光保存,有效期 5 d。

5.4.2 内标储备液(0.10 mg/mL):取内标标准品约 10 mg,精密称定,用 30%乙腈水溶液溶解并稀释定容至 100 mL,配制成浓度均为 0.10 mg/mL 的内标储备液。−18 ℃避光保存,有效期 5 d。

5.4.3 混合标准中间液(1.0 μg/mL):分别精密量取青霉素标准储备液适量,用水稀释制成阿莫西林、氨苄西林、青霉素 G、青霉素 V、苯唑西林、氯唑西林、双氯西林、萘夫西林、哌拉西林、阿洛西林和甲氧西林浓度均为 1.0 μg/mL 的混合标准溶液。−4 ℃避光保存,有效期 5 d。

5.4.4 内标工作液(1.0 μg/mL):分别精密量取内标储备液适量,用水稀释制成阿莫西林-d_4、氨苄西林-d_5、青霉素 G-d_7、萘夫西林-d_6 浓度均为 1.0 μg/mL 的内标工作液。−4 ℃避光保存,有效期 5 d。

5.5 材料

5.5.1 通过式反相混合型亲水亲脂固相萃取柱:200 mg/6 mL,或相当者。

5.5.2 超滤管:10 kD,0.5 mL。

6 仪器与设备

6.1 液相色谱-串联四极杆质谱仪:配电喷雾离子源。

6.2 分析天平:感量 0.01 g 和 0.000 01 g。

6.3 高速冷冻离心机。

6.4 固相萃取装置。

6.5 超声波清洗仪。

6.6 组织匀浆机。

6.7 涡旋混合器。

6.8 氮吹仪。

7 试料的制备与保存

7.1 试料的制备

按 GB/T 30891—2014 附录 B 的要求制样。

a) 取均质的供试样品,作为供试试料;

b) 取均质的空白样品,作为空白试料;

c) 取均质的空白样品,添加适宜浓度的标准工作液,作为空白添加试料。

7.2 试料的保存

−18 ℃以下保存,3 个月内进行分析检测。

8 测定步骤

8.1 提取

取试料 2.5 g(准确至±0.02 g),加内标工作液 100 μL,静置 10 min,加 80%乙腈水溶液 5 mL,涡旋混合 1 min,超声 10 min,4 ℃ 10 000 r/min 离心 5 min,取上清液,残渣加 80%乙腈水溶液 4 mL 重复提取一次,合并上清液,用 80%乙腈水溶液稀释至 10.0 mL,备用。

8.2 净化

取 80%乙腈水溶液约 1 mL 润洗固相萃取柱,弃去流出液,取备用液 2.0 mL 过柱,保持流速为 1 滴/s,收集流出液,35 ℃氮气吹至少于 0.5 mL,加水定容至 0.5 mL,用超滤管以 12 000 r/min 离心 10 min,取滤液,供液相色谱-串联质谱测定。

8.3 标准曲线的制备

精密量取混合标准中间液、内标工作液适量,用水配制成青霉素类药物浓度为 2 μg/L、5 μg/L、10 μg/L、25 μg/L、50 μg/L、150 μg/L 和 300 μg/L 的混合标准工作液,其中青霉素内标溶液浓度均为 40 μg/L。以测得特征离子质量色谱峰外标和内标峰面积比值为纵坐标、对应的标准溶液浓度为横坐标,绘制标准曲线,求回归方程和相关系数。

8.4 测定

8.4.1 液相色谱参考条件

a) 色谱柱：C_{18}色谱柱(2.1 mm×100 mm,2.6 μm)，或性能相当者；
b) 柱温：35 ℃；
c) 流速：0.4 mL/ min；
d) 进样量：10 μL；
e) 流动相：A 为 0.05%的甲酸水溶液，B 为 0.05%的甲酸乙腈溶液。梯度洗脱条件见表 1。

表 1 流动相梯度洗脱条件

时间 min	A %	B %
0.0	98	2
1.0	98	2
3.0	60	40
7.0	0	100
10.0	0	100
10.1	98	2
12.0	98	2

8.4.2 质谱参考条件

a) 离子化模式：电喷雾离子源(ESI)，多反应监测(MRM)，正离子模式；
b) 喷雾电压：5.5 kV；
c) 气帘气压力：0.24 MPa；
d) 碰撞气压力：0.02 MPa；
e) 离子源温度：500 ℃；
f) 碰撞室入口电压：10 V；
g) 碰撞室出口电压：12 V；
h) 驻留时间：50 ms；
i) 离子源 Gas1：0.34 MPa；
j) 离子源 Gas2：0.34 MPa；
k) 多反应监测母离子、子离子、解簇电压和碰撞能量见表 2。

表 2 多反应监测母离子、子离子、解簇电压和碰撞能量

目标化合物	母离子 *m/z*	子离子 *m/z*	解簇电压 V	碰撞能量 eV
阿莫西林	366	349	40	11
		208[a]	40	16
氨苄西林	350	192	55	21
		106[a]	55	22
青霉素 G	335	176	60	34
		160[a]	60	34
青霉素 V	351	192	60	16
		160[a]	60	17
苯唑西林	402	243	60	18
		160[a]	60	17
氯唑西林	436	277	120	18
		160[a]	120	18
萘夫西林	415	171	70	52
		199[a]	70	20

表 2 （续）

目标化合物	母离子 m/z	子离子 m/z	解簇电压 V	碰撞能量 eV
双氯西林	470	311	120	19
		160[a]	120	19
哌拉西林	518	160	60	15
		143[a]	60	20
阿洛西林	462	246	60	17
		218[a]	60	26
甲氧西林	381	222	40	21
		165[a]	40	25
阿莫西林-d_4	370	212	60	17
氨苄西林-d_5	355	111	65	25
青霉素 G-d_7	342	183	120	18
萘夫西林-d_6	421	205	120	18

[a] 为定量碎片离子。

8.5 测定法

8.5.1 定性测定

在同样测试条件下，试料溶液中青霉素类药物的保留时间与标准工作液中青霉素类药物的保留时间之比，偏差在±2.5%以内，且检测到的相对离子丰度，应与浓度相当的标准溶液相对丰度一致。其允许偏差应符合表 3 的要求。

表 3 定性确证时相对离子丰度的最大允许偏差

单位为百分号

相对离子丰度	>50	>20～50	>10～20	≤10
允许偏差	± 20	± 25	± 30	± 50

8.5.2 定量测定

取试料溶液和混合标准工作溶液等体积进样测定，作单点或多点校准，以色谱峰面积定量，按内标法计算，其中阿莫西林以阿莫西林-d_4 为内标，氨苄西林以氨苄西林-d_5 为内标，青霉素 G、青霉素 V、苯唑西林、氯唑西林和双氯西林以青霉素 G-d_7 为内标，萘夫西林、哌拉西林、阿洛西林和甲氧西林以萘夫西林-d_6 为内标。标准溶液及试料溶液中青霉素类药物的响应值均应在仪器检测的线性范围内。在上述液相色谱-质谱条件下，标准溶液中特征离子质量色谱图见附录 B。

8.6 空白试验

取空白试料，除不加标准溶液外，采用相同的测定步骤进行平行操作。

9 结果计算和表述

试料中青霉素类药物的残留量按标准曲线或公式(1)计算。

$$X=\frac{A \times A'_{iS} \times C_S \times C_{iS} \times V \times V_1}{A_{iS} \times A_S \times C'_{iS} \times V_2 \times m} \quad \cdots\cdots (1)$$

式中：

X ——试料中被测物质残留量的数值，单位为微克每千克(μg/kg)；

A ——试料溶液中被测物质的峰面积；

A'_{iS} ——标准工作溶液中内标的峰面积；

A_{iS} ——试料溶液中内标的峰面积；

A_S ——标准工作溶液中被测物质的峰面积；

C_S ——标准工作溶液中被测物质浓度的数值，单位为纳克每毫升(ng/mL)；

C_{iS} ——试料溶液中内标浓度的数值，单位为纳克每毫升(ng/mL)；
C'_{iS} ——标准工作溶液中内标浓度的数值，单位为纳克每毫升(ng/mL)；
V ——试料溶液浓缩后定容体积的数值，单位为毫升(mL)；
V_1 ——试料提取液体积的数值，单位为毫升(mL)；
V_2 ——试料提取液过柱体积的数值，单位为毫升(mL)；
m ——试料质量的数值，单位为克(g)。

10 检测方法的灵敏度、准确度和精密度

10.1 灵敏度

本方法的检出限：氨苄西林、青霉素G、青霉素V、苯唑西林、氯唑西林、双氯西林、萘夫西林、哌拉西林、阿洛西林、甲氧西林均为2 μg/kg，阿莫西林为10 μg/kg。

本方法的定量限：氨苄西林、青霉素G、青霉素V、苯唑西林、氯唑西林、双氯西林、萘夫西林、哌拉西林、阿洛西林、甲氧西林均为5 μg/kg，阿莫西林为25 μg/kg。

10.2 准确度

本方法中氨苄西林、青霉素G、青霉素V、苯唑西林、氯唑西林、双氯西林、萘夫西林、哌拉西林、阿洛西林和甲氧西林添加浓度为5 μg/kg～300 μg/kg，阿莫西林添加浓度为25 μg/kg～300 μg/kg的回收率均为70%～120%。

10.3 精密度

本方法批内相对标准偏差≤15%，批间相对标准偏差≤15%。

附 录 A

(资料性)

青霉素类药物的英文名称、分子式和 CAS 号

11 种青霉素类药物的英文名称、分子式和 CAS 号见表 A.1。

表 A.1 11 种青霉素类药物的英文名称、分子式和 CAS 号

化合物	英文名称	分子式	CAS 号
阿莫西林	Amoxicillin	$C_{16}H_{19}N_3O_5S$	26787-78-0
氨苄西林	Ampicillin	$C_{16}H_{19}N_3O_4S$	69-53-4
青霉素 G	Penicillin G	$C_{16}H_{18}N_2O_4S$	61-33-6
青霉素 V	Penicillin V	$C_{16}H_{18}N_2O_5S$	87-08-1
苯唑西林	Oxacillin	$C_{19}H_{19}N_3O_5S$	66-79-5
氯唑西林	Cloxacillin	$C_{19}H_{18}ClN_3O_5S$	61-72-3
双氯西林	Dicloxacillin	$C_{19}H_{17}Cl_2N_3O_5S$	3116-76-5
萘夫西林	Nafcillin	$C_{21}H_{22}N_2O_5S$	147-52-4
哌拉西林	Piperacillin	$C_{23}H_{27}N_5O_7S$	61477-96-1
阿洛西林	Azlocillin	$C_{20}H_{23}N_5O_6S$	37091-66-0
甲氧西林	Methicillin	$C_{17}H_{21}N_2NaO_7S$	7246-14-2

附　录　B
（资料性）
目标化合物特征离子质量色谱图

目标化合物特征离子质量色谱图见图 B.1。

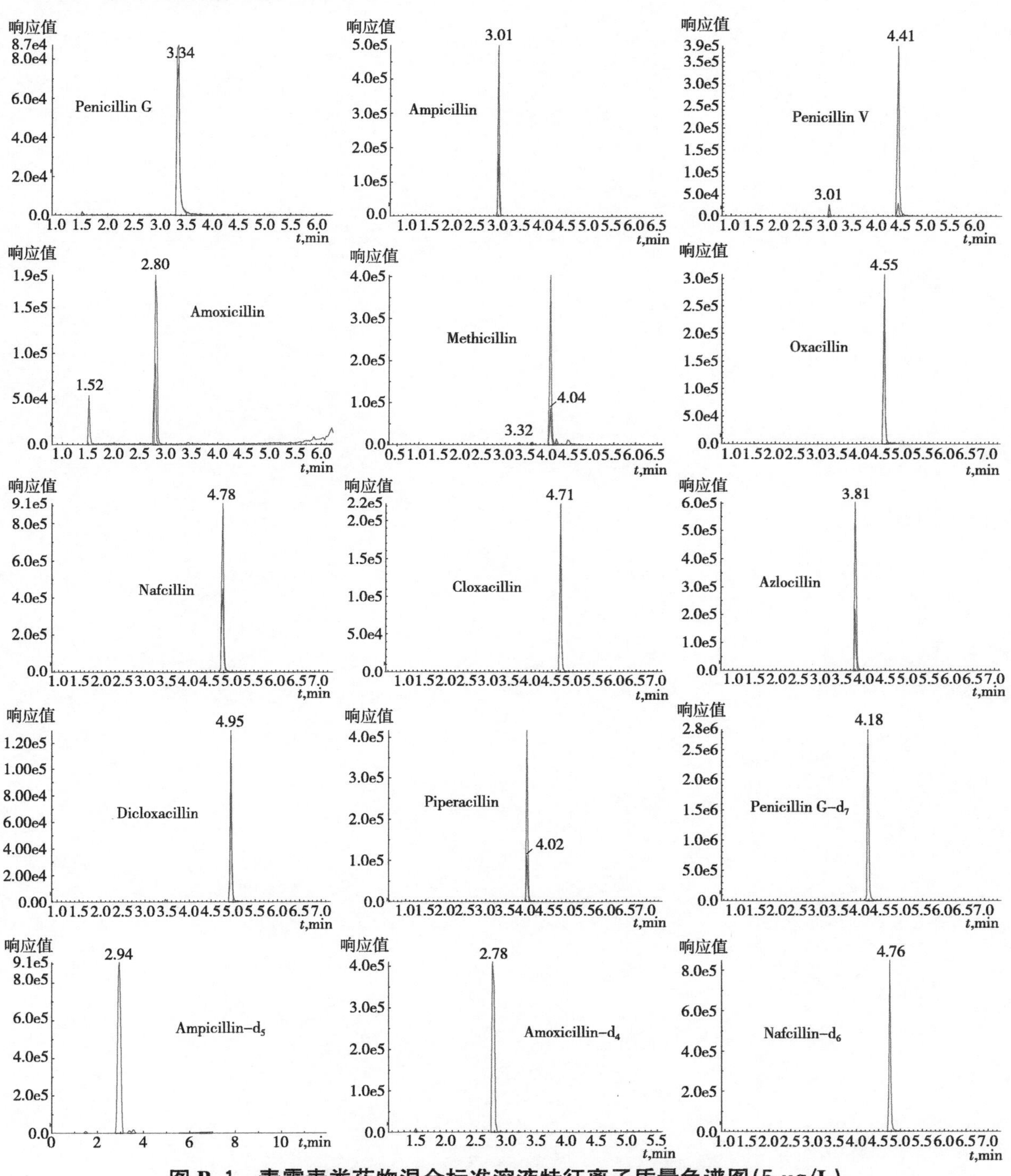

图 B.1　青霉素类药物混合标准溶液特征离子质量色谱图(5 μg/L)

ICS 67.050
CCS X 50

中华人民共和国国家标准

GB 31656.13—2021

食品安全国家标准
水产品中硝基呋喃类代谢物多残留的测定
液相色谱–串联质谱法

National food safety standard—
Determination of nitrofuran metabolites residues in aquatic products
by liquid chromatography–tandem mass spectrometry method

2021-09-16 发布　　　　2022-02-01 实施

中华人民共和国农业农村部
中华人民共和国国家卫生健康委员会　发布
国家市场监督管理总局

前　言

本文件按照 GB/T 1.1—2020《标准化工作导则　第 1 部分：标准化文件的结构和起草规则》的规定起草。

本文件系首次发布。

食品安全国家标准
水产品中硝基呋喃类代谢物多残留的测定
液相色谱-串联质谱法

1 范围

本文件规定了水产品中硝基呋喃类代谢物 3-氨基-2-噁唑烷基酮(3-amino-2-oxazolidinone,AOZ)、5-吗啉甲基-3-氨基-2-噁唑烷基酮(5-morpholinomethyl-3-amino-2-oxazolidinone,AMOZ)、1-氨基-2-内酰脲(1-aminohydantoin,AHD)和氨基脲(semicarbazide,SEM)残留量的制样和液相色谱-串联质谱测定方法。

本文件适用于鱼、海参及鳖等水产品可食组织中硝基呋喃类代谢物 AOZ、AMOZ、AHD 和 SEM 残留量的测定,以及虾和蟹等甲壳类可食组织中 AOZ、AMOZ 和 AHD 的测定。

2 规范性引用文件

下列文件中的内容通过文中的规范性引用而构成本文件必不可少的条款。其中,注日期的引用文件,仅该日期对应的版本适用于本文件;不注日期的引用文件,其最新版本(包括所有的修改单)适用于本文件。

GB/T 6682 分析实验室用水规格和试验方法

GB/T 30891—2014 水产品抽样规范

3 术语和定义

本文件没有需要界定的术语和定义。

4 原理

试料中残留的硝基呋喃类蛋白结合态代谢物在酸性条件下水解,经 2-硝基苯甲醛衍生化,用乙酸乙酯液液萃取,高速离心净化,液相色谱-串联质谱测定,内标法定量。

5 试剂与材料

除另有规定外,所有试剂均为分析纯,水为符合 GB/T 6682 规定的一级水。

5.1 试剂

5.1.1 甲醇(CH_3OH):色谱纯。

5.1.2 乙酸铵(CH_3COONH_4)色谱纯。

5.1.3 乙酸乙酯($C_4H_8O_2$):色谱纯。

5.1.4 二甲亚砜[$(CH_3)_2SO$]:色谱纯。

5.1.5 2-硝基苯甲醛($C_7H_5NO_3$):色谱纯。

5.1.6 无水磷酸氢二钾(K_2HPO_4)。

5.1.7 盐酸(HCl)。

5.2 溶液配制

5.2.1 0.5 mol/L 盐酸溶液:取盐酸 42 mL,用水稀释至 1 000 mL,混匀。

5.2.2 0.002 mol/L 乙酸铵溶液:取乙酸铵 0.15 g,用水溶解并稀释至 1 000 mL,混匀。

5.2.3 0.05 mol/L 2-硝基苯甲醛溶液:取 2-硝基苯甲醛 0.076 g,用二甲亚砜溶解并稀释至 10 mL,混匀,现用现配。

5.2.4 1.0 mol/L 磷酸氢二钾溶液:取无水磷酸氢二钾 87.1 g,用水溶解并稀释至 500 mL,混匀。

5.2.5 5%甲醇溶液:取甲醇 5 mL,用水稀释至 100 mL,混匀。

5.3 标准品

5.3.1 硝基呋喃类代谢物：AOZ、AMOZ、AHD·HCl和SEM·HCl，含量均≥99.0%，具体内容见附录A。

5.3.2 内标：AOZ-D_4、AMOZ-D_5、AHD-$^{13}C_3$和SEM·HCl-^{13}C,$^{15}N_2$，含量均≥99.0%，具体内容见附录A。

5.4 标准溶液配制

5.4.1 标准储备液：取AOZ、AMOZ、AHD·HCl、SEM·HCl标准品各适量（相当于活性成分10 mg），精密称定，加甲醇适量使溶解并定容至10 mL棕色容量瓶，配制成浓度为1.0 mg/mL标准储备液。−18 ℃避光保存，有效期6个月。

5.4.2 混合标准中间液：分别准确量取标准储备液适量，用甲醇逐级稀释，配制成浓度为1.0 μg/mL混合标准中间液。2 ℃～8 ℃避光保存，有效期1个月。

5.4.3 混合标准工作液：分别准确量取混合标准中间液各1 mL于10 mL和100 mL棕色容量瓶，用甲醇稀释至刻度，配制成浓度为100 μg/L和10 μg/L混合标准工作液。现用现配。

5.4.4 同位素内标标准储备液：取AOZ-D_4、AMOZ-D_5、AHD-$^{13}C_3$和SEM·HCl-^{13}C,$^{15}N_2$标准品各适量（相当于活性成分10 mg），精密称定，加甲醇适量使溶解并稀释定容至10 mL棕色容量瓶，配制成浓度为1.0 mg/mL内标标准储备液。−18 ℃避光保存，有效期6个月。

5.4.5 混合内标标准工作液：分别准确量取同位素内标标准储备液适量，用甲醇逐级稀释，配制成浓度为100 μg/L混合内标标准工作液。−18 ℃避光保存，有效期3个月。

6 仪器和设备

6.1 液相色谱-串联质谱仪：配电喷雾电离源。

6.2 分析天平：感量0.01 g和0.000 01 g。

6.3 离心机：6 000 r/min。

6.4 高速离心机：14 000 r/min。

6.5 涡旋混合器。

6.6 恒温振荡器。

6.7 氮吹仪。

7 试料的制备与保存

7.1 试料的制备

按GB/T 30891—2014附录B的要求制样。

a) 取均质的供试料品，作为供试试料；

b) 取均质的空白样品，作为空白试料；

c) 取均质的空白样品，添加适宜浓度的标准溶液，作为空白添加试料。

7.2 试料的保存

−18 ℃以下保存。

8 测定步骤

8.1 水解与衍生化

取试料2 g（精确至±0.01 g），于50 mL聚丙烯离心管中，准确加入混合内标标准工作液50 μL，涡旋混合1 min，加盐酸溶液5 mL、2-硝基苯甲醛溶液0.15 mL，涡旋混合1 min，置于恒温振荡器中，37 ℃避光振荡16 h。

8.2 提取净化

取出离心管冷却至室温，用磷酸氢二钾溶液调pH至7.0～7.5，加乙酸乙酯8 mL，涡旋振荡30 s，6 000 r/min离心5 min，取上清液至10 mL玻璃离心管，40 ℃氮气吹干。加5%甲醇溶液1.0 mL溶解残留物，再将溶液转移至1.5 mL离心管中，以14 000 r/min的转速离心10 min，取清液过0.22 μm滤膜，供液相色谱-串联质谱分析。

8.3 标准曲线的制备

分别准确移取10 μg/L和100 μg/L混合标准工作液各0.05 mL、0.1 mL、0.2 mL于6个50 mL离心管中，除不加试料外，按8.1和8.2步骤操作，使最终浓度分别为0.5 μg/L、1.0 μg/L、2.0 μg/L、5.0 μg/L、10 μg/L、20 μg/L，按8.4测定。以测得特征离子质量色谱峰外标和内标峰面积比值为纵坐标，对应的标准溶液浓度为横坐标，绘制标准曲线，求回归方程和相关系数。

8.4 测定

8.4.1 液相色谱参考条件

a) 色谱柱：C_{18}色谱柱（100 mm×2.1 mm，3.5 μm），或相当者；
b) 柱温：35 ℃；
c) 进样量：10 μL；
d) 流速：0.35 mL/min；
e) 流动相：A为0.002 mol/L乙酸铵溶液，B为甲醇。梯度洗脱条件见表1。

表1 流动相梯度洗脱条件

时间 min	A %	B %
0.50	90	10
4.00	5	95
5.50	5	95
6.00	90	10
7.00	90	10

8.4.2 质谱参考条件

a) 离子源：电喷雾离子源；
b) 扫描方式：正离子扫描；
c) 检测方式：多反应离子监测(MRM)；
d) 脱溶剂气、锥孔气、碰撞气均为高纯氮气或其他合适气体；
e) 喷雾电压、碰撞能等参数应优化至最优灵敏度；
f) 监测离子参数情况见表2。

表2 硝基呋喃类代谢物特征离子参考质谱条件

化合物	定性离子对 *m/z*	定量离子对 *m/z*	去簇电压 V	碰撞能 eV
AOZ	236>104	236>134	80	29
	236>134		80	15
AOZ-D_4	240>134	240>134	80	16
AMOZ	335>262	335>291	80	15
	335>291		80	15
AMOZ-D_5	340>296	340>296	80	15
AHD	249>104	249>134	80	29
	249>134		80	16
AHD-$^{13}C_3$	252>134	252>134	80	16
SEM	209>166	209>166	80	15
	209>192		80	15
SEM-$^{13}C,^{15}N_2$	212>168	212>168	80	13

8.5 测定法

8.5.1 定性测定

在同样测试条件下，试料溶液中硝基呋喃类代谢物的保留时间与标准溶液中硝基呋喃类代谢物的保留时间之比，偏差在±2.5%以内，且检测到的相对离子丰度，应当与浓度相当的校正标准溶液相对丰度一致。其允许偏差应符合表3的要求。

表3 定性确证时相对离子丰度的最大允许误差

单位为百分号

相对离子丰度	允许偏差
>50	±20
20～50	±25
10～20	±30
≤10	±50

8.5.2 定量测定

取试料溶液和相应的标准溶液，作单点或多点校准，以色谱峰面积定量，按内标法计算，标准溶液及试料溶液中的硝基呋喃类代谢物响应值均应在仪器检测的线性范围内。在上述液相色谱-质谱条件下，硝基呋喃类代谢物标准溶液的液相色谱-质谱图见附录B。

8.6 空白试验

取空白试料，除不加标准溶液外，采用相同的测定步骤进行平行操作。

9 结果计算和表述

试料中硝基呋喃类代谢物的残留量按标准曲线法或公式(1)计算。

$$X=\frac{A_i \times A'_{iS} \times C_S \times C_{iS} \times V}{A_{iS} \times A_S \times C'_{iS} \times m} \quad \cdots\cdots (1)$$

式中：

X ——试料中硝基呋喃类代谢物的残留量的数值，单位为微克每千克(μg/kg)；

A_i ——试料溶液中硝基呋喃类代谢物的峰面积；

A_{iS} ——试料溶液中硝基呋喃类代谢物内标的峰面积；

A_S ——对照溶液中硝基呋喃类代谢物的峰面积；

A'_{iS}——对照溶液中硝基呋喃类代谢物内标的峰面积；

C_{iS} ——试料溶液中硝基呋喃类代谢物内标浓度的数值，单位为微克每升(μg/L)；

C_S ——对照溶液中硝基呋喃类代谢物浓度的数值，单位为微克每升(μg/L)；

C'_{iS}——对照溶液中硝基呋喃类代谢物内标浓度的数值，单位为微克每升(μg/L)；

V ——定容体积的数值，单位为毫升(mL)；

m ——试料质量的数值，单位为克(g)。

10 检测方法的灵敏度、准确度和精密度

10.1 灵敏度

本方法AOZ、SEM、AMOZ、AHD的检测限均为0.5 μg/kg，定量限均为1.0 μg/kg。

10.2 准确度

本方法在1.0 μg/kg～10 μg/kg添加浓度水平上的回收率为70%～120%。

10.3 精密度

本方法的批内相对标准偏差≤15%，批间相对标准偏差≤15%。

附 录 A
（资料性）
药物中英文名称、化学分子式和 CAS 号

药物中英文名称、化学分子式和 CAS 号见表 A.1。

表 A.1 4 种硝基呋喃类代谢物及内标中英文名称、化学分子式和 CAS 号

中文通用名称	英文名称	化学分子式	CAS 号
3-氨基-2-噁唑烷基酮（AOZ）	3-Amino-2-oxazolidinone	$C_3H_6N_2O_2$	80-65-9
5-吗啉甲基-3-氨基-2-噁唑烷基酮（AMOZ）	5-Morpholinomethyl-3-amino-2-oxazolidinone	$C_8H_{15}N_3O_3$	43056-63-9
1-氨基-2-内酰脲盐酸盐（AHD·HCl）	1-Aminohydantoin hydrochloride	$C_3H_5N_3O_2 \cdot HCl$	2827-56-7
氨基脲盐酸盐（SEM·HCl）	Semicarbazide hydrochloride	$CH_5N_3O \cdot HCl$	563-41-7
3-氨基-2-噁唑烷基酮-D_4（AOZ-D_4）	3-Amino-2-oxazolidinone-D_4	$C_3H_2D_4N_2O_2$	1188331-23-8
5-吗啉甲基-3-氨基-2-噁唑烷基酮-D_5（AMOZ-D_5）	3-Amino-5-morpholinomethyl-2-oxazolidinone-D_5	$C_8H_{10}D_5N_3O_3$	1017793-94-0
1-氨基-2-内酰脲-$^{13}C_3$（AHD-$^{13}C_3$）	1-Aminohydantoin-$^{13}C_3$	$^{13}C_3H_5N_3O_2$	957509-31-8
氨基脲盐酸盐-^{13}C，$^{15}N_2$（SEM·HCl-^{13}C，$^{15}N_2$）	Semicarbazide hydrochloride-^{13}C，$^{15}N_2$	$^{13}CH_5N^{15}N_2O \cdot HCl$	1173020-16-0

附 录 B
（资料性）
特征离子质量色谱图

硝基呋喃类代谢物标准溶液特征离子质量色谱图见图 B.1。

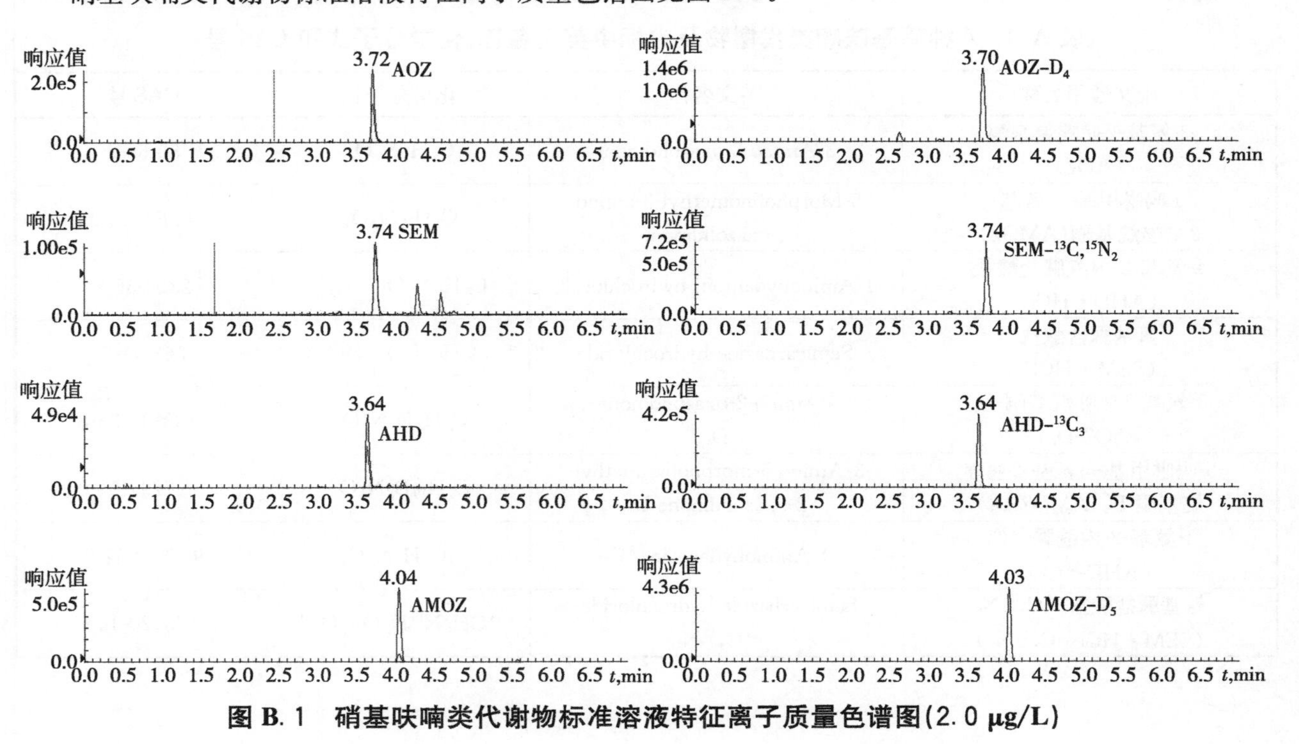

图 B.1 硝基呋喃类代谢物标准溶液特征离子质量色谱图（2.0 μg/L）

ICS 65.150
CCS B 52

中华人民共和国水产行业标准

SC/T 1135.2—2021

稻渔综合种养技术规范 第2部分:稻鲤(梯田型)

Technical specification for integrated farming of rice and aquaculture animal—Part 2: Rice and carp(terraced fields)

2021-11-09 发布 2022-05-01 实施

中华人民共和国农业农村部 发布

前　言

本文件按照GB/T 1.1—2020《标准化工作导则　第1部分：标准化文件的结构和起草规则》的规定起草。

本文件是SC/T 1135《稻渔综合种养技术规范》的第2部分。SC/T 1135已经发布了以下部分：

——第1部分：通则。

请注意本文件的某些内容可能涉及专利。本文件的发布机构不承担识别专利的责任。

本文件由农业农村部渔业渔政管理局提出。

本文件由全国水产标准化技术委员会淡水养殖分技术委员会(SAC/TC 156/SC 1)归口。

本文件起草单位：中国水产科学研究院淡水渔业研究中心、全国水产技术推广总站、云南省水产技术推广站、四川省农业科学院水产研究所、广西水产科学研究院。

本文件主要起草人：徐跑、于秀娟、徐钢春、田树魁、罗永巨、杜军、聂志娟、赵文武、李巍、周剑、朱健、李红霞、郝向举、杨其琴、邵乃麟、王裕玉、高建操、李非凡。

引　言

稻渔综合种养是一种典型的生态循环农业模式，稳粮增效、环境友好，已发展成为我国实施乡村振兴战略和农业精准扶贫的重要产业之一。在生产实践中，各地因地制宜，在稻田养殖鲤鱼之外，引入中华绒螯蟹、克氏原螯虾、中华鳖、泥鳅等特种经济水产动物，集成创新发展了稻鲤、稻蟹、稻虾（克氏原螯虾）、稻鳖、稻鳅等多种种养模式，形成了各自相对成熟的生产技术体系。但由于各地发展水平不均衡，对稻渔综合种养的认识有差异，不同种养模式之间的关键技术指标和要求不统一，有可能影响水稻生产、破坏稻田生态环境、危及产品质量安全。通过制定稻渔综合种养技术规范，统一关键技术指标和要求，并对各种养模式提供标准化、规范化的技术指导，有利于发挥稻渔综合种养“以渔促稻、稳粮增效、生态环保”的作用，促进产业的健康和可持续发展。

SC/T 1135 拟由六个部分构成。

——第 1 部分：通则；

——第 2 部分：稻鲤（梯田型）；

——第 3 部分：稻蟹；

——第 4 部分：稻虾（克氏原螯虾）；

——第 5 部分：稻鳖；

——第 6 部分：稻鳅。

第 1 部分的目的在于规范稻渔综合种养的术语和定义，明确技术指标和技术集成要求，建立综合效益评价方法，为起草不同技术模式的标准提供需要遵守的基本原则和技术要求。第 2 部分到第 6 部分是在第 1 部分的基础上，针对各种养模式，明确具体的技术要求。其中，第 2 部分是针对梯田型稻鲤共作，明确环境条件、田间工程、水稻种植、梯田鲤鱼养殖等方面技术要求，提供关键技术指导，便于梯田型稻鲤共作经营主体在生产实践中使用，从而稳定水稻产量，提高鲤鱼的产量和质量，保护梯田生态环境，提高梯田综合效益。

稻渔综合种养技术规范　第2部分:稻鲤(梯田型)

1　范围

本文件规定了梯田稻鲤综合种养的环境条件、田间工程、水稻种植、梯田鲤鱼养殖。

本文件适用于水稻梯田鲤鱼的养殖。

2　规范性引用文件

下列文件中的内容通过文中的规范性引用而构成本文件必不可少的条款。其中,注日期的引用文件,仅该日期对应的版本适用于本文件;不注日期的引用文件,其最新版本(包括所有的修改单)适用于本文件。

GB 4404.1　粮食作物种子　第1部分:禾谷类

GB/T 8321.2　农药合理使用准则(二)

GB 11607　渔业水质标准

GB/T 22213　水产养殖术语

NY/T 2410　有机水稻生产质量控制技术规范

NY 5072　无公害食品　渔用配合饲料安全限量

NY/T 5116　无公害食品　水稻产地环境条件

NY/T 5117　无公害食品　水稻生产技术规程

NY/T 5361　无公害农产品　淡水养殖产地环境条件

SC/T 1009　稻田养鱼技术规范

SC/T 1135.1　稻渔综合种养技术规范　第1部分:通则

3　术语和定义

GB/T 22213、SC/T 1135.1以及下列术语和定义适用于本文件。

3.1

梯田　terraced field

在山坡地上沿等高线修筑的阶台式或波浪式断面的农田。

3.2

鱼凼　fish pit

鱼溜　fish pit

在养鱼梯田中开挖的集鱼水坑。

3.3

鱼沟　fish trench

在养鱼梯田中开挖的通向鱼凼的沟道。

4　环境条件

4.1　水源、水质

水源充足、排灌方便,水质条件应符合GB 11607的要求。

4.2　梯田条件

宜选择地质条件稳定、土质保水保肥、光照条件好的梯田,产地环境应符合NY/T 5116和NY/T 5361的要求。

5 田间工程

5.1 要求

田间工程建设不应破坏稻田耕作层，不应损坏梯田周围景物、水体、植被和地形地貌，沟凼总面积不超过梯田面积的10%。

5.2 田埂

田埂应高出稻田土壤平面40 cm～50 cm；田埂横截面呈梯形，埂底宽60 cm～80 cm，顶部宽30 cm～50 cm。耕作前，应对田埂进行修补、加固、夯实。

5.3 鱼沟

依梯田形状可挖成"一""十""艹"或"井"字形等的鱼沟，沟上口宽50 cm～80 cm，深50 cm～60 cm，距田埂150 cm处开挖，狭长梯田仅在内埂侧挖一条鱼沟。

5.4 鱼凼

鱼凼的数量和大小视梯田面积而定，位置在梯田一端、内埂或田中间，形状为长方形、圆形或三角形等，深60 cm～100 cm。凼埂用泥土筑成，位置相对固定，高出稻田土壤平面20 cm～30 cm，沟沟相通、凼沟相通。

5.5 进排水口

进、排水口设在梯田对角田埂处，砖、石支砌或泥筑，宽30 cm～60 cm，或埋设涵管，涵管直径15 cm～20 cm。

5.6 拦鱼防逃设施

拦鱼栅用塑料网或金属网制作而成，其网目大小为4.75 mm(4目)，宽度约为排水口宽度的1.6倍，并高于田埂，要求入泥深度20 cm～30 cm，左右镶入田埂并将栅桩夯打牢固。安装"⌒"形拦鱼栅，在进水口处，其凸面朝外，在出水口其凸面向里。

6 水稻种植

6.1 水稻品种选择

选择适宜当地的优质、抗病虫、抗倒伏的水稻品种。选用健康无病虫种子育秧，稻种质量应符合GB 4404.1的规定。

6.2 梯田整理

移栽前犁耙整田，耕层深度20 cm以上，田平、泥化，保持水层10 cm～15 cm。

6.3 秧苗栽插

6.3.1 西南片区：浅水栽秧，秧龄控制在45 d～50 d，叶龄5叶～6叶，行株距15 cm×20 cm，栽插密度为2.2万穴/667 m^2，每穴2苗～6苗；梯田内埂和鱼沟边两行密植，株距10 cm。

6.3.2 其他片区：浅水栽秧，秧龄控制在25 d～30 d，叶龄4叶～5叶，行株距30 cm×15 cm，栽插密度为1.5万穴/667 m^2，每穴2苗～3苗；梯田内埂和鱼沟边两行密植，株距10 cm。

6.4 施肥

6.4.1 西南片区。基肥：每667 m^2施经充分发酵腐熟农家肥1 000 kg～1 500 kg，农家肥堆制应符合NY/T 2410的要求，同时施钙镁磷肥50 kg/667 m^2，硝酸钾10 kg/667 m^2；分蘖肥：栽后7 d～10 d结合除草，追施尿素5 kg/667 m^2；孕穗肥：栽后35 d～45 d施尿素5 kg/667 m^2；在水稻齐穗期和灌浆期，每667 m^2用磷酸二氢钾200 g和尿素100 g兑水50 kg作叶面肥各喷施1次。追用化肥时，不得直接撒在鱼沟、鱼凼内。

6.4.2 其他片区。施足基肥：每667 m^2施经充分发酵腐熟农家肥1 000 kg～1 500 kg，农家肥堆制应符合NY/T 2410的要求，同时施50%(30-8-12)的控释肥料50 kg/667 m^2。

6.5 田水管理

6.5.1 西南片区:秧苗返青后田面保持水层 5 cm～10 cm,水稻生长中后期水位保持 15 cm～20 cm 之间,收割稻穗后的冬闲田水可保持水深在 30 cm～50 cm。

6.5.2 其他片区:秧苗返青后田面保持水层 5 cm～7 cm,水稻生长中后期水位保持 20 cm～30 cm 之间,收割稻穗后的冬闲田水可保持水深在 40 cm～60 cm。

6.6 病虫害防控

6.6.1 原则

"预防为主,综合防治",以梯田生态系统的稳定性为主,综合应用农业防治、生物防治、生态防治、物理防治和化学防治等措施,控制有害生物的发生和危害。

6.6.2 防治方法

重点对稻瘟病、条纹叶枯病、白叶枯病、稻曲病、螟虫(稻纵卷叶螟、二化螟)、稻飞虱等实施防治,防治技术应符合 NY/T 5117 和 SC/T 1009 的要求。选用农药时,符合 GB/T 8321.2 的要求。施药时,应把水位降低到田面以下,让鱼集中到鱼沟或鱼凼中。

6.7 收获

秋季谷粒成熟时适时收割,脱粒晒干(烘干)储藏。

7 梯田鲤鱼养殖

7.1 苗种及来源

苗种为适应性强、生长快、抗病力强的鲤优良品种,或当地市场广泛认可的传统鲤鱼养殖品种。来源于国家级或省级原(良)种场或自繁自育,外购苗种应经检疫合格。

7.2 放养方式

秧苗返青后投放鱼种,规格宜为 20 g/尾～50 g/尾。放养密度宜为 10 kg/667 m^2～17 kg/667 m^2。投放前用 3%～5%食盐水浸泡 5 min～8 min。

7.3 饲养模式

以摄食梯田中天然饵料为主,可少量投入米糠、麦麸、豆饼等以及人工配合饲料,饲料应符合 NY 5072 的要求。

7.4 日常管理

7.4.1 巡田

经常疏通鱼沟,保证沟凼相通,检查进出水口和拦鱼防逃设施,及时清理杂物,修补加固塌崩、漏水田埂。

7.4.2 防逃

降雨量大时,加固拦鱼防逃设施并及时排涝、捞渣。

7.4.3 防敌害

及时消灭老鼠;驱除水蛇、鸟等敌害生物。

7.4.4 记录

规范种养过程记录、投入品管理等,保障产品溯源和质量安全。

7.5 捕捞

稻谷收割时或收割后放水捕捞,或保持梯田水位,留存继续在冬闲梯田中养殖至翌年插秧前捕捞。

ICS 65.150
CCS B 52

中华人民共和国水产行业标准

SC/T 1135.3—2021

稻渔综合种养技术规范
第3部分:稻蟹

Technical specification for integrated farming of rice and aquaculture animal—Part 3:Rice and Chinese mitten crab

2021-12-15 发布　　　　2022-06-01 实施

中华人民共和国农业农村部　发布

前　　言

本文件按照 GB/T 1.1—2020《标准化工作导则　第 1 部分：标准化文件的结构和起草规则》的规定起草。

本文件是 SC/T 1135《稻渔综合种养技术规范》的第 3 部分。SC/T 1135 已经发布了以下部分：

——第 1 部分：通则；

——第 2 部分：稻鲤(梯田型)；

——第 4 部分：稻虾(克氏原螯虾)；

——第 5 部分：稻鳖；

——第 6 部分：稻鳅。

请注意本文件的某些内容可能涉及专利。本文件的发布机构不承担识别专利的责任。

本文件由农业农村部渔业渔政管理局提出。

本文件由全国水产标准化技术委员会淡水养殖分技术委员会(SAC/TC 156/SC 1)归口。

本文件起草单位：辽宁省农业科学院、盘山县现代农业生产基地发展服务中心。

本文件主要起草人：孙富余、于凤泉、马亮、于永清、孙文涛、李志强、潘争艳、陈卫新、田春晖、朱茂山、赵旭、邵凌云、杨眉、薄尔琳、张丽。

引　言

稻渔综合种养是一种典型的生态循环农业模式，稳粮、增效、环境友好，已发展成为我国实施乡村振兴战略和农业精准扶贫的重要产业之一。在生产实践中，各地因地制宜，在稻田养殖鲤鱼之外，引入中华绒螯蟹、克氏原螯虾、中华鳖、泥鳅等特种经济水产动物，集成创新发展了稻鲤、稻蟹、稻虾（克氏原螯虾）、稻鳖、稻鳅等多种种养模式，形成了各自相对成熟的生产技术体系。但由于各地发展水平不均衡，对稻渔综合种养的认识有差异，不同种养模式之间的关键技术指标和要求不统一，有可能影响水稻生产、破坏稻田生态环境、危及产品质量安全。通过制定稻渔综合种养技术规范，统一关键技术指标和要求，并对各种养殖模式提供标准化、规范化的技术指导，有利于发挥稻渔种养“以渔促稻、稳粮增效、生态环保”的作用，促进产业的健康和可持续发展。

SC/T 1135 拟由以下部分构成。

——第 1 部分：通则；

——第 2 部分：稻鲤（梯田型）；

——第 3 部分：稻蟹；

——第 4 部分：稻虾（克氏原螯虾）；

——第 5 部分：稻鳖；

——第 6 部分：稻鳅；

——第 7 部分：稻鲤（山丘型）；

——第 8 部分：稻鲤（平原型）。

第 1 部分的目的在于规范稻渔综合种养的术语和定义，明确技术指标和技术集成要求，建立综合效益评价方法，为起草不同技术模式的标准提供需要遵守的基本原则和技术要求。第 2 部分到第 8 部分是在第 1 部分的基础上，针对各种养模式，明确具体的技术要求。其中，第 3 部分是针对稻田养殖中华绒螯蟹，明确环境条件、田间工程、水稻种植、中华绒螯蟹养殖等方面的技术要求，提供关键技术指导，便于稻蟹综合种养经营主体在生产实践中使用，从而稳定水稻产量，提高中华绒螯蟹的产量和质量，保护稻田生态环境，提高稻田综合效益。

稻渔综合种养技术规范　第3部分:稻蟹

1　范围

本文件规定了稻田养殖中华绒螯蟹(*Eriocheir sinensis*)(以下简称河蟹)种养的环境条件、田间工程、水稻种植和河蟹养殖等技术要求,描述了相应证实或追溯方法。

本文件适用于北方水稻产区养殖中华绒螯蟹,其他地区稻蟹种养可参照执行。

2　规范性引用文件

下列文件中的内容通过文中的规范性引用而构成本文件必不可少的条款。其中,注日期的引用文件,仅该日期对应的版本适用于本文件;不注日期的引用文件,其最新版本(包括所有的修改单)适用于本文件。

GB 4404.1　粮食作物种子　第1部分:禾谷类

GB/T 8321(所有部分)　农药合理使用准则

GB 11607　渔业水质标准

GB 13078　饲料卫生标准

GB/T 22213　水产养殖术语

GB/T 26435　中华绒螯蟹　亲蟹、苗种

NY/T 496　肥料合理使用准则　通则

NY/T 847　水稻产地环境技术条件

NY/T 1105　肥料合理使用准则　氮肥

NY/T 1534　水稻工厂化育秧技术规程

NY/T 2192　水稻机插秧作业技术规范

NY/T 2911　测土配方施肥技术规程

NY/T 5361　无公害农产品　淡水养殖产地环境条件

SC/T 1078　中华绒螯蟹配合饲料

SC/T 1111　河蟹养殖质量安全管理技术规程

SC/T 1135.1　稻渔综合种养技术规范　第1部分:通则

3　术语和定义

GB/T 22213和SC/T 1135.1界定的以及下列术语和定义适用于本文件。

3.1

稻蟹种养　integrated farming of rice and aquaculture Chinese mitten crab

通过对稻田实施工程化改造,运用现代农业技术,在同一稻田同一生长周期内种植水稻与养殖河蟹,以实现稻蟹共生互利的生产方式。

3.2

养殖沟　aquaculture ditch

在养蟹稻田中开设的条形或环形沟。

3.3

侧深施肥　side deep fertilization

安装侧深施肥装置的水稻插秧机,在进行水稻机插秧作业的同时,同步将基肥一次性施入秧苗苗带侧深部位的一种作业方式。

3.4

比空栽培　row interval cultivation

水稻移栽时，每栽植若干行空一行的水稻种植方式。

4　环境条件

4.1　稻田选择

土质保水性好，以壤土、黏土为宜。水稻产地环境应符合 NY/T 847 的规定，淡水养殖环境应符合 NY/T 5361 的规定。

4.2　水源水质

水源充足，水质应符合 GB 11607 的规定。

5　田间工程

5.1　单元种养面积

根据地形条件设置种养单元，单元面积以 0.2 hm^2～6.0 hm^2 为宜。

5.2　沟坑

沟坑占比应符合 SC/T 1135.1 的规定。

5.3　田埂

每个种养单元的四周修筑田埂，埂高宜为 50 cm～70 cm，顶宽不宜少于 50 cm。

5.4　工程模式

5.4.1　条形养殖沟

对于小面积采用比空栽培方式的稻田（2 hm^2 以下），宜采用条形养殖沟模式，在空垄处开设宽30 cm、深 20 cm 的条形养殖沟。

5.4.2　环形养殖沟

对于大面积的稻田（2 hm^2 及以上），宜采用环形养殖沟模式，以 2 hm^2～6 hm^2 为一个种养单元，在稻田周边开设宽 200 cm、深 150 cm 的环形养殖沟。可利用进排水渠作为养殖沟，机械化作业的稻田，宜在临路养殖沟内铺设直径 100 cm、长 400 cm 涵管，并在其上硬化机械作业道。

5.5　进、排水设施

进、排水设施应独立设置，进、排水口呈对角设置，并用密网包裹。排水口建在排水沟渠最低处。

5.6　防逃设施

选用幅宽 65 cm～70 cm 的塑料膜。塑料膜下端呈 L 形埋入地下 10 cm，上端回折 5 cm～7 cm，固定于 35 cm 以上的杆线上。每个养殖单元的进排水管口应设置严密坚固的防逃网，扣蟹养殖防逃网孔径不超过 3.0 mm，成蟹养殖孔径不超过 1.0 cm。

6　水稻种植

6.1　育秧

6.1.1　品种选择

应选择抗病、抗倒伏，适合当地种植的优质高产品种。种子质量应符合 GB 4404.1 的规定。

6.1.2　育苗方式与秧田管理

育苗方式与秧田管理应遵照 NY/T 1534 的规定执行。

6.2　本田管理

6.2.1　肥料施用

宜采用测土推荐施肥和目标产量需肥相结合，采用一次性施肥技术，所需肥料在移栽前随整地一次性全部均匀旋入 8 cm～12 cm 耕层，或采用一次性侧深施肥技术，将肥料施于秧苗侧位 3 cm～5 cm，深5 cm

土壤中。施肥应符合 NY/T 496、NY/T 1105 和 NY/T 2911 的规定。

6.2.2 机械化移栽

应按照 NY/T 2192 的规定执行，采用比空栽培方式，即每栽植 12 行空 1 行。移栽前 3 d～5 d，苗床可喷施内吸性杀虫剂，防治本田前期的稻水象甲、稻潜叶蝇等害虫。

6.2.3 水层管理

依据水稻需水规律和河蟹生长的需求，调控不同阶段稻田的水层深度。插秧时灌水 3 cm～5 cm，返青期水层宜控制在 3 cm 以内，有效分蘖期宜保持水层在 1 cm～3 cm，分蘖末期应及时排水晒田，拔节至孕穗开花期水层宜保持在 3 cm～5 cm；灌浆乳熟期以 3 cm 浅水和湿润灌溉、干干湿湿为主，成熟收获前 10 d～15 d 最后一次灌水 3 cm～5 cm。

6.2.4 病虫草害防治

6.2.4.1 防治对象

防治对象包括：

a) 病害：立枯病、恶苗病、稻瘟病、纹枯病、稻曲病、干尖线虫病等；

b) 害虫：稻水象甲、二化螟、稻飞虱、稻纵卷叶螟、稻潜叶蝇等；

c) 杂草：稗草、扁秆藨草、眼子菜、雨久花、野慈姑、水绵、泽泻、萤蔺、牛毛毡等。

6.2.4.2 防治方法

宜采用农业防治、物理防治、生物防治、生态调控为主，化学防治为辅的综合防治措施，将有害生物控制在经济损害允许水平以下。农药使用应符合 GB/T 8321 的规定，药剂选择及使用方法宜遵照附录 A 的要求执行。

6.2.5 水稻收获

河蟹起捕后，适时收割水稻。

7 河蟹养殖

7.1 扣蟹养殖

7.1.1 蟹苗选择

选择活力强、肠道物充实、出池盐度 4 以下的大眼幼体，规格以 1.2×10^5 只/kg～2.0×10^5 只/kg 为宜。

7.1.2 放养

7.1.2.1 投放时间

根据不同地区气候条件，大眼幼体以 5 月上旬至 6 月上旬投放为宜。

7.1.2.2 投放密度

根据产量目标确定投放密度，以 2.25 kg/hm^2～3.75 kg/hm^2 为宜。

7.1.3 日常巡池

及时检查防逃设施有无破损、饲料余缺、河蟹活动及水质水体变化等情况。

7.1.4 饲料选择

饲料应符合 GB 13078 和 SC/T 1078 的规定。

7.1.5 投饲

大眼幼体饲养应符合 SC/T 1111 的规定，并满足下列要求：

a) 8 月上旬之前，每日傍晚投饲 1 次(日投饲量占扣蟹总重的 3%～5%)，以前一日投饲饲料略有剩余为准；

b) 8 月中旬以后，停止投饲 3 周～4 周，起捕前 2 周育肥越冬；

c) 育肥期饲料日投饲量占扣蟹总重的 5%～7%，至扣蟹性腺颜色微黄停止育肥。

7.1.6 起捕

在养殖单元内选择作业方便、运输便利处设置陷阱、诱捕扣蟹。

7.1.7 越冬

选择冰下水深不低于 1.5 m 的池塘作为越冬池，面积以 0.1 hm^2～1.0 hm^2 为宜。储存密度不超过 15 000 kg/hm^2。及时清除冰上积雪及覆尘，保持水中溶解氧不低于 5 mg/L。

7.2 成蟹养殖

7.2.1 扣蟹质量

扣蟹质量应符合 GB/T 26435 的规定。

7.2.2 放养

7.2.2.1 消毒处理

扣蟹入池前，用 4%的盐水浸泡 5 min～8 min。

7.2.2.2 投放时间

根据不同地区气候条件，扣蟹以 3 月中旬至 6 月上旬投放为宜。

7.2.2.3 投放密度

投放量以 6 000 只/hm^2～9 000 只/hm^2 为宜。

7.2.3 日常巡池

及时检查防逃设施有无破损、饲料余缺、河蟹活动及水质水体变化等情况。

7.2.4 病害防控

日常管理宜采用以下措施预防病害：

a) 放苗前在养殖沟内泼洒生石灰消毒，一周后放苗；
b) 选择健壮苗种，控制放养密度；
c) 定期改善调节水质；
d) 投喂优质配合饲料，把控合理投料量。

7.2.5 饲料选择

饲料应符合 GB 13078 和 SC/T 1078 的规定。

7.2.6 投饲

成蟹饲养应符合 SC/T 1111 的规定，并满足下列要求：

a) 扣蟹入池至 8 月中下旬，每日傍晚投饲 1 次(日投饲量占扣蟹总重的 3%～5%)，以前一日投饲饲料略有剩余为宜；
b) 8 月中下旬之后，每天投饲 2 次，投饲量依据上一次投饲饲料剩余及天气、水质等情况灵活掌握；
c) 9 月上旬河蟹陆续上岸后，开始起捕和集中育肥。

7.2.7 起捕

在养殖单元内选择作业方便、运输便利处设置陷阱起捕或手捕成蟹。

附　录　A
（规范性）
稻蟹种养田水稻病虫草害药剂防治方法

稻蟹种养田水稻病虫草害药剂防治方法见表 A.1。

表 A.1　稻蟹种养田水稻病虫草害药剂防治方法

防治对象	防治药剂	用药量	用药方法
恶苗病	25%氰烯菌酯悬浮剂	2 000 倍液～3 000 倍液	浸种
干尖线虫病	17%杀螟·乙蒜素可湿性粉剂	200 倍液～400 倍液	浸种
立枯病	12%甲·嘧·甲霜灵悬浮剂 62.5 g/L 精甲霜灵·咯菌腈悬浮剂	250 mL/100 kg～500 mL/100 kg 种子 200 mL/100 kg～300 mL/100 kg 种子	拌种
纹枯病	240 g/L 噻呋酰胺悬浮剂 5%井冈霉素可溶性粉剂 3%多抗霉素可湿性粉剂	300 mL/hm²～330 mL/hm² 1 500 g/hm²～2 250 g/hm² 450 g/hm²～750 g/hm²	喷雾
稻瘟病	75%三环唑可湿性粉剂 6%春雷霉素水剂 0.2%补骨脂种子提取物微乳剂 1 000 亿孢子/g 枯草芽孢杆菌可湿性粉剂 10 亿芽孢/g 解淀粉芽孢杆菌可湿性粉剂	375 g/hm²～450 g/hm² 495 mL/hm²～600 mL/hm² 675 mL/hm²～900 mL/hm² 375 g/hm²～450 g/hm² 1 050 g/hm²～1 500 g/hm²	喷雾
稻曲病	30%苯醚甲环唑·丙环唑乳油 45%丙环唑水乳剂	300 mL/hm²～450 mL/hm² 225 mL/hm²～300 mL/hm²	喷雾
稻潜叶蝇 稻水象甲	25%噻虫嗪水分散粒剂 40%氯虫·噻虫嗪水分散粒剂	60 g/hm²～90 g/hm² 90 g/hm²～120 g/hm²	喷雾
二化螟、 稻纵卷叶螟	200 g/L 氯虫苯甲酰胺悬浮剂 苏云金杆菌(8 000 IU/μL)悬浮剂 80 亿孢子/mL 金龟子绿僵菌 CQMa421 可分散油悬浮剂	75 g/hm²～150 g/hm² 3 000 mL/hm²～6 000 mL/hm² 900 mL/hm²～1 350 mL/hm²	喷雾
稻飞虱	25%噻虫嗪水分散粒剂 50%烯啶虫胺水分散粒剂	60 g/hm²～90 g/hm² 90 g/hm²～120 g/hm²	喷雾
稗草、扁秆藨草、眼子菜、雨久花、野慈姑等	12%恶草酮乳油＋60%丁草胺乳油＋10%吡嘧磺隆可湿性粉剂	1 500 mL/hm²～2 250 mL/hm²＋1 500 mL/hm²～2 250 mL/hm²＋150 g/hm²～300 g/hm²	土壤封闭

ICS 65.150
CCS B 52

中华人民共和国水产行业标准

SC/T 1151—2021

池 蝶 蚌

Hyriopsis schlegelii

2021-11-09 发布　　2022-05-01 实施

中华人民共和国农业农村部 发布

前　言

本文件按照 GB/T 1.1—2020《标准化工作导则　第 1 部分：标准化文件的结构和起草规则》的规定起草。

请注意本文件的某些内容可能涉及专利。本文件的发布机构不承担识别专利的责任。

本文件由农业农村部渔业渔政管理局提出。

本文件由全国水产标准化技术委员会淡水养殖分技术委员会(SAC/TC 156/SC 1)归口。

本文件起草单位：南昌大学、抚州市水产科学研究所、江西省水产技术推广站。

本文件主要起草人：洪一江、彭扣、徐毛喜、胡蓓娟、邱齐骏、盛军庆、吴娣、颜冬、王军花、傅雪军、黄滨。

池　蝶　蚌

1　范围

本文件给出了池蝶蚌(*Hyriopsis schlegelii* von Mortens 1861)的学名与分类、主要形态构造特征、生长与繁殖、遗传学特征、检验方法和检验规则与结果判定。

本文件适用于池蝶蚌的种质检验与鉴定。

2　规范性引用文件

下列文件中的内容通过文中的规范性引用而构成本文件必不可少的条款。其中,注日期的引用文件,仅该日期对应的版本适用于本文件;不注日期的引用文件,其最新版本(包括所有的修改单)适用于本文件。

GB/T 18654.1　养殖鱼类种质检验　第1部分:检验规则

GB/T 18654.13　养殖鱼类种质检验　第13部分:同工酶电泳分析

GB/T 22213　水产养殖术语

GB/T 32757　贝类染色体组型分析

3　术语和定义

GB/T 22213界定的术语和定义适用于本文件。

4　学名与分类

4.1　学名

池蝶蚌(*Hyriopsis schlegelii* von Mortens 1861)

4.2　分类位置

软体动物门(Mollusca)、瓣鳃纲(lamellibranchia)、古异齿亚纲(Palaeoheterodon)、蚌目(Unionoida)、蚌科(Uniondiae)、帆蚌属(*Hyriopsis*)。

5　主要形态构造特征

5.1　外部形态

成体贝壳大型,贝壳鼓起,壳质厚而坚硬,呈不规则的长椭圆形,前端钝圆,后端尖长。背缘向上扩展成三角形。前后有轻微的沟痕,后脊发达,略呈双角形。后背翼弱,由此向后背壳呈斜截形。壳面密布黑色的同心生长线。雌雄异体,同龄的雌蚌个体比雄蚌略大、雌蚌生长线稍宽、后端较圆钝,雄蚌后端较尖。

池蝶蚌的外部形态见图1。

5.2　内部构造

珍珠层呈青白色,富有珍珠光泽,通常具有深色的大色斑。壳前端的一小块珍珠层比其余部分的珍珠层厚。壳顶腔浅,具有一排朝向贝壳前端的小坑。铰合部较发达,左右壳各具2枚放射状拟主齿,左壳2枚侧齿,右壳1枚侧齿。闭壳肌痕显著,前闭壳肌痕明显,呈卵圆形,浅而光滑,后上侧有一前伸足肌痕,略呈方形,下方有一前缩足肌痕,略深,呈三角形;后闭壳肌痕大而浅,略呈三角形。外套痕明显,前部的外套痕深。韧带较长,位于前半段。外套膜结缔组织发达,内脏团大,晶杆体粗长。生殖季节时,雌蚌外鳃丝间距较密、内脏团丰满呈深黄色;雄蚌外鳃丝较疏、内脏团细小呈乳白色。

图 1　池蝶蚌外部形态图

5.3　可数性状

5.3.1　贝壳

2 片，左右对称。

5.3.2　外套膜

2 片，分左右两叶。

5.4　可量性状

壳长 7.40 cm～16.74 cm、体重 52.8 g～507.3 g 的个体，壳长/壳宽、壳高/壳宽和壳长/壳高的值见表 1。

表 1　池蝶蚌可量性状比值

单位为厘米

壳长/壳宽	壳高/壳宽	壳长/壳高
3.41±0.29	1.93±0.17	1.98±0.21

6　生长与繁殖

6.1　生长

不同年龄组池蝶蚌在池塘养殖(吊养密度 800 只/667 m^2～1 000 只/667 m^2)条件下壳长、壳高、壳宽和体重见表 2。

表 2　池蝶蚌不同年龄组的壳长、壳高、壳宽和体重

年龄	壳长 cm		壳高 cm		壳宽 cm		体重 g	
	实测值 cm	平均值±标准差 cm	实测值 cm	平均值±标准差 cm	实测值 cm	平均值±标准差 cm	实测值 g	平均值±标准差 g
0^+	5.60～8.25	7.51±0.49	3.11～5.43	3.53±0.37	1.23～2.48	1.82±0.33	13.6～60.3	35.1±21.2
1^+	7.40～12.51	10.56±1.06	4.85～6.15	5.20±0.84	2.42～3.10	2.79±0.16	52.8～132.8	98.1±32.9
2^+	10.12～13.82	12.70±0.54	5.70～7.90	6.25±0.61	2.70～5.10	3.66±1.35	63.8～237.0	193.8±25.8
3^+	11.54～16.74	13.77±1.12	6.00～10.70	7.61±1.15	3.60～5.55	4.08±0.58	330.8～507.3	469.6±38.7
4^+	13.84～18.52	16.34±0.85	7.46～11.17	8.86±1.01	4.30～5.90	5.20±0.26	543.5～589.5	562.0±23.5
5^+	15.24～21.12	17.87±1.51	9.66～12.04	10.64±0.54	4.40～6.48	5.83±0.32	573.9～629.4	605.2±12.7

6.2　繁殖

6.2.1　性成熟年龄

池塘养殖环境下，吊养密度 600 只/667 m^2～800 只/667 m^2，雌雄池蝶蚌性成熟年龄为 3 龄～4 龄。

6.2.2 繁殖季节和繁殖水温

每年 4 月～6 月，适宜繁殖水温 20 ℃～30 ℃。

6.2.3 产卵类型

产沉性卵，每年成熟 1 次，多批产卵。

6.2.4 怀卵量

不同龄组个体怀卵量见表 3。

表 3 池蝶蚌不同年龄组平均怀卵量

<table>
<tr><th rowspan="2">项目</th><th colspan="4">年龄
龄</th></tr>
<tr><th>3^{+}</th><th>4^{+}</th><th>5^{+}</th><th>6^{+}</th></tr>
<tr><td>体重
g</td><td>452.1±30.8</td><td>524.0±38.7</td><td>579.0±45.7</td><td>651.8±83.2</td></tr>
<tr><td>绝对怀卵量
粒</td><td>$2.24\times10^{4}\pm4.2\times10^{3}$</td><td>$2.06\times10^{4}\pm9.6\times10^{3}$</td><td>$2.64\times10^{4}\pm9.3\times10^{3}$</td><td>$2.86\times10^{4}\pm8.2\times10^{3}$</td></tr>
<tr><td>相对怀卵量
粒/g(体重)</td><td>52±48</td><td>384±63</td><td>516±72</td><td>440±85</td></tr>
</table>

7 遗传学特征

7.1 细胞遗传学特征

7.1.1 染色体数

体细胞染色体数，$2n=38$。

7.1.2 核型

核型公式：26m＋10sm＋2st，染色体臂数(NF)＝74。染色体及组型图见图 2。

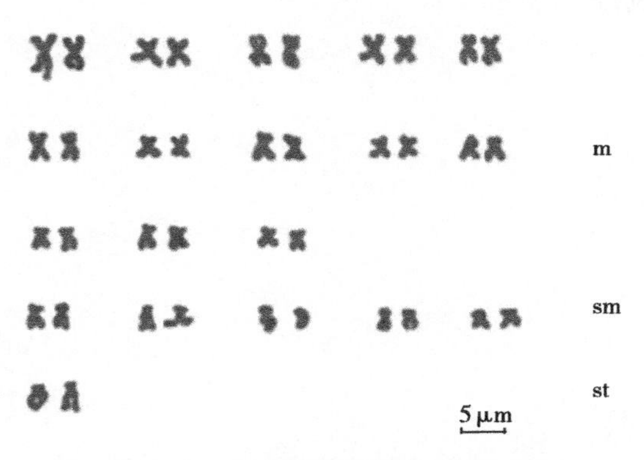

图 2 池蝶蚌染色体组型图

7.2 生化遗传特征

池蝶蚌肾脏苹果酸脱氢酶(MDH)同工酶为一条带，其电泳图及扫描图见图 3。

图 3 池蝶蚌肾脏苹果酸脱氢酶(MDH)同工酶电泳图谱及扫描图

8 检测方法

8.1 抽样

样品选取3龄～4龄的蚌，随机选取30个，稍做清洗，在清洁的实验台上检测，用作遗传学特征检测的样品保存于低温冰箱(−18 ℃以下)或液氮中。

8.2 年龄鉴定

根据一个生长周期产生一个生长线，以壳顶至边缘的生长线数确定年龄。

8.3 生物学测定

按附录A的规定执行，壳长、壳高和壳宽用游标卡尺测量，精确到0.01 cm；体重用电子天平称量，精确到0.1 g。

8.4 可数性状的测定

解剖观察，计数。

8.5 怀卵量的测定

繁殖季节，取性成熟的雌蚌的完整性腺组织，称重后，在前、中、后部各取0.5 g左右试样，4%福尔马林清洗固定，于解剖镜下计算卵粒数，重复3次，求平均卵粒数(卵密度，粒/性腺重)，以卵密度乘以性腺重，即得全部卵粒数。雌蚌的绝对怀卵量和相对怀卵量计算公式如下。

绝对怀卵量＝平均卵粒数×性腺重…………………………………（1）

相对怀卵量＝绝对怀卵量/蚌总重…………………………………（2）

8.6 染色体的检测

按GB/T 32757的规定执行。

8.7 同工酶的检测

样品为肾脏组织，按GB/T 18654.13的规定执行。酶带扫描图利用生物电泳图像分析系统获得。

9 检验规则与结果判定

按GB/T 18654.1的规定执行。

附　录　A
（规范性）
池蝶蚌生物学测定方法

A.1　生物学测定方法

壳长、壳高和壳宽用游标卡尺测量，精确到 0.1 mm（见图 A.1）。体重、壳重和软体重用电子天平称量，精确到 0.1 g。

壳长（Shell Length，*SL*）：前后缘基部最大距离。

壳高（ShellHeight，*SH*）：从壳顶至腹缘基部与壳长垂直的最大距离。

壳宽（ShellWidth，*SW*）：捏紧两边贝壳使壳宽不再变小时测量其两壳最大距离。

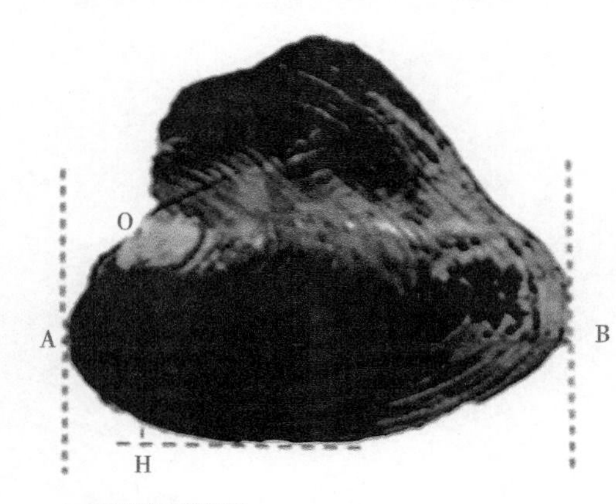

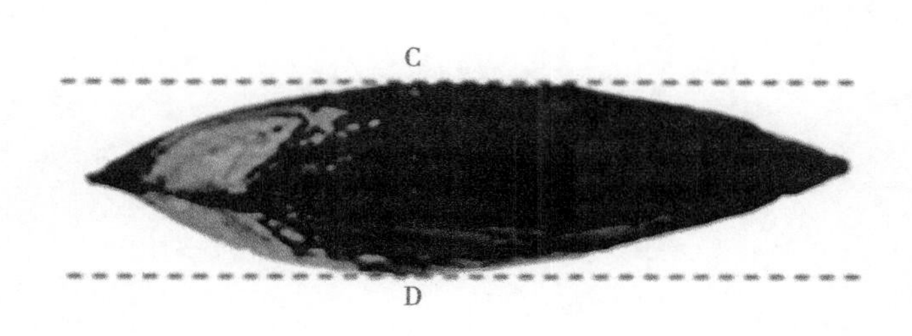

标引序号说明：
A ——中轴线前端；
B ——中轴线后端；
O ——壳顶；
H ——腹缘；
AB——壳长（*SL*）；
CD——壳宽（*SW*）；
OH——壳高（*SH*）。

图 A.1　池蝶蚌贝壳量度示意图

ICS 65.150
CCS B 52

中华人民共和国水产行业标准

SC/T 1152—2021

高 体 革 鯻

Jade perch

2021-11-09 发布 2022-05-01 实施

中华人民共和国农业农村部 发布

前　　言

本文件按照 GB/T 1.1—2020《标准化工作导则　第 1 部分:标准化文件的结构和起草规则》的规定起草。

请注意本文件的某些内容可能涉及专利。本文件的发布机构不承担识别专利的责任。

本文件由农业农村部渔业渔政管理局提出。

本文件由全国水产标准化技术委员会淡水养殖分技术委员会(SAC/TC 156/SC 1)归口。

本文件起草单位:中国水产科学研究院珠江水产研究所。

本文件主要起草人:郑光明、洪孝友、陈昆慈、赵建、罗青、刘海洋、王亚坤、尹怡。

高 体 革 鯻

1 范围

本文件给出了高体革鯻(*Scortum barcoo* McCulloch & Waite,1917)的主要形态构造特征、生长与繁殖、遗传学特性、检测方法、检验规则与结果判定。

本文件适用于高体革鯻的种质检测与鉴定。

2 规范性引用文件

下列文件中的内容通过文中的规范性引用而构成本文件必不可少的条款。其中,注日期的引用文件,仅该日期对应的版本适用于本文件;不注日期的引用文件,其最新版本(包括所有的修改单)适用于本文件。

GB/T 18654.1 养殖鱼类种质检验 第1部分:检验规则

GB/T 18654.2 养殖鱼类种质检验 第2部分:抽样方法

GB/T 18654.3 养殖鱼类种质检验 第3部分:性状测定

GB/T 18654.4 养殖鱼类种质检验 第4部分:年龄与生长的测定

GB/T 18654.6 养殖鱼类种质检验 第6部分:繁殖性能的测定

GB/T 18654.12 养殖鱼类种质检验 第12部分:染色体组型分析

GB/T 18654.13 养殖鱼类种质检验 第13部分:同工酶电泳分析

GB/T 22213 水产养殖术语

SC 2055—2006 凡纳滨对虾

3 术语和定义

GB/T 22213 界定的术语和定义适用于本文件。

4 学名与分类

4.1 学名

高体革鯻(*Scortum barcoo* McCulloch & Waite,1917),俗名宝石鲈、宝石斑、佳帝鱼。

4.2 分类地位

硬骨鱼纲(Osteichthyes),鲈形目(Perciformes),鯻科(Terapontidae),革鯻属(*Scortum*)。

5 主要形态构造特征

5.1 外部形态特征

5.1.1 外形

体纺锤形,扁圆,背部自眼后渐拱起。吻短,尖圆,吻长与眼径几乎相等。头小,口端位,口裂稍上斜,上下颌等长,上下颌具细尖齿,咽齿呈细绒毛状。鼻孔每侧两个,前鼻孔为小圆形,有短小鼻瓣,后鼻孔为横向短裂孔。鳃盖条骨每侧各6个,前鳃盖骨边缘具锯齿状细刺,主鳃盖骨后端具棘刺。腹部浑圆,尾柄侧扁而短。前鳃盖骨、主鳃盖骨和身体的两侧均被栉鳞。侧线位于头尾轴之上,几乎与背轮廓线平行。鱼体的两侧或一侧有1个至多个黑色椭圆形斑,黑斑的数目、大小、形状和位置有个体差异。背鳍1个,棘鳍部和鳍条部相连,起点于主鳃盖骨后上方胸鳍位低,后缘斜圆稍尖。腹鳍亚胸位,长度与胸鳍几乎相等。臀鳍起点位于背鳍鳍条部正下方,鳍棘与鳍条相连,臀鳍端缘略呈圆弧状。尾鳍短而宽,微凹。

高体革鯻的外形图见图 1。

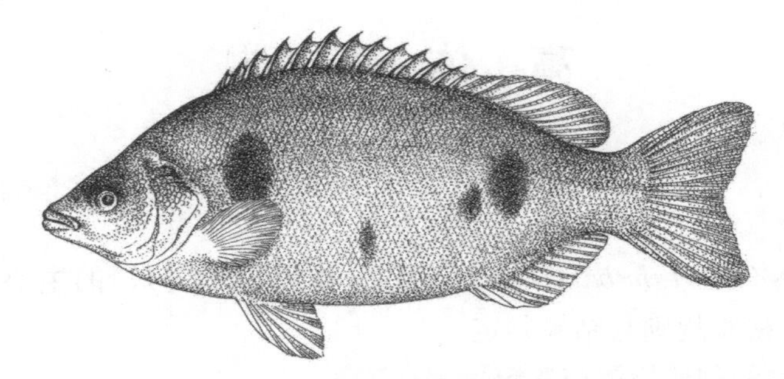

图 1　高体革鯻外形图

5.1.2　可数性状

5.1.2.1　鳍式

背鳍 D. Ⅻ～XⅣ-12～14。

臀鳍 A. Ⅲ-8～10。

5.1.2.2　鳞式

$86\frac{13\sim16}{24\sim28-A}108$。

5.1.3　可量性状

人工养殖条件下体长 12.9 cm～29.5 cm，体重 60.5 g～1 208.2 g 的个体，可量性状实测比值见表 1。

表 1　可量性状实测比值

体长/体高	体长/头长	体长/尾柄长	体长/尾柄高	头长/吻长	头长/眼径	头长/眼间距	尾柄长/尾柄高
2.53±0.27	4.59±0.33	6.70±1.22	8.30±0.73	3.47±0.30	5.34±0.45	1.82±0.14	1.28±0.22

5.2　内部构造特征

5.2.1　鳔

鳔二室，无鳔管，后室比前室长。

5.2.2　鳃耙数

左侧第一鳃弓外侧鳃耙数为 29～32 个。

5.2.3　齿

两颌密生细小尖齿，外列一行稍粗，咽齿呈细绒毛状。

5.2.4　脊椎骨数

25 枚。

5.2.5　腹膜

银白色。

6　生长与繁殖

6.1　生长

不同年龄组实测体长及体重见表 2。

表 2　不同年龄组的体长及体重

年龄 龄	0^+	1^+	2^+	3^+	4^+
体长 cm	12.9～18.7	18.3～29.3	23.8～34.5	25.2～37.8	27.6～39.2
体重 g	60.5～291.2	323.3～1 205.0	566.2～1 580.3	628.6～2 160.8	734.3～2 771.6

6.2 繁殖

6.2.1 性成熟年龄

雌鱼为 4^+ 龄,雄鱼为 3^+ 龄。

6.2.2 繁殖力

不同年龄组亲鱼的个体怀卵量见表 3。

表 3 不同年龄组的怀卵量

项目	年 龄		
	4^+	5^+	6^+
绝对怀卵量 ×10^4粒	4.38～9.56	6.02～17.82	7.59～21.68
相对怀卵量 粒/g(体重)	58.4～63.7	80.4～111.8	86.8～121.0

6.2.3 产卵类型

产浮性卵,一次性产卵。

6.2.4 繁殖周期

每年繁殖 1 次,产卵期为 3 月～6 月,盛产期为 4 月～5 月。

7 遗传学特性

7.1 细胞遗传学特性

7.1.1 染色体数

体细胞染色体数:$2n=48$。

7.1.2 核型

核型公式:2 m+2 sm+2 st+42 t,臂数(NF)=52,染色体组型图见图 2。

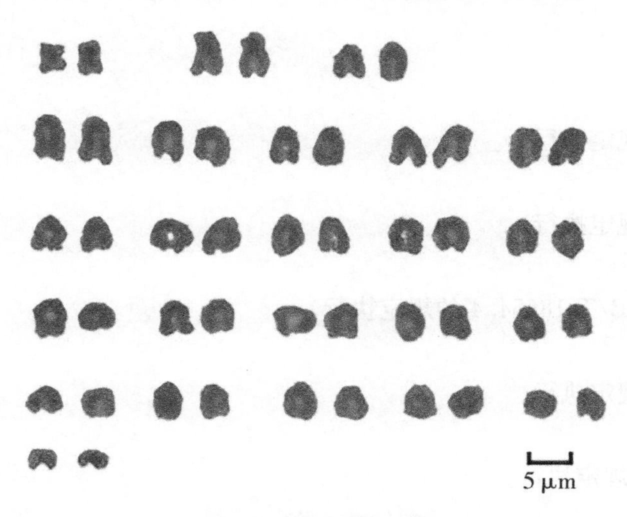

图 2 染色体组型图

7.2 生化遗传学特性

肌肉组织苹果酸脱氢酶(MDH)同工酶(5 条带)电泳图见图 3,扫描图见图 4。

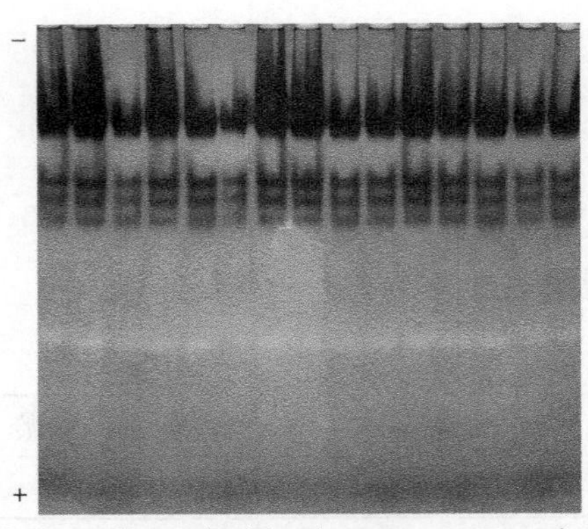

图 3　肌肉组织苹果酸脱氢酶(MDH)同工酶电泳图谱

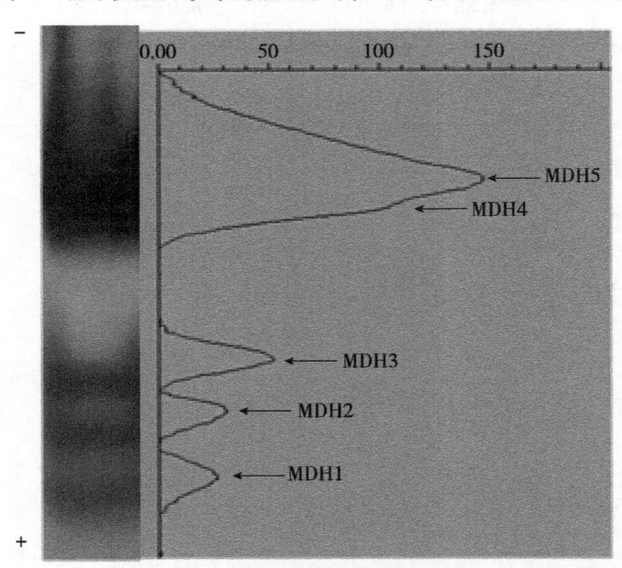

图 4　肌肉组织苹果酸脱氢酶(MDH)同工酶扫描图

8　检测方法

8.1　抽样

按 GB/T 18654.2 的规定执行。

8.2　性状测定

按 GB/T 18654.3 的规定执行。

8.3　年龄测定

以鳞片鉴定年龄，按 GB/T 18654.4 的规定执行。

8.4　怀卵量

按 GB/T 18654.6 的规定执行。

8.5　染色体组型分析

按 GB/T 18654.12 的规定执行。

8.6　同工酶电泳分析

样品为肌肉组织，凝胶制备和点样与电泳分别按 SC 2055—2006 的 7.3.2 和 7.3.3 执行，其他按 GB/T 18654.13 的规定执行。

9　检验规则与结果判定

按 GB/T 18654.1 的规定执行。

ICS 65.150
CCS B 52

中华人民共和国水产行业标准

SC/T 1153—2021

乌龟　亲龟和苗种

Chinese pond turtle—Broodstock and juvenile

2021-11-09 发布　　　　2022-05-01 实施

中华人民共和国农业农村部　发布

前　言

本文件按照 GB/T 1.1—2020《标准化工作导则　第 1 部分：标准化文件的结构和起草规则》的规定起草。

请注意本文件的某些内容可能涉及专利。本文件的发布机构不承担识别专利的责任。

本文件由农业农村部渔业渔政管理局提出。

本文件由全国水产标准化技术委员会淡水养殖分技术委员会(SAC/TC 156/SC 1)归口。

本文件起草单位：中国水产科学研究院长江水产研究所、安徽科浓农业科技有限责任公司、安徽蓝田农业集团有限公司、湖北京山乌龟原种场、安徽省水产技术推广总站、芜湖市渔业管理服务中心。

本文件主要起草人：何力、李正荣、喻亚丽、盛常斌、谢满华、周瑞琼、罗晓松、项旭东、周剑光、甘金华、董立学、张林、张涛、伍刚、周运涛。

乌龟　亲龟和苗种

1　范围

本文件规定了乌龟(*Chincmys reevesii* Gray,1831)亲龟和苗种的来源、质量要求、检验方法、检验规则及运输要求等。

本文件适用于乌龟亲龟和苗种的质量评定。

2　规范性引用文件

下列文件中的内容通过文中的规范性引用而构成本文件必不可少的条款。其中,注日期的引用文件,仅该日期对应的版本适用于本文件;不注日期的引用文件,其最新版本(包括所有的修改单)适用于本文件。

GB/T 18654.2　养殖鱼类种质检验　第2部分:抽样方法

GB/T 22213　水产养殖术语

GB/T 34727　龟类种质测定

GB/T 36192　活水产品运输技术规范

SC/T 1129　乌龟

SC/T 1131　黄喉拟水龟　亲龟和苗种

3　术语和定义

GB/T 22213界定的术语和定义适用于本文件。

4　亲龟

4.1　来源

捕自自然水域的亲龟或苗种培育而成;或由省级及以上原(良)种场提供的亲龟。

4.2　质量要求

4.2.1　种质

按SC/T 1129的规定执行。

4.2.2　外观

体色体型正常,无残缺、无畸形,眼睛清澈,头颈及四肢伸缩灵活,回收有力,腹部向上时能自行翻身等。

4.2.3　繁殖年龄与体重

雌龟5龄及以上,体重400 g以上;雄龟4龄及以上,体重200 g以上。雌雄龟适宜繁殖年龄为6龄以上,雌龟体重不小于700 g,雄龟体重不小于250 g。

4.2.4　健康状况

应符合4.2.2的要求。无肤霉病、腐甲病、白眼病、红脖子病、腮腺炎、肺炎等疾病。见附录A。

5　苗种

5.1　来源

由原(良)种场培育的乌龟苗种;或由符合第4章规定的亲龟繁育的苗种。

5.2　种质要求

应符合SC/T 1129的规定。

5.3 质量要求

5.3.1 外观

体色体型正常，无残缺、无畸形，体表无伤，脐带完全脱落、脐孔封闭，眼睛转动自如，清晰明亮，四肢和尾对外部刺激反应敏捷，回收有力，腹部向上时能自行灵活翻身等。

5.3.2 规格

不同日龄苗种规格要求见表1。

表1 不同日龄乌龟苗种规格

雌龟				雄龟			
日龄 d	背甲长 mm	背甲宽 mm	体重 g	日龄 d	背甲长 mm	背甲宽 mm	体重 g
0	20.4～25.3	15.8～19.6	2.9～4.2	0	19.7～25.2	14.7～19.6	2.7～4.1
10	22.9～26.4	15.9～20.8	3.0～4.3	10	20.8～26.6	14.8～22.2	3.0～4.5
30	33.5～44.3	27.8～35.4	11.7～17.7	30	32.3～40.3	26.6～34.5	11.2～16.6
60	43.8～51.9	35.2～39.9	19.2～29.1	60	41.3～48.4	32.2～38.7	17.8～28.5
90	54.7～74.3	43.0～51.2	32.3～60.1	90	53.3～69.8	40.7～48.6	32.1～55.4
120	94.3～108.5	65.7～72.3	95.6～148.3	120	75.2～82.3	49.4～56.2	70.8～91.0
180	101.0～103.4	68.6～72.4	151.2～173.2	180	81.1～88.6	55.7～60.2	95.0～107.6
240	116.3～120.0	80.0～81.4	216.8～293.2	240	84.9～96.1	57.6～65.1	113.0～127.8
300	129.2～127.5	89.1～90.2	321.0～336.8	300	93.0～99.9	62.9～68.2	134.9～140.2
360	144.4～154.8	95.6～109.5	456.7～565.1	360	99.5～102.7	64.5～67.9	149.9～166.9

5.3.3 伤残率和畸形率

伤残率小于1%；畸形率小于1%。

5.3.4 健康状况

应符合5.3.1的要求。无肤霉病、腐甲病、白眼病、红脖子病、腮腺炎、肺炎等疾病。见附录A。

6 检验方法

6.1 来源

查阅亲龟和苗种培育档案，以及繁殖生产记录。

6.2 种质

具第三方检验机构出具的种质检验报告。

6.3 外观

将亲龟或苗种放在白托盘中，在充足自然光下，肉眼观察如体形、体色、性别特征和健康状况。

6.4 雌雄特征

乌龟雌雄特征见表2。

表2 乌龟雌雄特征

性别	雌龟	雄龟
体色	背甲棕褐色	背甲深黑色
规格	1龄以上同龄雌龟规格明显大于雄龟	1龄以上同龄雄龟规格明显小于雌龟
体形	腹甲中央平坦无凹陷；背甲较短且宽，纵棱明显；尾较短，基部细小	腹甲中央略向内凹陷；背甲较长且窄，纵棱不明显；尾较长，基部粗大
气味	无异味	有特殊异味
泄殖孔	泄殖孔呈圆形，距离腹甲后缘相对较近	泄殖孔呈长形，距离腹甲后缘相对较远

6.5 年龄

按GB/T 34727的规定执行。

6.6 背甲长和背甲宽

按 GB/T 34727 的规定执行。

6.7 体重

电子天平称量，精准度 0.1 g。

6.8 伤残率、畸形率

肉眼观察，统计伤残、畸形个体，计算伤残率和畸形率。

6.9 健康状况

按 4.2.2 或 5.3.1 的要求，肉眼观察外观。病原体及症状检验见附录 A。

7 检验规则

7.1 亲龟检验规则

分为出场检验和型式检验。

7.1.1 出场检验

亲龟销售交货或人工繁殖时，应逐只进行检验。项目包括外观、体重及健康状况。

7.1.2 型式检验

检验项目为第 4 章规定的全部项目。有下列情况之一时，应进行型式检验：

a) 更换亲龟或亲龟数量变动较大时；

b) 养殖环境发生变化，可能影响到亲龟质量时；

c) 正常生产满两年时；

d) 出场检验与上次型式检验有较大差异时；

e) 国家质量监督机构或行业主管部门提出要求时。

7.1.3 组批规则

一个销售批或同一繁殖批作为一个检验批。

7.1.4 抽样方法

出场检验应全数进行检验；型式检验的抽样方法按 GB/T 18654.2 的规定执行。

7.1.5 判定规则

经检验，有不合格项的个体，则判定为不合格亲龟；组批中不合格亲龟数大于 5%时，则判定该检验批亲龟不合格，不得复检。

7.2 苗种检验规则

7.2.1 出场检验

检验项目包括外观、可数指标、可量指标和健康状况。

7.2.2 型式检验

检验项目为第 5 章规定的全部项目。有下列情况之一时，应进行型式检验：

a) 新建养殖场培育的苗种；

b) 养殖环境发生变化，可能影响到苗种质量时；

c) 正常生产满一年时；

d) 出场检验与上次型式检验有较大差异时；

e) 国家质量监督机构或行业主管部门提出要求时。

7.2.3 抽样规则

每一次检验应随机抽样 100 只以上。

7.2.4 组批规则

一次交货或一个苗种池为一个检验批。

7.2.5 判定规则

所有指标应符合第 5 章的规定。如有健康状况项不符合，则判定该检验批苗种不合格，不得复检；如有其他项为不合格项，应对原检验批加倍抽样进行复检，以复检结果为准。

8　运输要求

8.1　基本要求

运输的亲龟和苗种质量应符合国家有关规定。

8.2　运输方式

按 SC/T 1131 的规定执行，应根据季节、距离、数量、时间等选择适合的运输方法。

附 录 A
(资料性)
乌龟常见疾病及主要症状

乌龟常见疾病及主要症状见表 A.1

表 A.1 乌龟常见疾病及主要症状

病名	病原体	症状	流行季节
肤霉病	水霉(*Saprolegnia*)、绵霉(*Achlya*)等真菌	体表局部发白,长有灰白色或棉絮状丝状体	秋末冬初或早春
腐甲病	气单胞菌属(*Aeromonas*)、假单胞菌属(*Pseudomonas*)或无色杆菌属(*Achromobacter*)	龟颈部、四肢、尾部等处皮肤糜烂或溃烂,严重时骨骼外露	越冬后,水温 18 ℃以上
白眼病	枯草杆菌(*Bacillus subtilis*)等	眼部发炎充血,逐渐变为灰白色,眼角膜和鼻黏膜糜烂,眼球外部被白色分泌物掩盖,眼睛不能睁开。严重时,双目失明,呼吸困难,行动迟缓,不摄食	越冬后,水温 18 ℃以上
红脖子病(大脖子病)	嗜水气单胞菌(*Aeromonas hydrophila*)	颈部肿胀、发红、充血,以致颈部不能缩进甲壳内。腹甲有红斑,皮下充血,周身水肿,严重时眼睛浑浊失明,舌尖出血。背甲呈暗黑色,反应迟钝,不摄食	2 月中旬至 10 月中旬,多发生于 4 月~6 月,水温 18 ℃以上
腮腺炎	病原尚无定论	脖颈肿大,不发红,不能缩入甲壳内,四肢浮肿,严重者口鼻流血,不摄食	越冬后,水温 18 ℃以上
肺炎	病原尚无定论	龟鼻孔流涕,呼吸困难,有时有哮鸣声,口边可见白色黏液,重者鼻孔结痂,眼圈发白,龟体逐渐消瘦,缩头,停止摄食	初春和深秋,温差较大时

ICS 65.150
CCS B 52

中华人民共和国水产行业标准

SC/T 1154—2021

乌龟人工繁育技术规范

Specification of artificial breeding technology of Chinese pond turtle

2021-11-09 发布　　2022-05-01 实施

中华人民共和国农业农村部　发布

前　　言

本文件按照 GB/T 1.1—2020《标准化工作导则　第 1 部分：标准化文件的结构和起草规则》的规定起草。

请注意本文件的某些内容可能涉及专利。本文件的发布机构不承担识别专利的责任。

本文件由农业农村部渔业渔政管理局提出。

本文件由全国水产标准化技术委员会淡水养殖分技术委员会(SAC/TC 156/SC 1)归口。

本文件起草单位：安徽蓝田农业集团有限公司、安徽名湖农业科技有限公司、安徽科浓农业科技有限公司、安徽江左渔谣生态科技有限公司、中国水产科学研究院长江水产研究所、安徽省水产技术推广总站、全国水产技术推广总站、合肥市畜牧水产技术推广中心、合肥工业大学、舒城县万佛湖农业综合服务中心。

本文件主要起草人：李正荣、赖年悦、何力、冯东岳、陆剑锋、项旭东、雷小兵、陈艳、宋晨光。

乌龟人工繁育技术规范

1 范围

本文件规定了乌龟[*Chinemys reevesii*(Gray)]人工繁育的环境条件、设施设备、亲龟培育、产卵孵化、苗种培育、病害防治等。

本文件适用于乌龟人工繁育。

2 规范性引用文件

下列文件中的内容通过文中的规范性引用而构成本文件必不可少的条款。其中,注日期的引用文件,仅注日期对应的版本适用于本文件;不注日期的引用文件,其最新版本(包括所有的修改单)适用于本文件。

GB 11607 渔业水质标准

GB/T 22213 水产养殖术语

NY 5072 无公害食品 渔用配合饲料安全限量

NY/T 5361 无公害农产品 淡水养殖产地环境条件

SC/T 1129 乌龟

SC/T 1132 渔药使用规范

SC/T 1153 乌龟 亲龟和苗种

3 术语和定义

GB/T 22213 界定的以及下列术语和定义适用于本文件。

3.1

稚龟 larval Chinese pond turtle

孵化出壳至开口摄食阶段的乌龟。

3.2

幼龟 juvenile Chinese pond turtle

性腺未成熟的乌龟。

3.3

亲龟 brood Chinese pond turtle

用于人工繁殖的性成熟的乌龟。

3.4

受精斑 Fertilization spot

乌龟受精卵外壳圆形或环状白色斑块。

4 环境条件

4.1 场地选择

环境安静,交通方便,养殖环境应按 NY/T 5361 的规定执行。

4.2 水源水质

应按 GB 11607 的规定执行。

5 设施设备

5.1 亲龟池

5.1.1 室外土池

室外土池，面积 1 500 m^2～3 000 m^2 为宜，池深 1.2 m～1.5 m 为宜。池坡硬化，坡比(1∶2)～(1∶3)为宜。

5.1.2 防逃设施

龟池四周用内侧光滑、坚固耐用的板材构建防逃设施。

5.1.3 产卵房

产卵房宜建在龟池向阳的一边池埂上，龟池至产卵房应铺设小于 30°的斜坡。产卵房应防水、防阳光直射。产卵房高 1.8 m～2 m 为宜，面积应根据雌龟数量确定，每 40 只～60 只雌龟配 1 m^2。产卵房底部铺细沙，厚度 20 cm～30 cm 为宜，沙面与地面持平。

5.2 孵化设施

5.2.1 孵化设备

主要有恒温恒湿箱或恒温恒湿室。

5.2.2 孵化介质

透气、保温、保湿。以直径为 5 mm 左右蛭石为宜。

5.3 幼龟培育设施

5.3.1 温室

应配备控温、充气和进排水设施。

5.3.2 幼龟池

面积 20 m^2～40 m^2，池深 1.0 m～1.2 m 为宜。池角应建成弧形，池底以锅底形为宜。

6 亲龟培育

6.1 龟池清整消毒

排干池水，检修防逃设施，保持池底有 20 cm 左右软泥。每 667 m^2 龟池用生石灰 100 kg～150 kg 化浆后全池泼洒，再暴晒 7 d～10 d。

6.2 亲龟来源

乌龟原(良)种场生产或从原(良)种场引进的乌龟苗种培育而成。

6.3 亲龟选择

种质应按 SC/T 1129 的规定执行，质量应按 SC/T 1153 的规定执行。

6.4 亲龟放养

6.4.1 放养密度

以 3 只/m^2～5 只/m^2 为宜。

6.4.2 雌、雄龟比例

雌、雄龟的放养比例以(3∶1)～(4∶1)为宜。

6.4.3 放养前消毒

常用体表消毒方法有以下两种，可任选一种：

a) 高锰酸钾：15 mg/L～20 mg/L，浸浴 15 min～20 min；

b) 1%聚维酮碘：30 mg/L，浸浴 10 min～15 min。

6.4.4 放养方法

将经消毒的乌龟用箱、盆等容器运至龟池水边，倾斜容器口，让乌龟自行游入龟池。

6.5 饲养管理

6.5.1 投饲管理

6.5.1.1 饲料要求

使用乌龟专用膨化配合饲料，质量应符合 NY 5072 要求。蛋白质含量以 40%左右为宜。

6.5.1.2 投饲量

日投饲量为亲龟体重的1%～3%。每次所投的量在1 h内吃完为宜。

6.5.1.3 投喂方法

水温18 ℃～25 ℃时，每天投喂1次，中午投喂。水温25 ℃以上时，每天投喂2次，上午、下午各一次。定质、定时、定位、定量投喂。

6.5.2 池水管理

6.5.2.1 水深

宜控制在0.6 m～0.8 m。

6.5.2.2 水质

使用物理、化学等措施调节水质。

6.5.3 日常管理

每天早晚巡池2次，观察亲龟摄食、活动和水质变化情况，及时清除残饵、污物。

6.5.4 建立养殖档案

亲龟培育全过程应建立生产记录、用药记录等档案。

7 产卵孵化

7.1 产卵

7.1.1 产卵季节

4月～9月产卵。

7.1.2 产卵前准备

产卵前5 d～7 d，翻松产卵房板结的沙层，清除杂物。调整沙层适宜的湿度，以手捏成团，松手即散为准。

7.1.3 龟卵收集

每天上午收卵。收卵时，扒开卵窝上覆盖的沙层，取出龟卵，轻放于底部垫有松软物质的容器内，避免龟卵因撞击和挤压而损坏。收卵后，将产卵房的沙抹平。

7.2 人工孵化

7.2.1 受精卵鉴别

龟卵收集3 d后，能看清受精斑时进行挑选，按表1选择受精卵孵化。

表1 龟卵特征

名称	特 征
受精卵	外壳可见一个圆形的受精斑(白色)，随着胚胎发育的进展，受精斑逐步扩大成白色环状，边缘界限清晰，整齐，无残缺
未受精卵	无受精斑

7.2.2 孵化条件

龟卵人工孵化，应满足以下条件：

a) 温度：宜26 ℃～30 ℃。温度高时雌性偏多，温度低时雄性偏多；
b) 水分：蛭石的水分质量比40%～50%。

7.2.3 龟卵摆放

受精斑朝上，整齐埋于孵化介质中，卵间距1 cm为宜，卵上、下覆盖孵化介质厚度2 mm～3 mm为宜。

7.2.4 孵化时间

从龟卵产出到稚龟孵出的整个过程，约需积温40 000 h·℃。在26 ℃～30 ℃温度下，历时55 d～65 d。

7.3 稚龟暂养

刚出壳的稚龟先放在内壁光滑的容器内或水泥池中暂养，暂养密度以 200 只/m² 左右为宜，水深保持在 2 cm 左右。暂养 3 d 后，可放入幼龟池中养殖。

8 幼龟培育

8.1 放养前准备

8.1.1 设备检修

检修进排水、供电、供氧等设施设备。

8.1.2 培水

用生物方法培肥水质，透明度保持在 15 cm 左右为宜。

8.2 幼龟放养

8.2.1 幼龟质量要求

应符合 SC/T 1153 要求。

8.2.2 幼龟消毒

消毒方法见 6.4.3。

8.2.3 放养方法

将经消毒的幼龟用箱、盆等容器运至龟池水边，倾斜容器口，让幼龟自行游入龟池。放养时暂养盆内与龟池内的水温温差小于 2 ℃。同一龟池放养的幼龟要求规格整齐。

8.2.4 放养密度

70 只/m²～100 只/m² 为宜。

8.3 饲养管理

8.3.1 投饲管理

8.3.1.1 饲料要求

使用乌龟专用膨化配合饲料，质量应按 NY 5072 的规定执行。蛋白质含量以 42%左右为宜。

8.3.1.2 投饲量

日投饲量为乌龟体重的 2%～5%。每次所投的量在 1 h 内吃完为宜。

8.3.1.3 投喂方法

每天投喂两次，上午、下午各投喂一次。定质、定时、定位、定量投喂。

8.3.2 池水管理

8.3.2.1 水温

30 ℃～32 ℃为宜。

8.3.2.2 水位

幼龟放养时，池边水深宜控制在 1 cm～2 cm。随着乌龟个体的长大逐步提高水位，幼龟期水位 20 cm～60 cm 为宜。

8.3.2.3 水质

应及时清除粪便、残饵，使用物理、化学等措施调节水质。

8.3.3 巡池

每天早晚巡池 2 次，观察乌龟摄食、活动和水质变化情况。

8.3.4 建立养殖档案

幼龟培育全过程应建立生产记录、用药记录、产品销售记录等档案，便于质量追溯。

9 病害防控

9.1 防控措施

主要防控措施如下：

a） 保持良好的水质环境；

b） 保持合理的培育密度；

c） 保证饲料新鲜和营养，科学投喂；

d） 规范操作，避免龟体受伤；

e） 在病害流行时期，采取对应的预防措施；

f） 对病龟、死龟进行无害化处理。

9.2 治疗方法

药物使用应按 SC/T 1132 的规定执行。乌龟繁育阶段常见病害及防治方法见附录 A。

附 录 A
(资料性)
乌龟繁育阶段常见病害及防治方法

表A.1给出了乌龟繁育阶段常见病害以及防治方法。

表A.1 乌龟繁育阶段常见病害及防治方法

病名	病原体	症状	防治方法
水霉病	水霉(*Saprolegnia*)、绵霉(*Achlya*)等真菌	体表长出灰白色絮状物。行动迟缓,食欲减退,身体消瘦	1. 500 mg/L食盐+500 mg/L碳酸氢钠药浴2 h~3 h,连用3 d 2. 2 mg/L高锰酸钾+1%食盐药浴20 min~30 min,连用3 d
腐甲病	气单胞菌属(*Aeromonas*)、假单胞菌属(*Pseudomonas*)或无色杆菌属(*Achromobacter*)	甲壳最初出现白色斑点,慢慢形成红色斑点。甲壳表面及颈部、四肢、尾部皮肤溃烂发黑,严重时腐烂成缺刻状或骨骼外露。停食少动,有缩头现象	0.5 mg/L~1.0 mg/L 1%聚维酮碘药浴2 h,连用3 d
白眼病	枯草杆菌(*Bacillus subtilis*)等	眼部发炎充血,眼睛肿大,眼角膜和鼻黏膜糜烂,眼球外表被白色分泌物盖住。食欲减退或完全拒食,精神不振,反应呆滞,呼吸困难,怕光、行动缓慢,不时用前肢抓挠眼部	2 mg/L高锰酸钾药浴30 min,连用5 d
肠炎病	气单胞菌属(*Aeromonas*)、假单胞菌属(*Pseudomonas*)等	食欲减退或完全拒食,精神呆滞,头颈无力,粪便呈蛋清状,黑褐色,排泄孔发红。肠壁充血发炎,含有许多淡黄色黏液	1. 诺氟沙星拌饲投喂,每千克龟30 mg~50 mg,连喂3 d~5 d 2. 氟苯尼考拌饲投喂,每千克龟10 mg,连喂3 d~5 d

ICS 65.150
CCS B 52

中华人民共和国水产行业标准

SC/T 1155—2021

黑斑狗鱼

Amur pike

2021-11-09 发布　　2022-05-01 实施

中华人民共和国农业农村部　发布

前　言

本文件按照 GB/T 1.1—2020《标准化工作导则　第 1 部分：标准化文件的结构和起草规则》的规定起草。

请注意本文件的某些内容可能涉及专利。本文件的发布机构不承担识别专利的责任。

本文件由农业农村部渔业渔政管理局提出。

本文件由全国水产标准化技术委员会淡水养殖分技术委员会(SAC/TC 156/SC 1)归口。

本文件起草单位：中国水产科学研究院黑龙江水产研究所。

本文件主要起草人：张永泉、白庆利、张玉勇、李小龙。

黑　斑　狗　鱼

1　范围

本文件给出了黑斑狗鱼(*Esox reichertii* Dybowski,1869)的学名与分类、主要形态构造特征、生长与繁殖特征、细胞遗传学特性、生化遗传学特性、检测方法及检测结果判定。

本文件适用于黑斑狗鱼的种质检测与鉴定。

2　规范性引用文件

下列文件中的内容通过文中的规范性引用而构成本文件必不可少的条款。其中,注日期的引用文件,仅该日期对应的版本适用于本文件;不注日期的引用文件,其最新版本(包括所有的修改单)适用于本文件。

GB/T 18654.1　养殖鱼类种质检验　第1部分:检测规则

GB/T 18654.2　养殖鱼类种质检验　第2部分:抽样方法

GB/T 18654.3　养殖鱼类种质检验　第3部分:性状测定

GB/T 18654.4　养殖鱼类种质检验　第4部分:年龄与生长的测定

GB/T 18654.6　养殖鱼类种质检验　第6部分:繁殖性能的测定

GB/T 18654.12　养殖鱼类种质检验　第12部分:染色体组型分析

GB/T 18654.13　养殖鱼类种质检验　第13部分:同工酶电泳分析

GB/T 22213　水产养殖术语

3　术语与定义

GB/T 22213界定的术语和定义适用于本文件。

4　学名与分类

4.1　学名

黑斑狗鱼(*Esox reichertii* Dybowski,1869)。

4.2　分类地位

脊索动物门(Chordata)、脊椎动物亚门(Craniata)、硬骨鱼纲(Osteichthyes)、鲑形目(Salmoniformes)、狗鱼亚目(Esocoidei)、狗鱼科(Esocoidae)、狗鱼属(*Esox*)。

5　主要形态构造特征

5.1　外部形态特征

5.1.1　外形

体长形,稍侧扁,吻长,头较大,头前部扁平,形似鸭嘴。口裂大,下颌略长于上颌,口裂后端伸至鼻孔后缘正下方,口咽腔内上颌骨、下颌骨和腭骨具较多圆锥形犬齿,舌为椭圆形,前端游离,能上、下活动,舌上密生角质齿。眼略大,位于头部的中间。鼻孔在眼前缘上方,与眼上缘平行。背鳍位于体后部,靠近尾鳍,与臀鳍相对,胸鳍较小,位于鳃盖下,腹鳍位于体中部,臀鳍基部前端靠近肛门。尾鳍分叉深,上下叶末端尖。胸鳍、腹鳍、臀鳍和尾鳍末梢略呈黄色或橙红色,所有鳍条上偶有黑斑。侧线平直。背部及两侧呈现褐色或苍灰色,体侧散布着许多黑色斑点,腹部银白色。黑斑狗鱼的外部形态见图1。

5.1.2　可数性状

5.1.2.1　鳍式

图1 黑斑狗鱼外形图

背鳍鳍式 D. Ⅲ～Ⅴ—11～18。

臀鳍鳍式 A. Ⅱ～Ⅴ—11～16。

5.1.2.2 鳞式

$$128\frac{12\sim17}{10\sim17-A}173$$

5.1.3 可量性状

体长 22.5 cm～56.1 cm、体重 87.5 g～1 145.5 g 的人工养殖个体，其实测可量性状比例值见表1。

表1 黑斑狗鱼可量性状比例值

全长/体长	体长/体高	体长/头长	头长/吻长	头长/眼径	头长/眼间距	体长/尾柄长	尾柄长/尾柄高
1.12±0.02	7.08±1.02	3.71±0.14	2.43±0.17	7.13±0.76	3.30±0.27	8.72±1.70	1.78±0.34

5.2 内部构造特征

5.2.1 鳔

1室，长椭圆形。

5.2.2 腹膜

银白色。

5.2.3 脊椎骨数

63枚～65枚。

6 生长与繁殖特征

6.1 生长

人工养殖不同年龄组鱼的体长和体重实测值见表2。

表2 各年龄组鱼的体长和体重实测值

年龄 龄	1^+	2^+	3^+	4^+	5^+
平均体长 cm	20.0±1.9	30.4±5.0	48.4±3.0	52.4±5.0	55.7±5.8
平均体重 g	103.1±21.9	356.3±35.6	886.0±125.5	1 189.5±96.4	1 886.6±189.4

6.2 繁殖

6.2.1 性成熟年龄

雌鱼3龄～4龄，雄鱼2龄～3龄。

6.2.2 繁殖季节

每年春季的4月～5月。最适繁殖水温4 ℃～7 ℃。

6.2.3 产卵类型

性腺每年成熟一次，一次产卵，卵为粘性卵。

6.2.4 怀卵量

不同年龄个体怀卵量见表 3。

表 3　不同年龄个体的怀卵量

年龄 龄	3^+	4^+	5^+
体重 g	829.7±138.3	1 416.8±408.4	2 108.8±874.0
绝对怀卵量 粒/尾	1.38×10^4	2.55×10^4	3.32×10^4
相对怀卵量 粒/g(体重)	16.16±3.82	17.65±3.22	14.71±3.50

7　细胞遗传学特性

体细胞染色体数：$2n=50$；核型公式：50 t；染色体臂数(NF)：50，黑斑狗鱼染色体组型见图 2。

图 2　黑斑狗鱼染色体组型图

8　生化遗传学特性

黑斑狗鱼肝脏酯酶(EST)同工酶电泳图及 4 条酶带扫描图见图 3。

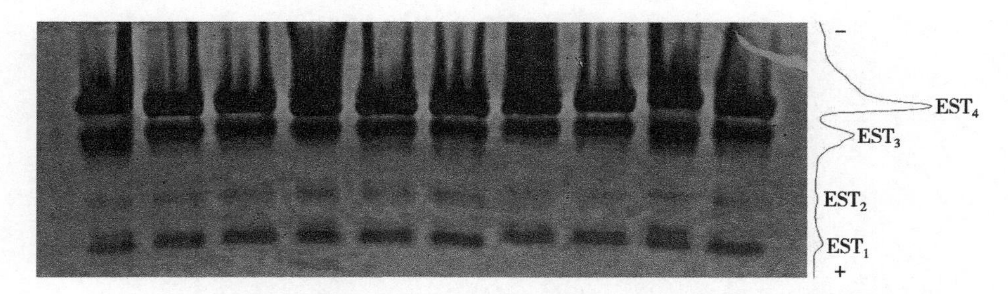

图 3　黑斑狗鱼肝脏酯酶(EST)同工酶电泳图(左)及扫描图(右)

9　检测方法

9.1　抽样

按 GB/T 18654.2 的规定执行。

9.2　性状测定

按 GB/T 18654.3 的规定执行。

9.3　年龄鉴定

采用鳞片鉴定年龄，按 GB/T 18654.4 的规定执行。

9.4　怀卵量测定

按 GB/T 18654.6 的规定执行。

9.5　染色体检测

按 GB/T 18654.12 的规定执行。

9.6 同工酶检测

取肝脏组织 2.00 g,同工酶电泳方法按照 GB/T 18654.13 的规定执行,电泳缓冲液为 TC 缓冲液,200 V 恒压,电泳 1 h～2 h。

10 检测结果判定

按 GB/T 18654.1 的规定执行。

ICS 65.150
CCS B 52

中华人民共和国水产行业标准

SC/T 1156—2021

鲂 亲鱼和苗种

Black bream—Broodstock, fry and fingerling

2021-11-09 发布 2022-05-01 实施

中华人民共和国农业农村部 发布

前　言

本文件按照 GB/T 1.1—2020《标准化工作导则　第 1 部分:标准化文件的结构和起草规则》的规定起草。

请注意本文件的某些内容可能涉及专利。本文件的发布机构不承担识别专利的责任。

本文件由农业农村部渔业渔政管理局提出。

本文件由全国水产标准化技术委员会淡水养殖分技术委员会(SAC/TC 156/SC 1)归口。

本文件起草单位:杭州市农业科学研究院。

本文件主要起草人:冯晓宇、谢楠、刘凯、马恒甲、黄辉、戴杨鑫、王宇希。

鲂　亲鱼和苗种

1　范围

本文件规定了鲂(*Megalobrama skolkovii* Dybowsky)亲鱼和苗种的来源、质量要求、检验方法、检验规则、苗种计数方法及运输要求。

本文件适用于鲂亲鱼和苗种的质量评定。

2　规范性引用文件

下列文件中的内容通过文中的规范性引用而构成本文件必不可少的条款。其中,注日期的引用文件,仅该日期对应的版本适用于本文件;不注日期的引用文件,其最新版本(包括所有的修改单)适用于本文件。

GB/T 18654.2　养殖鱼类种质检验　第2部分:抽样方法

GB/T 18654.3　养殖鱼类种质检验　第3部分:性状测定

GB/T 18654.4　养殖鱼类种质检验　第4部分:年龄与生长的测定

GB/T 22213　水产养殖术语

GB/T 32758　海水鱼类鱼卵、苗种计数方法

NY/T 5361　无公害农产品　淡水养殖产地环境条件

SC/T 1037　鲂

3　术语和定义

GB/T 18654.3 和 GB/T 22213 界定的术语和定义适用于本文件。

4　亲鱼

4.1　来源

4.1.1　捕自自然水域的亲鱼或捕自自然水域的苗种经人工培育而成的亲鱼。

4.1.2　由具资质的省级及以上原(良)种场提供的亲鱼。

4.2　质量要求

4.2.1　种质

符合 SC/T 1037 的规定。

4.2.2　年龄

适宜人工繁殖的年龄为3龄～8龄。

4.2.3　外观

体形、体色正常,体表光滑,体质健壮,肥满度好,无病无伤,无畸形。

4.2.4　体长和体重

体长≥40 cm,体重≥1 000 g。

4.2.5　繁殖期特征

雌鱼腹部膨大、有弹性,卵巢轮廓明显;雄鱼鳃盖、胸鳍粗糙,轻压腹部有乳白色精液流出。

4.2.6　健康状况

无细菌性败血症、小瓜虫病、指环虫病和车轮虫病等传染性强、危害大的疾病。

5　苗种

5.1　来源

5.1.1 鱼苗

由符合第4章规定的亲鱼人工繁殖的鱼苗。

5.1.2 鱼种

由符合5.1.1规定的鱼苗培育的鱼种。

5.2 鱼苗质量

5.2.1 外观

卵黄囊消失、鳔充气,能平游和主动摄食;在容器中轻微搅动水体,鱼苗能逆水游动。

5.2.2 可数指标

畸形率≤2%,伤残率≤2%。

5.2.3 可量指标

全长≥7 mm。

5.3 鱼种质量

5.3.1 外观

体形、体色正常,鳞片完备,鳍条完整,规格整齐;游动活泼,反应灵敏。

5.3.2 可数指标

畸形率≤1%;伤残率≤1%。

5.3.3 可量指标

各种规格(全长)的鱼种体重符合表1的规定。

表1 鲂鱼种各种规格的体重

全长 cm	体重 g	每千克尾数 尾/kg	全长 cm	体重 g	每千克尾数 尾/kg
3.0~3.5	0.3~0.4	2 323~3 726	12.5~13.0	21.2~24.0	42~47
3.5~4.0	0.4~0.7	1 543~2 323	13.0~13.5	24.0~26.9	37~42
4.0~4.5	0.7~0.9	1 075~1 543	13.5~14.0	26.9~30.0	33~37
4.5~5.0	0.9~1.3	784~1 075	14.0~14.5	30.0~33.4	30~33
5.0~5.5	1.3~1.7	585~784	14.5~15.0	33.4~37.1	27~30
5.5~6.0	1.7~2.2	448~585	15.0~15.5	37.1~41.0	24~27
6.0~6.5	2.2~2.9	350~448	15.5~16.0	41.0~45.2	22~24
6.5~7.0	2.9~3.6	279~350	16.0~16.5	45.2~49.7	20~22
7.0~7.5	3.6~4.4	226~279	16.5~17.0	49.7~54.4	18~20
7.5~8.0	4.4~5.4	185~226	17.0~17.5	54.4~59.5	17~18
8.0~8.5	5.4~6.5	154~185	17.5~18.0	59.5~64.9	15~17
8.5~9.0	6.5~7.8	129~154	18.0~18.5	64.9~70.6	14~15
9.0~9.5	7.8~9.2	109~129	18.5~19.0	70.6~76.6	13~14
9.5~10.0	9.2~10.7	93~109	19.0~19.5	76.6~83.0	12~13
10.0~10.5	10.7~12.4	80~93	19.5~20.0	83.0~89.7	11~12
10.5~11.0	12.4~14.4	70~80	20.0~20.5	89.7~96.7	10~11
11.0~11.5	14.4~16.5	61~70	20.5~21.0	96.7~104.1	10~10
11.5~12.0	16.5~18.7	53~61	21.0~21.5	104.1~111.9	9~10
12.0~12.5	18.7~21.2	47~53	21.5~22.0	111.9~120.1	8~9

5.3.4 健康状况

无细菌性败血症、小瓜虫病、指环虫病和车轮虫病等传染性强、危害大的疾病。

5.3.5 安全指标

无禁用药物。

6 检验方法

6.1 亲鱼检验

6.1.1 来源查证

查阅亲鱼引进及培育档案、繁殖生产记录。

6.1.2 种质

按 SC/T 1037 的规定执行。

6.1.3 年龄

以鳞片鉴定年龄,按 GB/T 18654.4 的规定执行。

6.1.4 外观

肉眼观察体形、体色、体表和活动能力。

6.1.5 体长和体重

按 GB/T 18654.3 的规定执行。

6.1.6 繁殖期特征

轻抚、轻压雌鱼腹部检查;轻抚雄鱼胸鳍、鳃盖,轻压雄鱼腹部检查。

6.1.7 健康状况

按鱼病常规诊断的方法检验,常见疾病诊断方法见附录 A。

6.2 苗种检验

6.2.1 外观

把样品放入便于观察的容器中,肉眼观察鱼苗的身体结构、体形、体色和活动能力,鱼种的体形、体色、鳞被、鳍条和活动能力。

6.2.2 全长和体重

按 GB/T 18654.3 的规定执行。

6.2.3 畸形率和伤残率

肉眼计数,在鱼苗或鱼种群体中随机抽取 100 尾以上,统计伤残率、畸形率,连续抽样检查 3 次,取 3 次平均值作为鱼苗或鱼种的伤残率、畸形率。

6.2.4 健康状况

按鱼病常规诊断方法检验,常见疾病诊断方法见附录 A。

6.2.5 安全指标

按现行药物残留量检测方法执行。

7 检验规则

7.1 亲鱼检验规则

7.1.1 交付检验

亲鱼销售交货或人工繁殖时逐尾进行检验。项目包括外观、年龄、体长和体重,繁殖期还包括繁殖期特征检验。

7.1.2 型式检验

型式检验项目为本文件第 4 章规定的全部项目,在非繁殖期可免检亲鱼的繁殖期特征。有下列情况之一时进行型式检验:

a) 更换亲鱼或亲鱼数量变动较大时;

b) 养殖环境发生变化,可能影响到亲鱼质量时;

c) 正常生产满 2 年时;

d) 交付检验与上次型式检验有较大差异时;

e) 国家质量监督机构或行业主管部门提出型式检验要求时。

7.1.3 组批规则

一个销售批或同一催产批作为一个检验批。

7.1.4 抽样方法

交付检验的样品数为一个检验批,全数检验。型式检验的抽样方法按 GB/T 18654.2 的规定执行。

7.1.5 判定规则

检验时,凡有不合格项的个体判为不合格亲鱼。

7.2 苗种检验规则

7.2.1 交付检验

苗种在销售交货或出场时进行检验。交付检验项目包括外观检验、可数指标和可量指标。

7.2.2 型式检验

型式检验项目为本文件第 5 章规定的全部项目,有下列情况之一时进行型式检验:

a) 新建养殖场培育的鲂苗种;

b) 正常生产时,每年的首批苗种培育出来时;

c) 养殖环境发生变化,可能影响到苗种质量时;

d) 交付检验与上次型式检验有较大差异时;

e) 国家质量监督机构或行业主管部门提出型式检验要求时。

7.2.3 组批规则

以同一培育池、同一规格或一次交货的苗种作为一个检验批,销售前按批检验。

7.2.4 抽样方法

每批苗种随机取样在 100 尾以上,观察外观,统计伤残率、畸形率,重复 3 次,取平均值。可量指标每批取样在 30 尾以上,重复 3 次,取平均值。

7.2.5 判定规则

经检验,如健康状况项和安全指标项不合格,则判定该批苗种为不合格,不可复检。其他项不合格,对原检验批取样进行复检,以复检结果为准。

8 苗种计数方法

按 GB/T 32758 的规定执行。

9 运输要求

9.1 亲鱼

运输前停食 1 d～2 d。运输用水符合 NY/T 5361 的要求。宜采用活水车充氧运输,运输水温不高于 18 ℃为宜,运输时间控制在 20 h 内为宜。

9.2 鱼苗

运输用水符合 NY/T 5361 的要求。宜采用充氧打包运输,运输温度 18 ℃～22 ℃为宜,时间控制在 10 h 内为宜。

9.3 鱼种

运输前 2 d～3 d,进行拉网锻炼 1 次～2 次。运输前停食 1 d。运输用水符合 NY/T 5361 的要求。全长 5 cm 以下鱼种可采用活水车充氧或充氧打包运输,全长 5 cm 以上鱼种宜采用活水车充氧运输。

附 录 A
（资料性）
鲂常见疾病的症状与诊断方法

表 A.1 给出了鲂常见疾病的症状与诊断方法。

表 A.1 鲂常见疾病的症状与诊断方法

病名	病原	症 状	流行季节	诊断方法
车轮虫病	车轮虫属(*Trichodina*)或小车轮虫属(*Trichodinella*)的种类。车轮虫外形侧面观似碟子或毡帽,隆起面为口面,与之相对的面为反口面。反口面形似圆盘,内部由多个齿体逐个嵌接而成齿环。虫体自由游动时,像车轮般转动	病鱼表现为鱼体发黑,离群独游或成群围绕池边狂游,鳃部常呈现暗红色,分泌大量黏液,鳃丝边缘发白腐烂	5月～8月发生,主要危害苗种阶段。水温 20 ℃～28 ℃	1. 根据症状及流行季节作初步诊断 2. 镜检。取体表黏液或鳃丝在显微镜下观察,如虫体像车轮般转动,外形侧面观像碟子或毡帽,即可诊断
指环虫病	指环虫属(*Dactylogyrus*)的种类。指环虫头器分成 4 叶,虫体前部有 4 个黑色眼点,后端有一膨大呈盘状的固着器,内有 1 对中央大钩、连接棒和 7 对边缘小钩。虫体自由游动时作伸缩运动	病鱼鳃丝肿胀、贫血、出血,全部或部分苍白色,鳃丝上有斑点状淤血,鳃上有大量黏液。鱼苗或小鱼种患病严重时,鳃丝显著肿胀,鳃盖张开。病鱼极度不安、上下窜动,狂游,呼吸困难	春末夏初和秋季发生,主要危害苗种阶段。水温 20 ℃～25 ℃	1. 根据症状及流行季节作初步诊断 2. 镜检。取鳃丝在显微镜下观察,如有虫体作伸缩运动,虫体前部有 4 个黑色眼点,即可诊断
小瓜虫病	多子小瓜虫(*Ichthyophthirius multifiliis*)。幼虫长卵形,前尖后钝,后端有 1 根粗而长的尾毛,全身披长短均匀的纤毛;成虫虫体球形,尾毛消失,有一马蹄形的大核	肉眼可见病鱼的皮肤、鳍条或鳃瓣上布满白色小点状囊泡,严重时体表似覆盖一层白色薄膜,鳞片脱落,鳍条裂开、腐烂。鱼体和鳃瓣黏液增多,呼吸困难,反应迟钝,缓游于水面	多在初冬、春末和梅雨季节发生。主要危害苗种阶段。水温 15 ℃～25 ℃	1. 根据症状及流行季节作初步诊断 2. 镜检。取体表黏液或鳃丝在显微镜下观察,如有长卵形的幼虫或具马蹄形细胞核的成虫即可诊断
细菌性败血病	嗜水气单胞菌(*Aeromonas hydrophila*)。菌体直,短杆状,两端圆,无荚膜和芽孢,以极端单鞭毛运动,革兰氏阴性	病鱼上下颌、口腔、眼睛、鳃盖表皮、鳍条基部及鱼体两侧均轻度充血,鳃丝苍白,严重时体表和内脏充血症状加剧,眼球突出,肛门红肿,腹部膨大,腹腔内有黄色或红色腹水,肝、脾、肾肿大,肠系膜、肠黏膜及肠壁充血,肠内无食物而有黏液、积水或充气	2月～11月发生,夏季较为严重。水温 9 ℃～36 ℃	1. 根据症状及流行季节作初步诊断 2. 实验室检验参照 GB/T 18652—2002 第 3 章的规定,可判定为嗜水气单胞菌

参 考 文 献

[1] GB/T 18652—2002 致病性嗜水气单胞菌检验方法

ICS 65.150
CCS B 51

中华人民共和国水产行业标准

SC/T 2102—2021

绿鳍马面鲀

Greenfin horse-faced filefish

2021-11-09 发布 2022-05-01 实施

中华人民共和国农业农村部 发布

前　言

本文件按照 GB/T 1.1—2020《标准化工作导则　第 1 部分：标准化文件的结构和起草规则》的规定起草。

请注意本文件的某些内容可能涉及专利。本文件的发布机构不承担识别专利的责任。

本文件由农业农村部渔业渔政管理局提出。

本文件由全国水产标准化技术委员会海水养殖分技术委员会(SAC/TC 156/SC 2)归口。

本文件起草单位：中国水产科学研究院黄海水产研究所、青岛金沙滩水产开发有限公司、烟台开发区天源水产有限公司、烟台市海洋经济研究院、威海银泽生物科技有限公司、威海慧源水产有限公司、宁德市南海水产科技有限公司。

本文件主要起草人：陈四清、边力、张岩、薛祝家、曲江波、陈相堂、俞兰良、陶俊兴、彭立成、张盛农、刘长琳、葛建龙、李凤辉、刘琨。

绿鳍马面鲀

1 范围

本文件给出了绿鳍马面鲀[*Thamnaconus septentrionalis* (Günther，1874)]的术语和定义、学名与分类、主要形态构造特征、生长与繁殖特性、细胞遗传学特性、分子遗传学特性、检测方法与判定规则。

本文件适用于绿鳍马面鲀的种质检测与鉴定。

2 规范性引用文件

下列文件中的内容通过文中的规范性引用而构成本文件必不可少的条款。其中，注日期的引用文件，仅该日期对应的版本适用于本文件；不注日期的引用文件，其最新版本（包括所有的修改单）适用于本文件。

GB/T 18654.2　养殖鱼类种质检验　第2部分：抽样方法

GB/T 18654.3　养殖鱼类种质检验　第3部分：性状测定

GB/T 18654.4　养殖鱼类种质检验　第4部分：年龄与生长的测定

GB/T 18654.6　养殖鱼类种质检验　第6部分：繁殖性能的测定

GB/T 18654.12　养殖鱼类种质检验　第12部分：染色体组型分析

GB/T 22213　水产养殖术语

3 术语和定义

GB/T 22213界定的术语和定义适用于本文件。

4 学名与分类

4.1 学名

绿鳍马面鲀[*Thamnaconus septentrionalis* (Günther，1874)]。

4.2 分类地位

脊索动物门(Chordata)，硬骨鱼纲(Osteichthyes)，鲀形目(Tetraodontiformes)，单角鲀科(Monacanthidae)，马面鲀属(*Thamnaconus*)。

5 主要形态构造特征

5.1 外部形态

5.1.1 外形

体长椭圆形，侧扁，体长为第二背鳍起点至臀鳍起点间距离的2.4倍～3.2倍。头较大，背缘稍隆起或斜直，腹缘稍隆起，侧面观近三角形，尾柄侧扁。眼中大，上侧位，眼间隔圆突，稍大于眼径。鼻孔小，每侧2个，位于眼前方附近。吻尖突，吻长较大。口小，前位，唇较厚，上下颌齿楔状。鳃孔较大，中侧位，斜裂，位于眼后半部下方，下端与眼中央相对，上端与眼后缘相对；鳃孔长等于或稍大于眼径。鳞细小，每一鳞的基板上有约10枚细长鳞棘，排列成2行以上。侧线1条，分为框下线和体侧线，以眼部为中心，向吻部延伸出框下线，向尾柄处延伸为体侧线，体侧线在体中部弯曲向上拱起，再向下延伸至尾部。

背鳍2个，第一背鳍具2鳍棘，第一鳍棘较长、粗大，位于眼后半部上方，前缘具2行倒棘，后侧缘各具1行倒棘，棘尖向下或向外；第二鳍棘短小，紧贴在第一鳍棘后侧，常隐于皮膜下。第二背鳍延长，起点在肛门上方，前部鳍条高起，以第九至第十一鳍条最长。臀鳍与第二背鳍同形，起点在第二背鳍第七、八鳍条下方。胸鳍短圆形，侧位。腹鳍合为1短棘，由2对特化鳞组成，连于腰带骨后端，不能活动。尾鳍圆形。

背部浅紫色,侧下方浅灰色,到腹部由浅绿色过渡为白色。成鱼斑纹不明显。第一背鳍灰褐色,第二背鳍、臀鳍、胸鳍及尾鳍蓝绿色。绿鳍马面鲀外部形态见图 1。

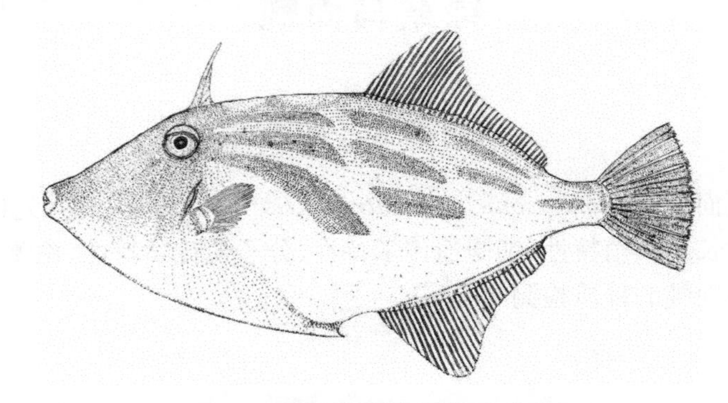

图 1　绿鳍马面鲀外部形态图

5.1.2　可数性状

5.1.2.1　鳍式:背鳍Ⅱ,35～39;臀鳍 32～37;胸鳍 13～16;尾鳍Ⅰ+10+Ⅰ。

5.1.2.2　上颌齿 2 行,外行每侧 3 枚,内行每侧 2 枚;下颌齿单行,每侧 3 枚。

5.1.2.3　左侧第一鳃弓外侧鳃耙数:30～37。

5.1.3　可量性状

可量性状比值见表 1。

表 1　绿鳍马面鲀可量性状比值

体长/体高	2.0～2.9	头长/眼径	3.8～5.8
体长/头长	3.0～4.6	头长/尾柄长	1.4～3.0
头长/吻长	1.2～1.4	尾柄长/尾柄高	1.1～2.1

5.2　内部构造

5.2.1　脊椎骨数:16 个～18 个。

5.2.2　腹膜:银白色。

5.2.3　鳔:1 室。

6　生长与繁殖特性

6.1　生长

体长与体重关系见公式(1)。

$$W = 0.0144 \times L^{3.1384} (R^2 = 0.9789) \quad \cdots\cdots (1)$$

式中:

W——体重的数值,单位为克(g);

L——体长的数值,单位为厘米(cm)。

6.2　繁殖

6.2.1　性成熟年龄

2 龄。

6.2.2　生物学最小型

体长 15 cm。

6.2.3　产卵习性

春季产卵,分批多次排卵,产卵温度 19 ℃～24 ℃,东海产卵期为 4 月上旬至 5 月上旬,黄渤海产卵期为 5 月上旬至 6 月上旬。

6.2.4 受精卵特征

圆球形端黄卵，黏性，卵径 0.58 mm～0.67 mm，卵黄均匀透明，多油球。

6.2.5 怀卵量

绝对怀卵量为 1.5×10^{5}粒～1.0×10^{6}粒。

7 细胞遗传学特性

7.1 染色体数

体细胞染色体数：$2n=40$。

7.2 核型

染色体核型公式为：$2n=40t$，$NF=40$。染色体组型见图 2。

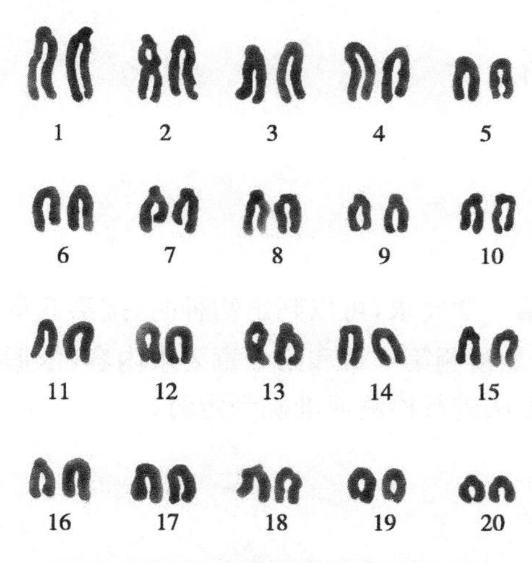

图 2 绿鳍马面鲀染色体组型图

8 分子遗传学特性

线粒体 COI 基因片段的碱基序列(655 bp)：

ATGATTTTCG GTGCCTGAGC TGGAATAGTA GGAACTGCTT TGAGCCTACT 50
GATTCGAGCA GAACTAAGCC AACCCGGCGC CCTCCTTGGA GATGACCAGA 100
TTTATAACGT AATCGTAACA GCTCACGCTT TTGTAATGAT TTTCTTTATA 150
GTAATGCCAA TTATAATTGG AGGTTTCGGA AACTGACTTA TCCCTCTAAT 200
GATCGGTGCC CCTGATATAG CATTCCCTCG AATGAACAAT ATGAGCTTCT 250
GATTACTTCC CCCTTCCTTC CTCCTTCTCC TCGCGTCTTC AGGGGTTGAA 300
GCTGGGGCCG GAACCGGATG GACCGTTTAC CCCCCTCTGG CAGGAAACCT 350
AGCCCACGCT GGGGCATCCG TAGACCTCAC AATTTTCTCC CTCCACTTAG 400
CAGGTATTTC TTCAATTCTT GGTGCAATTA ATTTTATCAC AACTATCATC 450
AACATGAAAC CTCCCGCCAT TTCCCAATAC CAAACGCCCC TATTTGTTTG 500
AGCTGTACTA ATTACAGCCG TACTTCTTCT TCTCTCCCTG CCTGTACTTG 550
CTGCAGGAAT CACGATGCTC CTGACTGACC GTAATTTAAA CACCACCTTC 600
TTCGACCCAG CTGGAGGGGG AGACCCAATC CTGTACCAAC ACTTATTCTG 650
ATTCT 655

种内 K2P 遗传距离小于 2%。

9 检测方法

9.1 抽样方法

按 GB/T 18654.2 的规定执行。

9.2 性状测定

9.2.1 外部形态

按 GB/T 18654.3 的规定执行。

9.2.2 内部构造

将鱼体解剖后,按 5.2 的规定采用目视法观察和计数检测。

9.3 年龄鉴定

按 GB/T 18654.4 的规定执行。年龄鉴定材料为脊椎骨。

9.4 怀卵量测定

按 GB/T 18654.6 的规定执行。

9.5 细胞遗传学检测

按 GB/T 18654.12 的规定执行。

9.6 分子遗传学检测

按附录 A 的实验方法执行。

10 判定规则

10.1 当检测结果符合第 5 章和第 7 章要求,可以判定物种时,按第 5 章和第 7 章要求判定。

10.2 当出现下列情况之一时,增加检测第 6 章和第 8 章要求内容,依据检测结果对物种进行辅助判定。

a) 第 5 章和第 7 章的项目无法进行检测或准确判定时;

b) 第三方提出要求时。

附 录 A
（规范性）
线粒体 COI 基因序列分析方法

A.1 总 DNA 提取

取样品鱼背部肌肉组织，加 600 μL DNA 抽提缓冲液（0.1 mol/L EDTA，10 mmol/L Tris-HCl，0.5% SDS，pH 8.0）和 10 μL 蛋白酶 K（20 mg/mL），充分混匀后置于 55 ℃下消化至澄清，按照标准的酚-氯仿抽提法进行总 DNA 的提取。

A.2 引物序列

扩增引物序列为 COI-F：5'-TCAACCAACCACAAAGACATTGGCAC-3'，COI-R：5'-TAGACT-TCTGGGTGGCCAAAGAATCA-3'。

A.3 PCR 扩增

反应体系包括 0.5 μL *Taq* DNA 聚合酶（2.5 U/μL），各 0.5 μL 的正反向引物（10 μmol/L），0.5 μL 的 dNTP（10 mmol/L），2.5 μL 的 10×PCR 缓冲液[200 mmol/L Tris-HCl，pH 8.4；200 mmol/L KCl；100 mmol/L $(NH_4)_2SO_4$；15 mmol/L $MgCl_2$]，基因组 DNA 约 20 ng，加灭菌蒸馏水至 25 μL。每组 PCR 设阴性对照检测是否存在污染。PCR 参数包括 94 ℃预变性 5 min；94 ℃变性 30 s，56 ℃退火 30 s，72 ℃延伸 1 min，循环 35 次；然后 72 ℃延伸 10 min。PCR 反应在热循环仪上完成，PCR 产物经琼脂糖凝胶电泳检测后进行双向测序。

A.4 遗传距离分析

利用 Kimura 两参数模型（Kimura 2-parameter，K2P）计算样品间两两遗传距离。

ICS 65.150
CCS B 51

中华人民共和国水产行业标准

SC/T 2103—2021

黄　姑　鱼

Yellow drum

2021-11-09 发布　　2022-05-01 实施

中华人民共和国农业农村部　发布

前 言

本文件按照 GB/T 1.1—2020《标准化工作导则 第1部分:标准化文件的结构和起草规则》的规则起草。

请注意本文件的某些内容可能涉及专利。本文件的发布机构不承担识别专利的责任。

本文件由农业农村部渔业渔政管理局提出。

本文件由全国水产标准化技术委员会海水养殖分技术委员会(SAC/TC 156/SC 2)归口。

本文件起草单位:浙江海洋大学、集美大学、山东交通学院、中国海洋大学、山东省海洋生物研究院、威海市文登区海和水产育苗有限公司、山东省水生生物资源养护管理中心。

本文件主要起草人:高天翔、杨天燕、蔡明夷、王志勇、刘璐、韩志强、宋娜、胡发文、郭文、连昌、刘淑德、涂忠、王晓艳。

黄　姑　鱼

1　范围

本文件给出了黄姑鱼[*Nibea albiflora*(Richardson,1846)]的术语和定义、学名与分类、主要形态构造特征、生长与繁殖特性、细胞遗传学特性、分子遗传学特性、检测方法和判定规则。

本文件适用于黄姑鱼的种质检测与鉴定。

2　规范性引用文件

下列文件中的内容通过文中的规范性引用而构成本文件必不可少的条款。其中,注日期的引用文件,仅该日期对应的版本适用于本文件;不注日期的引用文件,其最新版本(包括所有的修改单)适用于本文件。

GB/T 18654.2　养殖鱼类种质检验　第2部分:抽样方法

GB/T 18654.3　养殖鱼类种质检验　第3部分:性状测定

GB/T 18654.4　养殖鱼类种质检验　第4部分:年龄与生长的测定

GB/T 18654.6　养殖鱼类种质检验　第6部分:繁殖性能的测定

GB/T 18654.12　养殖鱼类种质检验　第12部分:染色体组型分析

GB/T 22213　水产养殖术语

3　术语和定义

GB/T 22213界定的术语和定义适用于本文件。

4　学名与分类

4.1　学名

黄姑鱼[*Nibea albiflora*(Richardson,1846)]。

4.2　分类地位

脊椎动物门(Vertebrate)硬骨鱼纲(Osteichthyes)辐鳍亚纲(Actinopterygii)鲈形目(Perciformes)石首鱼科(Sciaenidae)黄姑鱼属(*Nibea*)。

5　主要形态构造特征

5.1　外部形态

5.1.1　外形

体延长,侧扁,背腹部浅弧形。体橙黄色,体侧具暗褐色斜带。头中等大,侧扁,稍尖突;吻钝圆,吻褶完整,边缘波状。颏孔5个,呈U形排列,无颏须。眼上侧位中等大,位于头的前半部,眼间隔宽而凸。鼻孔2个,前鼻孔圆,后鼻孔半月形,位于眼前方。口中等大,端位,下颌稍短于上颌。唇薄、口腔淡灰色。牙细小,无犬牙,上颌牙外行稍大,圆锥形;内行牙两行,稍大,锥形,排列稀疏,外行较小。犁骨,腭骨及舌上无牙,舌圆形,前端游离。鳃孔大,鳃盖膜与峡部不相连,前鳃盖骨后缘具细锯齿,鳃盖骨后缘具2个扁棘;有假鳃,鳃腔灰黑色,鳃耙粗短。

黄姑鱼外部形态见图1。

5.1.2　可数性状

5.1.2.1　鳍式

背鳍鳍式:D. X,Ⅰ—28～30。臀鳍鳍式:A. Ⅱ—7。胸鳍鳍式:P. 17。腹鳍鳍式:V. Ⅰ—5。

5.1.2.2　侧线鳞数

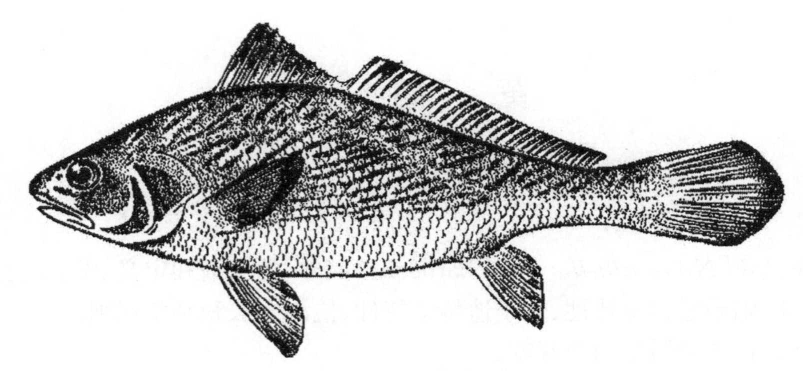

图 1　黄姑鱼外部形态

$52\frac{9\sim10}{9\sim10}54$。

5.1.2.3　鳃耙数

左侧第一鳃弓外鳃耙数 6+11。

5.1.3　可量性状

体长 6.8 cm～27.6 cm、体重 6.8 g～428.3 g 的黄姑鱼可量性状比值见表 1。

表 1　黄姑鱼可量性状比值

全长/体长	体长/体高	体长/头长	体长/吻长	体长/眼后头长
1.04～1.23	1.69～3.70	1.72～4.10	12.08～21.91	3.84～7.33
体长/尾柄长	头长/吻长	头长/眼后头长	头长/眼径	尾柄长/尾柄高
3.69～4.99	3.72～9.28	1.30～2.39	4.28～8.66	2.18～3.11

5.2　内部构造

5.2.1　脊椎骨数

脊椎骨数 23～24。

5.2.2　腹膜

银白色，腹腔膜有细黑点。

5.2.3　鳔

1 室，鳔大，前端圆形，两侧不突出成短囊。鳔侧具侧支约 22 对，无背分支，具腹分支。

6　生长与繁殖特性

6.1　生长

体长与体重关系见公式(1)。

$$W=0.0162L^{3.0505}(R^2=0.9944) \quad \cdots\cdots (1)$$

式中：

W——体重的数值，单位为克(g)；

L——体长的数值，单位为厘米(cm)。

6.2　繁殖

6.2.1　性成熟年龄

雌鱼为 2 龄～3 龄，雄鱼为 1 龄～2 龄。

6.2.2　繁殖期

5 月～7 月，盛期 5 月～6 月。产卵适温 18 ℃～26 ℃，适宜盐度 23～30。

6.2.3　怀卵量

绝对怀卵量 4.9×10^4 粒～5.6×10^5 粒，相对怀卵量每克体重 166 粒～1 436 粒。

6.2.4 卵的性质

浮性卵,中央有一个油球。

7 细胞遗传学特性

7.1 染色体数

体细胞染色体数:$2n=48$。

7.2 核型

染色体核型公式为:$2n=48t$,NF=48。染色体组型见图 2。

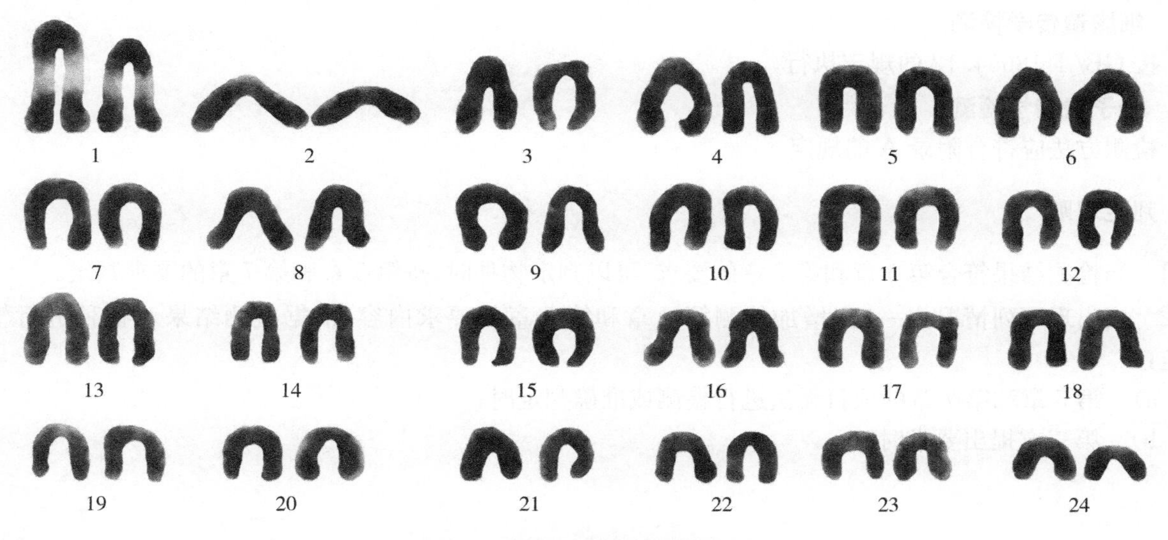

图 2 黄姑鱼染色体组型图

8 分子遗传学特性

黄姑鱼线粒体 COI 基因片段的碱基序列(655 bp):

```
CCTCTACCTA   ATTTTCGGTG   CATGAGCCGG   AATAGTAGGC   ACAGCCCTGA   50
GTCTACTAAT   CCGAGCAGAA   CTAAGTCAAC   CCGGCTCCCT   CCTTGGGGAC   100
GACCAAGTTT   ATAACGTAAT   TGTTACGGCA   CATGCATTCG   TCATAATTTT   150
CTTTATGGTC   ATGCCCGTCA   TGATCGGAGG   CTTCGGAAAC   TGGCTCGTAC   200
CCCTAATGAT   TGGGGCGCCC   GACATAGCAT   TTCCTCGAAT   AAATAACATA   250
AGCTTCTGGC   TCCTCCCCCC   CTCCTTCCTC   CTCCTGCTTA   CTTCCTCAGG   300
CGTTGAAGCG   GGGGCCGGAA   CCGGGTGAAC   AGTATACCCC   CCACTTGCTA   350
GCAATCTGGC   CCACGCAGGG   GCCTCCGTCG   ATCTAGCCAT   CTTCTCCCTC   400
CATCTCGCAG   GGGTTTCCTC   TATTCTAGGG   GCCATTAACT   TTATTACAAC   450
CATTATTAAC   ATAAAACCCC   CTGCCATCAC   GCAATACCAG   ACGCCTCTGT   500
TTGTATGAGC   TGTCCTAATT   ACAGCAGTTC   TCCTGCTCCT   CTCCCTCCCT   550
GTCTTAGCCG   CCGGTATTAC   AATGCTTTTA   ACAGACCGCA   ACCTAAATAC   600
AACCTTTTTT   GACCCTGCTG   GCGGAGGTGA   CCCCATTCTC   TATCAACACT   650
TATTC                                                          655
```

种内 K2P 遗传距离小于 2%。

9 检测方法

9.1 抽样

按 GB/T 18654.2 的规定执行。

9.2 性状测定

9.2.1 外部形态

按 GB/T 18654.3 的规定执行。

9.2.2 内部构造

将鱼体解剖后，按 5.2 的规定采用目视法观察和计数检测。

9.3 年龄鉴定

按 GB/T 18654.4 的规定执行。年龄鉴定材料为耳石。

9.4 怀卵量的测定

按 GB/T 18654.6 的规定执行。

9.5 细胞遗传学检测

按 GB/T 18654.12 的规定执行。

9.6 分子遗传学检测

检测方法应符合附录 A 的规定。

10 判定规则

10.1 当检测结果符合第 5 章和第 7 章的要求，可以判定物种时，按第 5 章和第 7 章的要求判定。

10.2 当出现下列情况之一时，增加检测第 6 章和第 8 章的要求内容，依据检测结果对物种进行辅助判定：

a) 第 5 章和第 7 章的项目无法进行检测或准确判定时；

b) 第三方提出要求时。

附 录 A
(规范性)
线粒体 *COI* 基因序列分析方法

A.1 总 DNA 提取

取黄姑鱼肌肉组织剪碎并用10%蛋白酶 K 消化后,按照标准的酚-氯仿抽提法或者使用试剂盒进行总 DNA 的提取。

A.2 引物序列

扩增引物序列为 COI-F(5′-GGTCAACAAATCATAAAGATATTGG-3′)和 COI-R(5′-TAAACT-TCAGGGTGACCAAAAAATCA-3′)。

A.3 PCR 扩增

反应体系为 50 μL,每个反应体系包括 1.25 U 的 *Taq* DNA 聚合酶;各种反应组分的终浓度为 200 nmol/L的正反向引物;200 μmol/L 的每种 dNTP,10×PCR 缓冲液[200 mmol/L Tris-HCl,pH 8.4;200 mmol/L KCl;100 mmol/L $(NH_4)_2SO_4$;15 mmol/L $MgCl_2$]5 μL,加 Milli-Q H_2O 至 50 μL。基因组 DNA 约为 20 ng。

每组 PCR 均设阴性对照用来检测是否存在污染。PCR 参数包括 94 ℃预变性 4 min,94 ℃变性 40 s,52 ℃退火 30 s,72 ℃延伸 1 min,循环 35 次,然后 72 ℃后延伸 7 min。PCR 反应在热循环仪上完成,PCR 扩增产物经琼脂糖凝胶电泳检测后进行双向测序。

A.4 遗传距离分析

利用 Kimura 两参数模型(Kimura 2-parameter,K2P)计算样品间两两遗传距离。

ICS 65.150
CCS B 51

中华人民共和国水产行业标准

SC/T 2105—2021

红　毛　菜

Bangia fuscopurpurea

2021-11-09 发布　　　　2022-05-01 实施

中华人民共和国农业农村部　发布

前　言

本文件按照 GB/T 1.1—2020《标准化工作导则　第 1 部分：标准化文件的结构和起草规则》的规定起草。

请注意本文件的某些内容可能涉及专利。本文件的发布机构不承担识别专利的责任。

本文件由农业农村部渔业渔政管理局提出。

本文件由全国水产标准化技术委员会海水养殖分技术委员会(SAC/TC 156/SC 2)归口。

本文件起草单位：中国水产科学研究院黄海水产研究所。

本文件主要起草人：汪文俊、张岩、鲁晓萍、马爽、梁洲瑞、刘福利、孙修涛。

红　毛　菜

1　范围

本文件给出了红毛菜[*Bangia fuscopurpurea* (Dillwyn) Lyngbye,1819]的术语和定义、学名与分类、主要形态构造特征、繁殖特性、细胞遗传学特性、分子遗传学特性、检测方法与判定规则。

本文件适用于红毛菜的种质检测与鉴定。

2　规范性引用文件

本文件没有规范性引用文件。

3　术语和定义

下列术语和定义适用于本文件。

3.1

藻体　thallus

由壳孢子或单孢子萌发形成的配子体。

3.2

丝状体　conchocelis

由果孢子萌发形成的孢子体。在栽培过程中属种苗阶段。

[来源:GB 21046—2007,2.2,有修改]

3.3

果胞　carpogonium

雌配子体成熟分化形成的生殖细胞。

3.4

果孢子　zygotospore

藻体营养细胞转化形成果胞与精子囊器,成熟后两性细胞结合形成合子,由合子分裂形成的孢子。

[来源:GB 21046—2007,2.3,有修改]

3.5

壳孢子　conchospore

丝状体营养藻丝发育形成孢子囊枝,由孢子囊成熟分裂形成的孢子。

[来源:GB 21046—2007,2.4,有修改]

3.6

单孢子　archeospore

为无性生殖孢子,由藻体营养细胞形成单孢子囊,一个孢子囊产生一个单孢子,萌发生成藻体。

[来源:GB 21046—2007,2.5,有修改]

3.7

质体　plastid

为藻体和丝状体中营光合作用的细胞器,含有叶绿素 a、类胡萝卜素、藻胆蛋白等光合色素。

4　学名与分类

4.1　学名

红毛菜 [*Bangia fuscopurpurea* (Dillwyn) Lyngbye,1819]。

4.2 分类地位

红藻门(Rhodophyta)红藻纲(Rhodophyceae)红毛菜目(Bangiales)红毛菜科(Bangiaceae)红毛菜属(*Bangia*)。

5 主要形态构造特征

5.1 外部形态

5.1.1 藻体

藻体丝状，呈圆柱形，不分枝，较柔软，胶质感强且光滑。藻体长度一般为 1 cm～10 cm，最长可达 15 cm。近基部由单列细胞构成，表面观细胞为方形，宽为 20 μm～35 μm。藻体的中上部分由多列细胞构成，藻体的直径一般为 25 μm～70 μm，个别可达 300 μm，具短的节片，表面观细胞组织变得不规则。藻体近基部数个细胞一侧向下延伸出细长的丝状细胞互相交错形成假根。藻体呈紫红色或暗褐红色。性别为雌雄异株，成熟的雄性藻体在顶端形成呈淡黄色或浅绿色的精子囊，成熟的雌性藻体呈深紫红色，其产生的果胞与精子受精后形成红色的果孢子囊。藻体外部形态见图 1。

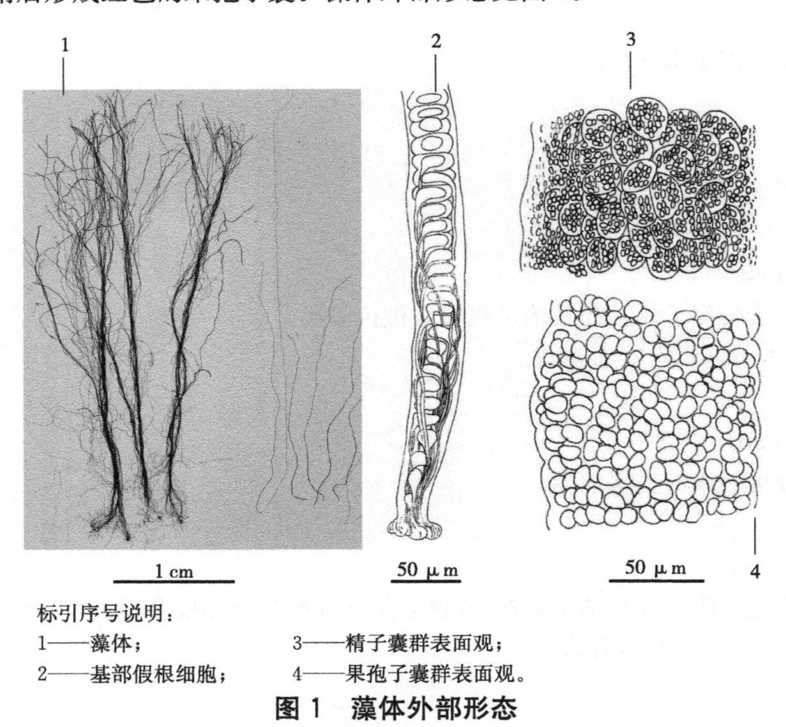

标引序号说明：
1——藻体；
2——基部假根细胞；
3——精子囊群表面观；
4——果孢子囊群表面观。

图 1 藻体外部形态

5.1.2 丝状体(孢子体)

为不规则分枝的单列藻丝，没有假根组织，紫红色。丝状体能钻入贝壳或其他含碳酸钙的基质内生长，或悬浮生长于海水中。根据生长不同阶段可分为 3 种形态：营养藻丝、孢子囊枝、壳孢子形成和放散。营养藻丝为细丝状，细胞宽 2 μm～4 μm，长 10 μm～80 μm；孢子囊枝细胞宽 10 μm～15 μm，长 12 μm～17 μm，接近成熟时细胞宽≥细胞长。形态特征见图 2。

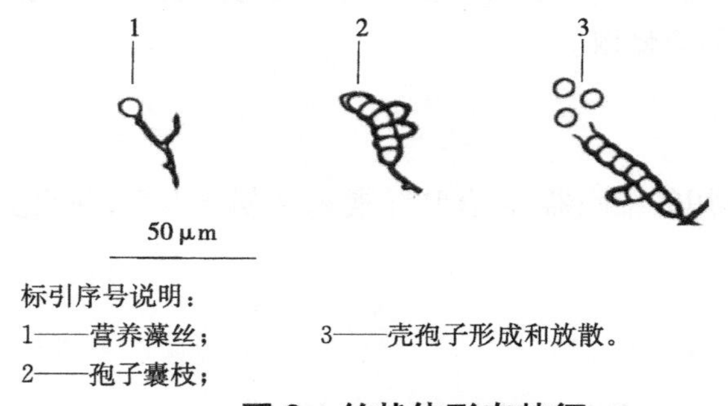

标引序号说明：
1——营养藻丝；
2——孢子囊枝；
3——壳孢子形成和放散。

图 2 丝状体形态特征

5.2 内部构造特征

5.2.1 藻体横切面

圆形或椭圆形，外由体壁包围，内由一个至多个细胞组成，直径 20 μm～70 μm，个别可达 300 μm。单列藻体由 1 个细胞组成，切面观为圆形(图 3a)；多列藻体由 2 个至数个楔形或不规则形状细胞呈辐射状排列组成(图 3b)。

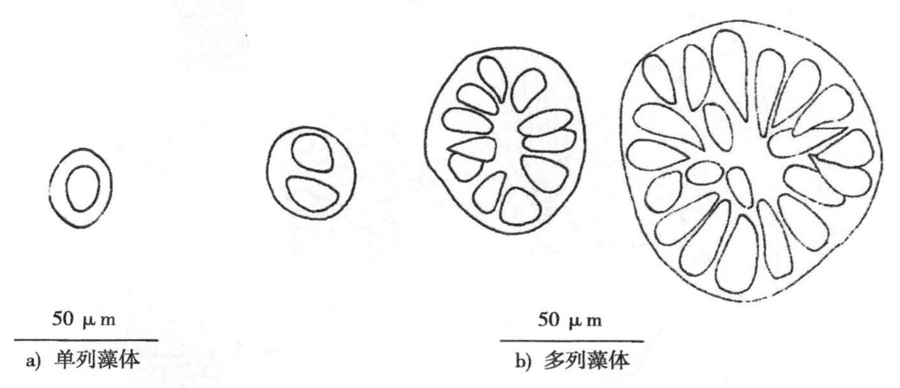

图 3 藻体横切面

5.2.2 藻体质体

1 个，星状，占据藻体细胞中央绝大部分空间，四周具有多条腕状结构(图 4)。

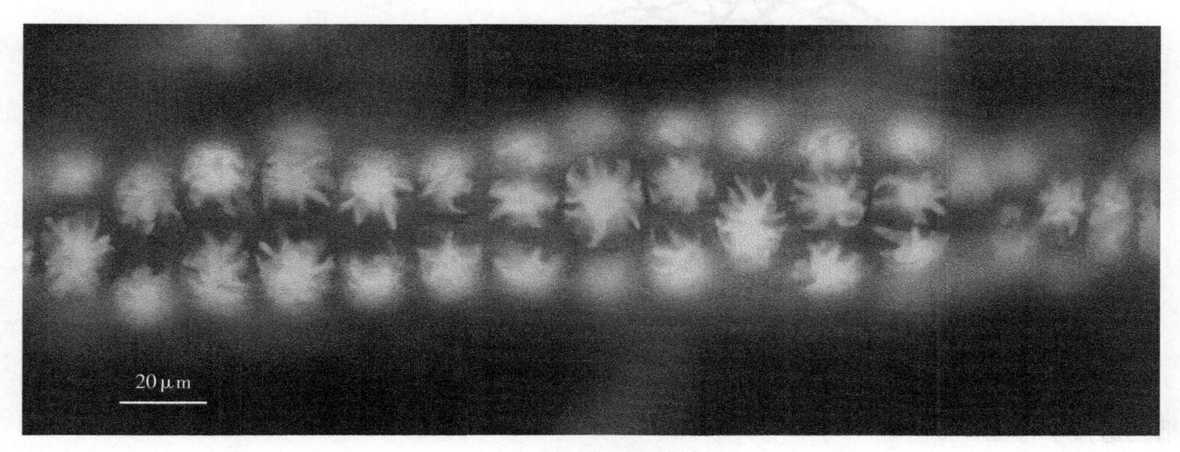

图 4 藻体质体

6 繁殖特性

6.1 生活史

异型世代交替生活史，孢子体微型为二倍体，配子体大型为单倍体。生活史见图 5。

6.2 繁殖方式

6.2.1 有性繁殖

雌雄异株。精子囊母细胞为雄性生殖细胞，经多次分裂形成精子囊器，精子囊器表面观具有 8 个～16 个精子囊细胞。精子囊为单室，每个可形成 1 个精子，具有成熟精子囊的藻体顶端呈淡黄色或灰绿色。果胞为雌性生殖细胞，受精后分裂形成果孢子囊，表面观具有 4 个果孢子，呈深紫红色。果孢子逸出萌发形成丝状体。丝状体经过营养生长，发育成孢子囊枝，成熟分裂形成壳孢子囊，壳孢子放散、萌发形成配子体。

6.2.2 无性繁殖

藻体营养细胞转化形成单孢子囊，单孢子逸出后萌发形成新的藻体。

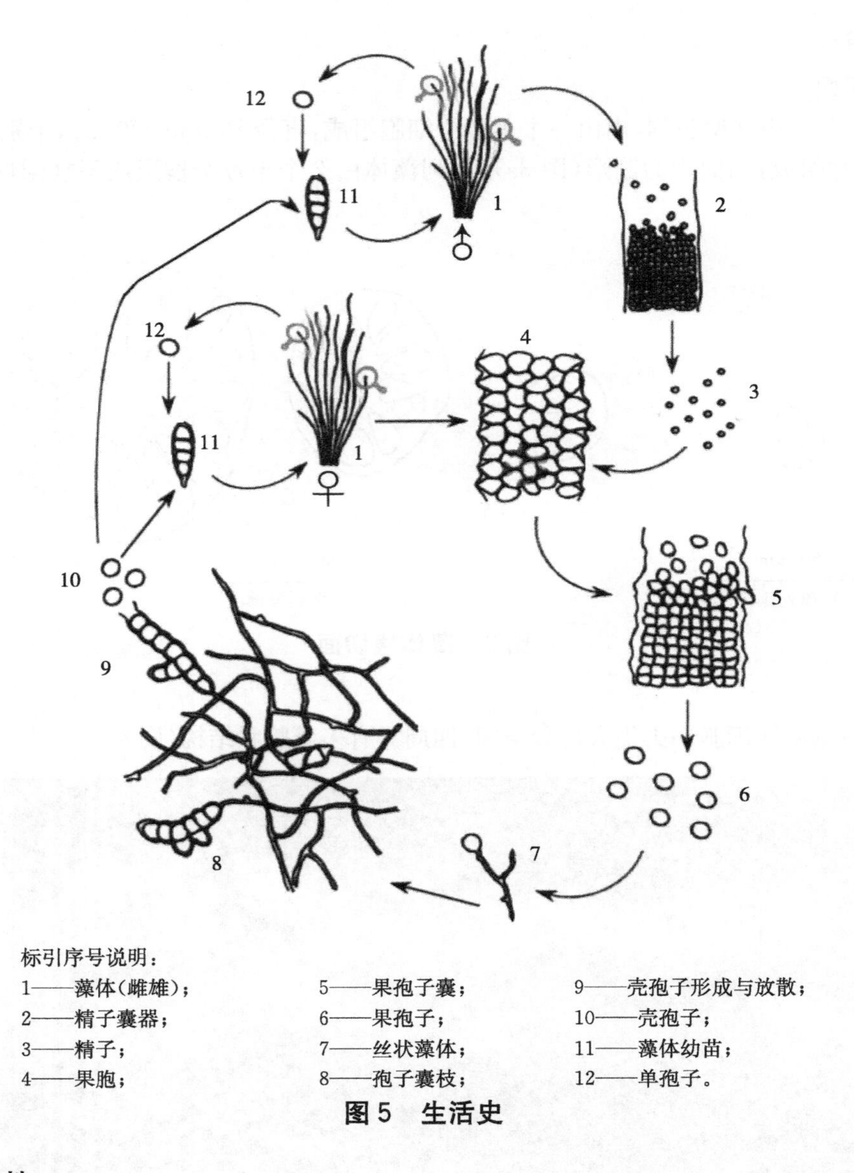

标引序号说明:

1——藻体(雌雄);
2——精子囊器;
3——精子;
4——果胞;
5——果孢子囊;
6——果孢子;
7——丝状藻体;
8——孢子囊枝;
9——壳孢子形成与放散;
10——壳孢子;
11——藻体幼苗;
12——单孢子。

图5 生活史

7 细胞遗传学特性

藻体细胞为单倍核相,染色体数:$n=4$;丝状体细胞为双倍核相,染色体数:$2n=8$。染色体见图6。

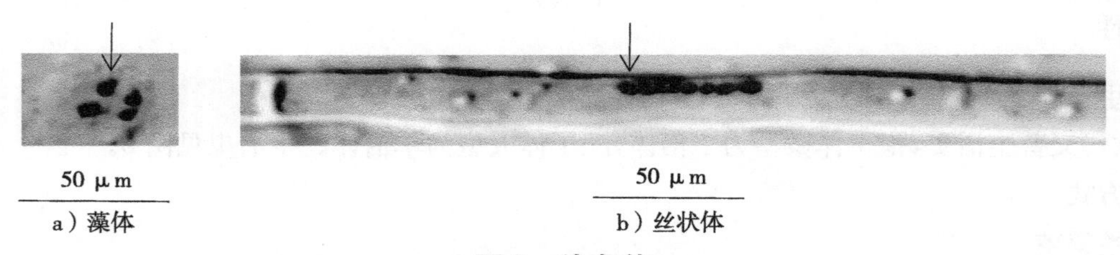

a)藻体　　b)丝状体

图6 染色体

8 分子遗传学特性

质体 *rbcL* 基因片段的碱基序列(550 bp):

```
AATGGAAGGG CGTAAATAAA GCATCTGCTG CTTCCGGTGA AGTTAAAGGC CATTACCTTA   60
ACGTAACTGC TGCAACTATG GAAGATATGT ATGAAAGAGC AGAATTTTCC AAAGATGTTG  120
GTAGTATCAT CTGTATGATT GACCTTGTAA TTGGTTATAC TGCGATTCAA AGTATGGCAA  180
TCTGGGCTCG TAAGCATGAC ATGATTTTAC ACTTACACAG AGCTGGTAAC TCTACTTACT  240
CTCGTCAAAA AAATCATGGT ATGAATTTCC GTGTTATTTG TAAATGGATG CGTATGGCAG  300
GTGTTGACCA TATTCATGCA GGAACAGTTG TAGGTAAACT TGAAGGTGAT CCTTTAATGA  360
TTAAAGGTTT CTACAATACT TTACTTGAAA GTGAAACACC AATCAACTTA CCTCAAGGTC  420
TATTCTTTGC TCAAAACTGG GCTTCCTTAA GAAAGGTTGT ACCTGTAGCT TCTGGTGGTA  480
TTCACGCTGG TCAAATGCAT CAACTTCTTG ATTACTTAGG TGATGATGTA GTTCTTCAGT  540
TTGGTGGTGG                                                         550
```

种内 K2P 遗传距离应小于 2.5%。

9 检测方法

9.1 抽样方法

同一地点、同一时间采集的藻体为一个批次，每批次藻体随机抽取不低于 30 株进行检测。

9.2 主要形态构造检测

9.2.1 藻体外部形态

将藻体放在海水中，按 5.1 的规定采用目视法和显微镜检测。

9.2.2 藻体内部构造

9.2.2.1 横切面

将藻体整齐摆放在玻片上，徒手切片后，滴入适量海水，盖上盖玻片，采用显微镜检测。

9.2.2.2 质体

将藻体整齐摆放在玻片上，滴入适量海水，盖上盖玻片，采用荧光显微镜检测，激发波长为 540 nm～570 nm，物镜倍数为 10 倍～40 倍。

9.3 细胞遗传学检测

按附录 A 的方法执行。

9.4 分子遗传学检测

按附录 B 的方法执行。

10 判定规则

10.1 当检测结果符合第 5 章和第 7 章的要求，可以判定物种时，按第 5 章和第 7 章的要求判定。

10.2 当出现下列情况之一时，增加检测第 6 章和第 8 章的要求内容，依据检测结果对物种进行辅助判定：

a) 第 5 章和第 7 章的项目无法进行检测或准确判定时；

b) 第三方提出要求时。

附 录 A
（规范性）
染色体检测

A.1 染色液的配制

A.1.1 储存液

4 g 苏木精和 1 g 铁钒结晶，溶于 100 mL 的 45%的醋酸溶液。

A.1.2 染色液

每 5 mL 的储存液中加入 2 g 水合三氯乙醛，充分溶解摇匀，存放 1 d 后使用。染色液宜 2 周内使用。

A.2 染色体检测

取分裂旺盛的藻体，遮光处理 3 h，其间每间隔 30 min 用卡诺氏固定液（无水乙醇：冰乙酸＝3：1）固定 1 次样品，24 h 后移至明亮处放置，直至固定的材料变成无色。将固定好的藻体在 4 ℃蒸馏水中软化 5 s～10 s，吸干水分后置于载玻片上，滴加染色液，染色 5 min～10 min。盖好盖玻片，于火焰上稍加热，压片，用 100 倍物镜观察。

附 录 B
（规范性）
红毛菜质体 *rbcL* 基因序列分析方法

B.1 总 DNA 提取

取约 0.1 g(湿重)红毛菜藻体，用蒸馏水洗涤 3 遍，在液氮中研成粉末。将粉末转至 1.5 mL 离心管中，加入 1.5 mL CTAB 裂解缓冲液(100 mmol/L Tris-HCl，20 mmol/L EDTA，1.4 mol/L NaCl，2.0% (*W/V*) CTAB，2%巯基乙醇，pH＝8.0)，在 65 ℃保温 1 h，其间摇匀几次。用等体积的氯仿：异戊醇(24：1)抽提 2 次，将水相转移至 1.5 mL 离心管中，加入 1/10 体积的 RNA 酶，37 ℃保温 1 h，再用氯仿：异戊醇(24：1)抽提 1 次，异丙醇沉淀回收 DNA。DNA 最后溶于 100 μL 的 TE 缓冲液中，置于－20 ℃冰箱保存备用。

B.2 引物序列

rbcL F：5′-AATGGAAGGGCGTAAA-3′；
rbcL R：5′-TCAGTTTGGTGGTGG-3′。

B.3 PCR 扩增

PCR 反应体系：2.5 μL 10×PCR 缓冲液，1 U *Taq* DNA 聚合酶，200 μmol/L dNTP，0.2 μmol/L 引物，10 ng 模板 DNA，最后添加无菌 ddH_2O 至总体积 25 μL。

PCR 扩增程序：94 ℃预变性 3 min；94℃变性 45 s，45 ℃退火 45 s，72 ℃延伸 1 min，循环 35 次；最后 72 ℃延伸 2 min。PCR 产物经琼脂糖电泳、纯化后进行克隆、测序。

B.4 遗传距离分析

利用 Kimura 双参数模型(Kimura 2-parameter，K2P)计算样品间两两遗传距离。

参 考 文 献

[1] GB 21046—2007 条斑紫菜

ICS 65.150
CCS B 51

中华人民共和国水产行业标准

SC/T 2106—2021

牡蛎人工繁育技术规范

Technology specification of artificial breeding for oysters

2021-11-09 发布 2022-05-01 实施

中华人民共和国农业农村部 发布

前　言

本文件按照 GB/T 1.1—2020《标准化工作导则　第1部分：标准化文件的结构和起草规则》的规定起草。

请注意本文件的某些内容可能涉及专利。本文件的发布机构不承担识别专利的责任。

本文件由农业农村部渔业渔政管理局提出。

本文件由全国水产标准化技术委员会海水养殖分技术委员会(SAC/TC 156/SC 2)归口。

本文件起草单位：中国水产科学研究院黄海水产研究所、中国海洋大学。

本文件主要起草人：毛玉泽、李琪、于瑞海、李加琦、蒋增杰、朱玲、薛素燕、房景辉。

牡蛎人工繁育技术规范

1 范围

本文件规定了牡蛎人工繁育中环境与设施、亲贝培育、人工催产与受精孵化、幼虫培育和暂养保苗的技术要求。

本文件适用于长牡蛎(*Crassostrea gigas*)、福建牡蛎(*Crassostrea angulata*)、香港牡蛎(*Crassostrea hongkongensis*)、近江牡蛎(*Crassostrea ariakensis*)人工繁育,其他牡蛎人工繁育可参考使用。

2 规范性引用文件

下列文件中的内容通过文中的规范性引用而构成本文件必不可少的条款。其中,注日期的引用文件,仅该日期对应的版本适用于本文件;不注日期的引用文件,其最新版本(包括所有的修改单)适用于本文件。

GB/T 20552 太平洋牡蛎

GB/T 22213 水产养殖术语

NY 5362 无公害食品 海水养殖产地环境条件

SC/T 2026 太平洋牡蛎 亲贝

SC/T 2027 太平洋牡蛎 苗种

3 术语和定义

GB/T 22213 界定的以及下列术语和定义适于本文件。

3.1

壳高 shell height

壳顶至壳腹缘的最大距离。

[来源:SC/T 2026—2007,3.2,有修改]

4 环境与设施

4.1 场址选择

通信、交通便利,电力充足,靠近海边、进排水方便,有淡水水源,环境条件符合 NY 5362 的规定。

4.2 水质条件

pH 为 7.8～8.3,其他条件符合 NY 5362 的规定。

4.3 育苗设施

4.3.1 育苗室

保温性能好,可遮光。培育池长方形,长宽比(3∶2)～(3∶1)、面积 20 m^2～30 m^2、水深以 1.2 m～1.5 m 为宜,注水、排水通畅,池底坡度以 8.0%～10.0%为宜。

4.3.2 饵料室

包括保种室和培养室,饵料室与育苗室的水体容量比例以(1∶3)～(1∶2)为宜。

4.3.3 供水系统

包括水泵、沉淀池、砂滤池(或砂滤罐)、高位水池和进排水管道。

4.3.4 供气系统

包括鼓风机、通气管道以及均匀分布于培育池内的充气管和气泡石等。

4.3.5 供暖系统

用于升温育苗。配备升温设备,用于高位水池内水体的升温以及育苗室的保温。

4.3.6 其他设施设备

应配备备用电源。宜配备水质检测实验室、生物观察室等和显微镜、换水网箱等配套设备。

5 亲贝培育

5.1 来源与质量要求

宜选用原产地自然种群或原良种场的成贝,年龄2龄～3龄,体重≥40 g,或壳高≥8 cm为宜。长牡蛎形态特征符合GB/T 20552的规定,其他条件符合SC/T 2026的规定,其他牡蛎应符合表1要求。

表1 感官要求

项目	要求
形态	应符合贝类分类学中有关的描述
壳面	完整,洁净,附着物少,无损伤
健康状况	活力好,贝壳开闭有力;肥满度高,性腺饱满

5.2 培育条件

5.2.1 温度

可采用自然水温培育,北方也可升温促熟,以亲贝促熟开始时水温为基数,每天升温0.5 ℃～1.0 ℃,中间稳定1次～2次,每次稳定3 d～4 d,水温提高到亲贝待产适宜温度(见表2)后恒温培育。

5.2.2 溶解氧

连续微量充气,溶解氧应保持在5 mg/L以上。

5.2.3 光照强度

以500 lx～1 000 lx为宜。

5.2.4 其他条件

宜采用网笼吊养或浮动网箱蓄养的培育方式,其他培育条件应符合表2要求。

表2 不同种类牡蛎亲贝培育条件

种类	盐度	待产水温 ℃	密度 个/m^3
长牡蛎	25～32	18～22	30～50
福建牡蛎	25～30	22～26	50～60
香港牡蛎	20～25	22～26	20～30
近江牡蛎	20～26	22～26	20～30

5.3 日常管理

5.3.1 投饵

宜投喂硅藻,日投喂细胞量为10×10^4个/mL～30×10^4个/mL,分6次～8次投喂,辅助投喂金藻、扁藻、螺旋藻粉和鸡蛋黄等,并根据亲贝摄食情况调整投饵量。

5.3.2 换水和倒池

早晚各换水1次,每次换水量1/3～1/2,2 d～3 d倒池1次;采卵前3 d～4 d每次换水1/2,不倒池,每天吸污1次。

5.3.3 充气

连续充气,产卵前3 d～4 d微量充气。

5.4 性腺检查

内脏团饱满,生殖腺覆盖了全部消化腺,占软体部中央横断面的60%以上;卵子遇水后散开,精子遇水后呈烟雾状逐渐散开,解剖观察卵子离散程度好,精子活泼,可准备采卵。

6 人工催产与受精

6.1 方法

可采用自然排放受精或人工解剖授精。

6.2 人工催产与自然受精

选出形态完整、性腺发育良好个体作为亲贝，阴干 4 h～8 h，放入比亲贝培育水温(表 2)高 2 ℃～3 ℃池水中，亲贝自行排放精卵。镜检每个卵子周围达到 5 个～10 个精子后，移出雄贝。卵子密度达到 30 个/mL～50 个/mL，将亲贝移入下一产卵池，继续产卵。

6.3 人工解剖授精

6.3.1 工具消毒

开壳器、解剖工具等用 10 mg/L 高锰酸钾溶液浸泡 10 min，用砂滤海水冲洗。

6.3.2 雌雄鉴别

用开壳器开启牡蛎亲贝壳，取少量生殖细胞涂于载玻片上的水滴中，呈颗粒状散开的亲贝为雌性，烟雾状散开的亲贝为雄性。

6.3.3 采卵与洗卵

用解剖刀刮取卵巢盛放于容器中，搅碎；先用 200 目筛绢过滤除去杂质和组织块，再用 500 目筛绢洗卵除去组织液。用自然海水浸泡 40 min～60 min，定量取样，计数。

6.3.4 精子获取

用解剖刀刮取精巢盛放于容器中，搅碎；用 200 目筛绢过滤除去杂质和组织块，获取精子。

6.3.5 人工授精

用过滤海水稀释卵密度至 800 个/mL～1 000 个/mL；将精液逐渐加入稀释卵液中，镜检每个卵子周围有 4 个～5 个精子为宜，搅拌 10 min～15 min。

6.4 孵化

在孵化池中进行，微量充气，孵化期间每隔 30 min 用搅耙搅动池底一次，幼虫上浮后停止搅动。受精卵密度 40 个/mL～50 个/mL 为宜。水温 22 ℃～26 ℃。

7 幼虫培育

7.1 选幼

D 形幼虫形成后进行选幼。选幼前 30 min 停止充气，用 300 目筛绢筛选上浮的幼虫，转入培育池中培育。

7.2 培育条件

幼虫培育条件应符合表 3。

表 3 不同种类牡蛎幼虫培育条件

种类	密度 个/mL	水温 ℃	盐度	光照强度 lx
长牡蛎	8～10	20～25	25～32	≤500
香港牡蛎	5～6	22～28	15～25	≤500
福建牡蛎	6～8	22～30	20～28	≤500
近江牡蛎	5～6	22～28	15～20	≤500

7.3 日常管理

7.3.1 投饵

D 形幼虫 6 h 后，即可投喂金藻；幼虫壳高超过 120 μm 以上，可加投少量角毛藻、扁藻、小球藻等。前期日投喂细胞量为 1×10^4个/mL～2×10^4个/mL(以金藻计算)，分 4 次～6 次投喂，后期日投喂量为 3×

10^4个/mL～5×10^4个/mL，分6次～8次投喂，投喂视摄食情况进行调整。

7.3.2 换水和倒池

早晚各换水1次，初期每次换水1/3，后期逐渐增加到1/2以上为宜。每隔5 d～7 d倒池一次。

7.3.3 充气

连续微充气，宜采用100号或120号气泡石，0.5个/m^2～1个/m^2。

7.4 采苗

7.4.1 采苗器制作

宜选用6 cm～8 cm的扇贝壳片或牡蛎壳，用聚乙烯线串成串，每串80片～100片。

7.4.2 采苗器处理

用0.5‰～1.0‰的氢氧化钠溶液或2.0‰的漂白粉(含氯量35 %)溶液浸泡24 h，再用砂滤海水冲洗干净。

7.4.3 采苗器投放

将采苗器均匀悬挂于水体中，密度为5 000片/m^3～8 000片/m^3。

7.4.4 采苗器投放时间

当幼虫壳高达300 μm～350 μm，眼点幼虫占比达1/2以上时投放。

7.4.5 眼点幼虫密度

2个/mL～3个/mL。

7.5 采苗后管理

幼虫附着24 h后，适当加大换水量及充气量。日投喂细胞量10×10^4个/mL～20×10^4个/mL(以金藻计算)，分8次～12次投喂。当苗种壳长达到0.5 mm以上即可进行暂养保苗。

8 暂养保苗

8.1 场地选择

选择风平浪静、水流通畅、饵料生物丰富、无污水排入的内湾或水深1.5 m以上的池塘、蓄水池为宜，水环境应符合NY 5362的规定，水温13 ℃～28 ℃，盐度20～32。

8.2 保苗方式

8.2.1 栅架式

适于池塘或潮间带下区，栅架结构因地而异，由木桩、圆木、竹等搭成。吊养，每串间距20 cm～40 cm。

8.2.2 浮筏式

适于水深6 m以上的内湾或海区，浮筏由浮球、浮筒、绠绳、锚等构成，吊养，每串间距30 cm～50 cm。

8.3 日常管理

池塘保苗，每天换水20%以上、透明度以30 cm～60 cm为宜，可根据饵料情况适当补充单胞藻类；定期观察水色，确保水质优良。

海上保苗，应及时清理敌害生物与附着物，6月前后，贻贝等生物繁殖附着期间，可适当增加暂养深度，暂养水层不宜大于10 m。

8.4 出苗

当贝苗壳高达1.0 cm以上，可进行分苗或其他养成，长牡蛎苗种质量应符合SC/T 2027的规定，新品种或其他牡蛎参照执行。

ICS 65.150
CCS B 51

中华人民共和国水产行业标准

SC/T 2107—2021

单体牡蛎苗种培育技术规范

Technical specification of artificial breeding for cultchless oyster seedling

2021-11-09 发布　　2022-05-01 实施

中华人民共和国农业农村部　发布

前　　言

本文件按照 GB/T 1.1—2020《标准化工作导则　第 1 部分：标准化文件的结构和起草规则》的规定起草。

请注意本文件的某些内容可能涉及专利。本文件的发布机构不承担识别专利的责任。

本文件由农业农村部渔业渔政管理局提出。

本文件由全国水产标准化技术委员会海水养殖分技术委员会（SAC/TC 156/SC 2）归口。

本文件起草单位：中国海洋大学、中国水产科学研究院黄海水产研究所。

本文件主要起草人：李琪、于瑞海、毛玉泽、李海昆、蒋增杰、王永旺、徐成勋。

单体牡蛎苗种培育技术规范

1 范围

本文件规定了长牡蛎(*Crassostrea gigas*)、福建牡蛎(*Crassostrea angulata*)、香港牡蛎(*Crassostrea hongkongensis*)和近江牡蛎(*Crassostrea ariakensis*)单体牡蛎培育的术语和定义、环境与设施、亲贝培育、受精、幼虫培育、稚贝诱导、苗种中间培育等技术内容。

本文件适用于长牡蛎、福建牡蛎、香港牡蛎、近江牡蛎单体牡蛎苗种培育。

2 规范性引用文件

下列文件中的内容通过文中的规范性引用而构成本文件必不可少的条款。其中,注日期的引用文件,仅该日期对应的版本适用于本文件;不注日期的引用文件,其最新版本(包括所有的修改单)适用于本文件。

GB/T 20552 太平洋牡蛎

GB/T 22213 水产养殖术语

NY 5362 无公害食品 海水养殖产地环境条件

SC/T 2027 太平洋牡蛎 苗种

3 术语和定义

GB/T 22213 界定的以及下列术语和定义适合于本文件。

3.1

单体牡蛎 cultchless oyster

单个游离的、无固着基的牡蛎。

3.2

单体牡蛎稚贝 spat of cultchless oyster

眼点幼虫不固着而直接变态成单个游离的牡蛎稚贝。

3.3

壳高 shell height

壳顶至壳腹缘的最大距离。

[来源:SC/T 2026—2007,3.2,有修改]

3.4

中间培育 intermediate cultivation

将变态不久的幼苗培育成适合放养规格苗种的过程。

4 环境与设施

4.1 场址选择

无污染,电力充足,通信、交通便利,有淡水水源,符合 NY 5362 的要求。

4.2 设施

育苗室、饵料室、沉淀池、沙滤池、预热池、育苗池、上升流装置、下降流装置、升温设备、充气设备、控光设备、备用发电设备。

5 亲贝培育

5.1 质量要求

5.1.1 外部形态

长牡蛎外形特征应符合 GB/T 20552 的要求，福建牡蛎、香港牡蛎和近江牡蛎亲贝应符合贝类分类学中的有关描述。

5.1.2 感官要求

贝壳完整、洁净，附着物少；肥满度高，无损伤。

5.1.3 规格

2 龄～3 龄，壳高≥8 cm，或体重≥40 g。

5.2 促熟培育

5.2.1 温度

采用自然水温培育。北方也可采用升温促熟，以自然海区水温为基数，每日升温 0.5 ℃～1 ℃，水温升至产卵温度后恒温待产，一般中间稳定 1 次～2 次，每次稳定 3 d～4 d。长牡蛎的产卵温度 18 ℃～22 ℃，福建牡蛎、香港牡蛎、近江牡蛎的产卵温度 22 ℃～26 ℃。

5.2.2 溶解氧

连续微量充气，溶解氧 应保持在 5 mg/L 以上。

5.2.3 光照强度

500 lx～1 000 lx。

5.2.4 盐度

长牡蛎 25～32，福建牡蛎 25～30，香港牡蛎 20～25，近江牡蛎 20～26。

5.2.5 日常管理

5.2.5.1 投饵

培育期间宜投喂硅藻，每日分 6 次～8 次投喂，硅藻的日投饵量为 10×10^4 cell/mL～30×10^4 cell/mL，适当补充投喂金藻、扁藻、螺旋藻粉和鸡蛋黄等，并根据亲贝摄食情况调整投饵量。

5.2.5.2 换水与倒池

早晚各换水 1 次，每次换水 1/3～1/2，2 d～3 d 倒池 1 次；产卵前 3 d～4 d 内采用吸底的方式换水，不倒池。

6 受精

6.1 人工授精

6.1.1 雌雄鉴别

用开壳器开牡蛎壳，取少量性腺，涂于载玻片上的水滴中，呈颗粒状散开的为雌贝，呈烟雾状的为雄贝。

6.1.2 采集精卵

取雌贝的性腺盛放于容器中揉碎，用 200 目筛绢网过滤，再用 500 目筛绢网洗卵，最后用清洁海水浸泡 40 min～60 min。雄贝的性腺放于容器中揉碎，用 200 目筛绢过滤后授精。

6.1.3 人工授精

将精液加至卵液中进行授精，加入精液时遵循少量多次的原则，最终保证每个卵子周围 4 个～5 个精子。

6.2 自然受精

将亲贝置于浮动网箱中，使其自然排精、排卵，排放过程中，镜检观察每个卵子周围 5 个～10 个精子时，将雄贝挑出；待卵子密度达到 30 ind./mL～50 ind./mL 时，将亲贝移至新的产卵池进行产卵。若不能自然排放精、卵，可对其进行阴干-升温刺激诱导排放精、卵。

7 幼虫培育

7.1 孵化和选幼

孵化过程中连续微充气。孵化至 D 形幼虫后，及时采用浓缩或者拖网的方式进行选幼。用 300 目的筛绢将获得的 D 形幼虫转移至新的培育池中。

7.2 培育条件

幼虫培育条件应符合表1。

表1 牡蛎幼虫培育条件

种类	密度,ind./mL	水温,℃	盐度	光照强度,lx	溶解氧,mg/L
长牡蛎	8～10	20～25	25～32	≤500	≥5
福建牡蛎	6～8	22～30	20～28	≤500	≥5
香港牡蛎	5～6	22～28	15～25	≤500	≥5
近江牡蛎	5～6	22～28	15～20	≤500	≥5

7.3 日常管理

7.3.1 投饵

培育前期投喂金藻,日投饵量 1×10^4 cell/mL～2×10^4 cell/mL,分4次～6次投喂。壳高超过120 μm后逐渐增投角毛藻、扁藻、小球藻,投饵量逐渐增大,日投饵量 3×10^4 cell/mL～5×10^4 cell/mL,分6次～8次投喂,投喂视摄食情况进行调整。

7.3.2 换水与倒池

早晚各换水1次,每次换水1/3,后期逐渐增加到1/2以上。每隔5 d～7 d倒池一次。

8 单体牡蛎稚贝诱导

8.1 眼点幼虫筛选

当幼虫壳高达 到300 μm～350 μm时,用80目筛绢筛选规格整齐、眼点明显、足部发达的眼点幼虫。

8.2 诱导方法

8.2.1 诱导时间

80%以上幼虫出现眼点、足部清晰可见、伸缩有力。

8.2.2 药物诱导法

采用肾上腺素($C_9H_{13}O_3N$)进行诱导,诱导条件应符合表2中的规定。眼点幼虫密度800 ind./mL～1 000 ind./mL,诱导期间连续充气,每30 min用搅耙搅动一次。诱导结束后,用过滤海水流水冲洗15 min～20 min,将幼虫放置于下降流培育装置(见图1)中流水培育。

表2 单体牡蛎药物诱导条件

种类	药物浓度,mol/L	持续时间,h	温度,℃	盐度
长牡蛎	1×10^{-4}	2～5	22～26	28～30
福建牡蛎	5×10^{-4}	10～12	23～26	23～25
香港牡蛎	5×10^{-4}	3～6	25～29	29～31
近江牡蛎	1×10^{-4}	3～6	24～28	29～31

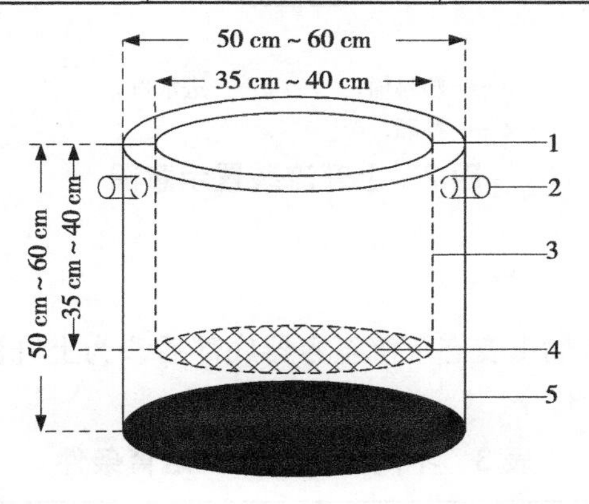

标引序号说明:
1——塑料管;
2——出水口;
3——内桶;
4——筛绢;
5——外桶。

图1 下降流装置示意图

8.2.3　先固着后脱基法

采用聚乙烯波纹板、聚乙烯塑料纸、聚乙烯扁条带作为附着基，按照常规方法投放供幼虫附着，眼点幼虫密度为 2 ind./mL～3 ind./mL。当稚贝生长至壳高 1.0 cm～1.5 cm 时，进行脱基处理。波纹板可通过弯曲使稚贝脱落，聚乙烯塑料纸和聚乙烯扁条带可通过搓揉使稚贝脱落。

8.2.4　颗粒固着基法

采用直径 0.35 mm～0.5 mm 的贝壳粉或石英砂作为附着基。将选好的贝壳粉均匀的泼洒在 60 L～80 L 的塑料桶中，充气让其均匀地分布于水层中；石英砂平铺在托盘中，3 层～5 层托盘为一组悬挂于 60 L～80 L 的塑料桶中。贝壳粉和石英砂在桶中放好后加入幼虫，眼点幼虫密度为 0.5 ind./mL～1 ind./mL。投附着基 1 d～2 d 后，用 40 目筛绢筛选已经附着变态的较大个体，剩下继续附着，直到全部筛选完为止。

9　单体牡蛎苗种的中间培育

9.1　室内中间培育

9.1.1　培育装置

9.1.1.1　下降流装置

下降流装置由内、外两个聚乙烯塑料桶组成，外桶是底部封闭的敞口桶，桶侧面的上部有接口；内桶是敞口桶，侧面的中上部有接口，底部用聚乙烯筛网密封。内、外桶的接口由塑料管连接，使内桶固定于外桶内，且内桶的上沿高于外桶。塑料管外端接水源，内管延伸至内桶，使水流在内桶内向下流，从外桶溢出，在内桶形成下降流。具体的下降流装置见图 1。

9.1.1.2　上升流装置

上升流装置的主要框架为底部封闭的聚乙烯塑料敞口圆桶，底部边缘设有进水口阀门，上部有溢水口，中部有横隔，在横隔上固定放聚乙烯筛网。聚乙烯筛网规格可依据单体牡蛎苗的大小而定。水由底部进水阀进入，由上部溢水口排出，在桶内形成上升流。具体的上升流装置见图 2。

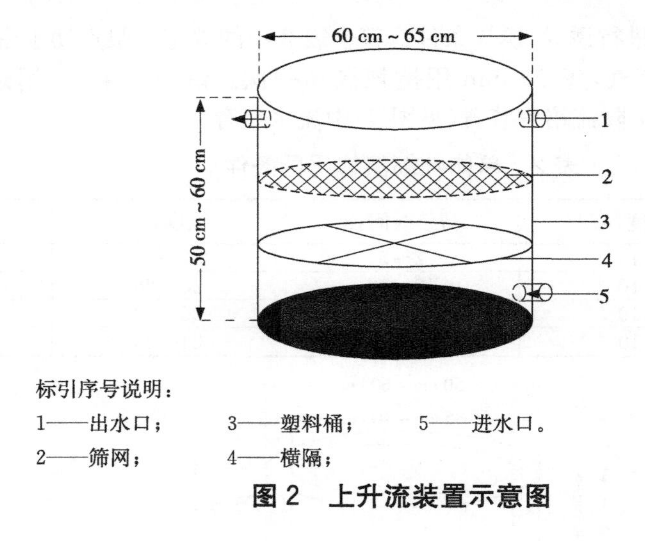

标引序号说明：
1——出水口；　3——塑料桶；　5——进水口。
2——筛网；　4——横隔；

图 2　上升流装置示意图

9.1.2　日常管理

9.1.2.1　培育条件

前期采用下降流培育，待所有幼虫变态下沉至容器底部后改为上升流培育。根据稚贝壳高调整筛绢规格、流量和培育密度，应符合表 3。

表 3　不同规格的稚贝培育条件

稚贝壳高 μm	筛绢规格 目	流量 mL/s	密度 ind./mL
450～700	60	25～30	8～10

表3（续）

稚贝壳高 μm	筛绢规格 目	流量 mL/s	密度 ind./mL
700～850	40	50～60	6～8
850～1 000	30	70～80	4～6

9.1.2.2 下降流培育管理

早晚用软毛刷刷筒壁。每日检查气阀开关，调整气量大小。培育密度 8 ind./mL～10 ind./mL。主要投喂小球藻，辅助投喂金藻和扁藻。日投喂量为 8×10^4 cell/mL～10×10^4 cell/mL，每日投喂 6 次～8 次。

9.1.2.3 上升流培育管理

每日冲洗装置 4 次，检查气阀开关，调整气量大小。主要投喂小球藻，并混合一定的金藻和扁藻。日投喂量 20×10^4 cell/mL～30×10^4 cell/mL，每 2 h 投喂一次，具体每次投饵量根据摄食情况进行调整。

9.1.3 贝苗计数

单体牡蛎稚贝吸干水分，随机称量 100 g，计数，重复 3 次，取平均数。将全部单体牡蛎稚贝称重后，即可估算出单体牡蛎苗的总数量。

9.2 室外中间培育

9.2.1 场地和环境条件

应选择风浪小、水流通畅、无污染、饵料生物丰富、水深 10 m 以上的内湾或水深 1.5 m 以上的池塘。环境条件应符合 NY 5362 的规定。水温 13 ℃～28 ℃，盐度 20～32。

9.2.2 室外培育方法

稚贝壳高达到 1.0 mm 以上时出池。出池前逐渐降低培育水温，直至接近保苗池塘或海区水温。单体牡蛎苗种出池后，先用聚乙烯网袋进行培育，随苗种规格的增大，改用养成笼或单体牡蛎养殖笼进行养殖。

9.2.3 聚乙烯网袋培育

9.2.3.1 网袋规格

培育前期选择 40 目的聚乙烯网袋，后期选择 20 目的聚乙烯网袋，规格 30 cm×50 cm 或 50 cm×70 cm。

9.2.3.2 培育密度

应根据以下的网袋规格调整密度：

a） 40 目的聚乙烯网袋，500 个/袋～600 个/袋；

b） 20 目的聚乙烯网袋，100 个/袋～200 个/袋。

单体牡蛎苗长至 1 cm 时，将其转移至养成笼或特制的单体牡蛎养成笼中。

9.2.3.3 日常管理

池塘培育宜在放苗前肥水，培育期间适时补充饵料；放苗 1 周后每日换水 1/5～1/3。海上培育时定期检查浮漂、吊绳、坠石；2 d～3 d 晃动一次聚乙烯网袋，定期更换洗刷聚乙烯网袋；聚乙烯网袋中稚贝密度过高时应及时疏苗。

9.2.4 养成笼培育法

9.2.4.1 网笼规格

10 目聚乙烯网制成的 10 层养成笼。

9.2.4.2 培育密度

应根据以下苗种规格要求调整密度：

a） 1.0 cm～1.5 cm 的苗种，800 个/笼～1 000 个/笼；

b） 1.5 cm～2.0 cm 的苗种，400 个/笼～600 个/笼。

9.2.4.3 日常管理

培育期间应经常检查浮绠、浮球、吊绳是否安全。定期摆动网笼，避免苗种长时间堆积。定期清理网笼表面的淤泥和附着生物。

9.2.5 **单体牡蛎养殖笼培育法**

9.2.5.1 **养殖笼规格**

长、宽、高分别为 80 cm～100 cm、30 cm～35 cm、25 cm～30 cm 的聚乙烯塑料网笼，网孔直径≤1 cm。

9.2.5.2 **培育密度**

应按照以下的苗种规格调整密度：

a） 1.0 cm～1.5 cm 的苗种，5 000 个/笼～10 000 个/笼；

b） 1.5 cm～2.0 cm 的苗种，2 000 个/笼～3 000 个/笼。

9.2.5.3 **日常管理**

同 9.2.4.3。

9.3 **出苗**

贝苗壳高≥2.0 cm，不相互粘连，且符合 SC/T 2027 要求，可筛选分苗，进行养成。

参 考 文 献

[1] SC/T 2026—2007 太平洋牡蛎 亲贝

ICS 65.150
CCS B 51

中华人民共和国水产行业标准

SC/T 2108—2021

鲍人工繁育技术规范

Technoical specification of artificial breeding for abalone

2021-11-09 发布 2022-05-01 实施

中华人民共和国农业农村部 发布

前　言

本文件按照 GB/T1.1—2020《标准化工作导则　第 1 部分:标准化文件的结构和起草规则》的规定起草。

请注意本文件的某些内容可能涉及专利。本文件的发布机构不承担识别专利的责任。

本文件由农业农村部渔业渔政管理局提出。

本文件由全国水产标准化技术委员会海水养殖分技术委员会(SAC/TC 156/SC 2)归口。

本文件起草单位:中国水产科学研究院黄海水产研究所。

本文件主要起草人:张岩、汪文俊、鲁晓萍、马爽。

鲍人工繁育技术规范

1 范围

本文件规定了鲍人工繁育的术语和定义、环境与设施、亲鲍培养、采卵、受精与孵化、浮游幼虫培养、匍匐幼虫培养、稚鲍培养和病害防治。

本文件适用于皱纹盘鲍(*Haliotis discus hannai* Ino,1952)、杂色鲍(*Haliotis diversicolor* Reeve,1846)的人工繁育,其他种类的鲍可参照执行。

2 规范性引用文件

下列文件中的内容通过文中的规范性引用而构成本文件必不可少的条款。其中,注日期的引用文件,仅该日期对应的版本适用于本文件;不注日期的引用文件,其最新版本(包括所有的修改单)适用于本文件。

GB/T 22213 水产养殖术语
NY 5052 无公害食品 海水养殖用水水质
NY 5362 无公害食品 海水养殖产地环境条件
SC/T 1132 鱼药使用规范
SC/T 2004 皱纹盘鲍 亲鲍和苗种
SC/T 2010—2008 杂色鲍养殖技术规范
SC/T 2011 皱纹盘鲍

3 术语和定义

GB/T 22213 界定的以及以下术语和定义适用于本文件。

3.1

藻泥 diatom mud

用塑料薄膜培养硅藻,然后洗刷下来,所得到的高浓度硅藻液。

4 环境与设施

4.1 场址与环境

场址的选择符合以下要求:

a) 场址应符合 NY 5362 的要求;
b) 远离生活污水排出口和河流入口,海水盐度应在28~34;
c) 选择岩石或砂质底质的海滨区域为宜。

4.2 设施设备

4.2.1 供水系统

包括水泵、沉淀池、砂滤池、高位水池和进排水管道系统,供水能力每天宜为总育苗水体的4倍~8倍。

4.2.2 充气系统

包括充气设备(罗茨鼓风机等)、输气管道、阀门和散气石(散气管)。应保证所有育苗池、亲鲍池24 h不间断均匀供气。

4.2.3 控温系统

由热源设备、热交换器、预热水池及输水管道、阀门等组成,应满足育苗用水升温需要。

4.2.4 亲鲍培养室

应能保温、防风雨，可调光；内建方形或长方形的水泥池或水槽，池深 1.0 m～1.5 m，面积 5 m^2～20 m^2。亲鲍培养室也可设在育苗室内。

4.2.5 催产室和孵化室

应配备产卵/孵化槽(缸)、产卵/孵化槽(缸)架、受精卵/幼虫采集器、洗卵槽和紫外线海水照射装置，要求全黑暗设计，红光照明。

4.2.6 育苗室

应能保温、防风雨，可调光；内建深 0.5 m～0.8 m、长 8 m～12 m、宽 0.9 m～1.8 m 的长方形池子，池底坡度 2%～3%，一端配进水管，另一端设溢水管和排水口。

4.2.7 其他要求

宜配备水质分析室、生物检查室、配电室及必要的备用发电设备。

5 亲鲍培养

5.1 亲鲍质量要求

皱纹盘鲍的外部形态特征应符合 SC/T 2011 的规定，亲鲍的来源和质量应符合 SC/T 2004 的规定；杂色鲍外形特征应符合相应的生物学分类特征，壳完整、无畸形，活力强，软体部肥满，质量应符合 SC/T 2010—2008 中 6.1.3 的要求。宜选择不同地理群体来源的亲鲍，雌雄比例以(3∶1)～(6∶1)为宜。

5.2 亲鲍运输

按照 SC/T 2004 的规定执行。

5.3 培养方式

培养密度宜为 3 kg/m^3～4 kg/m^3，可采用养殖笼、四角砖、黑色波纹板、网箱加黑色波纹板等方式。前期可雌雄混养，雌雄性腺区分明显后要分池蓄养。

5.4 日常管理

5.4.1 培养水温

入池后自然水温暂养 5 d～6 d 后，按每 2 d～3 d 升温 1 ℃的幅度升温，皱纹盘鲍水温升至 20 ℃、杂色鲍升至 24 ℃～25 ℃后恒温培养。

5.4.2 水质调控

水质应符合 NY 5052 的规定。前期可流水充气培养，性腺成熟后静水充气培养，日换水量随水温升高而增加，保持在 3 倍～5 倍，换水时温差不超过 1 ℃，临近催产时不超过 0.5 ℃，换水时同时清污，后期宜采用倒池的方法换水。连续微量充气，溶氧量保持在 5 mg/L 以上，待产期间减少充气或停止充气，及时清理死鲍。

5.4.3 投饵

投喂新鲜的海带、裙带菜、紫菜、江蓠等海藻，隔天定时清除残饵并投喂新饵，投喂量为亲鲍体重的 10%～30%；新鲜饵料缺乏时可添加经泡发、脱盐等处理的盐渍、冷冻的海带、干海带或裙带菜，也可以投喂优质片状配合饵料，每天定时清除残饵后投喂新饵；应根据摄食情况随时调整投饵量。

6 采卵、受精与孵化

6.1 诱导催产

6.1.1 诱导时机

当亲鲍角状部丰满膨大，末端钝圆，隆起高度接近于或高于壳高，生殖腺覆盖面积超过角状部的 3/4 以上，生殖腺后缘与角状消化腺之间分界线较清晰，雌、雄颜色分明时，亲鲍生殖腺即发育成熟，皱纹盘鲍有效积温达到 800 ℃·d～1 000 ℃·d，即可进行催产。有效积温按公式(1)计算。

$$Y_n = \sum (T_i - 7.6) \quad (1)$$

式中：

Y_n——有效积温的数值，单位为度·日(℃·d)；

T_i——第 i 天的培养温度的数值，单位为摄氏度(℃)。

6.1.2 诱导采卵

6.1.2.1 紫外线照射海水的制备

采用紫外线照射过的海水，水温与亲鲍培养水温有 3 ℃～5 ℃的温差(秋季降温，春季升温)，照射剂量为 300 mW·h/L～800 mW·h/L，照射剂量按公式(2)计算。

$$ID = PT/V \quad \cdots\cdots (2)$$

式中：

ID ——照射剂量的数值，单位为毫瓦·时每升(mW·h/L)；

P ——紫外线灯管总功率的数值，单位为毫瓦(mW)；

T ——照射时间的数值，单位为小时(h)；

V ——照射水量的数值，单位为升(L)。

6.1.2.2 诱导方法

皱纹盘鲍选择性腺发育良好的亲鲍，雌雄分开，分别阴干 1.5 h 左右和 1.0 h 左右，每 4 只～5 只雌鲍(或雄鲍)放入一个产卵槽，注入紫外线照射海水，1 h 后更换一次紫外线照射海水，尽量减少对亲鲍的惊动，一般换水后 30 min～40 min 即可排放，雄鲍入水时间最好晚于雌鲍 30 min。杂色鲍仅用升/降温法(秋季用降温，春季升温)即可，温差不超过 3 ℃。亲鲍采卵宜安排在夜间进行。

6.1.3 精卵质量的判断

精液呈白色烟雾状扩散。显微镜下观察，成熟良好的精子呈弹形，活力强；成熟良好的卵子均匀散开落向槽底，皱纹盘鲍卵子直径为 220 μm，卵黄粒直径 180 μm；杂色鲍卵子直径 200 μm，卵黄粒直径 160 μm，质量好的卵子和卵黄粒大小一致。

6.2 人工授精

用虹吸法分别收集精子和卵子，用 40 目～60 目筛绢过滤掉杂质，将精液加少量海水稀释后加到有卵的槽中，边加边搅拌，镜检每个卵子周围有 5 个～10 个精子即可，受精卵采用沉降法或过滤法反复冲洗 8 次～10 次。卵子产出后宜在 1 h 内完成授精，精子亦可在 8 ℃保存，24 h 以内仍有受精能力。宜尽量采用多个雄鲍的精子授精。

6.3 孵化

流水孵化或静水孵化，孵化密度 15 粒/mL～20 粒/mL，皱纹盘鲍的孵化水温为 22 ℃，杂色鲍孵化水温 26 ℃～27 ℃，孵化期间可微充气或每隔 30 min～40 min 用搅耙搅动池底。

7 浮游幼虫培养

7.1 选优

发育至早期面盘幼虫后进行选优，停气待幼虫上浮后，用虹吸法将上层幼虫吸入内置 300 目网箱的水槽中，带水移入新池中继续培养。

7.2 培养密度

培养密度前期 10 ind/mL～15 ind/mL、后期 8 ind/mL～10 ind/mL 为宜。

7.3 日常管理

皱纹盘鲍培养水温 21 ℃～22 ℃，杂色鲍和九孔鲍 26 ℃～27 ℃，海水盐度宜保持在 30～32，光照保持在 500 lx 以下，每天换水 3 次～4 次，每次 1/2～1/3，亦可流水培养。培养期间微量充气，溶解氧保持在 5 mg/L 以上，亦可视水质情况适时倒池。

8 匍匐幼虫培养

8.1 采苗前的准备

8.1.1 接种

北方在采苗前1个月～1.5个月、南方在采苗前1周～3周开始底栖硅藻培养。将采苗器(透明的聚氯乙烯波纹板或软质塑料薄膜)清洗干净后,水平放入准备好的育苗池中接种收集的底栖硅藻,以舟形藻、菱形藻和卵形藻为宜,第2 d将采苗器翻转180°,重复接种一次。

8.1.2 底栖硅藻培养

光照强度以1 000 lx～2 000 lx为宜,避免直射阳光,并经常颠倒采苗板。每周换水2次,每次1/2左右。换水后根据换水量添加营养盐,营养盐的施用量见表1。定时或连续充气。若出现大量桡足类,可用敌百虫或菊酯类杀虫剂处理,具体用法按照药物说明书。

表1 培养底栖硅藻所用营养盐及其用量

营养盐名称		化学式(分子量)	1 m^3 海水施用量,g	浓度,$\times 10^{-6}$
氮	硝酸铵	NH_4NO_3 (80)	30～60	10～20
	硫酸铵	$(NH_4)_2SO_4$ (132)	47～94	10～20
	尿素	$CO(NH_2)_2$ (60)	20～40	10～20
	硝酸钠	$NaNO_3$ (85)	60～120	10～20
磷	磷酸二氢钾	KH_2PO_4 (136)	4.4～8.8	1～2
硅	硅酸钠	$NaSiO_3$ (122)	4.4～8.8	1～2
铁	柠檬酸铁	$FeC_6H_5O_7 \cdot 5H_2O$ (335)	2.9～5.7	1～2

8.2 采苗

当眼点幼虫达到20%左右时,即可投入准备好的采苗器进行采苗,附苗密度控制在0.1 ind/cm^2～0.2 ind/cm^2。

8.3 采苗后的管理

8.3.1 培养条件

光照强度以1 500 lx～2 500 lx为宜,水温不低于18 ℃。

8.3.2 水质调控

幼虫附着前用200目筛绢换水,可采用边进水边排水的方式,每天早晚各换水1/2,也可采取流水培养。幼虫附着后去掉筛绢直接流水培养,换水量从前期的1倍水体逐渐增加到2倍～3倍水体。每周倒池一次。

8.3.3 敌害清除

主要敌害是桡足类。皱纹盘鲍可将敌百虫溶解稀释后全池均匀泼洒,至池中浓度为1 g/m^3～2 g/m^3,静止12 h左右后全池换水清底,可结合倒池时进行。杂色鲍采苗前期(稚鲍壳颜色变深前)不宜用敌百虫,后期可将处理浓度降为0.5 g/m^3,处理时间缩短至6 h。

8.3.4 饵料补充

如果采苗板上的饵料不足,可每晚停水补充投喂扁藻、裙带菜或海带孢子、藻泥或螺旋藻粉,也可将苗种转移到附有底栖硅藻的采苗板上。

8.3.5 日常检测

每天凌晨和午后测量水温,定时检测pH、溶解氧、盐度等。观测水色和幼虫的生长情况,对出现的异常情况及时采取有效措施。

9 稚鲍培养

9.1 培养方法

可选用网箱波纹板培养法、平吊波纹板培养法或四脚砖培养法。

9.2 放苗

9.2.1 稚鲍剥离

当80%以上的鲍苗规格在3 mm以上或采苗板上的硅藻不足,即可进行剥离,进入稚鲍培养阶段。可选用直接剥离法或酒精剥离法。直接剥离法采用毛刷或海绵轻轻将鲍苗从附着器上剥离;酒精剥离法采用阴干 2 min～3 min 后在 2%～4%的酒精中短暂浸泡后剥离。

9.2.2 培养密度

以 4 000 个/m^2～5 000 个/m^{2}为宜。

9.3 投喂

稚鲍壳长 3 mm～6 mm，饵料为打碎的大型幼嫩藻类搭配人工配合饵料，剥离后第 1 d 不投喂，以后每天傍晚投喂，投饵时停止流水 1 h。壳长 6 mm～7 mm 投喂粉末状配合饵料，用水调和后均匀泼洒，壳长 7 mm 以后直接投喂片状饵料。大型藻类的投喂量为稚鲍体重的 6%～10%，人工配合饵料投喂量为体重的 0.5%～1%，或前期 10 g/m^2，逐渐增加至 30 g/m^2，投饵量应根据稚鲍摄食情况调整。

9.4 日常管理

流水培养，稚鲍壳长 6 mm 以前，日流水量 5 倍～6 倍培养水体，壳长 6 mm 以后不少于 8 倍培养水体。每 7 d～10 d 倒池一次。不间断充气，每天清晨用虹吸法清污，波纹板培养法每周倒池 2 次～3 次，四角砖培养法每 2 天冲池一次。每天观察稚鲍活动和生长情况。

9.5 剥离与出池

当鲍苗壳长达到 1 cm 以上时即可进行剥离，进入养成阶段。剥离前应停食 1 d，剥离方法见 9.2.1，酒精浸泡时间改为 1 min～4 min，剥离的鲍苗按不同规格计数后出库。鲍苗的运输按照 SC/T 2004 和 SC/T 2010—2018 的规定执行。

10 病害防治

鲍育苗期间的病害防治应坚持预防为主的原则，重点做好以下几个方面：

a) 选择健康、不同地理群体来源的亲鲍，避免近亲繁殖；
b) 加强亲鲍培养期的管理，保证精卵的质量；
c) 选择合理的培养密度，保证培养用水的水质，改善和优化培养环境；
d) 提供充足、优质的饵料，提高苗种的抗病能力；
e) 加强日常管理，做好病害的预防工作，发现异常情况应及时分析原因，并采取相应措施，细菌性病害做好隔离措施，发病高峰期定期消毒；
f) 渔用药物的使用应符合 SC/T 1132 的规定。

ICS 65.150
CCS B 51

中华人民共和国水产行业标准

SC/T 2109—2021

日本对虾人工繁育技术规范

Technical specification for artificial breeding of kuruma shrimp

2021-11-09 发布 2022-05-01 实施

中华人民共和国农业农村部 发布

前　言

本文件按照 GB/T 1.1—2020《标准化工作导则　第 1 部分：标准化文件的结构和起草规则》的规定起草。

请注意本文件的某些内容可能涉及专利。本文件的发布机构不承担识别专利的责任。

本文件由农业农村部渔业渔政管理局提出。

本文件由全国水产标准化技术委员会海水养殖分技术委员会(SAC/TC 156/SC 2)归口。

本文件起草单位：中国水产科学研究院黄海水产研究所。

本文件主要起草人：任宪云、李健、刘萍、徐垚。

日本对虾人工繁育技术规范

1 范围

本文件规定了日本对虾即日本囊对虾(*Marsupenaeus japonicus* Bate，1888)人工繁育的术语和定义、环境条件、亲虾越冬和培育、幼体孵化及幼体培育、病害防治和虾苗出池的技术要求。

本文件适用于日本对虾的人工繁育。

2 规范性引用文件

下列文件中的内容通过文中的规范性引用而构成本文件必不可少的条款。其中，注日期的引用文件，仅该日期对应的版本适用于本文件；不注日期的引用文件，其最新版本(包括所有的修改单)适用于本文件。

GB/T 35376 日本对虾 亲虾和苗种

NY 5362 无公害食品 海水养殖产地环境条件

SC/T 1132 渔用药物使用规范

3 术语和定义

GB/T 35376 界定的术语和定义适用于本文件。

4 环境条件

应符合 NY 5362 的规定。

5 亲虾越冬和培育

5.1 越冬设施

包括越冬池、产卵池、控温、调光、充气、水处理及进排水系统等设施。亲虾入池前用 1×10^{-4} g/mL 的次氯酸钠对越冬池、沙、工具等进行严格消毒。越冬池底面积以 25 m^2～30 m^2 为宜，水位以 0.6 m～0.8 m 为宜。池底铺沙 5 cm～10 cm，排水口处留 20%～30%空白池底作饵料投喂区。

5.2 亲虾选择及运输

亲虾的来源、质量和运输应符合 GB/T 35376 的规定，未交配亲虾(雌：雄＝1：1)入池前用 1×10^{-6} g/mL～2×10^{-6} g/mL 聚维酮碘药浴 15 min。

5.3 放养密度

放养密度 20 ind./m^2～25 ind./m^2；产卵前亲虾放养密度 15 ind./m^2～20 ind./m^2。

5.4 越冬水质条件

自然水温降至 16 ℃左右时，将亲虾移至室内越冬。越冬期间水温保持 14 ℃～16 ℃，日温差不超过 1 ℃。越冬池持续充气，水质指标要求见表 1。其中，盐度日变化小于 1。

表 1 亲虾越冬水质条件

项目	指标	项目	指标
盐度	25～33	溶解氧	≥5.0 mg/L
氨氮	≤0.5 mg/L	亚硝酸盐氮	≤0.1 mg/L
pH	7.8～8.6		

5.5 饵料投喂

越冬期间饵料以活沙蚕和贝类(需用碘制剂进行消毒处理)为主。每日投喂 2 次：8 时投喂量为亲虾体重的1%～2%；17时投喂量为亲虾体重的2%～3%，根据具体摄食情况进行增减。

5.6 光照强度

光照强度小于500 lx为宜。光照强度采用数码照度仪测量。

5.7 性腺强化

5.7.1 温度强化

亲虾产卵前10 d～15 d，水温每日升高1 ℃，至28 ℃恒温培育；如果自然水温高于28 ℃，则以自然水温进行亲虾培育。

5.7.2 饵料强化

随着水温逐步升高，日投饵量增加到体重的10%～15%。

5.7.3 烫除单侧眼柄

亲虾卵巢发育到第Ⅱ～Ⅲ期（卵巢发育分期参考附录A），背部性腺呈褐色时，用镊烫法切除单侧眼柄，然后用3 g/m³～4 g/m³聚维酮碘溶液消毒伤口，放入铺沙的产卵池中。

6 幼体孵化及幼体培育

6.1 设施

包括培育池、进排水和滤水设施、加温和充气设备。培育池以室内水泥池为宜，底面积10 m²～30 m²，池深1.2 m～1.5 m，池壁标出水深刻度线。使用前，所有设施均应按5.1中的规定进行严格消毒。

6.2 用水处理

用水进入育苗池前，采取砂滤和200目筛绢网滤方式进行过滤。若水体中重金属含量较高，可向育苗用水中加入2×10^{-6} g/mL～5×10^{-6} g/mL的EDTA钠盐络合重金属。

6.3 集卵和孵化

通过集苗槽设置100目网箱收集虾卵，用等温28 ℃消毒海水清洗后，集中移入孵化池，在水温28 ℃，经过13 h～14 h，孵化出无节幼体。

6.4 幼体培育

6.4.1 无节幼体培育密度

无节幼体孵出后，在育苗池均匀设6个点，用500 mL烧杯取400 mL水样，统计每个点的无节幼体个数，取6个点均值，再根据育苗池有效水体计算无节幼体数量，无节幼体密度控制在1.5×10^5 ind./m³～2×10^5 ind./m³为宜。

6.4.2 饵料与投喂

日本对虾各期幼体的饵料种类与投饵量见下表2。投喂饵料种类宜交替进行。每天6次～8次；轮虫数量达不到要求，可以用卤虫无节幼体替代；投喂量根据肠胃饱满程度和拖便情况调整。

表2 日本对虾各期幼体的饵料种类与投饵量

期别	饵料用量及投喂次数						
	虾片粉单次用量 g/10^4 ind.	所用筛绢目	虾片投喂次数 次/日	褶皱臂尾轮虫单次用量 10^4只/10^4 ind.	褶皱臂尾轮虫投喂次数 次/日	卤虫无节幼体单次用量 10^4只/10^4 ind.	卤虫无节幼体投喂次数 次/日
第Ⅰ期溞状幼体Z_1	0.031～0.038	200	8				
第Ⅱ期溞状幼体Z_2	0.04～0.05	120	5～6	5～10	2～3		
第Ⅲ期溞状幼体Z_3	0.05～0.06	120	5～6	10～15	2～3		
第Ⅰ期糠虾幼体M_1	0.07～0.08	80	5～6	20～25	2～3		
第Ⅱ期糠虾幼体M_2	0.09～0.10	80	5～6	30～40	2～3		
第Ⅲ期糠虾幼体M_3	0.11～0.13	80	5～6	40～50	2～3		
第1日龄仔虾P_1	0.13～0.15	60	5～6	50～60	2～3	5～10	1～2
第2日龄仔虾P_2	0.19～0.20	60	5～6	70～80	2～3	10～15	1～2
第3日龄仔虾P_3	0.24～0.25	60	5～6	80～90	2～3	15～20	1～2

表 2（续）

期别	饵料用量及投喂次数						
	虾片粉单次用量 g/10^4 ind.	所用筛绢目	虾片投喂次数 次/日	褶皱臂尾轮虫单次用量 10^4只/10^4 ind.	褶皱臂尾轮虫投喂次数 次/日	卤虫无节幼体单次用量 10^4只/10^4 ind.	卤虫无节幼体投喂次数 次/日
第 4 日龄仔虾 P_4	0.30～0.31	40	5～6			20～30	2～3
第 5 日龄仔虾 P_5	0.36～0.38	40	5～6			30～40	2～3
第 6 日龄仔虾 P_6	0.43～0.44	40	5～6			40～50	2～3
第 7 日龄仔虾 P_7	0.49～0.50	40	5～6			50～60	2～3

6.5 日常管理

6.5.1 换水

无节幼体期，育苗池水深一般为 70 cm～80 cm。溞状幼体前期不换水，溞状幼体期开始适量添加海水，为 5 cm/d ～10 cm/d；糠虾期后适量换水；仔虾期日换水量可控制在 10%～30%，所用海水经 200 目筛绢过滤。

6.5.2 充气

幼体培育过程中，水体溶解氧保持在 5.0 mg/L 以上。

6.5.3 温度调控

幼体培育时水温控制在 28 ℃，逐步提高育苗池水温，达到 30 ℃时恒温培育。幼体各个时期培育温度见表 3。

表 3　日本对虾各期幼体的培育温度

期别	温度，℃
无节幼体	28.0
溞状幼体	28.5
糠虾幼体	29.0
仔虾	30.0

6.5.4 藻类接种

育苗期间可在水体中接种 2×10^6 ind./mL～3×10^6 ind./mL 小球藻或 2×10^4 ind./mL～3×10^4 ind./mL 扁藻等藻类，使育苗水体呈黄绿色。

6.5.5 光照强度

白天光照强度为 1 000 lx～1 500 lx 为宜。

7 病害防治

防治应坚持预防为主的原则，重点做好以下几个方面：

a） 选择健康且活力好的亲虾，亲虾入池前对白斑综合征病毒（WSSV）、桃拉病毒（TSV）等病原进行检测，检测方法按照 GB/T 35376 的规定执行；
b） 加强亲虾培育期的管理，保证精卵的质量；
c） 选择合理的培育密度，保证培育用水的水质，改善和优化培育环境；
d） 提供充足、优质的饵料，提高苗种的抗病能力；
e） 加强日常管理，做好病害的预防工作，发现异常情况应及时分析原因，并采取相应措施；
f） 渔用药物的使用应符合 SC/T 1132 的规定。

8 苗种出池

仔虾 P_7 后出池。出池前 2 d ～3 d，按 0.5 ℃/4 h 的降幅速度逐渐降低水温至室温。苗种质量应符合 GB/T 35376 的规定。

附 录 A
(资料性)
日本对虾性腺发育分期

A.1 第Ⅰ期

雌虾在交配前性腺纤细,透明无色,外观看不到性腺,卵细胞很小,其内物质稀薄,核大圆形。

A.2 第Ⅱ期

交配过后,解剖可见性腺呈半透明,白浊或带淡灰色。体积稍有增大,呈条索状,但卵细胞尚未有卵黄粒,核大,核仁数量多,散布于核内,外观仍看不到卵巢的形状和色泽。

A.3 第Ⅲ期

性腺呈淡绿色,体积明显增大,卵巢内出现有卵粒。

A.4 第Ⅳ期

卵巢基本达到最大体积,虾体的头胸部及体腔,呈深绿色或灰绿色。卵细胞的周围出现短棒状的周边体。卵黄颗粒大,核仁分裂呈小点状,数量增多,散布于核的周围。滤泡细胞变薄。营养物质被卵细胞所吸收。

A.5 第Ⅴ期

卵巢达到最大的丰满度,呈褐绿色。卵巢背面棕色斑点增多,表面龟裂突起。卵粒清晰。卵细胞内核膜消失,核仁溶解,周边体明显增长,呈辐射状排列于卵的周围。滤泡膜被吸收而不再存在。

A.6 第Ⅵ期

已产过卵。卵巢萎缩,外观为土黄色,看不清卵巢的轮廓。

ICS 65.150
CCS B 51

中华人民共和国水产行业标准

SC/T 2111—2021

浅海多营养层次综合养殖技术规范 海带、牡蛎、海参

Technical specification of integrated multi-trophic aquaculture in shallow sea—Kelp, oyster, sea cucumber

2021-11-09 发布　　2022-05-01 实施

中华人民共和国农业农村部 发布

前　言

本文件按照GB/T 1.1—2020《标准化工作导则　第1部分：标准化文件的结构和起草规则》的规定起草。

本文件由农业农村部渔业渔政管理局提出。

本文件由全国水产标准化技术委员会海水养殖分技术委员会(SAC/TC 156/SC 2)归口。

本文件起草单位：中国水产科学研究院黄海水产研究所、荣成楮岛水产有限公司、威海长青海洋科技股份有限公司。

本文件主要起草人：蒋增杰、房景辉、方建光、王军威、李长青、张岩、毛玉泽、杜美荣、高亚平、蔺凡、白昌明。

浅海多营养层次综合养殖技术规范　海带、牡蛎、海参

1　范围

本文件规定了海带、牡蛎、海参浅海多营养层次综合养殖的环境条件、养殖设施、苗种、日常管理和收获的技术要求。

本文件适用于黄渤海的海带、牡蛎、海参浅海多营养层次综合养殖，海带、扇贝、海参浅海多营养层次综合养殖可参照执行。

2　规范性引用文件

下列文件中的内容通过文中的规范性引用而构成本文件必不可少的条款。其中，注日期的引用文件，仅该日期对应的版本适用于本文件；不注日期的引用文件，其最新版本（包括所有的修改单）适用于本文件。

GB 11607　渔业水质标准

GB/T 15807—2008　海带养殖夏苗苗种

GB/T 32756　刺参　亲参和苗种

SC/T 0004—2006　水产养殖质量安全管理规范

SC/T 2027　太平洋牡蛎　苗种

3　术语和定义

下列术语和定义适用于本文件。

3.1

多营养层次综合养殖　integrated multi-trophic aquaculture (IMTA)

在同一养殖空间或区域同时养殖2种及以上不同营养级生物的综合养殖模式。

注：在由不同营养级生物组成的综合养殖系统中，投饵性养殖单元（如鱼、虾类）产生的残饵、粪便、营养盐等有机或无机物质成为其他类型养殖单元（如滤食性贝类、大型藻类、腐食性生物）的食物或营养物质来源，系统内多余的营养物质转化到养殖生物体内，达到系统内营养物质的高效循环利用，在减轻养殖活动对环境的压力的同时，提高养殖品种经济与环境生态综合效益，促进养殖产业的可持续发展（图1）。

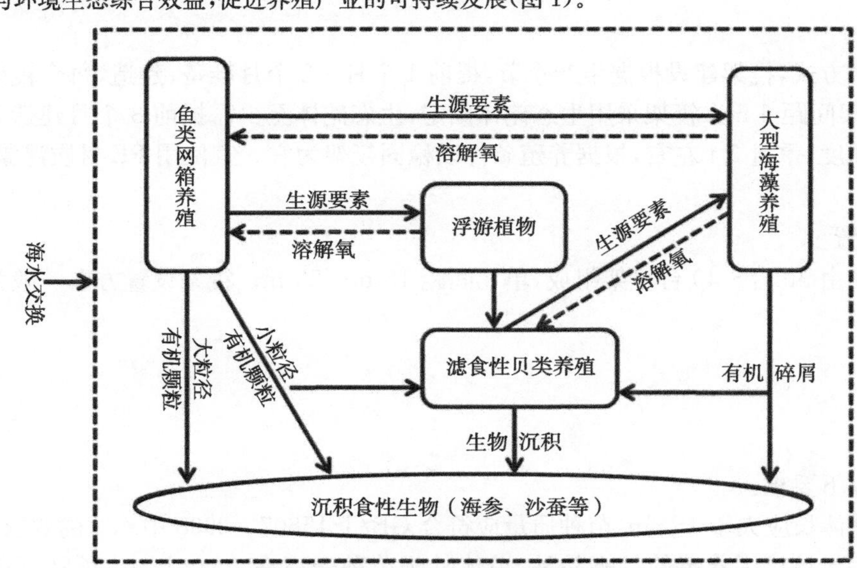

图1　海水多营养层次综合养殖（IMTA）概念示意图

3.2

生态砣体　ecological anchor

可以为海参等海珍品提供栖息场所并具有固定养殖筏架功能的钢筋混凝土或石质砣体。

4　海带、牡蛎、海参多营养层次综合养殖原理

在海带、牡蛎、海参多营养层次综合养殖生态系统中，牡蛎通过滤水和生物沉积作用降低水体中颗粒物含量，增加水体透明度，有利于海带和浮游植物进行光合作用；海带和浮游植物利用牡蛎和海参代谢过程中释放的游离二氧化碳和氨氮作为原料，通过光合作用产生溶解氧反馈给牡蛎和海参；海参利用海带碎屑及牡蛎产生的生物沉积物作为食物来源。作为一个开放的生态系统，海带、牡蛎、海参综合养殖系统通过不断与外界环境进行物质和能量的交换来维持生态系统的有序性。这种养殖模式既可以提高水体空间利用率和养殖设施利用率，又可以有效维持生态系统中氧气、二氧化碳以及氮的平衡和稳定，降低养殖环境的有机负荷，在取得显著经济效益的同时，减轻规模化养殖活动对环境的压力(图 2)。

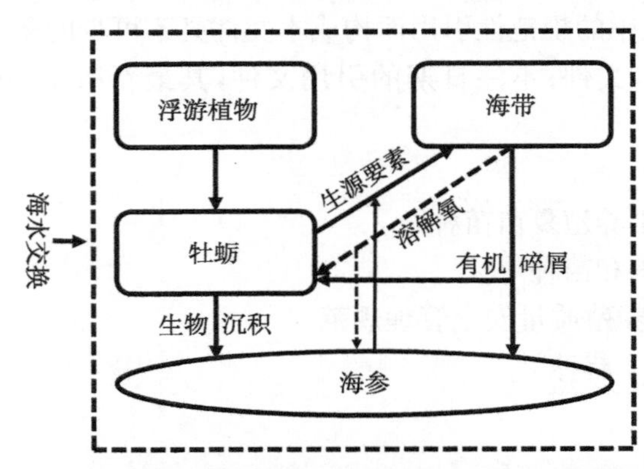

图 2　海带、牡蛎、海参多营养层次综合养殖原理示意图

5　环境条件

选择海水盐度稳定、海流通畅、周围无污水排放源、无大量淡水注入、冬季表层海水不结冰的海域。海水的流速 50 cm/s～70 cm/s，风浪较小。水深 5 m～30 m，海水的透明度为 1 m～3 m，水质符合 GB 11607 的要求。海参底播区域为岩礁或泥沙底质。

6　养殖设施

6.1　筏架的建造

采用筏式养殖方式，筏架建设根据生产季节，提前 1 个月～2 个月准备、建造，每个筏架的有效长度为 60 m～100 m，筏架间距 6 m。筏架采用生态砣体固定，生态砣体至少需提前 3 个月建造，避开冬季，防止结冰降低混凝土强度，重量 3 t 左右，根据养殖条件以稳固筏架为宜。宜使用 PE 材质浮漂，使用寿命宜在 10 年以上。

6.2　养殖区的设置

每个养殖单元由 30 台～40 台筏架组成，单元间距 15 m～20 m。筏架设置方向一般为与水流方向呈 0°～45°夹角。

7　苗种

7.1　来源与质量

苗种应符合以下要求：

a)　海带苗种体长应大于 15 cm，苗种质量应符合 GB/T 15807—2008 中 4.2 的要求；

b)　选择适宜于该海区养殖的牡蛎品种，单体牡蛎苗种壳高在 2 cm 以上，长牡蛎苗种质量应符合 SC/T 2027 的要求；

c） 海参苗种规格不小于 200 头/kg，刺参苗种质量应符合 GB/T 32756 的要求。

7.2 运输

不同种类的苗种运输要求分别如下：

a） 海带苗运输时应避免干露和强光刺激，放苗季节可常温运输，途中随时泼洒海水，保持幼苗湿润，防止雨淋；
b） 牡蛎苗种运输按照 SC/T 2027 的要求进行；
c） 海参苗运输按照 GB/T 32756 的要求进行。

7.3 放养

7.3.1 放养时间

不同种类的适宜放养时间分别如下：

a） 海带夹苗时间视水温而定，秋季水温降到 15 ℃以下时，可开始夹苗，宜在 11 月～12 月进行；
b） 牡蛎在水温≥10 ℃时放苗，宜在 4 月～6 月进行；
c） 海参苗种宜在海水水温 8 ℃～18 ℃时放苗，宜在 3 月～5 月或 10 月～11 月进行。

7.3.2 养殖方式

7.3.2.1 放养条件

应选择风浪小、日照弱的天气放苗，整个过程中要避免日光直晒，保持苗种湿润，尽量减少操作时间。

7.3.2.2 海带

使用海带苗绳夹苗养殖，具体要求如下：

a） 海带苗绳直径约 2 cm，长 2 m～2.5 m，每根苗绳夹苗 30 棵～35 棵，海带苗绳间隔 1.1 m～1.2 m；
b） 每 100 m 筏架苗绳数量 83 绳～91 绳，5.0×10^{4}棵/hm^{2}～5.3×10^{4}棵/hm^{2}；
c） 海带苗应提前在室内夹在聚乙烯苗绳上，夹苗前应将苗绳在海水中浸泡，夹苗时幼苗的基部应夹于苗绳的圆心深处，整齐地夹在苗绳的同侧；苗种应当天采、当天夹、当天挂，减少海带苗露空时间；初挂水层为 80 cm～120 cm，透明度 1 m～3 m；挂苗时应轻拿轻放，以防伤苗、脱苗。

7.3.2.3 牡蛎

根据牡蛎苗种类型，放养方式如下：

a） 单体牡蛎使用网笼进行养殖，网笼直径 28 cm～32 cm，网笼一般 8 层～15 层，以 10 层为宜，每间隔 2 条海带苗绳吊 1 个网笼，每层放单体牡蛎苗 20 个～30 个，根据牡蛎苗种规格确定网笼网孔大小，以苗种不漏出为宜，1.4×10^{5}个/hm^{2}～1.6×10^{5}个/hm^{2} 牡蛎苗；
b） 以吊绳养殖方式与海带间养，每 2 条海带苗绳间吊挂 1 绳牡蛎，每绳牡蛎苗种数量在 200 个左右；
c） 将规格相近的苗放在相同的养殖笼中，每层放苗密度一致；吊养深度 1.0 m～2.5 m，苗绳最上端牡蛎苗比海带苗绳吊挂深度深 0.5 m 左右。

7.3.2.4 海参

海参苗种的放养方式如下：

a） 在生态砼体区域放养，放养密度宜为 3.0×10^{4}头/hm^{2}～4.0×10^{4}头/hm^{2}。
b） 海参苗种运到后，将盛装容器连同苗种放在目标海区海水中浸泡一段时间，使其内外温度一致；海参苗种由潜水员均匀投放在生态砼体周围；在低潮的平潮期进行。

8 日常管理

包括以下几个方面：

a） 定期清理污损生物，维护生产设施，增加浮漂，防止筏架下沉；
b） 单体牡蛎长到 6 cm 以上时，宜分苗，并使用相应规格的网笼进行养殖，当再生长至铺满网笼时应及时分笼；
c） 定期监测水温、盐度、透明度、叶绿素 a 等与生产密切相关的生态环境因子；

d） 养殖区域编号、记录，做到产品可追溯，记录文件内容按照SC/T 0004—2006中附录A的要求执行。

9 收获

9.1 海带收获

当水温大于15 ℃时，可进行海带收获，时间一般在翌年4月～7月。

9.2 牡蛎收获

吊绳牡蛎养殖时间为14个月～18个月，收获时间一般在翌年秋冬季；单体牡蛎养殖时间一般为2年～3年，根据市场需求和牡蛎肥满度确定收获时间。收获后宜及时补充苗种。

9.3 海参收获

水温在10 ℃～20 ℃，海参生长到125 g/头以上时，即可采捕收获，收获后及时补充苗种。

ICS 67.120.30
CCS X 20

中华人民共和国水产行业标准

SC/T 3204—2021
代替 SC/T 3204—2012

虾 米

Dried peeled shrimp

2021-11-09 发布　　2022-05-01 实施

中华人民共和国农业农村部 发布

前　言

本文件按照 GB/T 1.1—2020《标准化工作导则　第 1 部分:标准化文件的结构和起草规则》的规定起草。

本文件代替 SC/T 3204—2012《虾米》,与 SC/T 3204—2012 相比,除结构调整和编辑性改动外,主要技术变化如下:

——更改了水分、氯化物和完整率指标(见 4.4,2012 年版的 3.5);

——增加了水产夹杂物指标(见 4.4);

——更改了运输、储存要求(见 7.3 和 7.4,2012 年版的 6.3 和 6.4);

——增加了规范性附录 A 脱水率换算系数(见附录 A)。

请注意本文件的某些内容有可能涉及专利。本文件的发布机构不承担识别专利的责任。

本文件由农业农村部渔业渔政管理局提出。

本文件由全国水产标准化技术委员会水产加工分技术委员会(SAC/TC 156/SC 3)归口。

本文件起草单位:中国水产科学研究院黄海水产研究所、一好(山东)海洋生物科技有限公司、中国海洋大学、山东好当家海洋发展股份有限公司、青岛海滨食品股份有限公司。

本文件主要起草人:刘淇、赵玲、孙永军、毛相朝、曹荣、孙慧慧、胡梦月、刘学明、傅晓东。

本文件及其所代替文件的历次版本发布情况为:

——SC/T 3204—1986、SC/T 3204—2000、SC/T 3204—2012。

虾　　米

1　范围

本文件规定了虾米的术语和定义、要求、试验方法、检验规则、标签、标志、包装、运输、储存。

本文件适用于以对虾科(Penaeidae)、长臂虾科(Palaemonidae)、褐虾科(Crangonidae)及长额虾科(Pandalidae)等中小型虾为原料,经加盐水煮、干燥、脱壳等工序制成的产品。其他品种虾类原料制成的虾米可参照执行。

2　规范性引用文件

下列文件中的内容通过文中的规范性引用而构成本文件必不可少的条款。其中,注日期的引用文件,仅该日期对应的版本适用于本文件;不注日期的引用文件,其最新版本(包括所有的修改单)适用于本文件。

GB/T 191　包装储运图示标志
GB 2733　食品安全国家标准　鲜、冻动物性水产品
GB 2760　食品安全国家标准　食品添加剂使用标准
GB 5009.3　食品安全国家标准　食品中水分的测定
GB 5009.44　食品安全国家标准　食品中氯化物的测定
GB/T 5461　食用盐
GB 5749　生活饮用水卫生标准
GB 7718　食品安全国家标准　预包装食品标签通则
GB 10136　食品安全国家标准　动物性水产制品
GB 28050　食品安全国家标准　预包装食品营养标签通则
GB/T 30891　水产品抽样规范
GB/T 36193　水产品加工术语
JJF 1070　定量包装商品净含量计量检验规则

3　术语和定义

GB/T 36193 界定的以及下列术语和定义适用于本文件。

3.1

虾糠　crumbs of shrimp shell

虾米中虾壳及附肢的碎屑。

3.2

水产夹杂物　aquatic inclusions

虾米中混入的小蟹、小鱼、小虾蛄等其他水产品。

4　要求

4.1　原辅材料

4.1.1　原料虾

应符合 GB 2733 的要求。

4.1.2　食用盐

应符合 GB/T 5461 的规定。

4.1.3 生产用水

应符合 GB 5749 的规定。

4.1.4 食品添加剂

应符合 GB 2760 的规定。

4.2 规格

产品宜按个体重量分规格,划分规格的产品应符合表 1 的要求。

表 1 规格

规格	特大	大	中	小
数量,粒/100 g	≤150	151～200	201～300	≥301

4.3 感官要求

感官要求应符合表 2 的规定。

表 2 感官要求

项目	一级品	二级品	三级品
色泽	具有虾米固有颜色,有光泽	具有虾米固有颜色,稍有光泽	具有虾米固有颜色
组织与形态	虾身自然弯曲,肉质较坚实,大小基本均匀,虾体基本无粘壳、附肢,基本无虾糠	虾身自然弯曲,肉质较坚实,大小较均匀,允许有少量粘壳、附肢、虾糠	虾身自然弯曲,肉质较坚实,允许有粘壳、附肢和虾糠
滋味及气味	鲜香味,细嚼有鲜甜味	有鲜味,无氨臭等异味	略有鲜味,无氨臭等异味
其他	无泥沙、塑料线绳等外来杂质,无霉变现象		

4.4 理化指标

理化指标应符合表 3 的规定。

表 3 理化指标

项目	指标		
	一级品	二级品	三级品
水分,g/100 g	≤28	≤32	≤35
氯化物(以 Cl^- 计),%	≤3.0	≤5.0	
完整率,%	≥98	≥95	≥90
水产夹杂物,g/100 g	≤0.2	≤1.0	≤2.0

4.5 安全指标

污染物限量、兽药残留和致病菌应符合 GB 10136 的规定。

4.6 净含量

应符合 JJF 1070 的规定。

5 试验方法

5.1 感官

取约 100 g 试样置于洁净的白色托盘上,于光线充足、无异味的环境中按 4.3 的要求逐项进行感官检验。

5.2 水分

按 GB 5009.3 的规定执行。

5.3 氯化物

按 GB 5009.44 的规定执行。

5.4 完整率

称取试样 200 g(m_0,精确至 0.01 g)于白色托盘中,拣出体长大于虾体 2/3 的虾米,称量(m_1,精确至

0.01 g)。完整率按公式(1)计算。

$$W=\frac{m_1}{m_0}\times 100 \qquad (1)$$

式中：

W ——完整率的数值,单位为百分号(%)；

m_0——试样质量的数值,单位为克(g)；

m_1——完整虾米质量的数值,单位为克(g)。

5.5 水产夹杂物

称取试样 200 g(m_0,精确至 0.01 g)于白色托盘中,拣出混于虾米中的水产夹杂物并称量(m_2,精确至 0.01 g)。水产夹杂物的含量按公式(2)计算。

$$X=\frac{m_2}{m_0}\times 100 \qquad (2)$$

式中：

X ——水产夹杂物的含量的数值,单位为克每百克(g/100 g)；

m_0——试样质量的数值,单位为克(g)；

m_2——水产夹杂物质量的数值,单位为克(g)。

5.6 规格

将 5.5 中测定完整率的完整虾米计粒数,换算为每百克完整虾米的粒数。

5.7 净含量

按 JJF 1070 的规定执行。

5.8 安全指标

污染物、兽药残留和致病菌按照 GB 10136 规定的检验方法执行。脱水率换算系数按附录 A 的规定。

6 检验规则

6.1 组批规则

在原料及生产条件基本相同的情况下,同一天或同一班组生产的产品为一批。按批号抽样。

6.2 抽样方法

按照 GB/T 30891 的规定执行。

6.3 检验分类

6.3.1 出厂检验

每批产品应进行出厂检验。出厂检验由生产单位质量检验部门执行,检验项目为感官、净含量、水分、氯化物、完整率、水产夹杂物、规格。检验合格后,签发检验合格证,产品凭检验合格证入库或出厂。

6.3.2 型式检验

型式检验项目为本文件中规定的全部项目,有下列情况之一时应进行型式检验：

a) 停产 6 个月以上,恢复生产时；

b) 原料变化或改变主要生产工艺,可能影响产品质量时；

c) 国家行政主管机构提出进行型式检验要求时；

d) 出厂检验与上次型式检验有大差异时；

e) 正常生产时,每年至少 2 次的周期性检验；

f) 对质量有争议,需要仲裁时。

6.4 判定规则

所有指标全部符合本文件规定时,则判该批产品合格。

7 标签、标志、包装、运输、储存

7.1 标签、标志

7.1.1 预包装产品的标签应符合 GB 7718 的规定。

7.1.2 预包装产品的营养标签应符合 GB 28050 的规定。

7.1.3 非预包装产品应标明产品名称、等级、产地、生产者和销售者名称、生产日期等。

7.1.4 运输包装上的标志应符合 GB/T 191 的规定。

7.2 包装

7.2.1 包装材料

包装材料应洁净、牢固、无毒、无异味。包装材料质量应符合相关食品安全标准的规定。

7.2.2 包装要求

产品应密封包装，箱中产品应排列整齐，并放入产品合格证。包装应牢固。

7.3 运输

7.3.1 产品宜采用冷藏或保温车船运输。

7.3.2 运输工具应保持清洁、卫生、无异味。不得与有毒、有污染或气味浓郁物品混装、混运。运输时，应防止暴晒、雨淋和虫害；装卸时，轻搬轻放。

7.4 储存

7.4.1 产品宜冻藏储存。储存库应清洁、卫生、无异味、有防鼠防虫设施。

7.4.2 不同品种、规格、批次的产品应分别堆垛，标识清楚，并与墙壁、地面、天花板保持适当的距离，堆放高度以纸箱受压不变形为宜。

附 录 A
（规范性）
脱水率换算系数

A.1 脱水率换算系数计算

脱水率换算系数 K 按照公式(A.1)计算，结果保留2位有效数字。

$$K=\frac{100-M_1}{100-M_2} \quad \text{(A.1)}$$

式中：

K ——脱水率换算系数；

M_1——原料虾水分含量的数值，单位为克每百克(g/100 g)；

M_2——虾米水分含量的数值，单位为克每百克(g/100 g)。

A.2 原料鲜虾的水分含量

A.2.1 可通过对原料虾的水分检测、生产者提供的信息及其他可获得的数据信息等确定原料虾的水分含量。

A.2.2 在不能获得准确的原料虾水分含量时，建议原料虾的水分含量参考值为76.5 g/100 g。

ICS 67.120.30
CCS X 20

中华人民共和国水产行业标准

SC/T 3305—2021
代替 SC/T 3305—2003

调 味 烤 虾

Seasoned roast shrimp

2021-11-09 发布 2022-05-01 实施

中华人民共和国农业农村部 发布

前　　言

本文件按照 GB/T 1.1—2020《标准化工作导则　第 1 部分:标准化文件的结构和起草规则》的规定起草。

本文件代替 SC/T 3305—2003《烤虾》,与 SC/T 3305—2003 相比,除结构调整和编辑性改动外,主要技术变化如下:

——增加了原料虾的范围(见第 1 章);

——删除了产品规格指标(见 2003 年版的 3.2);

——删除了产品等级的划分(见 2003 年版的 3.3、3.4);

——增加了按水分含量划分为干制品、半干制品(见 4.3);

——删除了挥发性盐基氮的要求(见 2003 年版的 3.4);

——更改了安全指标的相关要求应符合 GB 10136 的规定(见 4.4,2003 年版的 3.5);

——更改了净含量应符合 JJF 1070 的规定(见 4.5,2003 年版的 3.4)。

请注意本文件的某些内容有可能涉及专利。本文件的发布机构不承担识别专利的责任。

本文件由农业农村部渔业渔政管理局提出。

本文件由全国水产标准化技术委员会水产品加工分技术委员会(SAC/TC 156/SC 3)归口。

本文件起草单位:福建省水产研究所、厦门医学院、福州大学、集美大学、福建师范大学、莆田市汇龙海产有限公司。

本文件主要起草人:刘智禹、苏永昌、吴靖娜、刘淑集、许旻、乔琨、陈贝、潘南、陈晓婷、汪少芸、翁武银、黄鹭强、陈由强、林玉雨。

本文件及其所代替文件的历次版本发布情况为:

——SC/T 3305—2003。

调 味 烤 虾

1 范围

本文件规定了调味烤虾的术语和定义、要求，描述了试验方法、检验规则，给出了标签、标识、包装、运输和储存的相关内容。

本文件适用于以新鲜或冷冻的对虾科(Penaeidae)、长额虾科(Pandalidae)、褐虾科(Crangonidae)、长臂虾科(Palaemonidae)等虾类为原料，采用去头、剥壳、调味、干燥和烤制等工艺制成的即食产品。

2 规范性引用文件

下列文件中的内容通过文中的规范性引用而构成本文件必不可少的条款。其中，注日期的引用文件，仅该日期对应的版本适用于本文件；不注日期的引用文件，其最新版本(包括所有的修改单)适用于本文件。

GB/T 191　包装储运图示标志
GB/T 317　白砂糖
GB 2720　食品安全国家标准　味精
GB 2733　食品安全国家标准　鲜、冻动物性水产品
GB 2760　食品安全国家标准　食品添加剂使用标准
GB 5009.3　食品安全国家标准　食品中水分的测定
GB 5009.44　食品安全国家标准　食品中氯化物的测定
GB/T 5461　食用盐
GB 5749　生活饮用水卫生标准
GB 7718　食品安全国家标准　预包装食品标签通则
GB 10136　食品安全国家标准　动物性水产制品
GB 28050　食品安全国家标准　预包装食品营养标签通则
GB/T 30889　冻虾
GB/T 30891　水产品抽样规范
GB/T 36193　水产品加工术语
JJF 1070　定量包装商品净含量计量检验规则

3 术语和定义

GB/T 36193 界定的术语和定义适用于本文件。

4 要求

4.1 原辅料

4.1.1 虾

原料虾应符合 GB 2733 的规定，冻虾原料还应符合 GB/T 30889 的规定。

4.1.2 食用盐

应符合 GB/T 5461 的规定。

4.1.3 白砂糖

应符合 GB/T 317 的规定。

4.1.4 味精

应符合 GB 2720 的规定。

4.1.5 食品添加剂

应符合 GB 2760 的规定。

4.1.6 加工用水

应符合 GB 5749 的规定。

4.2 感官要求

应符合表 1 的规定。

表 1 感官要求

项目	要求
色泽	呈调味烤虾特有的自然色泽,光泽度好
形态	虾身自然弯曲,形态完整,大小均匀,虾体之间无黏结
组织	干制品肉质紧密,有嚼劲;半干制品肉质柔韧,有嚼劲
滋味、气味	滋味鲜美,具有调味烤虾的香味,无异味
杂质	无正常视力可见外来杂质

4.3 理化指标

应符合表 2 的规定。

表 2 理化指标

项目	要 求	
	干制品	半干制品
水分,g/100 g	≤22	≤40
氯化物(以 Cl^- 计),%	≤3	

4.4 安全指标

污染物残留、兽药残留和致病菌应符合 GB 10136 的规定。

4.5 净含量

预包装的产品净含量应符合 JJF 1070 的规定。

5 试验方法

5.1 感官

在光线充足、无异味的环境中,随机取至少 100 g 调味烤虾样品平置于白色搪瓷盘内,按 4.2 的规定逐项检验。

5.2 水分

按 GB 5009.3 的规定执行。

5.3 氯化物

按 GB 5009.44 的规定执行。

5.4 安全指标

按 GB 10136 的规定执行。脱水率换算系数按附录 A 的规定计算。

5.5 净含量

按 JJF 1070 的规定执行。

6 检验规则

6.1 组批规则

在原料及生产条件基本相同下,同一天或同一班组生产的产品为一批。按批号抽样。

6.2 抽样方法

按 GB/T 30891 的规定执行。

6.3 检验分类

6.3.1 出厂检验

每批产品应进行出厂检验。出厂检验由生产单位质量检验部门执行，检验项目为感官、水分、氯化物、净含量，检验合格签发检验合格证，产品凭检验合格证入库或出厂。

6.3.2 型式检验

有下列情况之一时应进行型式检验，检验项目为本文件中规定的全部项目：

a) 国家行政主管机构提出进行型式检验要求时；

b) 正常生产条件下每年至少 2 次的型式检验；

c) 原料产地发生变化，可能影响产品质量时；

d) 出厂检验结果与上次型式检验结果有较大差异时；

e) 对质量有争议，需要仲裁时。

6.4 判定规则

所有指标全部符合本文件规定时，判该批产品合格。

7 标签、标志、包装、运输、储存

7.1 标签、标志

7.1.1 非预包装产品的标签应标示产品的名称、干制品或半干制品、产地、生产者或销售者名称、生产日期等。

7.1.2 预包装产品标签应标示干制品或半干制品，并符合 GB 7718 的规定。

7.1.3 预包装产品营养标签应符合 GB 28050 规定。

7.1.4 包装储运标志应符合 GB/T 191 的规定。

7.2 包装

7.2.1 包装材料

包装材料应洁净、坚固、无毒、无异味，质量应符合相关食品安全标准。

7.2.2 包装要求

产品应密封包装后装入纸箱。箱中产品要排列整齐，应有产品合格证。包装应牢固、防潮、不易破损。

7.3 运输

7.3.1 干制品可在常温条件下运输；半干制品宜在低温条件下运输。

7.3.2 运输工具应清洁、卫生、无异味，运输中防止日晒、虫害、有害物质的污染，不应靠近或接触有腐蚀性物质，不应与气味浓郁物品混运。

7.4 储存

7.4.1 干制品宜在低温或阴凉干燥条件储存；半干制品宜在不高于－18 ℃的条件下储存。

7.4.2 储存库应保持清洁、卫生、无异味。储存过程中应防止受潮、日晒、虫害、有害物质的污染和其他损害。

7.4.3 不同品种、规格、批次的产品应分垛存放，标识清楚，并与墙壁、地面、天花板保持一定的距离，堆放高度以纸箱受压不变形为宜。

附 录 A
（规范性）
脱水率换算系数

A.1 脱水率换算系数计算

脱水率换算系数 K 按照公式(A.1)计算，结果保留2位有效数字。

$$K=\frac{100-M_1}{100-M_2} \quad \cdots\cdots \quad (A.1)$$

式中：

K ——脱水率换算系数；

M_1——原料虾水分含量的数值，单位为克每百克(g/100 g)；

M_2——调味烤虾水分含量的数值，单位为克每百克(g/100 g)。

A.2 原料虾的水分含量

A.2.1 可通过对原料虾的水分测定、生产者提供的信息及其他可获得的数据信息等确定原料虾的水分含量。

A.2.2 在不能获得准确的原料虾水分含量时，原料虾水分含量建议值为76.5 g/100 g。

ICS 67.120.30
CCS X 20

中华人民共和国水产行业标准

SC/T 3307—2021

代替 SC/T 3307—2014

速食干海参

Instant dried sea cucumber

2021-11-09 发布　　　　2022-05-01 实施

中华人民共和国农业农村部　发布

前　言

本文件按GB/T 1.1—2020《标准化工作导则　第1部分：标准化文件的结构和起草规则》的规定起草。

本文件代替SC/T 3307—2014《冻干海参》，与SC/T 3307—2014相比，除结构调整和编辑性改动外，主要技术变化如下：

——范围中增加了速发干海参(见第1章)；

——更改了感官要求(见4.3,2014年版的3.3)；

——增加了速发干海参的理化指标(见4.4)；

——更改了安全指标应符合GB 31602的规定(见4.5,2014年版的3.5、3.6)。

请注意本文件的某些内容可能涉及专利。本文件的发布机构不承担识别专利的责任。

本文件由农业农村部渔业渔政管理局提出。

本文件由全国水产标准化技术委员会水产品加工分技术委员会(SAC/TC 156/SC 3)归口。

本文件起草单位：中国水产科学研究院黄海水产研究所、獐子岛集团股份有限公司、山东好当家海洋发展股份有限公司、北京同仁堂健康(大连)海洋食品有限公司、山东金鲁源食品有限公司、大连海晏堂生物有限公司、烟台一好食品科技有限公司、中国海洋大学。

本文件主要起草人：王联珠、郭莹莹、黄万成、孙永军、焦健、刘淇、朱文嘉、刘学明、王婧媛、邵俊杰、张国元、李宝叶、江艳华、姚琳、胡炜、姜晓明、王静凤。

本文件及其所代替文件的历次版本发布情况为：

——SC/T 3307—2014。

速食干海参

1 范围

本文件规定了速食干海参的术语和定义、要求、试验方法、检验规则、标签、标志、包装、运输和储存。

本文件适用于以鲜活、冷冻、盐渍的刺参(*Stichepus japonicus*)为原料，经去内脏、熟制、干燥等工序制成的干海参产品，包括速发干海参和冻干海参。以其他品种海参为原料加工的此类产品可参照执行。

2 规范性引用文件

下列文件中的内容通过文中的规范性引用而构成本文件必不可少的条款。其中，注日期的引用文件，仅该日期对应的版本适用于本文件；不注日期的引用文件，其最新版本(包括所有的修改单)适用于本文件。

GB/T 191 包装储运图示标志

GB 2733 食品安全国家标准 鲜、冻动物性水产品

GB 5009.3 食品安全国家标准 食品中水分的测定

GB 5009.5 食品安全国家标准 食品中蛋白质的测定

GB 5009.44 食品安全国家标准 食品中氯化物的测定

GB 5749 生活饮用水卫生标准

GB 7718 食品安全国家标准 预包装食品标签通则

GB 28050 食品安全国家标准 预包装食品营养标签通则

GB/T 30891 水产品抽样规范

GB 31602 食品安全国家标准 干海参

GB/T 36193 水产品加工术语

JJF 1070 定量包装商品净含量计量检验规则

SC/T 3215 盐渍海参

3 术语和定义

GB/T 36193 界定的以及下列术语和定义适用于本文件。

3.1

速发干海参 quick rehydrating dried sea cucumber

海参经去内脏、去除嘴部石灰质(沙嘴)、脱盐(或不脱盐)、预煮、熟化、干燥等工序制成的，在 70 ℃以上热水中浸没保温 12 h 以内即可食用的产品。

3.2

冻干海参 lyophilized sea cucumber

海参经去内脏、去除嘴部石灰质(沙嘴)、脱盐(或不脱盐)、预煮、熟化、泡发、冷冻干燥等工序制成的，在低于 10 ℃冷水中浸泡 8 h～10 h 即可食用的产品。

4 要求

4.1 原料

鲜活、冷冻刺参应符合 GB 2733 的规定，盐渍刺参还应符合 SC/T 3215 的规定。

4.2 加工用水

应符合 GB 5749 的规定。

4.3 感官要求

应符合表 1 的规定。

表 1 感官要求

项 目	要 求	
	速发干海参	冻干海参
色泽	呈黑褐色、黑灰色或黄褐色等，色泽较均匀	呈黑灰色或灰白色，色泽较均匀
外观	体形完整紧致，海参棘完整，表面无损伤	体形完整饱满，海参棘基本无残缺，表面无损伤
组织形态	复水后外形肥满，肉质厚实，弹性及韧性好	复水后外形肥满，肉质厚实，弹性及韧性较好
气味	具海参特有的鲜腥气味，无异味	
杂质	无正常视力可见外来杂质	

4.4 理化指标

速发干海参的理化指标应符合表 2 的规定，冻干海参的理化指标应符合表 3 的规定。

表 2 速发干海参的理化指标

项 目	要 求	
	优级品	合格品
蛋白质，g/100 g	≥66	≥60
氯化物(以 Cl^- 计)，%	≤3	≤8
复水后干重率，%	≥80	≥70
水分，g/100 g	≤15	
水溶性总糖，g/100 g	≤3	
泡发倍数	≥7	

表 3 冻干海参的理化指标

项 目	要 求
蛋白质，g/100 g	≥70
水分，g/100 g	≤12
氯化物(以 Cl^- 计)，%	≤0.7

4.5 安全指标

污染物、兽药残留应符合 GB 31602 的规定，检验结果以复水后样品质量计。

4.6 净含量

预包装产品的净含量应符合 JJF 1070 的规定。

5 试验方法

5.1 感官检验

在光线充足、无异味或其他干扰的环境下，将试样置于洁净的白色托盘上进行感官检验，按 4.3 的要求逐项检验。复水按 5.5 的规定执行。

5.2 蛋白质

按 GB 5009.5 的规定执行。

5.3 水分

按 GB 5009.3 的规定执行。

5.4 氯化物

按 GB 5009.44 的规定执行。

5.5 复水方法

取 3 只试样，分别放入 500 mL 的高型烧杯中，倒入 400 mL 煮沸的纯净水，立即置于已预热至 70 ℃ 的水浴锅中，盖上表面皿保温复水 8 h，浸泡过程中应保持水量浸没参体。

5.6 泡发倍数

取3只试样,称重(m_1,精确至0.01 g),按5.5复水泡发后,用滤纸吸去表面水分,称重(m_2,精确至0.01 g),计算复水后与复水前试样的质量比,即为泡发倍数,按公式(1)计算。

$$X_1 = \frac{m_2}{m_1} \quad \cdots\cdots (1)$$

式中:

X_1——试样的泡发倍数;

m_1——试样质量的数值,单位为克(g);

m_2——试样泡发后质量的数值,单位为克(g)。

5.7 复水后干重率

取3只试样,称重(m_1,精确至0.01 g),按5.5复水泡发后,再将试样切为约3 mm×3 mm小块,连同滤纸置入已恒重的称量瓶中,于101 ℃～105 ℃烘箱中烘8 h以上(至恒重),于干燥器中冷却30 min,称重(m_3,精确至0.01 g)。复水后干重率按公式(2)计算。在重复性条件下获得的2次独立测定结果的绝对偏差不得超过算术平均值的5%。

$$X_2 = \frac{m_3}{m_1} \times 100 \quad \cdots\cdots (2)$$

式中:

X_2——试样中复水后干重率的数值,单位为百分号(%);

m_1——试样质量的数值,单位为克(g);

m_3——试样干燥后质量的数值,单位为克(g)。

5.8 水溶性总糖

取按5.5复水后的浸泡液,按GB 31602的规定执行。

5.9 安全指标

取按5.5复水后的试样,按GB 31602的规定执行。

5.10 净含量

按JJF 1070的规定执行。

6 检验规则

6.1 组批规则

在原料及生产条件基本相同的情况下,同一天或同一班组生产的产品为一批。按批号抽样。

6.2 抽样方法

按GB/T 30891的规定执行。

6.3 检验分类

6.3.1 出厂检验

每批产品应进行出厂检验。出厂检验由生产单位质量检验部门执行,检验项目为感官、水分、氯化物、复水后干重率、净含量。检验合格后,签发检验合格证,产品凭检验合格证入库或出厂。

6.3.2 型式检验

有下列情况之一时应进行型式检验,检验项目为本文件中规定的全部项目:

a) 停产6个月以上,恢复生产时;

b) 原料产地变化或改变生产工艺,可能影响产品质量时;

c) 国家行政主管机构提出进行型式检验要求时;

d) 出厂检验与上次型式检验有较大差异时;

e) 正常生产时,每年至少2次的周期性检验;

f) 对质量有争议,需要仲裁时。

6.4 判定规则

所有指标全部符合本文件的规定时，则判该批产品合格。

7 标签、标志、包装、运输、储存

7.1 标签、标志

7.1.1 预包装产品的标签应符合 GB 7718 的规定，并注明原料品种、食用方法。

7.1.2 预包装产品的营养标签应符合 GB 28050 的规定。

7.1.3 包装储运图示标志应符合 GB/T 191 的规定。

7.2 包装

7.2.1 包装材料

包装材料应洁净、坚固、无毒、无异味，并应符合相关食品安全标准的规定。

7.2.2 包装要求

产品应密封包装后装入纸箱。箱中产品要排列整齐，并有产品合格证。包装应牢固、防潮、不易破损。

7.3 运输

运输工具应清洁、卫生、无异味。运输中，防止受潮、日晒、虫害、有害物质的污染，不应靠近或接触腐蚀性物质，不应与气味浓郁物品混运。

7.4 储存

7.4.1 产品应储存于干燥、清洁、阴凉处，防止受潮、日晒、虫害、有毒有害物质的污染和其他损害。

7.4.2 不同品种、规格、等级、批次的产品应分垛存放，标识清楚，并与墙壁、地面、天花板保持适当的距离，堆放高度以纸箱受压不变形为宜。

ICS 65.150
CCS B 56

中华人民共和国水产行业标准

SC/T 4001—2021
代替 SC/T 4001—1995

渔具基本术语

Basic vocabulary of fishing gear

2021-11-09 发布 2022-05-01 实施

中华人民共和国农业农村部 发布

前　言

本文件按照 GB/T 1.1—2020《标准化工作导则　第 1 部分：标准化文件的结构和起草规则》的规定起草。

本文件代替 SC/T 4001—1995《渔具基本术语》，与 SC/T 4001—1995 相比，除结构调整和编辑性改动外，主要技术变化如下：

——增加了“双层刺网”“混合刺网”“双船拖网”“单船拖网”“臂架拖网”“双联拖网”“绳索拖网”“张纲张网”“舷提网”“灯光敷网”“灯光罩网”“跳网”“机钓”“鱿钓”“耙网”“蟹笼”“网箱”“淡水网箱”“普通海水网箱”“传统近岸网箱”“深水网箱”“深远海网箱”“塑胶渔排”“围栏”“囊头网”“网口”“身网衣”“背网衣”“腹网衣”“侧网衣”“导向网衣”“倒刺钩”“无倒刺钩”“铅头钩”“曲柄钩”“串钩”“爆炸钩”“J 型钩”“圆形钩”“鱿鱼钓钩”“人工集鱼装置”“吸鱼泵”“兼捕减少装置”“浮子”“沉子”“半目起编”“整目起编”“纵向起编”“增目”“减目”“全宕眼剪裁”“全单脚剪裁”“剪边”“直剪边”“斜剪边”“等目缝合”“不等目缝合”等术语；

——删除了“荫凉围网”“罩具”“捕鲸炮”等术语；

——更改了“浮延绳钓”和“底延绳钓”等术语名称；

——增加了参考文献。

请注意本文件的某些内容有可能涉及专利。本文件的发布机构不承担识别专利的责任。

本文件由农业农村部渔业渔政管理局提出。

本文件由全国水产标准化技术委员会渔具及渔具材料分技术委员会(SAC/TC 156/SC 4)归口。

本文件起草单位：中国水产科学研究院东海水产研究所、上海海洋大学、海安中余渔具有限公司、山东好运通网具科技股份有限公司、山东鲁普科技有限公司、东莞市南风塑料管材有限公司、浙江千禧龙纤特种纤维股份有限公司、江苏金枪网业有限公司、江苏九九久科技有限公司、青岛奥海海洋工程研究院有限公司、山东环球渔具股份有限公司、浙江海洋大学、鲁普耐特集团有限公司、湛江市经纬网厂、青岛兴轮海洋科技有限公司、宁波一象吹塑家具有限公司、常州市晨业经编机械有限公司。

本文件主要起草人：石建高、黄洪亮、张健、孙满昌、姚湘江、贺兵、沈明、钱卫国、张元锐、张春文、從桂懋、周新基、蒋一翔、周浩、庄小晔、曹宸睿、夏超、徐俊杰、陈晓雪。

本文件及其所代替文件的历次版本发布情况为：

——SC 4001—1986、SC/T 4001—1995。

渔具基本术语

1 范围

本文件界定了渔具、渔具结构的基本术语和网具工艺的常用术语及其定义。

本文件适用于渔业生产、科研、教学、贸易等活动与交流中的渔具用语。

2 规范性引用文件

下列文件中的内容通过文中的规范性引用而构成本文件必不可少的条款。其中，注日期的引用文件，仅该日期对应的版本适用于本文件；不注日期的引用文件，其最新版本（包括所有的修改单）适用于本文件。

SC/T 4015—2002 柔鱼钓钩

SC/T 5001—2014 渔具材料基本术语

SC/T 6001.1—2011 渔业机械基本术语 第1部分：捕捞机械

3 术语和定义

下列术语和定义适用本文件。

3.1

渔具 fishing gear

海洋和内陆水域中，直接捕捞和养殖水生经济动物的工具。

3.1.1

刺网 gillnet

由网片和绳索等构成的，以网目刺挂或缠络捕捞对象的长带形网具。

3.1.1.1

定置刺网 set gillnet; fixed gillnet

用桩、锚等固定敷设的刺网。

3.1.1.2

漂流刺网 driftnet

流刺网 driftnet

流网 driftnet

随水流等漂移作业的刺网。

3.1.1.3

包围刺网 surrounding gillnet; encircling gillnet

围刺网 surrounding gillnet; encircling gillnet

以包围方式作业的刺网。

3.1.1.4

拖曳刺网 dragging gillnet

拖刺网 dragging gillnet

以拖曳方式作业的刺网。

3.1.1.5

单片刺网 single panel gillnet

由单片网衣和上、下纲构成的刺网。

3.1.1.6

无下纲刺网　driftnet without foot line

网衣下缘不装纲索的刺网。

3.1.1.7

三重刺网　trammel net

由两片大网目网衣夹一片小网目网衣组成的刺网。

3.1.1.8

框格刺网　frame gillnet

框刺网　frame gillnet

由绳框和主网衣构成的刺网。

3.1.1.9

双层刺网　semi-trammel net

由两片网衣组成的刺网。

3.1.1.10

混合刺网　combined gillnet

由两种以上结构形式网衣组成的刺网。

3.1.2

围网　surrounding net

利用长带形或一囊两翼的网具包围鱼群，迫使鱼群进入网囊或者取鱼部，实现捕捞目的的渔具。

3.1.2.1

光诱围网　light-purse seine

灯光围网　light-purse seine

用灯光诱集捕捞对象后进行包围作业的围网。

3.1.2.2

无囊围网　surrounding net without bag

由取鱼部和网翼组成的围网。

3.1.2.2.1

有环围网　purse seine

收缔部分有底环和括纲的围网。

3.1.2.2.2

无环围网　surrounding net without ring

收缔部分没有底环和括纲的围网。

3.1.2.3

有囊围网　bag seine

由一个网囊和两个翼组成的围网。

3.1.3

拖网　trawl

通过渔船拖曳作业，迫使捕捞对象进入网囊的网具。

3.1.3.1

两片式拖网　two-panel trawl

网身由背网、腹网两部分网衣构成的拖网。

3.1.3.2

多片式拖网　multi-panel trawl

网身由背网、腹网、侧网等网衣构成的拖网。例如,四片式拖网、六片式拖网等。

3.1.3.3

网板拖网　otter trawl

利用网板使网口保持水平扩张的拖网。

3.1.3.4

桁杆拖网　beam trawl

桁拖网　beam trawl

利用桁杆使网口获得横向扩张的拖网。

3.1.3.5

底层拖网　bottom trawl

底拖网　bottom trawl

网具下方结构接触水域底部作业的拖网。

3.1.3.6

表层拖网　floating trawl

浮拖网　floating trawl

网具上方结构贴近水面作业的拖网。

3.1.3.7

中层拖网　midwater trawl;pelagic trawl

变水层拖网　controllable trawl

在水域底层和表层之间作业的拖网。

3.1.3.8

单船拖网　single boat trawl

单拖网　single boat trawl

使用一艘渔船拖曳的拖网。

3.1.3.9

双船拖网　pair trawl

对拖网　pair trawl

两艘渔船拖同一顶网具,以两船间距获得网口横向扩张的拖网。

3.1.3.10

臂架拖网　boom trawl

双支架拖网　double rig trawl

在渔船左右船舷各伸出一根撑杆,在撑杆上对称拖曳一顶或多顶拖网。

3.1.3.11

双联拖网　twin trawl

由并联的两顶网具构成的拖网。

3.1.3.12

绳索拖网　rope trawl

网袖、网盖和网身前部采用绳索结成几米至几十米网目,或用几根纵向的绳索替代网衣而构成的拖网。

3.1.3.13

圆锥式拖网　coned trawl

直接织成圆筒或由1片网片缝筒再多片串联构成的拖网。

3.1.4

地拉网　beach seine

在近岸水域或冰下放网，并在岸、滩或冰上曳行起网的网具。

3.1.5

张网　swing net; stow net

定置在水域中，利用水流迫使捕捞对象进入网囊的网具。

3.1.5.1

框架张网　frame swing net; frame stow net

网口装有框架的张网。

3.1.5.2

桁杆张网　beam stow net

网口上、下有桁杆装置的张网。

3.1.5.3

竖杆张网　two-stick stow net

网口左、右各有竖杆装置的张网。

3.1.5.4

张纲张网　canvas stow net

由纲索和柔性材料扩张网口的张网。

3.1.6

敷网　lift net

预先敷设在水域中，等待、诱集或驱赶捕捞对象进入网内，然后提出水面捞取渔获物的网具。

3.1.6.1

舷提网　stick-held lift net

利用灯光诱集捕捞对象(如秋刀鱼等)，在船舷起放网的专用敷网。

3.1.6.2

扳罾　stationary lift net

由一片方形网衣，其 4 个角分别扎在 4 根竹竿头上而构成的小型敷网。

3.1.6.3

灯光敷网　light lift net

预先敷设箕状网具并使用灯光诱集捕捞对象实现捕捞目的的敷网。

3.1.7

抄网　dip net; scoop net

由网囊(兜)撑架和手柄组成，以舀取方式作业的网具。

3.1.8

掩罩类　falling gear

由上而下扣罩捕捞对象的渔具。

3.1.8.1

掩网　cast net

作业时将网具网衣撒开，由水面向下罩捕鱼类的渔具。

3.1.8.2

灯光罩网　light falling net

利用灯光诱集捕捞对象，使用支架和罩网进行罩捕作业的渔具。

3.1.9

陷阱类　traps

设置适宜形状拦截或诱导捕捞对象陷入的渔具。

3.1.9.1

插网 stick net

由带形网衣、网囊和插杆等构成，用插杆定置在有潮差的浅滩上，以拦截捕捞对象的方式进行作业的网具。

3.1.9.2

建网 pound net

由网墙、网圈、取鱼部和浮子、沉子等构成，设置在捕捞对象的通道上，并使其陷入的渔具。

3.1.9.3

箔筌 weir

簖 weir

插在河流中拦捕鱼蟹的苇栅或竹栅的陷阱类渔具。

3.1.9.4

跳网 jumper net; aerial trap

由拦网与接网两部分组成，捕捞跳越拦网而落入接网的陷阱类渔具。

3.1.9.5

迷魂阵 maze

用竹篾或木条等编结成迷宫状的箔帘，敷设在潮差较大的水域，拦截和诱导鱼类，使其易进难出的陷阱类渔具。

3.1.10

钓渔具 hook and line

钓具 hook and line

用线连接钩、卡或钓饵构成，进行诱捕作业的渔具。

3.1.10.1

手钓 hand line

用手直接悬垂钓线作业的钓具。

3.1.10.2

竿钓 pole line

用钓竿悬垂钓线作业的钓具。

3.1.10.3

曳绳钓 troll line

拖钓 troll line

以拖曳方式作业的钓具。

3.1.10.4

延绳钓 longline

由干线(绳)和支线(绳)连接钓、卡或钓饵组成的钓具。

3.1.10.4.1

漂流延绳钓 pelagic longline; drifting longline

随水流漂移作业的延绳钓。

3.1.10.4.2

定置延绳钓 bottom longline; set longline

固定于水底作业的延绳钓。

3.1.10.5

卡钓 gorge line

由钓线和弹卡组成的钓具。

3.1.10.6

机钓　mechanized line

使用机械设备作业的钓具。

3.1.10.6.1

鱿钓　squid jigging

使用钓钩捕捞柔鱼等头足类的作业方式。

3.1.11

耙刺类　rakes and pricks

具有耙挖、突刺性能的渔具。

3.1.11.1

滚钩　jig

由干线(绳)和较密的支线连接锐钩组成,进行刺捕作业的渔具。

3.1.11.2

鱼叉　spear; harpoon

由叉刺、叉柄等部分组成,进行刺捕作业的渔具。

3.1.11.3

齿耙　rake

由耙齿、耙柄等部分组成,进行耙刺作业的渔具。

3.1.11.4

耙网　dredge

利用耙架上的齿、钩等,将海底动物翻起进行捕捞的渔具。

3.1.12

笼壶　baskets and pots

利用笼壶状器具,进行诱捕或养殖作业的渔具。

3.1.12.1

鱼笼　fishing pot

由竹篾或网衣等材料制成笼状的器具(入口处常有倒须),用于诱捕有钻穴习性的捕捞对象或养殖鱼类的渔具。

3.1.12.2

蟹笼　crab pot

由框架和外罩网等材料制成、用于诱捕有钻穴习性蟹类的笼状渔具。

3.1.12.3

扇贝笼　scallop cage

以网片和塑料盘等材料制成、用于养殖扇贝,并以塑料盘分层的笼具。

3.1.13

网箱　cage

用适宜材料制成的箱状水产生物养殖设施。

3.1.13.1

淡水网箱　fresh water cage

放置在淡水水域的网箱。

3.1.13.2

普通海水网箱　traditional sea cage

传统近岸网箱　traditional inshore cage

放置在沿海近岸、内湾或岛屿附近,水深在 15 m 以下的中小型网箱。

3.1.13.3

深水网箱　offshore cage; deep water cage

放置在开放性水域,水深在 15 m 以上的大型网箱。

3.1.13.4

深远海网箱　deep-sea cage

放置在低潮位水深超过 15 m 且有较大浪流开放性水域、在离岸 3 海里外岛礁水域或养殖水体不小于 10 000 m^3的海水网箱。

3.1.13.5

塑胶渔排　plastic fishing raft

用塑胶材料制作浮式框架并配备网衣,且以网格状布设于水面的水产养殖设施。

3.1.14

围栏　enclosure;net enclosure

网围　net pen;enclosure

网栏　net pen

在湖泊、水库、浅海等水域中,用网围拦出一定水面养殖水生经济动植物的增养殖设施。

3.2

网具部件　net-parts

装配在网具系统中,具有一定作用或功能的构件。

3.2.1

网翼　wing

网袖　wing

位于拖网或张网网口的两侧、围网网囊及其取鱼部的一侧或两侧,拦截和引导捕捞对象进入网内的部件。

3.2.2

网盖　square

位于拖网网口上前方或网箱箱口上方,防止捕捞和养殖对象向上逃逸的部件。

3.2.3

网身　body

位于网口与网囊之间,引导捕捞对象进入网囊的网具部件。

3.2.4

网囊　cod-end

网具尾部用于集中渔获物的袋形部件。

3.2.5

囊头网　extensions

拖网网身后部、网目最为闭合的部分。

3.2.6

取鱼部　bunt

无囊网具尾部集中渔获物的部件。

3.2.7

网墙　leader

位于插网中或建网网门前方,阻拦捕捞对象外逃并导入网内的部件。

3.2.8

网圈　hoop

处于建网或插网的网墙一侧或两侧,围成圈状并用于集中捕捞对象的部件。

3.2.9

网口　net mouth

拖网等过滤性渔具网身前缘围成的开口。

3.2.10

网坡　slope; ladder

位于建网网圈内或网口前方,形成斜坡状并用于引导捕捞对象向上进入网内的部件。

3.2.11

网底　bottom

防止捕捞和养殖对象向下逃逸的部件。

3.2.12

集鱼箱　box for collecting fish

在建网等渔具中,由网圈、网底等组成,用于集中捕捞对象的箱形部件。

3.3

网片(衣)　netting;net panel;net

由网线编织成的一定尺寸网目结构的片状编织物。

[来源:SC/T 5001—2014,2.9,有修改]

3.3.1

身网衣　body netting

网具系统中,位于网身部位的网衣。

3.3.1.1

背网衣　back netting

组成网身上部的网衣。

3.3.1.2

腹网衣　belly netting

组成网身下部的网衣。

3.3.1.3

侧网衣　side netting

组成网身侧部的网衣。

3.3.2

防擦网衣　chafer netting

紧贴拖网网囊外围装配,防止网囊与海底直接摩擦的网衣。

3.3.3

缘网衣　selvedge netting

为加强网衣边缘强度而采用的粗线或双线编结的网衣。

3.3.4

漏斗网衣　funnel netting

倒须　netting like inverted beard

网身内,防止已入网的捕捞对象逃逸的漏斗状网衣。

3.3.5

舌网衣　flapper netting

网身内,防止已入网的捕捞对象逃逸的舌状网衣。

3.3.6

三角网衣　gusset netting

为缓解相邻网衣边缘斜率差异、方便纲索安装而设置的三角形或近似三角形网衣。

3.3.7

导向网衣　guide net panel

引导或改变捕捞对象运动方向或游泳路线的网衣。

3.4

纲索 line;cable;rope

装配在渔具上绳索的统称。

3.4.1

上纲　head line

位于网衣或网口上方边缘,承受网具主要作用力的纲索。

3.4.2

下纲　foot line

位于网衣或网口下方边缘,承受网具主要作用力的纲索。

3.4.3

浮子纲　float line

浮纲　float line

网衣上方边缘或网具上方装有浮子的纲索。

3.4.4

沉子纲　lead line

沉纲　ground rope

网衣下方边缘或网具下方装有沉子,或者本身具有沉子作用的纲索。

3.4.5

空纲　leg

拖网袖端上、下纲延伸的纲索统称。

3.4.5.1

上空纲　over leg

拖网袖端上纲延伸的纲索。

3.4.5.2

下空纲　under leg

拖网袖端下纲延伸的纲索。

3.4.6

网袖端纲　wingtip line

网翼端纲　wingtip line

网袖(翼)前端,增加网衣边缘强度的纲索。

3.4.7

叉纲　cross rope;bridle

连接网具或网具部件时使用、由一根纲索对折或由两根纲索一端相接而成的"V"字形纲索。

3.4.7.1

上叉纲　over cross rope

网具或网具部件中,位置在上的叉纲。

3.4.7.2

下叉纲　under cross rope

网具或网具部件中,位置在下的叉纲。

3.4.8

缘纲　peripheral line

用于增加网衣边缘强度纲索的统称。

3.4.9

力纲　belly line; last ridge line

为加强网衣中间或其缝合处承受作用力和避免网衣破裂处扩大的纲索。

3.4.10

囊底纲　cod line

网囊末端限定囊口大小和增强边缘强度的纲索。

3.4.11

囊底束纲　splitting strop

圈套在拖网网囊外围，起网时束紧网囊或分隔渔获物，便于起吊操作的纲索。

3.4.12

引扬纲　quarter rope

通常装在网具袖端与网囊间，起网时牵引网具的纲索。

3.4.13

网囊抽口绳　zipper line

封闭网囊端的绳索(通常用活络扣)。

3.4.14

手纲　sweep line

网板拖网中，连接网袖和网板的纲索。

3.4.14.1

上手纲　over sweep line

双手纲式中位于上面的一根手纲。

3.4.14.2

下手纲　under sweep line

双手纲式中位于下面的一根手纲。

3.4.15

游纲　pennant

网板拖网中，连接曳纲和手纲的纲索。

3.4.16

曳纲　warp

拖曳网具的纲索。

3.4.17

带网纲　bush rope

刺网、张网作业时，连接网具和渔船的纲索。

3.4.18

侧纲　side rope

装在网具侧缘的纲索。

3.4.19

浮标绳　buoy rope

连接浮标和渔具的绳索。

3.4.20

底环绳　purse ring bridle

有环围网中，底环和下纲连接的绳索。

3.4.21

网头绳 bridle

单船围网作业时，连接围网翼端和带网船(或带网浮标)的绳索。

3.4.22

跑纲 bridle

单船围网作业时，连接围网翼端和放网船的纲索。

3.4.23

括纲 purse line

有环围网中，穿过底环，起网时收拢网具底部的纲索。

3.4.24

网口纲 opening rope

装在网口上，限定网口大小和加强边缘强度的纲索。

3.4.25

锚纲 anchor rope

桩纲 stake rope

连接锚(桩)和渔具的纲索。

3.5

钓钩 hook

通常由钩轴、钩尖等部分组成，用以钓获捕捞对象的金属制品。

3.5.1

复钩 multiple hooks

一轴多钩或多枚单钩集合组成的钓钩。

3.5.2

倒刺钩 hook with barb

钩尖带有倒刺的钓钩。

3.5.3

无倒刺钩 hook without barb

钩尖没有倒刺的钓钩。

3.5.4

铅头钩 lead head hook

钩柄处带有加重铅块的钓钩。

3.5.5

曲柄钩 crank hook

钩柄为弯曲形状的钓钩。

3.5.6

串钩 string hook

一条主线上间隔一定距离有多个钓钩拴结成的钓钩。

3.5.7

爆炸钩 explosion hook

由 4 枚～12 枚钓钩并列组合而成的钓钩。

3.5.8

J 型钩 J hook

钩形呈 J 字形的传统钓钩。

3.5.9

圆形钩　circle hook

漂流延绳钓中设计用于释放海龟等海洋动物的圆形钓钩。

3.5.10

鱿鱼钓钩　squid jigger

用于钓捕鱿鱼的具有针伞结构的钓钩。

[来源:SC/T 4015—2002,3.1,有修改]

3.6

钓线　line

钓绳　rope

直接或间接连接钓钩(钓饵)的丝、线(包括金属丝和金属链的制品)或细绳等的统称。

3.6.1

钩线　hook line

由坚固材料(通常为金属丝或金属链)制成的,紧连钓钩的一段钓线。

3.6.2

干线　main line

干绳　main rope

钓线的支干结构中,连接支线(绳),承受钓具主要作用力的钓线(绳)。

3.6.3

支线　branch line

支绳　branch rope

钓线的支干结构中,连结钓钩或钓饵的钓线(绳)。

3.7

钓竿　rod, pole

垂钓时用于连接钓线的杆状物,通常由坚韧富有弹性的材料制成。

3.8

属具　accessory

在渔具中起辅助作用的部件统称。

3.8.1

滚轮　bobbin; disc roller

在拖网中,起沉子作用并具有滚动特性的轮子。

3.8.2

底环　purse ring

围网中,供括纲穿过的金属圆环。

3.8.3

竖杆　stick

支撑网具纵向高度的杆状物。

3.8.4

桁杆　beam

拖网、张网的网口部位,固定网口横向阔度的杆状物。

3.8.5

框架　frame

网具中,撑开和固定网口的框形构件。

3.8.6

网板　otter board

利用水动力，使网具获得扩张的构件。

3.8.7

椗　wooden anchor

固定渔具的锚状物。

3.8.8

人工集鱼装置　fish aggregation device; FAD

用于诱集金枪鱼等中上层鱼类的装置。

3.8.9

吸鱼泵　fish pump

以水或空气为介质吸送鱼类的专用泵，又称鱼泵。

[来源：SC/T 6001.1—2011，6.12]

3.8.10

兼捕减少装置　bycatch reduction devices; BRD

用于释放或减少兼捕的特殊结构或装置，如专门用于释放海龟等大型海洋动物的海龟释放装置。

3.8.11

浮子　float

在水中具有浮力或在运动中能产生升力，且形状和结构适合于装配在渔具上的属具。

[SC/T 5001—2014，定义 2.19]

3.8.12

沉子　sinker

在水中具有沉降力或在运动中能产生沉力，且形状和结构适合于装配在渔具上的属具。

[SC/T 5001—2014，定义 2.21]

3.9

网片(衣)编结　braiding

制作网片(衣)时，网线作结以构成网目的工艺。

注：主要适用于有结网片(衣)。

3.9.1

网片(衣)纵向　normal-direction; N-direction

网片(衣)中，与结网网线总走向相垂直的方向(见图 1)，代号为 N。

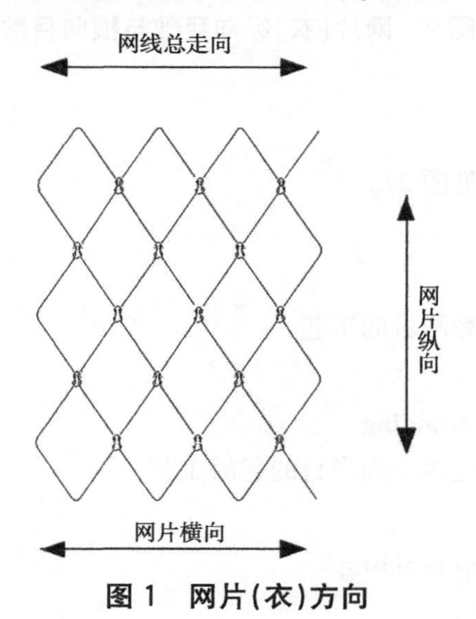

图 1　网片(衣)方向

3.9.2

网片(衣)横向　transverse-direction; T-direction

网片(衣)中,与结网网线总走向相平行的方向(见图 1),代号为 T。

3.9.3

网片(衣)斜向　all bar direction; AB-direction

网片(衣)中,与目脚相平行的方向,代号为 AB。

3.9.4

行　column

网片(衣)纵向直线上排列的网目。一行网目由两行半目组成。

3.9.5

列　row

网片(衣)横向直线上排列的网目。一列网目由两列半目组成,一列半目又称一节。

3.9.6

纵向目数　N-meshes

网片(衣)纵向一行的目数(见图 2)。

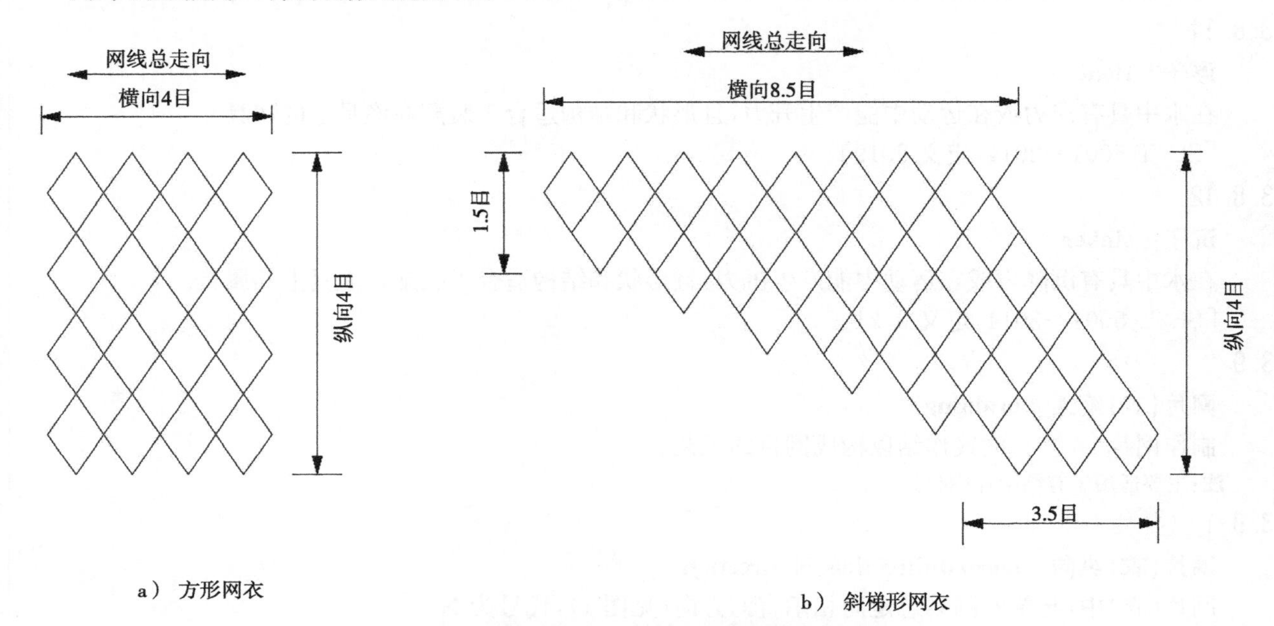

a)　方形网衣

b)　斜梯形网衣

图 2　网片(衣)纵向目数与横向目数

3.9.7

横向目数　T-meshes

网片(衣)横向一列的网目数(见图 2)。

3.9.8

起编　starting braiding

开始作结,以构成网片(衣)边缘网目的工艺。

3.9.8.1

半目起编　half mesh starting braiding

手工结网时,沿横向边缘开始组成一列半目的起编工艺。

3.9.8.2

整目起编　whole mesh starting braiding

开始组成一列网目的起编工艺。

3.9.8.3

纵向起编　N-starting braiding

沿纵向边缘开始组成网目的起编工艺。

3.9.9

增减目　gaining-losing

手工结网时，使网衣横向目数增加或减少的工艺。

3.9.9.1

增目　gaining mesh

手工结网时，使网衣横向目数增加的工艺。

3.9.9.2

减目　losing mesh

手工结网时，使网衣横向目数减少的工艺。

3.9.9.3

增减目线　gaining-losing locus

增目或减目位置在网衣纵向或横向的联线。

3.9.9.4

增减目比率　gaining-losing ratio

在有增目或减目的网衣中，横向增目或减目的总目数对纵向节数的比率。对于同时有增目和减目的网衣（如斜梯形网衣和中央增目而两侧减目的网衣），则同时有两种增减目比率。

3.9.9.5

增减目周期　gaining-losing cycle

网衣增减目线上，按一定规律重复增目或减目时，前后增目或减目位置相隔的节数或目数。其中，对于纵向增减目线，用每道增目或减目的总目数对网衣纵向节数的比率表示，称每几节内增或减几目；对于横向增减目线，用增目或减目位置间相隔的横向目数表示，称隔几目增（减）1 目。

3.9.9.6

挂目增目　hang-gaining

网目悬垂在网结上的增目方法。其中，网目悬垂在上一列网结上时，称上一列挂目，简称上挂；网目悬垂在下一列网结上时，称下一列挂目，简称下挂（见图 3）。

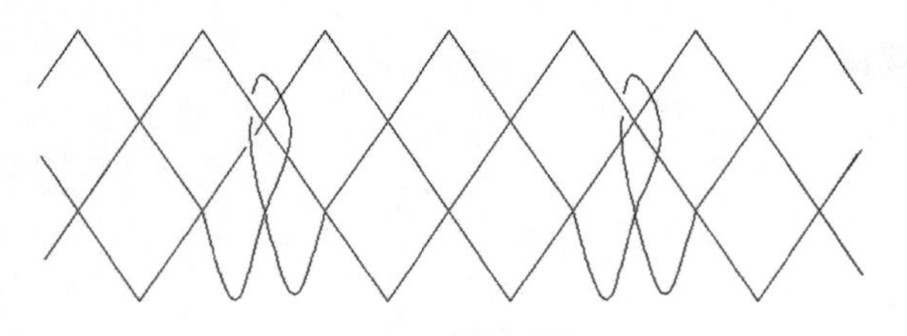

a） 上一列挂目

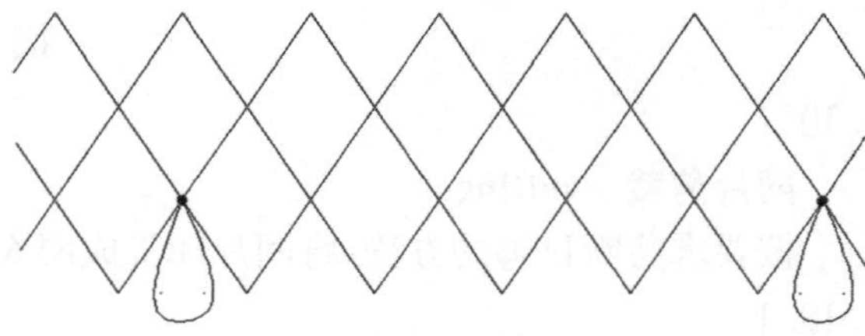

b） 下一列挂目

图 3　挂目增目

3.9.9.7

并目减目　incorporation-losing

合并相邻网目的减目方法（见图 4）。

3.9.9.8

单脚减目　bar-losing

网衣边缘编结成 3 个目脚结构的减目方法（见图 5）。

3.9.9.9

飞目减目　fly-losing

网衣边缘留出横向一目的减目方法（见图 6）。

图 4 并目减目

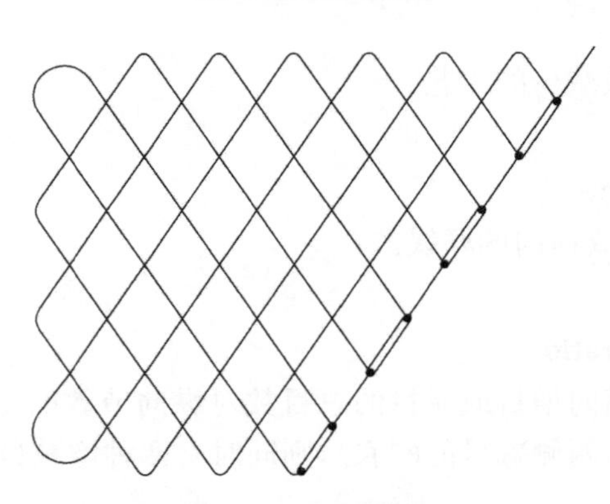

图 5 单脚减目

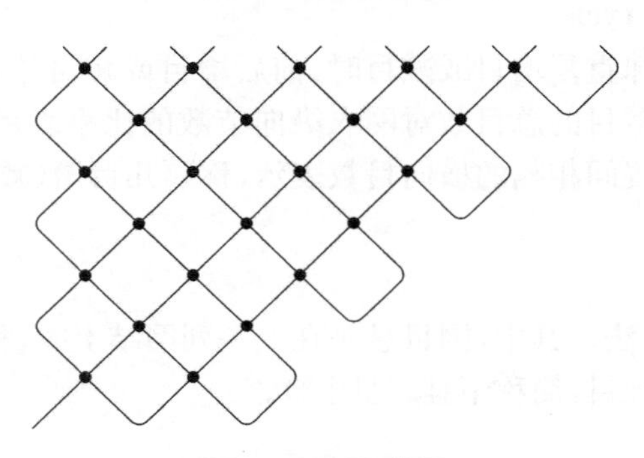

图 6 飞目减目

3.10

网片剪裁 cutting

按要求剪断目脚的方法，将网片加工成网衣的工艺。

3.10.1

边傍 point

网片(衣)边缘纵向相邻两根目脚组成的结构，代号为 N。

3.10.2

边傍剪裁 normal cut; straight cut; N-cut

沿网结外缘剪断纵向相邻两根目脚称边傍剪裁，代号为 N；始终连续的边傍剪裁称全边傍剪裁，代号为 AN。

3.10.3

宕眼 mesh

网片(衣)边缘横向相邻两根目脚组成的结构，代号为 T。

3.10.4

宕眼剪裁 transverse cut; T-cut

沿网结外缘剪断横向相邻两根目脚称宕眼剪裁,代号为 T。

3.10.4.1

全宕眼剪裁　all transverse cut; all T-cut

始终连续的宕眼剪裁,代号为 AT。

3.10.5

单脚　bar

网片(衣)边缘 3 个目脚和 1 个网结组成的结构,代号为 B。

3.10.6

单脚剪裁　bar cut; B-cut

沿网结外缘剪断一根目脚称单脚剪裁,代号为 B。

3.10.6.1

全单脚剪裁　all bar cut; all B-cut

沿网脚联线相平行的方向始终连续的单脚剪裁,代号为 AB。

3.10.7

混合剪裁　mixed cut

边傍、宕眼和单脚进行交替剪裁的工艺的统称。其中,边傍剪裁和单脚剪裁相互交替组成的混合剪裁,代号为 NB;宕眼剪裁和单脚剪裁相互交替组成的混合剪裁,代号为 TB。边傍剪裁和宕眼剪裁交替混合的剪裁,代号为 NT。

3.10.8

直向剪裁　K-cut

直剪　K-cut

全边傍剪裁和全宕眼剪裁的统称。

3.10.9

斜向剪裁　R-cut

斜剪　R-cut

全单脚剪裁和混合剪裁的统称。

3.10.10

剪裁边　cutting edge

剪边　cutting edge

通过剪裁形成的网衣边缘。

3.10.10.1

直剪边　K-cutting edge

直目边　K-cutting edge

直向剪裁形成的剪边。

3.10.10.2

斜剪边　R-cutting edge

斜边　R-cutting edge

斜向剪裁形成的剪边。

3.10.11

剪裁斜率　cutting ratio

剪率　cutting ratio

网衣斜剪边(斜边)的斜度,用横向目数与纵向目数之比表示,代号为 R。

3.10.12

剪裁循环　cutting cycle

在有规律的混合剪裁中，每次重复采用的边傍剪裁、宕眼剪裁或单脚剪裁的排列组合，代号为 C，如 1N6B、1T4B(见图 7)。

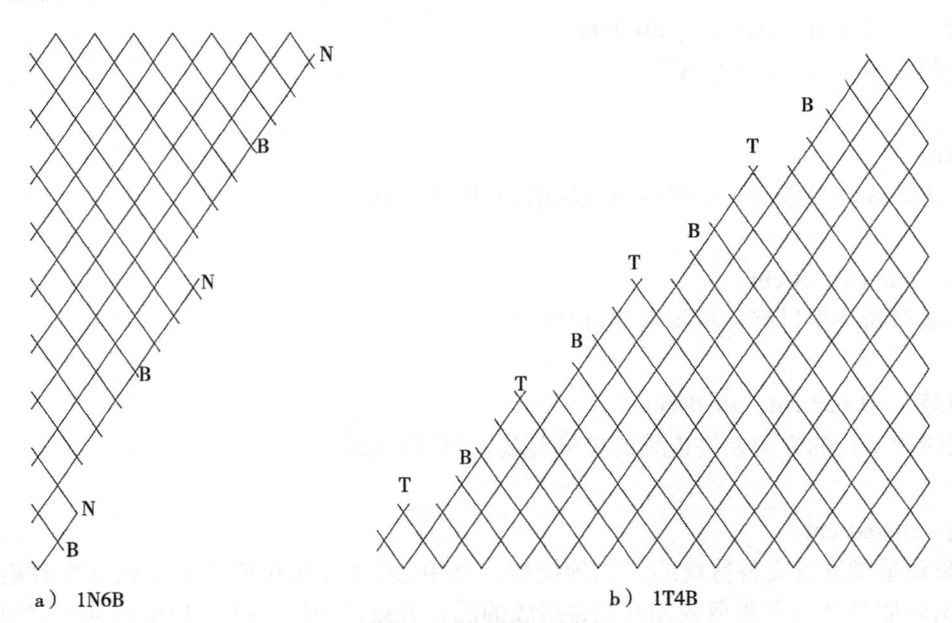

a) 1N6B　　b) 1T4B

图 7　剪裁循环

3.10.13

对称剪裁　symmetrical cut

网衣剪口的一侧反向后，两边的边傍、宕眼和单脚的排列组合相同的剪裁。

3.11

网衣缝合　joining

网衣相互连接的工艺。

3.11.1

缝线　joining yarn

缝合线　joining yarn

网衣缝合或装配所用的网线。

3.11.2

缝合边　joining edge

缝边　joining edge

网衣相互缝合的边缘或部位。

3.11.3

编结缝　sewing

缝线在网衣间编结一行或一列半目的缝合(见图 8)。

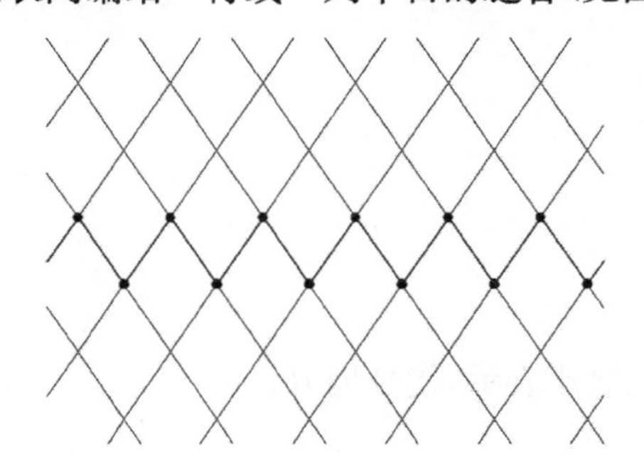

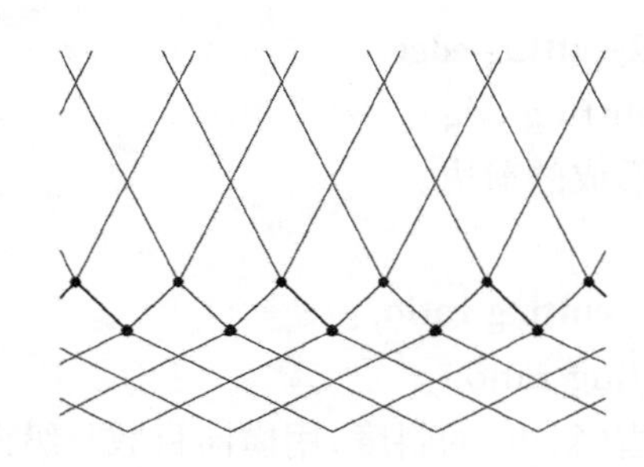

图 8　编结缝

3.11.4

绕缝　seaming(lacing)

缝线在网衣上不逐目作结(网衣间增或不增半目),或逐目作结而网衣不增半目的缝合(见图 9)。

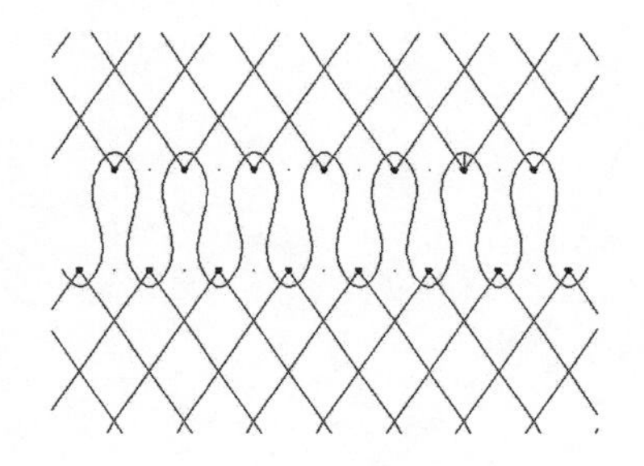
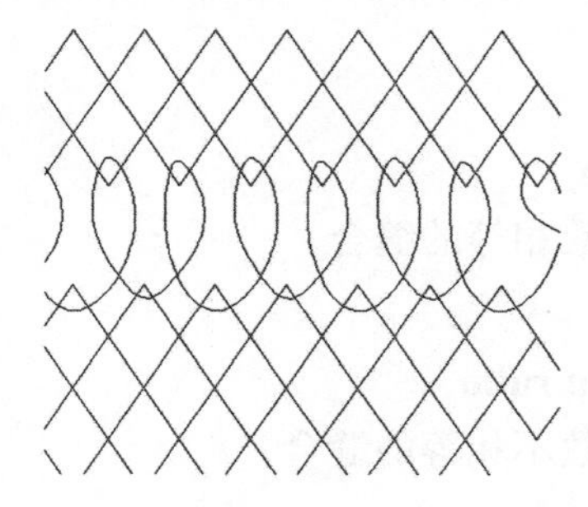
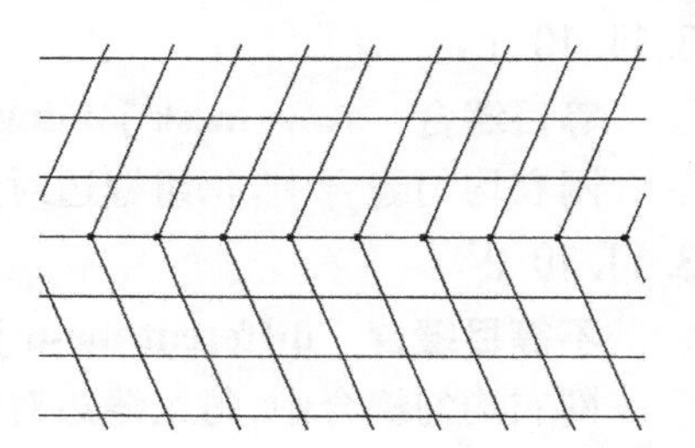

图 9　绕　缝

3.11.5

活络缝　loose joining

利用缝线(绳)作成的线(绳)圈穿套缝边,使网衣连接的缝合(见图 10)。

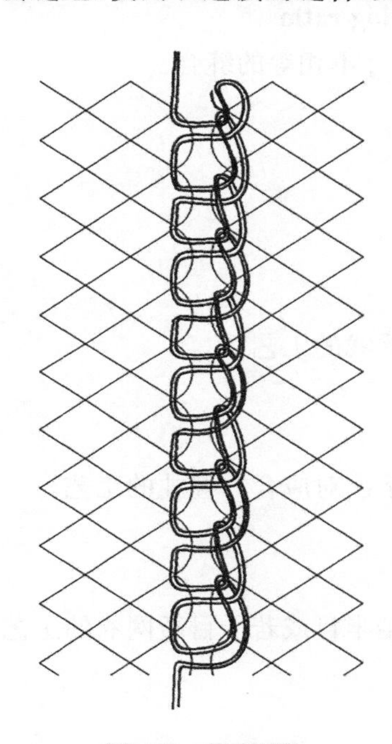

图 10　活络缝

3.11.6

纵缝　N-joining

网衣纵向边缘间的缝合。

3.11.7

横缝　T-joining

网衣横向边缘间的缝合。

3.11.8

纵横缝　NT-joining

网衣纵向边缘和横向边缘间的缝合。

3.11.9

斜缝　R-joining

网衣斜向边缘间的缝合。

3.11.10
缝合比 joining ratio
网衣均匀缝合中,每组缝边对应目数或对应尺寸的比例关系,用少目边目数对多目边目数或短缝边拉直尺寸对长缝边拉直尺寸的比率表示。

3.11.10.1
等目缝合 same mesh joining ratio
网衣均匀缝合中,每组缝边对应目数相等的缝合。

3.11.10.2
不等目缝合 different mesh joining ratio
网衣均匀缝合中,每组缝边对应目数不相等的缝合。

3.11.10.3
等长缝合 equal length joining ratio
网衣均匀缝合中,每组缝边对应尺寸相等的缝合。

3.11.10.4
不等长缝合 different length joining ratio
网衣均匀缝合中,每组缝边对应尺寸不相等的缝合。

3.12
网衣补强 reinforcing
增加网衣边缘强度的工艺。

3.12.1
镶边 edging
网衣边缘用网线重合编结或加绕网线的工艺。

3.12.2
扎边 binding
在网衣边缘用线将两根以上目脚依次对应合并缠扎的工艺。

3.12.3
缘编 braiding
在网衣边缘用粗线或双线另行编结半目或若干目新网衣的工艺。

3.13
网衣装配 mounting
用缝线将网衣固定在纲索或框架上的工艺。

3.13.1
缩结 hanging
以一定的长度比例将网衣装在纲索上或框架上的工艺。

3.13.2
网衣长度 netting length
网衣拉直长度 netting straightening length
网衣纵向或横向拉直状态下的长度,其数值等于网目长度和纵向或横向网目数的乘积。

3.13.3
纲索长度 rope length
网衣缩结长度 netting hanging length
装配时,纲索(或框架)位于网衣两端网目间的最大长度。

3.13.4

缩结系数　hanging ratio

纲索长度对网衣长度的比值，见公式(1)。

$$E=\frac{L_r}{L_n} \quad \cdots\cdots (1)$$

式中：

E ——缩结系数，取有效数2位；

L_r ——缩结长度的数值，单位为米(m)；

L_n ——网衣长度的数值，单位为米(m)。

3.13.5

档　section

装配时，纲索或框架上划分的等分段或不等分段。

3.13.6

水扣　loose

装配时，纲索(或粗线)在网衣边缘和每档纲索之间形成的弧形结构(见图11)。

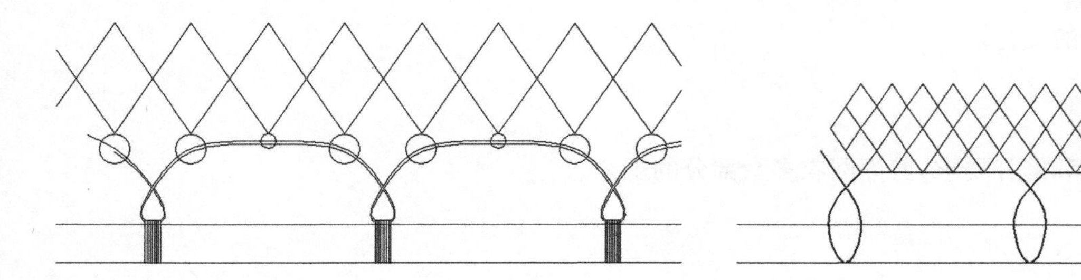

图11　水　扣

3.13.7

纵目使用　N-using

对于直立水中的网衣，指网衣纵向与水平方向垂直；而对于做前进运动或迎流敷设的网衣，则指网衣纵向与运动方向或水流方向平行(见图12)。

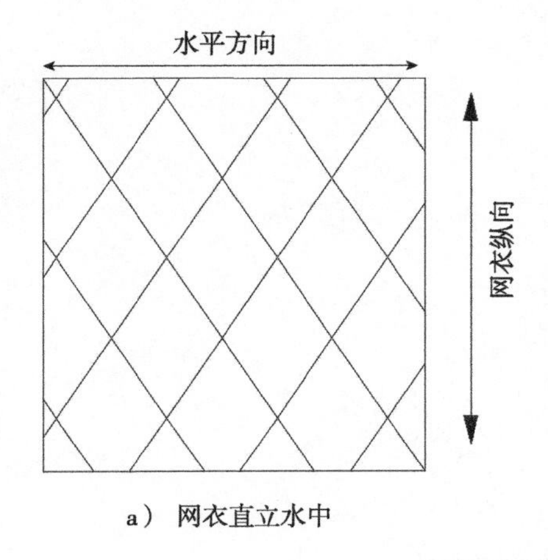

a）网衣直立水中

网衣运动方向或水流方向

网衣纵向

b）网衣作前进运动或迎流敷流

图12　网衣纵目使用

3.13.8

横目使用　T-using

对于直立水中的网衣，指网衣横向与水平方向垂直；而对于做前进运动或迎流敷设的网衣，则指网衣横向与运动方向或水流方向平行(见图13)。

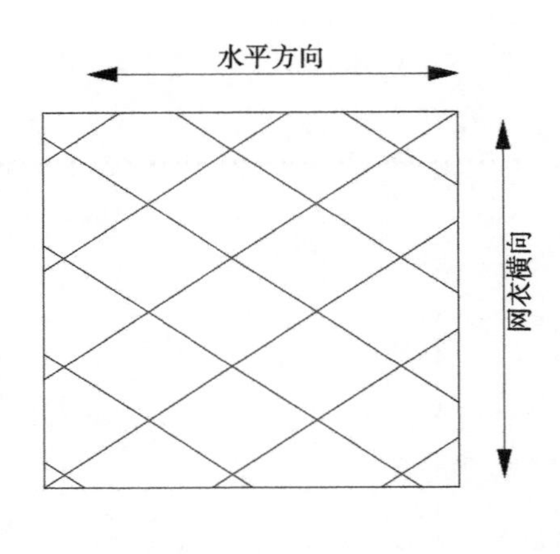

a） 网衣直立水中

b） 网衣作前进运动或迎流敷设

图 13 网衣横目使用

3.14

网衣修补 mending

修复网衣破损部位的工艺。

3.14.1

修剪 pruning

根据网衣破损情况和修补要求，剪掉网衣多余部分的工艺。

3.14.2

编结补 darning

用编结方法修复破损部位的工艺。

3.14.3

嵌补 inlaying

用另一块网衣嵌入破损部位的修补的工艺。

3.14.4

贴补 covering

用另一块网衣覆盖破损部位的修补的工艺。

参 考 文 献

[1]GB/T 5147—2003　渔具分类、命名及代号
[2]GB/T 6963－2006　渔具与渔材料量、单位及符号
[3]GB/T 6964—2010　渔网网目尺寸测量方法
[4]GB 11779—2005　东海、黄海区拖网网囊最小网目尺寸
[5]GB 11780—2005　南海区拖网网囊最小网目尺寸
[6]SC/T 4002—1995　渔具制图
[7]SC/T 4003—2000　主要渔具制作　网衣缩结
[8]SC/T 4004—2000　主要渔具制作　网片剪裁和计算
[9]SC/T 4005—2000　主要渔具制作　网片缝合与装配
[10]SC/T 4007—1987　2.3m^2双叶片椭圆形网板
[11]SC/T 4011—1995　拖网模型水池试验方法
[12]SC/T 4012—1995　双船底拖网渔具装配方法
[13]SC 4013—1995　有翼张网网囊网最小网目尺寸
[14]SC/T 4014—1997　拖网模型制作方法
[15]SC/T 4016—2003　2.5m^2椭圆形曲面开缝网板
[16]SC/T 4026—2016　刺网最小网目尺寸 小黄鱼
[17]SC/T 4029—2016　东海区虾拖网网囊最小网目尺寸
[18]SC/T 4047—2019　海水养殖用扇贝笼通用技术要求
[19]SC/T 4050.1—2019　拖网渔具通用技术要求　第1部分:网衣
[20]SC/T 4050.2—2019　拖网渔具通用技术要求　第2部分:浮子
[21]SC/T 6049—2011　水产养殖网箱名词术语

索　引

汉语拼音索引

B

C

D

H

J

K

L

T

W

Z

英文对应词索引

A

B

C

D

E

Q

R

S

T

U

W

Z

ICS 65.150
CCS B 56

中华人民共和国水产行业标准

SC/T 4009.1—2021

钓竿通用技术要求
第1部分:术语、分类与标记

General technical for fishing rod—
Part 1:Vocabulary, classification and sign

2021-11-09 发布 2022-05-01 实施

中华人民共和国农业农村部 发布

前 言

本文件按照 GB/T 1.1—2020《标准化工作导则 第1部分：标准化文件的结构和起草规则》的规定起草。

本文件是 SC/T 4009《钓竿通用技术要求》的第1部分。SC/T 4009 已经发布了以下部分：

——第1部分：术语、分类与标记。

请注意本文件的某些内容有可能涉及专利。本文件的发布机构不承担识别专利的责任。

本文件由农业农村部渔业渔政管理局提出。

本文件由全国水产标准化技术委员会渔具及渔具材料分技术委员会(SAC/TC 156/SC 4)归口。

本文件起草单位：山东环球渔具股份有限公司、中国水产科学研究院东海水产研究所、青岛兴轮海洋科技有限公司、海安中余渔具有限公司和青岛奥海海洋工程研究院有限公司。

本文件主要起草人：周浩、石建高、贺小松、徐新东、王加林、曹宸睿、夏超、曹文英、赵绍德。

引　言

产品术语是为了保证使用人群规范使用产品名称，分类是为了便于区分、整合不同的称谓，标记是为了统一和简化产品术语、分类的交流传输。为了满足共同交流和约定俗成的要求，促进交流顺畅，减少沟通障碍，以促进生产、贸易、科研等活动顺利进行。钓竿标准化过程中，需要相应的标准化体系来支撑。《钓竿通用技术要求》旨在梳理、汇总多年来钓竿领域的进展，对现有标准体系给予补充和完善，作为指导钓竿领域设计、制造、检验等环节的准则，拟由六部分构成。

——第 1 部分：术语、分类与标记。目的在于规范各种钓竿的术语、分类和标记方法。

——第 2 部分：试验方法。目的在于为钓竿试验方法确立标准化试验项目、方法和规程。

——第 3 部分：有害物质限量。目的在于限定钓竿材料的有害物质的量。

——第 4 部分：钓竿素材。目的在于描述钓竿素材性能的各项指标，在设计、制造和技术交流活动中合理选择钓竿性能参数。

——第 5 部分：零部件。目的在于规范钓竿零部件的参数要求、检验方法、性能要求，能够被相关方广泛使用。

——第 6 部分：钓竿关键参数。目的在于使钓竿性能参数被消费者理解、采纳和使用，在选择中使用规范通用语言。

钓竿通用技术要求　第1部分:术语、分类与标记

1　范围

本文件界定了钓竿的术语和定义,描述了分类方法,规定了标记要求。

本文件适用于钓竿的生产、科研、交流和贸易等相关活动。

2　规范性引用文件

下列文件中的内容通过文中的规范性引用而构成本文件必不可少的条款。其中,注日期的引用文件,仅该日期对应的版本适用于本文件;不注日期的引用文件,其最新版本(包括所有的修改单)适用于本文件。

SC/T 4001　渔具基本术语

QB/T 5048—2017　钓具　分类和术语

3　术语和定义

SC/T 4001界定的以及下列术语和定义适用于本文件。

3.1　钓竿及组成

3.1.1

钓竿　fishing rod

由素材或素材和零部件组成的,用于垂钓的竿。

3.1.2

钓竿零部件　components of fishing rod

装配在钓竿素材上的配件的通称。

3.1.2.1

导眼　guide

装配在钓竿素材上对钓线限位和导向的部件。

[来源:QB/T 5048—2017,3.11.2,有修改]

3.1.2.2

轮座　reel seat

装配在钓竿素材上对鱼线轮起固定作用的部件。

[来源:QB/T 5048—2017,3.11.3,有修改]

3.1.3

素材　blank

竿胚　blank

钓竿主体,用坚韧的富有弹性的材料制作而成的竿体。

3.2　基体材料

3.2.1

单向碳纤维预浸布　unidirectional carbon prepreg

单向碳布　unidirectional carbon prepreg

单向碳纤维纱平铺延展成布状并浸树脂预烘干后的片状物。

3.2.2

玻基碳纤维预浸布　unidirectional carbon prepreg with glass scrim

玻基碳布　unidirectional carbon prepreg with glass scrim

单向碳纤维纱和玻璃纤维织布复合的预浸料。

3.2.3

玻璃纤维预浸布　glass woven prepreg

玻璃布　glass woven prepreg

玻璃纤维纱编织成布并浸树脂预烘干后的片状物。

3.2.4

玻璃纤维竿　glass fiber rod

玻璃钢竿　glass fiber rod

玻纤竿　glass fiber rod

以玻璃纤维预浸布制作的钓竿。

3.2.5

玻碳竿　mixed carbon rod

包碳竿　mixed carbon rod

以玻璃纤维预浸布和单向碳纤维预浸布，或玻璃纤维预浸布和玻基碳纤维预浸布混合制作的钓竿。

3.2.6

碳纤维竿　carbon rod

碳纤竿　carbon rod

碳竿　carbon rod

以碳纤维预浸布制作的钓竿。

3.2.7

高碳竿　high modulus carbon rod

以弹性模量在 294 GPa(30 tf/mm^2)及以上的碳纤维预浸布为主体制作的钓竿。

3.2.8

丑竿　powertip rod

以玻璃纱或碳纱现浸树脂铺在模具外层制作的前梢部分为实心体、后部为空心体的钓竿。

3.3　连接结构

3.3.1

正插竿　put-in rod

连接结构是将前节后口插入后节前口内的钓竿。

[来源：QB/T 5048—2017，3.3.4，有修改]

3.3.2

反插竿　put-over rod

连接结构是将后节前口插入前节后口内的钓竿。

[来源：QB/T 5048—2017，3.3.5，有修改]

3.3.3

振出竿　telescopic rod

天线竿　telescopic rod

连接结构是逐节抽出锁紧的钓竿。

3.3.4

独节竿　one-section rod

无连接结构，整竿为独自一节的钓竿。

3.3.5

混合式竿　mixed rod

由2种或2种以上的不同连接结构所组成的钓竿。

3.3.6

椎管式竿　rod with spigot

节与节之间通过一附属节连接，附属节一端粘在其中一节内部，另一端插入到另一节内配合使用的钓竿。

3.4　**使用类型**

3.4.1

手竿　pole rod

外形为振出式光竿，其前尖绑钓线，通过提举竿体将鱼提出水面的钓竿。

[来源：QB/T 5048—2017，3.3.4，有修改]

3.4.2

路亚竿　lure rod

具有导眼和轮座收放线配件，操作仿生饵在水中动作引诱鱼做出咬食的钓竿。

3.4.3

远投竿　long cast rod

配合方式为振出式，具有导眼和轮座收放线配件，在无礁石海边进行远距离抛投用的钓竿。

3.4.4

矶投竿　rock cast rod

配合方式为振出式，具有导眼和轮座收放线配件，在矶、礁、岛、屿周围进行中近距离抛投用的钓竿。

3.4.5

矶竿　rock projecting rod

配合方式为振出式，具有导眼和轮座收放线配件，其放线长度可根据水域情况调整的手竿和海竿两用钓竿。

3.4.6

船竿　boat rod

配合方式为正插式或反插式，具有导眼和轮座收放线配件，在海中有沉船的区域进行垂钓的钓竿。

3.4.7

鲤鱼竿　carp rod

配合方式为椎管式或反插式，具有导眼和轮座收放线配件，用于远距离抛投使用的垂钓鲤鱼类鱼种的钓竿。

3.4.8

竞技竿　match rod

配合方式为反插式，具有导眼和轮座收放线配件，用于竞技的频繁中近距离抛投使用的钓竿。

3.4.9

飞蝇竿　fly rod

配合方式为反插式，具有导眼和轮座收放线配件，用于在水面上不间断甩动，带动飞蝇饵在水面上不断漂动的钓竿。

3.4.10

飞笼竿　feeder rod

配有多个不同调性的实心梢，配合方式为正插与反插的混合式，具有导眼和轮座收放线配件，用于在池塘或河边抛投装饵飞笼使用的钓竿。

3.4.11

海岸抛投竿　surf rod

配合方式为椎管式或正插式，具有导眼和轮座收放线配件，用于在无礁石海边远距离抛投使用的钓竿。

3.4.12

拖钓竿　trolling rod

具有导眼和轮座收放线配件，插在船尾拖动诱饵航行的钓竿。

3.4.13

铁板竿　jigging rod

配合方式为正插式，具有导眼和轮座收放线配件，使用诱饵在深海区域诱钓凶猛、大型鱼种的钓竿。

3.4.14

冰钓竿　ice rod

独节实心梢，具有导眼和轮座收放线配件，在冰面凿洞放线垂钓使用的钓竿。

3.5　钓竿参数

3.5.1

前径　top diameter

先径　top diameter

钓竿竿体外露部分最前端的外径尺寸。

3.5.2

后径　bottom diameter

元径　bottom diameter

钓竿竿体外露部分最后端的外径尺寸。

3.5.3

碳纤维含量　carbon content

含碳量　carbon content

钓竿素材中所用的碳纤维在素材所有纤维中所占的重量百分比。

3.5.4

自重　weight

钓竿包含素材及所有非可拆卸配件的整体重量，不含可拆卸部分。

3.5.5

钓重　fishing weight

钓竿把手部分抬起到与水平面呈45°时所能钓起的最大重量。

3.5.6

顶钓重　top fishing weight

钓竿把手部分抬起到与水平面呈90°时所能钓起的最大重量。

3.5.7

调性　action

钓竿受特定力弯曲后，竿体各部分挠度曲线的变化情况。

4　分类与标记

4.1　分类

4.1.1　按照基体材料种类分类

按基体纤维种类不同分类为：

a）　玻璃纤维竿(标记代码 G)；

b）　玻碳竿(标记代码 M)；

c）　碳纤维竿(标记代码 C)；

d） 高碳竿(标记代码 H)；
e） 丑竿(标记代码 P)。

4.1.2 按照连接结构分类

按连接结构不同分类为：
a） 振出竿(标记代码 T)；
b） 正插竿(标记代码 N)；
c） 反插竿(标记代码 R)；
d） 独节竿(标记代码 O)；
e） 混合式竿(标记代码 X)；
f） 椎管式竿(标记代码 S)。

4.1.3 按照使用类型分类

按使用类型不同分类为：
a） 手竿(标记代码 PO)；
b） 路亚竿(标记代码 LR)；
c） 远投竿(标记代码 KT)；
d） 矶投竿(标记代码 GT)；
e） 矶竿(标记代码 GR)；
f） 船钓竿(标记代码 BT)；
g） 鲤鱼竿(标记代码 CP)；
h） 比赛竿(标记代码 MA)；
i） 飞蝇竿(标记代码 FY)；
j） 飞笼竿(标记代码 FD)；
k） 海岸抛投竿(标记代码 SF)；
l） 拖钓竿(标记代码 TL)；
m） 铁板竿(标记代码 JG)；
n） 冰钓竿(标记代码 IC)。

4.2 标记

4.2.1 完整标记

应包含下列内容：
a） 材料结构：按照本文件 4.1.1 标记代码标记；
b） 连接结构：按照本文件 4.1.2 标记代码标记；
c） 竿型：按照本文件 4.1.3 标记代码标记；
d） 长度(3 位有效数，单位为厘米)；
e） 节数(2 位有效数)；
f） 标准号。

钓竿的完整标记的规格型号表示方法如下：

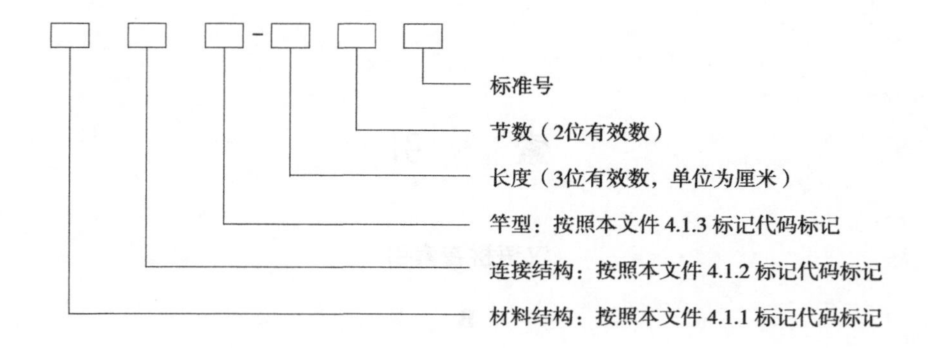

示例 1：

由玻璃纤维预浸布和玻基碳纤维预浸布两种材料混合制作，连接结构为椎管式，长度为 2.1 m，节数为 2 节的路亚竿完整标记为：MSLR-210 02 SC/T 4009.1

示例 2：

含有模量在 294 GPa(30 tf/mm^2)及以上的碳纤维布材料，连接结构为振出式，长度为 5.4 m，节数为 5 节的手竿完整标记为：HTPO-540 05 SC/T 4009.1

4.2.2 简便标记

在钓竿制图、生产、运输、合格证等中，可以采用简便标记。钓竿简便标记应包含下列内容：

a) 竿型：按照本文件 4.1.3 标记代码标记；

b) 长度(3 位有效数，单位为厘米)。

钓竿的简便标记的规格型号表示方法如下：

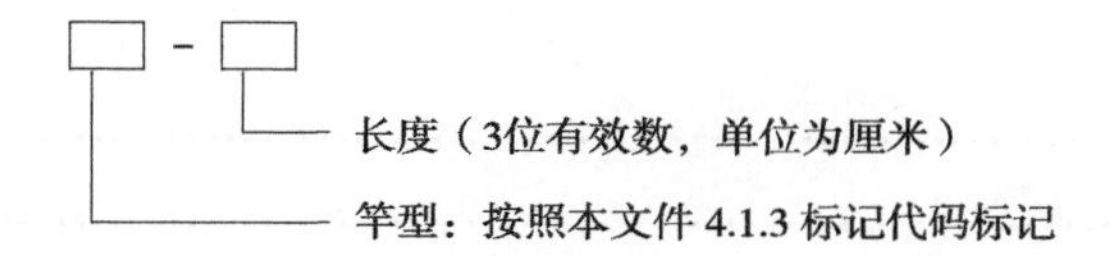

示例 1：

由玻璃纤维预浸布和玻基碳纤维预浸布两种材料混合制作、连接结构为椎管式、长度为 2.1 m、节数为 2 节的路亚竿简便标记为：LR-210

示例 2：

含有模量在 294 GPa(30 tf/mm^2)及以上的碳纤维布材料、连接结构为振出式、长度为 5.4 m、节数为 5 节的手竿简便标记为：PO-540

索　　引

汉语拼音索引

英文对应词索引

R

S

T

U

W

ICS 65.150
CCS B 56

中华人民共和国水产行业标准

SC/T 4048.4—2021

深水网箱通用技术要求　第4部分：网线

General technical for offshore cage—Part 4: Netting twine

2021-11-09 发布　　　　2022-05-01 实施

中华人民共和国农业农村部　发布

前　言

本文件按照 GB/T 1.1—2020《标准化工作导则　第 1 部分:标准化文件的结构和起草规则》的规定起草。

本文件是 SC/T 4048《深水网箱通用技术要求》的第 4 部分。SC/T 4048 已经发布了以下部分:

——第 1 部分:框架系统;

——第 2 部分:网衣;

——第 3 部分:纲索;

——第 4 部分:网线。

请注意本文件的某些内容有可能涉及专利。本文件的发布机构不承担识别专利的责任。

本文件由农业农村部渔业渔政管理局提出。

本文件由全国水产标准化技术委员会渔具及渔具材料分技术委员会(SAC/TC 156/SC 4)归口。

本文件起草单位:中国水产科学研究院东海水产研究所、浙江千禧龙纤特种纤维股份有限公司、山东鲁普科技有限公司、舟山海王星蓝海开发有限公司、江苏九九久科技有限公司、东莞市南风塑料管材有限公司、鲁普耐特集团有限公司、上海海洋大学、江苏金枪网业有限公司、山东莱威新材料有限公司、荣成泰平渔具有限公司、宁波百厚海洋科技有限公司、厦门屿点海洋科技有限公司、青海联合水产集团有限公司、农业农村部绳索网具产品质量监督检验测试中心。

本文件主要起草人:石建高、姚湘江、沈明、王致洲、贺兵、张健、周新基、從桂懋、任意、单吉腾、周一波、陈东林、赵金辉、钟文珠、孙斌。

引　言

深水网箱为我国重要的鱼类养殖模式。大力发展深水网箱养殖业对于保障我国粮食安全、促进蓝色海洋经济发展和海洋生态文明建设等具有重大的意义。目前，国内深水网箱已形成一个产、供、销、研、用相结合的巨大产业。我国是世界第一深水网箱大国。近年来，由于国内缺乏与深水网箱要求相接轨的权威行业标准，导致对深水网箱技术要求参差不齐，极端天气下网破鱼逃及安全事故多发，造成了极大的经济损失，已成为制约我国深水网箱养殖业发展的主要技术瓶颈之一；缺乏深水网箱相关标准还限制了深水网箱的生产、加工、贸易、质量检测、执法管理和技术交流，当前迫切需要制定SC/T 4048《深水网箱通用技术要求》行业标准。因深水网箱通用技术要求涉及框架系统、网衣、纲索、网线、箱体装配要求等大量技术内容，文件篇幅过长。在综合考虑上述情况后，我们将深水网箱通用技术要求编制成若干部分。SC/T 4048《深水网箱通用技术要求》是指导我国深水网箱产业的通用性的标准，拟由以下部分组成：

——第1部分：框架系统；

——第2部分：网衣；

——第3部分：纲索；

——第4部分：网线；

…………

框架系统、网衣、纲索和网线等是深水网箱通用技术要求的有机组成部分，既可以作为单一文件使用，又可以作为整体文件使用。

我国是世界第一绳网大国，国内从事深水网箱网线研发、生产、贸易或应用的单位高达几百家。近年来，由于国内缺乏与深水网箱网线要求接轨的权威行业标准，导致对网线技术要求参差不齐。SC/T 4048.4《深水网箱通用技术要求　第4部分：网线》的制定对深水网箱的研发、生产、加工、贸易、检测、教学、技术交流和执法管理等起到举足轻重的作用，不仅确保网箱养殖的生态安全、生产安全，提高网箱的抗风浪性能，而且可以助力水产养殖的绿色发展战略；不仅为深水网箱生产单位、买卖双方、研发人员、应用单位、农机补贴政策实施和质量安全管理等提供行业统一的通用技术要求，而且能助推深水网箱养殖业的可持续健康发展。

深水网箱通用技术要求　第4部分:网线

1　范围

本文件界定了深水网箱网线的术语和定义,规定了标记与要求,描述了试验方法与检验规则,并给出了标志、包装、运输和储存要求。

本文件适用于分别以聚乙烯单丝、聚酰胺长丝、超高分子量聚乙烯纤维、聚酯纤维捻制而成的深水网箱用聚乙烯网线、聚酰胺网线、超高分子量聚乙烯网线和聚酯网线,以及用聚乙烯单丝编织的深水网箱用聚乙烯编织线。

2　规范性引用文件

下列文件中的内容通过文中的规范性引用而构成本文件必不可少的条款。其中,注日期的引用文件,仅该日期对应的版本适用于本文件;不注日期的引用文件,其最新版本(包括所有的修改单)适用于本文件。

GB/T 3939.1　主要渔具材料命名与标记　网线

GB/T 6965　渔具材料试验基本条件　预加张力

FZ/T 63028—2015　超高分子量聚乙烯网线

FZ/T 63048—2019　聚酯网线

SC/T 4022　渔网　网线断裂强力和结节断裂强力的测定

SC/T 4023　渔网　网线伸长率的测定

SC/T 4027—2016　渔用聚乙烯编织线

SC/T 4039—2018　合成纤维渔网线试验方法

SC/T 5001—2014　渔具材料基本术语

SC/T 5006—2014　聚酰胺网线

SC/T 5007—2011　聚乙烯网线

SC/T 5014　渔具材料试验基本条件　标准大气

3　术语和定义

SC/T 5001—2014界定的以及下列术语和定义适用本文件。

3.1

网线　netting twine; fishing twine

可直接用于编织网片的线型材料。

[来源:SC/T 5001—2014,2.6]

3.2

多股少股线　uneven twine

线股中出现多余或缺少单纱(复丝纱或单丝或短纤纱)的根数的网线。

[来源:SC/T 5001—2014,2.57.1]

3.3

背股线　coarse twine

因线股粗细不匀、加捻时张力不同或捻度不一致等原因造成线股扭曲处最高点不在一直线上的网线。

[来源:SC/T 5001—2014,2.57.2]

3.4

松紧线　tight and loose twine

由于局部加捻过紧以及内外捻比例不当，线股之间相互松弛或捻度不一的网线。

[来源:SC/T 5001—2014,2.57.3]

3.5

起毛线　roughed twine

表面由于摩擦或其他原因引起结构松散,表面粗糙的网线。

[来源:SC/T 5001—2014,2.57.4]

3.6

油污线　dirty twine

线绞上沾有油、污、色和锈等斑渍的网线。

[来源:SC/T 5001—2014,2.57.5]

3.7

小辫子线　plait twine

线股局部扭曲,呈小辫子状,并突出捻线表面的网线。

[来源:SC/T 5001—2014,2.57.6]

3.8

绞形扭曲线　disordered twine

整绞扭曲不平直的网线。

[来源:SC/T 5001—2014,2.57.7]

4　分类与标记

4.1　分类

4.1.1　按结构不同分类

按结构不同分为捻线与编(织)线。

4.1.2　按基体纤维种类不同分类

按基体纤维种类不同分为：

a)　聚酯捻线(简称 PET 捻线)；

b)　聚酯编织线(简称 PET 编织线)；

c)　聚乙烯捻线(简称 PE 捻线)；

d)　聚乙烯编织线(简称 PE 编织线)；

e)　聚酰胺捻线(简称 PA 捻线)；

f)　聚酰胺编织线(简称 PA 编织线)；

g)　超高分子量聚乙烯纤维捻线(简称 UHMWPE 捻线)；

h)　超高分子量聚乙烯纤维编织线(简称 UHMWPE 编织线)。

4.2　标记

4.2.1　标记内容

按 GB/T 3939.1 的规定执行。

4.2.2　标记方法

4.2.2.1　捻线

捻线的完整标记按下列方式表示：

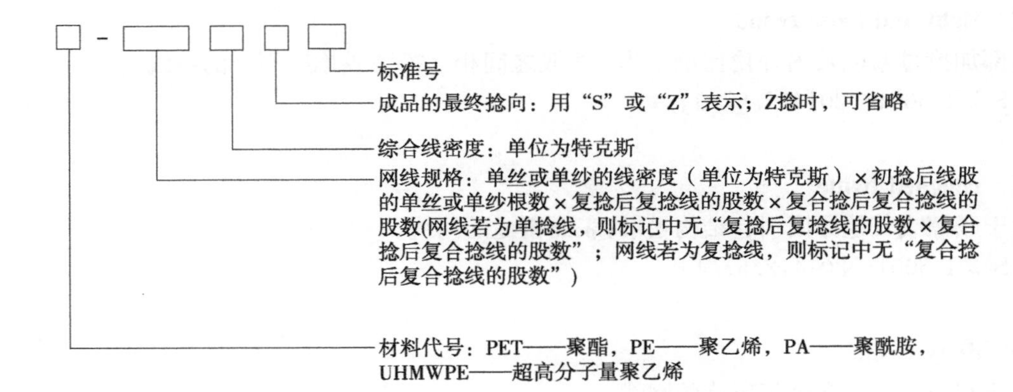

示例 1：

以 3 根线密度为 23 tex 的 PET 纤维捻成股、再以 20 股捻成综合线密度为 1 590 tex 的最终捻向为 Z 的复捻线完整标记为：

PET-23tex×3×20 R1590tex　Z　SC/T 4048.4

示例 2：

以 20 根线密度为 36 tex 的 PE 单丝捻成股、再以 3 股捻成综合线密度为 2 419 tex 的最终捻向为 Z 的复合捻线完整标记为：

PE-36tex×20×3 R2419tex　Z　SC/T 4048.4

示例 3：

以 40 根线密度为 23 tex 的 PA 纤维捻成股、再以 3 股捻成综合线密度为 3 560 tex 的最终捻向为 S 的复捻线完整标记为：

PA-23tex×40×3 R3560tex　S　SC/T 4048.4

示例 4：

以 2 根线密度为 111 ex 的 UHMWPE 纤维捻成股、再以 3 股捻成综合线密度为 680 tex 的最终捻向为 S 的复捻线完整标记为：

UHMWPE-111 tex×2×3 R680tex　S　SC/T 4048.4

捻线的简便标记按下列方式表示：

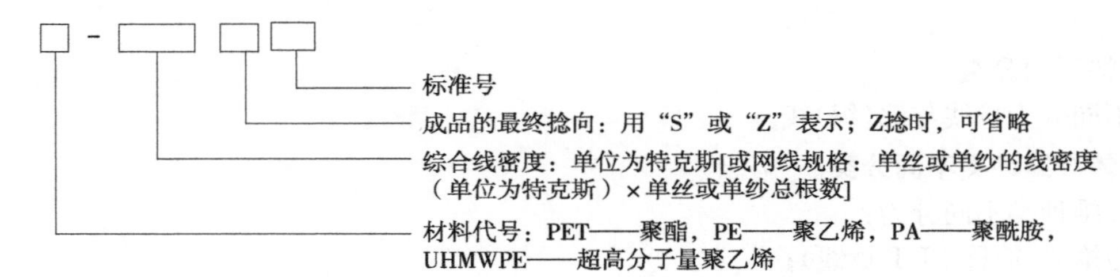

示例 5：

以 3 根线密度为 23 tex 的 PET 纤维捻成股、再以 20 股捻成综合线密度为 1 590 tex 的最终捻向为 Z 的复捻线完整标记为：

PET-R1590tex　SC/T 4048.4

或 PET-23tex×60　SC/T 4048.4

示例 6：

以 20 根线密度为 36 tex 的 PE 单丝捻成股、再以 3 股捻成综合线密度为 2 419 tex 的最终捻向为 Z 的复合捻线简便标记为：

PE-R2419tex　SC/T 4048.4

或 PE-36tex×60　SC/T 4048.4

示例 7：

以 40 根线密度为 23 tex 的 PA 纤维捻成股、再以 3 股捻成综合线密度为 3 560 tex 的最终捻向为 S 的复捻线简便标记为：

PA-R3560tex S SC/T 4048.4

或 PA-23tex×120 S SC/T 4048.4

示例 8：

以 2 根线密度为 111 ex 的 UHMWPE 纤维捻成股、再以 3 股捻成综合线密度为 680 tex 的最终捻向为 S 的复捻线简便标记为：

UHMWPE-R680tex S SC/T 4048.4

或 UHMWPE-111tex×6 S SC/T 4048.4

4.2.2.2 编织线

编织线的完整标记按下列方式表示：

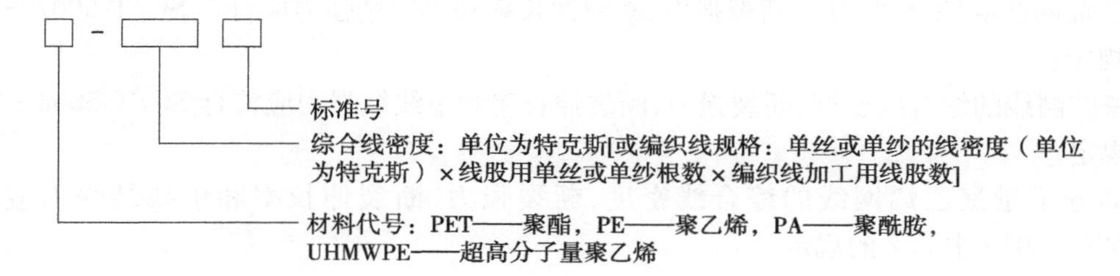

示例1：

以6根线密度为36 tex的PE单丝为一个线股、以16股编织方式加工成综合线密度为3 640 tex的编织线完整标记为：

PE-R3640tex　SC/T 4048.4

PE-36tex×6×16 R3640　SC/T 4048.4

编织线的简便标记按下列方式表示：

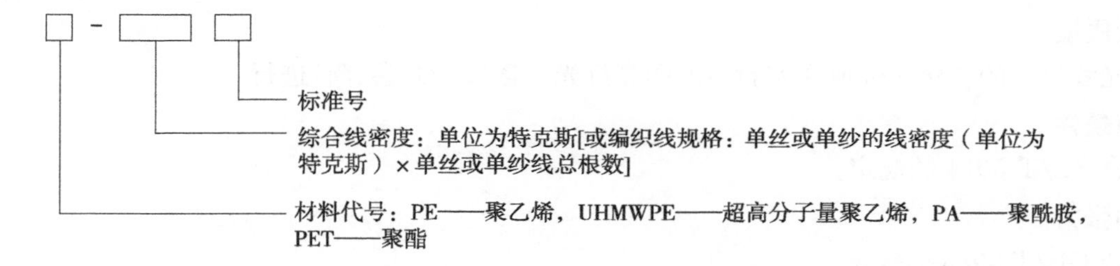

示例2：

以6根线密度为36 tex的PE单丝为一个线股、以16股编织方式加工成综合线密度为3 640 tex的编织线简便标记为：

PE-R3640tex　SC/T 4048.4

PE-36tex×96 R3640　SC/T 4048.4

5 要求

5.1 外观质量

5.1.1 捻线

应符合表1的规定。

表1　捻线外观质量

项目	要求
背股线	轻微
起毛线	轻微
油污线	轻微
缺股线	不允许
小辫子线	不允许

5.1.2 编织线

应符合表2的规定。

表2　编织线外观质量

项目	要求
起毛线	轻微
油污线	轻微
缺股线	不允许

5.2 物理性能

5.2.1 捻线

综合线密度、断裂强力、断裂伸长率和单线结强力应符合下列要求：

a) 聚酯网线的综合线密度、断裂强力、断裂伸长率和单线结强力应符合 FZ/T 63048—2019 中 5.2 的规定；

b) 聚乙烯网线的综合线密度、断裂强力、断裂伸长率和单线结强力应符合 SC/T 5007—2011 中 4.2 的规定；

c) 聚酰胺网线的综合线密度、断裂强力、断裂伸长率和单线结强力应符合 SC/T 5006—2014 中 5.2 的规定；

d) 超高分子量聚乙烯网线的综合线密度、断裂强力、断裂伸长率和单线结强力应符合 FZ/T 63028—2015 中 5.2 的规定。

5.2.2 编织线

聚乙烯编织线的综合线密度、断裂强力、断裂伸长率和单线结强力应符合 SC/T 4027—2016 中 4.2 的规定。

6 试验方法

6.1 外观质量

应在光线充足的自然条件或在实验室的明亮灯光下逐绞(轴、卷、筒)进行。

6.2 环境条件

应符合 SC/T 5014 的规定。

6.3 预加张力

应符合 GB/T 6965 的规定。

6.4 综合线密度测定

按 SC/T 4039—2018 中 5.3 的规定执行。

6.5 断裂强力测定

按 SC/T 4022 的规定执行。

6.6 断裂伸长率测定

按 SC/T 4023 的规定执行。

6.7 单线结强力测定

按 SC/T 4022 的规定执行。

6.8 样品试验次数

按表 3 的规定执行。

表 3 样品试验次数

项目	综合线密度	断裂强力	断裂伸长率	单线结强力
绞(轴、卷、筒)数	10	10	10	10
每绞(轴、卷、筒)测试次数	1	3	3	3
总次数	10	30	30	30

6.9 样品数据处理

按表 4 的规定执行。

表 4 样品数据处理

项目	数据处理
综合线密度	整数
断裂强力	3 位有效数
断裂伸长率	整数
单线结强力	3 位有效数

7 检验规则

7.1 出厂检验

7.1.1 每批产品应进行出厂检验，合格后并附有合格证方可出厂。

7.1.2 出厂检验项目为外观质量、断裂强力和单线结强力。

7.2 型式检验

7.2.1 型式检验每半年至少进行一次，有下列情况之一时亦应进行型式检验：

a) 新产品试制定型鉴定时或老产品转厂生产时；

b) 原材料和工艺有重大改变，可能影响产品性能时；

c) 市场监督管理部门提出型式检验要求时。

7.2.2 型式检验项目为第5章的全部项目。

7.2.3 抽样

7.2.3.1 产品按批量抽样，在相同工艺条件下，同一品种、同一规格的网线为一批，但每批重量不超过2 t。不足2 t的网线亦为一批。

7.2.3.2 同批产品中随机抽样不得少于5袋(箱、包、盒)。在抽取的袋(箱、包、盒)中任取10绞(轴、卷、筒)样品进行检验。

7.2.4 判定规则

7.2.4.1 产品按批检验，在检验结果中，如果物理性能的综合线密度、断裂强力、断裂伸长率、单线结强力中有1项或外观质量有2项不符合要求时，那么判该绞(卷、轴、筒)样品为不合格。

7.2.4.2 每批10绞(卷、轴、筒)样品中，如果有3绞(卷、轴、筒)以上样品不合格时，那么判该批产品为不合格。

7.2.4.3 每批10绞(卷、轴、筒)样品中，如果有2绞(卷、轴、筒)不合格时，那么应进行加倍抽样复测；如果复测结果中仍有2绞(卷、轴、筒)及以上样品不合格，那么判该批产品为不合格。

8 标志、包装、运输和储存

8.1 标志、包装

8.1.1 产品应附有合格证，合格证上应标明产品名称、规格、生产企业名称和地址、执行标准、生产日期或批号、净重量及检验标志。

8.1.2 除非有特殊要求，产品都应有外包装。每袋(箱、包、盒)网线应是同批的产品。每袋(箱、包、盒)的网线净重量以20 kg～30 kg为宜。

8.2 运输、储存

8.2.1 产品在运输和装卸过程中，切勿拖曳、钩挂，避免损坏包装和产品。

8.2.2 产品应储存在远离热源、无化学品污染、无阳光直射、清洁干燥的库房内。

ICS 65.150
CCS B 56

中华人民共和国水产行业标准

SC/T 5025—2021

蟹笼通用技术要求

General technical specifications for crab pot

2021-11-09 发布 2022-05-01 实施

中华人民共和国农业农村部 发布

前　言

本文件按照 GB/T 1.1—2020《标准化工作导则　第 1 部分:标准化文件的结构和起草规则》的规定起草。

请注意本文件的某些内容有可能涉及专利。本文件的发布机构不承担识别专利的责任。

本文件由农业农村部渔业渔政管理局提出。

本文件由全国水产标准化技术委员会渔具及渔具材料分技术委员会(SAC/TC 156/SC 4)归口。

本文件起草单位:山东好运通网具科技股份有限公司、中国水产科学研究院东海水产研究所、海安中余渔具有限公司、上海海洋大学、荣成市铭润绳网新材料科技有限公司、浙江省海洋水产研究所、中国海洋大学和农业农村部绳索网具产品质量监督检验测试中心。

本文件主要起草人:石建高、张元锐、曹文英、张健、张洪亮、黄六一、张孝先、张玉钢、张亮、周文博、孙斌。

蟹笼通用技术要求

1 范围

本文件规定了蟹笼的术语和定义、标记、技术要求，描述了对应检验方法，给出了检验规则、标志、标签、包装、运输及储存等内容。

本文件适用于以框架和网衣等材料制成，具有横梁、立柱与漏斗形入口，用于诱捕蟹类、笼具直径为30.0 cm～80.0 cm的圆柱形蟹笼。其他蟹笼参照执行。

2 规范性引用文件

下列文件中的内容通过文中的规范性引用而构成本文件必不可少的条款。其中，注日期的引用文件，仅该日期对应的版本是用于本文件；不注日期的引用文件，其最新版本（包括所有的修改单）适用于本文件。

GB/T 228　金属材料　室温拉伸试验方法
GB/T 1499.1　钢筋混凝土用钢　第1部分：热轧光圆钢筋
GB/T 3939.2　主要渔具材料命名与标记　网片
GB/T 4925　渔网　合成纤维网片强力与断裂伸长率试验方法
GB/T 6964　渔网网目尺寸试验方法
GB/T 18673　渔用机织网片
GB/T 21032　聚酰胺单丝
GB/T 21292　渔网　网目断裂强力的测定
FZ/T 63028　超高分子量聚乙烯网线
SC/T 4001　渔具基本术语
SC/T 4005　主要渔具制作　网片缝合与装配
SC/T 4022　渔网　网线断裂强力和结节断裂强力的测定
SC/T 5001　渔具材料基本术语
SC/T 5005　渔用聚乙烯单丝
SC/T 5006　聚酰胺网线
SC/T 5007　聚乙烯网线

3 术语和定义

GB/T 1499.1、SC/T 4001和SC/T 5001界定的以及下列术语和定义适用本文件。

3.1

蟹笼框架　frame of crab pot

使蟹笼保持一定形状，并支撑蟹笼整体的刚性构件。

3.2

蟹笼外罩网　housing netting of crab pot

罩在蟹笼框架外部的渔具网衣。

3.3

蟹笼　crab pot

由框架和外罩网等材料制成、用于诱捕有钻穴习性蟹类的笼状渔具。

3.4

蟹笼漏斗形入口　funnel entrances of crab pot

蟹类进入蟹笼的漏斗形网衣通道口。

4 标记

4.1 标记内容

4.1.1 完整标记

蟹笼完整标记应包含下列内容：

a) 蟹笼形状：圆柱形蟹笼使用 XLYZ 表示，其他蟹笼使用 XLQT 表示；

b) 蟹笼尺寸：圆柱形蟹笼使用“直径×高度”表示，其他蟹笼使用长度、宽度等主尺度来表示，单位为厘米(cm)；

c) 蟹笼外罩网规格：按照 GB/T 3939.2 的规定，蟹笼外罩网规格应包含网片材料代号、织网用纤维线密度、网片(名义)股数、网目长度和结型代号；

d) 蟹笼框架用圆钢规格：以圆钢的直径(Φ)表示，单位为毫米(mm)；

e) 漏斗形入口数量：使用“LDRK-n”表示，n 为漏斗形入口个数。

4.1.2 简便标记

在蟹笼制图、生产、运输等中，可采用简便标记。蟹笼简便标记，应按次序包括 a)、b)两项，可省略 c)、d)和 e) 三项。

4.2 标记方法

4.2.1 完整标记方法

蟹笼应按下列方法完整标记：

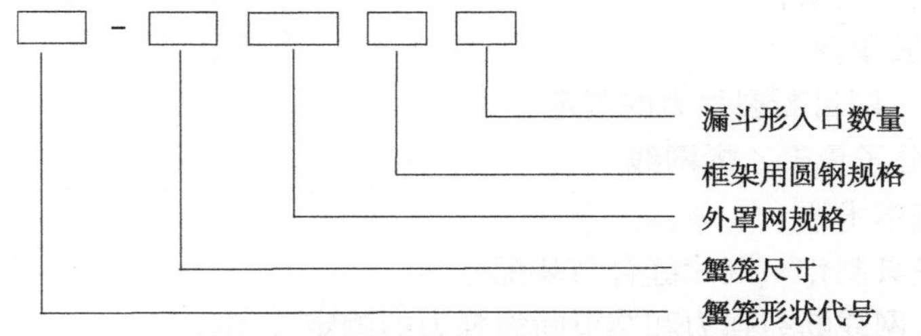

示例 1：直径 60.0 cm、高度 24.0 cm，外罩网规格为 PE-36tex×4×3-32 mm　SJ，框架用圆钢直径为 Φ8.0 mm，装有 3 个漏斗形入口的圆柱形蟹笼的标记为：

XLYZ-60.0 cm×24.0 cm PE-36tex×4×3-32 mm　SJ　Φ8.0 mm　LDRK-3

4.2.2 简便标记方法

在蟹笼标志、制图和合同等场合可采用简便标记，只标记蟹笼形状代号与尺寸。

示例 2：直径 55.0 cm、高度 19.0 cm，外罩网规格为 PE-36tex×4×3-36 mm　SJ，框架用圆钢直径为 Φ10.0 mm，装有 3 个漏斗形入口的圆柱形蟹笼的简便标记为：

XLYZ-55.0 cm×19.0 cm

5 技术要求

5.1 尺寸偏差率

尺寸偏差率应符合表 1 的规定。

表 1　尺寸偏差率

项　　目	尺寸偏差率，%
蟹笼直径	±3
蟹笼高度	±3

5.2 框架材料

框架材料宜用圆钢，圆钢应符合表 2 的要求。

表 2　框架用圆钢要求

直径允许偏差 mm	拉伸强度 MPa	断后伸长率 %
±0.3	≥235	≥25.0

5.3　外罩网材料

外罩网材料应符合表 3 的规定。

表 3　外罩网材料

类型		要　求	项　目
蟹笼外罩网用网片		≥30.0 mm	网目内径
蟹笼外罩网用网片	聚乙烯经编网片	GB/T 18673	网目长度偏差率、网目断裂强力或网片纵向断裂强力
	聚乙烯单线单死结网片		
	聚酰胺单线单死结网片		
	聚酰胺单丝双死结网片		
	聚乙烯单丝网片[a]	SC/T 5005	断裂强度、单线结强度
收拢线和缝合线	聚乙烯网线	SC/T 5007	断裂强力
	聚酰胺网线	SC/T 5006	
	超高分子量聚乙烯网线	FZ/T 63028	
[a] 目前尚无国家标准或行业标准的聚乙烯单丝网片采用织网用聚乙烯单丝的强度要求评定。			

5.4　漏斗形入口材料

漏斗形入口材料应符合表 4 的规定。

表 4　漏斗形入口材料

名　称		要　求	项　目
漏斗形入口用网片	聚乙烯经编网片	GB/T 18673	网目断裂强力或网片纵向断裂强力
	聚乙烯单线单死结网片		
	聚酰胺单线单死结网片		
	聚酰胺单丝双死结网片		
	聚乙烯单丝网片[a]	SC/T 5005	断裂强度、单线结强度
	聚酰胺单丝网片[a]	GB/T 21032	断裂强力、单线结强力
缝合线	聚乙烯网线	SC/T 5007	断裂强力
	聚酰胺网线	SC/T 5006	
	超高分子量聚乙烯网线	FZ/T 63028	
[a] 目前尚无国家标准或行业标准的网片采用织网用聚乙烯单丝强度或聚酰胺单丝的强力要求评定。			

5.5　加工与装配

5.5.1　框架加工

5.5.1.1　应按蟹笼设计技术要求完成蟹笼框架上底框、下底框、横梁和立柱用框架材料的下料。

5.5.1.2　框架材料宜用圆钢，圆钢应采取防腐蚀措施。

5.5.1.3　圆柱形蟹笼框架宜用圆钢加工而成；当圆柱形蟹笼框架采用圆钢时，由 2 根圆钢弯成 2 个相同规格的钢质圆圈，连接处焊牢固，作为蟹笼框架的上、下底框；再将 2 根圆钢分别焊在上、下底框的直径位置，分别作为蟹笼的上、下横梁；最后，把 6 根相同规格的圆钢按 2 根一组均匀焊接在上、下底框之间，作为蟹笼的立柱，这样就获得圆柱形蟹笼框架。

5.5.1.4　蟹笼框架上的焊接口应匀称无裂缝。

5.5.1.5　对采用防腐蚀措施的蟹笼框架，其装配时应避免磕碰涂层影响防腐。

5.5.2　外罩网装配

5.5.2.1　按蟹笼设计技术要求完成蟹笼外罩网用网片的剪裁下料，将剪裁后一块网片宽边绕缝成一筒状网筒。

5.5.2.2　外罩网的缝合应符合 SC/T 4005 的规定。

5.5.2.3 外罩网装配时，将网筒一头的网目串上网线，并收拢；然后，将网筒套装在蟹笼框架外面，网筒另一头的网目也串上网线收拢。网筒上、下收拢口要置于上、下横梁的中心处。网筒下收拢口的收拢线应和下横梁扎牢；网筒上收拢口的收拢线为活络的，可根据需要随时松开放置饵料、倒出渔获物和整理渔具。

5.5.3 漏斗形入口装配

5.5.3.1 每只蟹笼一般装配 3 个漏斗形入口，作为蟹类进笼的通道。在蟹笼侧面的 6 个框格中，每隔一格在 2 根立柱中间横向剪开 10 cm～40 cm 长蟹笼外罩网网衣，以便安装漏斗形入口。

5.5.3.2 按照蟹笼设计要求完成漏斗形入口加工用网片的剪裁下料，将剪裁后的网片侧边目对目对接缝合成漏斗形网筒。

5.5.3.3 漏斗形入口的缝合应符合 SC/T 4005 的规定。

5.5.3.4 漏斗形入口装配时，把漏斗形网筒大口端串上网线并缝合成椭圆形口，作为漏斗形入口的外口；把漏斗形网筒小口端串上网线并缝合成扁椭圆形入口，作为漏斗形入口的里口；把漏斗形入口的外口绕缝在剪开的蟹笼外罩网网衣上；然后，把漏斗形入口的里口翻倒到蟹笼内，就成了外口大、里口小的漏斗形入口。

5.5.3.5 松开蟹笼外罩网上收拢口的收拢线，将相邻 2 个漏斗形入口的里口角之间用网线进行收拢连接，确保漏斗形入口在蟹笼内保持张紧漏斗状。

6 检验方法

6.1 尺寸偏差率

6.1.1 分别测量蟹笼直径、高度，每个试样重复测试 2 次，取其算术平均值。

6.1.2 尺寸偏差率按公式(1)计算。

$$\Delta x = \frac{x - x'}{x'} \times 100 \qquad (1)$$

式中：

Δx ——蟹笼尺寸偏差率的数值，单位为百分号(%)；

x ——蟹笼实测尺寸的数值，单位为米(m)；

x' ——蟹笼公称尺寸的数值，单位为米(m)。

6.2 框架材料

框架用圆钢按表 5 的规定进行检验。

表 5 框架用圆钢检验方法

项　　目	取样数量	试验方法
直径允许偏差	取 3 个试样	GB/T 1499.1
拉伸强度、断后伸长率	取 2 个试样	GB/T 228

6.3 外罩网材料

外罩网材料按表 6 的规定进行检验。

表 6 外罩网材料检验方法

类　型		项　　目	单位样品次数	试验方法
外罩网用网片		网目内径	5	GB/T 6964
外罩网用网片	聚乙烯经编网片 聚乙烯单线单死结网片 聚酰胺单线单死结网片 聚酰胺单丝双死结网片	网目长度偏差率	5	GB/T 18673
		网目断裂强力	20	GB/T 21292
		网片纵向断裂强力	10	GB/T 4925
	聚乙烯单丝网片	单丝断裂强度	10	SC/T 5005
		单线结强度	10	

表 6 （续）

类　型		项　　目	单位 样品次数	试验方法
收拢线和缝合线	聚乙烯网线 聚酰胺网线 超高分子量聚乙烯网线	断裂强力	5	SC/T 4022

6.4　漏斗形入口材料

漏斗形入口材料按表 7 的规定进行检验。

表 7　漏斗形入口材料试验方法

<table>
<tr><th colspan="2">类　型</th><th>项　　目</th><th>单位
样品次数</th><th>试验方法</th></tr>
<tr><td rowspan="6">漏斗形入口用网片</td><td rowspan="2">聚乙烯经编网片
聚乙烯单线单死结网片
聚酰胺单线单死结网片
聚酰胺单丝双死结网片</td><td>网目断裂强力</td><td>20</td><td>GB/T 21292</td></tr>
<tr><td>网片纵向断裂强力</td><td>10</td><td>GB/T 4925</td></tr>
<tr><td rowspan="2">聚乙烯单丝网片</td><td>断裂强度</td><td>10</td><td rowspan="2">SC/T 5005</td></tr>
<tr><td>单线结强度</td><td>10</td></tr>
<tr><td rowspan="2">聚酰胺单丝网片</td><td>断裂强力</td><td>3</td><td rowspan="2">GB/T 21032</td></tr>
<tr><td>单线结强力</td><td>3</td></tr>
<tr><td>缝合线</td><td>聚乙烯网线
聚酰胺网线
超高分子量聚乙烯网线</td><td>断裂强力</td><td>5</td><td>SC/T 4022</td></tr>
</table>

6.5　加工与装配

在自然光线下，通过目测或测量工具进行检验。

7　检验规则

7.1　出厂检验

7.1.1　每批产品需经厂检验部门进行出厂检验，合格后并附有合格证方可出厂。

7.1.2　出厂检验项目为 5.1、5.3、5.4、5.5。

7.2　型式检验

7.2.1　检验周期和检验项目

7.2.1.1　在正常生产情况下，每年至少应进行一次型式检验，有下列情况之一时亦应进行型式检验：

a)　产品试制定型鉴定时或老产品转厂生产时；

b)　原材料和工艺有重大改变，可能影响产品性能时；

c)　质量技术管理部门提出型式检验要求时。

7.2.1.2　型式检验项目为第 5 章的全部项目。

7.2.2　抽样

7.2.2.1　在相同工艺条件下，以 3 个月生产同一品种、同一规格的蟹笼为一批。

7.2.2.2　从每批蟹笼中随机抽取两只作为样品进行检验。

7.2.2.3　在抽样时，蟹笼尺寸偏差率(5.1)和装配要求(5.5)项目可以在现场检验，再在抽取的样品上截取足够实验室检验的试样带回实验室进行其他项目检验。

7.2.3　判定

检验结果按下列要求判定：

a)　若所有样品的全部检验项目符合第 5 章的要求时，则判该批产品合格；

b） 若有1个样品中有任意一个项目不符合第5章的要求时，则判该批产品不合格。

8 标志、标签、包装、运输及储存

8.1 标志、标签

每个蟹笼应附有产品合格证明作为标签，标签上至少应包含下列内容：

a） 为合格产品的声明；

b） 产品名称；

c） 产品标记；

d） 生产企业名称与详细地址；

e） 生产批号或生产日期；

f） 执行文件。

8.2 包装

按客户要求进行包装，外包装上应标明所包装材料名称、规格及数量。

8.3 运输

产品在运输过程中应避免抛摔、拖曳、磕碰、摩擦、油污和化学品的污染，切勿用锋利工具钩挂。

8.4 储存

应存放在清洁、干燥的库房内，远离热源3 m以上；室外存放应有适当的遮盖，避免阳光照射、风吹雨淋和化学腐蚀。蟹笼（从生产之日起）储存期超过2年，应经复检合格后方可出厂。

ICS 65.150
CCS B 52

中华人民共和国水产行业标准

SC/T 5053—2021

金鱼品种命名规则

Naming rules of goldfish varieties

2021-11-09 发布　　　　2022-05-01 实施

中华人民共和国农业农村部　发布

前　言

本文件按照 GB/T 1.1—2020《标准化工作导则　第 1 部分：标准化文件的结构和起草规则》的规定起草。

请注意本文件的某些内容可能涉及专利。本文件的发布机构不承担识别专利的责任。

本文件由农业农村部渔业渔政管理局提出。

本文件由全国水产标准化技术委员会观赏鱼分技术委员会(SAC/TC 156/SC 8)归口。

本文件起草单位：中国水产科学研究院珠江水产研究所、农业农村部水产种质监督检验测试中心(广州)。

本文件主要起草人：汪学杰、胡隐昌、宋红梅、刘奕、牟希东、刘超、顾党恩、罗渡、杨叶欣、徐猛、韦慧。

金鱼品种命名规则

1 范围

本文件给出了金鱼（*Carassius auratus* L. var）品种命名的规范性引用文件、术语和定义，确立了金鱼品种命名规则。

本文件适用于金鱼品种的命名。

2 规范性引用文件

下列文件中的内容通过文中的规范性引用而构成本文件必不可少的条款。其中，注日期的引用文件，仅该日期对应的版本适用于本文件；不注日期的引用文件，其最新版本（包括所有的修改单）适用于本文件。

SC/T 5701—2014 金鱼分级 狮头

SC/T 5702—2014 金鱼分级 琉金

SC/T 5704 金鱼分级 蝶尾

SC/T 5705 金鱼分级 龙睛

SC/T 5706 金鱼分级 珍珠鳞类

3 术语和定义

SC/T 5701—2014、SC/T 5702—2014、SC/T 5704、SC/T 5705 和 SC/T 5706 界定的以及下列术语和定义适用于本文件。

3.1

金鱼品种 variety of goldfish

具有共同的且可稳定遗传的表型性状特征的金鱼群体。

3.2

和金 hejin, wakin

头部和躯干形态与鲫相似、尾鳍为左右两叶的金鱼。

3.3

蛋鱼 egg-fish

无背鳍、体形近似鸡蛋形的金鱼。

3.4

文鱼 common fantail goldfish

体形高而短呈“文”字形、常眼且各鳍均较发达的金鱼。

[来源：SC/T 5702—2014，3.1]

3.5

狮头 lion head

头部增生物下包至眼以下、有背鳍的常眼金鱼。

[来源：SC/T 5701—2014，3.1]

3.6

虎头 tiger head

头部增生物下包至眼以下、无背鳍的常眼金鱼。

3.7

绒球 pompons

鼻膜增生衍化物，多似绒花状。

4 命名规则

4.1 基本原则

一个品种名称仅代表一个金鱼品种，一个金鱼品种可有一个或一个以上符合本文件规定的品种名称。

4.2 名称结构

由颜色和形态特征构成，必要时加尾缀“金鱼”或“金”。其中，形态特征可由多个分别表达不同部位特征的词构成，在足以区分其他品种的前提下应简洁。多个形态特征需要在品种名称中表达时，按颜色、头、眼、尾、体型、鳞等各特征对于该品种的重要性排列。

4.3 性状

4.3.1 颜色

全身单色用一个代表颜色的字表达，双色用两个代表颜色的字表达，3 种颜色以“三色”表达，超过 3 种颜色用“五花”表达。不同部位或器官不同颜色时，颜色词在所述部位或器官前面。

4.3.2 体型

根据躯体的基本形态，分为草金型、蛋鱼型、琉金型和文鱼型。草金型以品种名称最后的“草金”表达，蛋鱼型以紧接颜色词的“蛋”字或品种名称最后的“蛋鱼”表达，琉金型以紧接颜色词的或品种名称最后的“琉金”表达，文鱼型一般仅在无其他形态特征时需在品种名称中用“文”或“文鱼”表达其基本形态。

4.3.3 头

分为平头型、高头型、狮头型或虎头型。平头型不需在名称中表达，高头型表达为“高头”，狮头型表达为“狮头”，虎头型表达为“虎头”或“寿星”。

4.3.4 眼

分为正常眼、龙睛、望天眼、水泡眼。正常眼不需在名称中表达，龙睛表达为“龙睛”，望天眼表达为“望天”“望天眼”“朝天眼”“朝天”，水泡眼表达为“水泡眼”或“水泡”。

4.3.5 鼻

有绒球的品种，名称中用“绒球”或“球”表达。

4.3.6 鳞片

分为正常鳞、珍珠鳞、透明鳞。正常鳞不在名称中表达，透明鳞表达方式为颜色后面加“透明”一词，珍珠鳞以“珍珠鳞”或“珍珠”表达。

4.3.7 背鳍

分为有背鳍和无背鳍两种类型。草金鱼类、文鱼类、狮头类属有背鳍类型，蛋鱼类、虎头类属无背鳍类型，名称中均不需表述背鳍有无；兼有有背鳍和无背鳍两种类型的族系，公认的主流背鳍类型可不在名称中表述背鳍有无，非主流背鳍类型以“有背鳍”“蛋鱼”“无背鳍”表示背鳍类型。

4.3.8 尾鳍

分为长尾、短尾、双尾、三尾、燕尾、蝶尾、宽尾、凤尾、孔雀尾、翻转尾。当存在其他性状特征相同而尾鳍类型不同的两个或两个以上品种时，品种名称中应包含尾鳍类型。

4.4 名称的简化

在不产生歧义或重名的前提下，金鱼名称可省略体型、尾缀。表达性状特征的词，“水泡眼”可简化为“水泡”或“泡”，“绒球”可简化为“球”，“珍珠鳞”可简化为“珍珠”，“虎头蛋鱼”可简化为“虎头”。

4.5 外来品种

中国无相似品种的按原称谓的中文译名，中国有相似品种的按本规则构名，并冠以国名或国名的简称。

示例 1：红白和金，可表达为：“红白和金”。

示例 2：泰国培育的狮头品种，可表达为：“泰国狮头”。

4.6 英文名称及对应关系

一个金鱼品种名称与一个常用英文名称相对应，无常用英文名称时，以规范名称直译英文名表达。

主要金鱼品种规范名称、俗名、可用名称、英文名的对应关系见附录A。

附 录 A
（资料性）
主要金鱼品种规范名称、俗名、英文名及主要特征

A.1 主要金鱼品种规范名称、俗名、英文名及主要特征

见表 A.1。

表 A.1 主要金鱼品种规范名称、俗名、英文名及主要特征

序号	规范名称	俗名	英文名	主要特征
1	金鲫、草金鱼	金鲫	Gold crucian carp	金色的鲫鱼
2	透明鳞草金鱼、玻璃金鲫	玻璃草金鱼	White matt common goldfish	无色透明，鲫鱼形态
3	红金鲫、红草金鱼	/	Red common goldfish	红色，鲫鱼形态
4	红白金鲫、红白草金鱼	/	Red and white common goldfish	白底红斑纹，鲫鱼形态
5	红顶白草金鱼、朱顶金鲫	红顶金鲫、朱顶草金鱼	white common goldfish with red cap	头顶红色，全身其他部位白色的草金鱼
6	红龙睛金鲫、红龙睛草金鱼	/	Red common goldfish with dragon eyes	全身红色，眼为龙睛的草金鱼
7	黑龙睛金鲫、黑龙睛草金鱼	/	Black common goldfish with dragon eyes	全身黑色，眼为龙睛的草金鱼
8	红长尾草金鱼、红长尾金鲫	/	Red comet	全身红色，尾鳍为长尾的草金鱼
9	红白长尾草金鱼、红白长尾金鲫	/	Red and white comet	身体红色与白色相间，尾鳍为长尾的草金鱼
10	红顶白长尾草金鱼、红顶白长尾金鲫	/	White comet with red cap	身体白色，头顶红色，尾鳍为长尾的草金鱼
11	白和金	/	White wakin	全身白色的和金（和金为体型同金鲫、尾鳍为三叉尾的金鱼）
12	红和金	/	Red wakin	全身红色的和金
13	红白和金	/	Red and white wakin	体色红白相间的和金
14	红透明鳞和金	/	Red matt wakin	体色粉红鳞片透明的和金
15	五花和金	/	Calico wakin	3 种以上颜色混杂的和金
16	白文鱼	/	White fantail	全身白色的文鱼
17	红文鱼	/	Red fantail	全身红色的文鱼
18	黑文鱼	/	Black fantail	全身黑色的文鱼
19	红白文鱼	/	Red and white fantail	红色与白色相间的文鱼
20	红白透明鳞文鱼	/	Red and white matt fantail	红白色相间且鳞片透明的文鱼
21	红白长鳍文鱼	/	Red and white fantail with long fins	红白色相间且各鳍较长的文鱼
22	红黑文鱼	黑金文鱼	Red and black fantail	体色为红黑相间的文鱼
23	黑白文鱼	喜鹊花文鱼	Black and white fantail	体色为黑白相间的文鱼
24	五花文鱼	/	Calico fantail	3 种以上颜色混杂的文鱼
25	红眼白文鱼	/	White fantail with red eyes	体色为白色眼部红色的文鱼
26	十二红文鱼	/	White fantail with twelve red patches	体色为白色，鳍尖、眼、嘴均为红色的文鱼
27	红白透明鳞短尾文鱼	/	Red and white matt fantail with short tail	红白色相间、鳞片透明、尾鳍为短尾型的文鱼
28	红白宽尾文鱼	/	Red and white fantail with broad tail	红白色相间且尾鳍为宽尾型的文鱼

表 A.1（续）

序号	规范名称	俗名	英文名	主要特征
29	白琉金	/	White Ryukin	体色为白色的琉金
30	红白琉金	/	Red and white Ryukin	体色为红白相间的琉金
31	丹顶琉金	/	White Ryukin with red cap	体色为白色头顶为红色的琉金
32	红头黑琉金	/	Black Ryukin with red head	头部红色躯干黑色的琉金
33	十二红琉金	/	White Ryukin with twelve red patches	体色为白色，鳍尖、眼、嘴均为红色的琉金
34	红短尾琉金	/	Red Ryukin with short tail	体色为红色，尾鳍为短尾型的琉金
35	蓝短尾琉金	/	Blue Ryukin with short tail	体色为蓝色，尾鳍为短尾型的琉金
36	紫红短尾琉金	/	Chocolate and red Ryukin with short tail	体色为红色紫色相间，尾鳍为短尾型的琉金
37	三色短尾琉金	/	Tri-colour Ryukin with short tail	体色为红白黑三色相间，尾鳍为短尾型的琉金
38	红长尾琉金	红长尾琉金	Red Ryukin with long tail	体色为红色，尾鳍为长尾型的琉金
39	红白长尾琉金	红白长尾琉金	Red and white Ryukin with long tail	体色为红白相间，尾鳍为长尾型的琉金
40	红白透明鳞长尾琉金	红白透明鳞长尾琉金	Red and white matt Ryukin with long tail	红白色相间、鳞片透明、尾鳍为长尾型的文鱼
41	红眼长尾白琉金	红眼长尾白琉金	White Ryukin with red eyes and long tail	体色为白色，眼部为红色，尾鳍为长尾型的琉金
42	红宽尾琉金	红宽尾琉金	Red Ryukin with broad tail	体色为红色，尾鳍为宽尾型的琉金
43	紫宽尾琉金	紫宽尾琉金	Chocolate Ryukin with broad tail	体色为棕色，尾鳍为宽尾型的琉金
44	五花宽尾琉金	五花宽尾琉金	Calico Ryukin with broad tail	体色为 3 种以上颜色相间，尾鳍为宽尾型的琉金
45	白土佐金		White tosakin	体色为白色的土佐金（原产日本，体型为文鱼型，尾鳍为翻转尾的金鱼）
46	红白土佐金		Red and white tosakin	体色为红白相间的土佐金
47	红白龙睛土佐金		Red and white tosakin with dragon eyes	体色为红白相间，眼睛为龙睛型的土佐金
48	红绒球文鱼	红绒球	Red fantail with pompons	体色为红色，具有绒球的文鱼
49	紫绒球文鱼	紫绒球	Chocolate fantail with pompons	体色为棕色，具有绒球的文鱼
50	黑白绒球文鱼	黑白绒球、熊猫绒球	Black and white fantail with pompons	体色为黑白相间，具有绒球的文鱼
51	红眼绒球文鱼	红眼绒球	Fantail with pompons and red eyes	体色为白色，眼球为红色、具有绒球（鼻膜衍生物）的文鱼
52	红珍珠	/	Red pearl-scale	红色的珍珠鳞金鱼
53	红白珍珠	/	Red and white pearl-scale	体色为红白相间的珍珠鳞金鱼
54	五花珍珠	/	Calico pearl-scale	体色为 3 种以上颜色相间的珍珠鳞金鱼
55	透明珍珠	/	Matt pearl-scale	鳞片透明的珍珠鳞金鱼
56	红头白珍珠	/	White pearl-scale with red head	体色白色，头部为红色的珍珠鳞金鱼
57	黑眼白珍珠	/	White pearl-scale with black eyes	体色白色，眼部为黑色的珍珠鳞金鱼

表 A.1（续）

序号	规范名称	俗名	英文名	主要特征
58	白短尾珍珠	/	White pearl-scale with short tail	体色白色，尾鳍为短尾的珍珠鳞金鱼
59	红短尾珍珠	/	Red pearl-scale with short tail	体色红色，尾鳍为短尾的珍珠鳞金鱼
60	红顶白短尾珍珠	/	White pearl-scale with red cap and short tail	体色白色，头顶红色，尾鳍为短尾的珍珠鳞金鱼
61	白长尾珍珠	/	White pearl-scale with long tail	体色白色，尾鳍为长尾的珍珠鳞金鱼
62	红长尾珍珠	/	Red pearl-scale with long tail	体色红色，尾鳍为长尾的珍珠鳞金鱼
63	黑长尾珍珠	/	Black pearl-scale with long tail	体色黑色，尾鳍为长尾的珍珠鳞金鱼
64	红白长尾珍珠	/	Red and white pearl-scale with long tail	体色红白相间，尾鳍为长尾的珍珠鳞金鱼
65	三色宽尾珍珠	/	Tri-colour pearl-scale with broad tail	体色红白黑三色相间，尾鳍为宽尾的珍珠鳞金鱼
66	五花宽尾珍珠	/	Calico pearl-scale with broad tail	体色为 3 种以上颜色相间，尾鳍为宽尾的珍珠鳞金鱼
67	白高头	白高头、白帽子	White oranda	体白色，头型为高头型，体型为文鱼型的金鱼
68	红高头	红高头、红帽子	Red oranda	体色为红色的高头金鱼
69	黄高头	黄高头、黄帽子	Yellow oranda	体色为黄色的高头金鱼
70	紫蓝高头	/	Chocolate and blue oranda	体色为棕色蓝色相间的高头金鱼
71	红顶紫高头	/	Chocolate oranda with red cap	体色为红色，头瘤（帽子）为棕色的高头金鱼
72	红顶白高头	鹤顶红	White oranda with red cap	体色为白色，头瘤（帽子）为红色的高头金鱼
73	红头白高头	/	White oranda with red head	体色为白色，头部为红色的高头金鱼
74	黄头紫蓝高头	/	Chocolate and blue oranda with yellow head	体色为棕色蓝色相间，头瘤（帽子）为黄色的高头金鱼
75	红眼高头	朱眼高头	Oranda with red eyes	体色为白色，眼部为红色的高头金鱼
76	红蝶尾高头	/	Oranda with butterfly tail	体色为红色，高头型，尾鳍为蝶尾
77	红白高头琉金	/	Red and white oranda ryukin	体色为红白二色，高头型，体型为琉金
78	白高头绒球	/	White oranda with pompons	体色为白色，有一对绒球的高头金鱼
79	红高头绒球	/	Red oranda with pompons	体色为红色，有一对绒球的高头金鱼
80	黑高头绒球	/	Black oranda with pompons	体色为黑色，有一对绒球的高头金鱼
81	红高头四绒球	/	Red oranda with four pompons	体色为红色，有两对绒球的高头金鱼
82	紫高头白绒球	/	Chocolate oranda with white pompons	体色为棕色，有一对白色绒球的高头金鱼

表 A.1（续）

序号	规范名称	俗名	英文名	主要特征
83	红顶白高头绒球	鹤顶红绒球	White oranda with red cap and pompons	体色为白色，头瘤（帽子）为红色并有一对红色绒球的高头金鱼
84	红顶白高头白绒球	/	White oranda with red cap and white pompons	体色为白色，头瘤（帽子）为红色并有一对白色绒球的高头金鱼
85	紫身红高头绒球	/	Chocolate oranda with red cap and pompons	体色为棕色，头瘤（帽子）为红色并有一对绒球的高头金鱼
86	十二红高头红绒球	/	White oranda with red pompons and twelve patches	体色为白色，头瘤（帽子）、各鳍尖、眼部、绒球均为红色的高头金鱼
87	红白透明鳞短尾高头绒球	/	Red and white matt oranda with pompons and short tail	体色为红白，鳞片透明，有一对绒球，短尾型的高头金鱼
88	白皇冠珍珠	/	White crown pearl-scale	白色的、有头瘤（帽子）的珍珠鳞金鱼
89	红皇冠珍珠	/	Red crown pearl-scales	红色的、有头瘤（帽子）的珍珠鳞金鱼
90	红顶白皇冠珍珠		White crown pearl-scale with red cap	体色为白色，头瘤（帽子）为红色的珍珠鳞金鱼
91	红顶黑皇冠珍珠		Black crown pearl-scale with red cap	体色为黑色，头瘤（帽子）为红色的珍珠鳞金鱼
92	红白短尾皇冠珍珠		Red and white crown pearl-scale with short tail	体色为红白相间，有头瘤（帽子），短尾型的珍珠鳞金鱼
93	红白长尾皇冠珍珠	/	Red and white crown pearl-scale with long tail	体色为红白相间，有头瘤（帽子），长尾型的珍珠鳞金鱼
94	红黑宽尾皇冠珍珠	/	Red and black crown pearl-scale with broad tail	体色为红黑相间，有头瘤（帽子），宽尾型的珍珠鳞金鱼
95	红狮头	红狮	Red lion head	红色，头型为狮头型（头瘤下包，有背鳍）的金鱼
96	白狮头	白狮	White lion head	白色的狮头金鱼
97	黑狮头	黑狮	Black lion head	黑色的狮头金鱼
98	黄狮头	黄狮	Yellow lion head	黄色的狮头金鱼
99	红白狮头	红白狮	Red and white lion head	体色为红白相间的狮头金鱼
100	红顶白狮头	丹顶白狮	White lion head with red cap	体色为白色，头瘤红色的狮头金鱼
101	红头黑狮头	红头黑狮	Black lion head with red head	体色为黑色，头瘤红色的狮头金鱼
102	红短尾狮头	短尾红狮	Red lion head with short tail	红色，短尾型的狮头金鱼
103	红白宽尾狮头	宽尾红白狮	Red and white lion head with broad tail	体色为红白相间，尾鳍为宽尾型的狮头金鱼
104	红狮头绒球	绒球红狮	Red lion head with pompons	红色，有一对绒球的狮头金鱼
105	红狮头白绒球	白绒球红狮	Red lion head with white pompons	红色，有一对白色绒球的狮头金鱼
106	紫蓝狮头绒球	绒球紫蓝狮	Chocolate and blue lion head with pompons	体色为棕色与蓝色相间，有一对绒球的狮头金鱼
107	红白宽尾狮头绒球	/	Red and white lion head with pompons and broad tail	体色为红白相间，尾鳍为宽尾型的狮头金鱼
108	红龙睛	/	Red moor	红色，有背鳍，眼睛为龙睛型的金鱼
109	黑龙睛	黑龙睛、墨龙睛	Black moor	黑色，有背鳍，眼睛为龙睛型的金鱼

表 A.1（续）

序号	规范名称	俗名	英文名	主要特征
110	蓝龙睛	/	Blue moor	蓝色,有背鳍,眼睛为龙睛型的金鱼
111	红白龙睛	/	Red and white moor	红白相间体色,有背鳍,眼睛为龙睛型的金鱼
112	黑白龙睛	黑白龙睛、喜鹊花龙睛	Black and white moor	黑白相间体色,有背鳍,眼睛为龙睛型的金鱼
113	红顶白龙睛	红顶白龙睛、朱顶白龙睛	White moor with red cap	体色为白色,头顶部为红色,有背鳍,眼睛为龙睛型的金鱼
114	红眼白龙睛	/	White moor with red eyes	体色为白色,有背鳍,眼睛红色且为龙睛型的金鱼
115	红龙睛蝶尾	/	Red moor with butterfly tail	体色为红色,眼睛为龙睛型,尾鳍为蝶尾型的金鱼
116	黑白龙睛蝶尾	熊猫蝶尾	Black and white moor with butterfly tail	体色为黑白相间,眼睛为龙睛型,尾鳍为蝶尾型的金鱼
117	三色龙睛蝶尾	三色蝶尾	Tri-color moor with butterfly tail	体色为红黑白三色相间,眼睛为龙睛型,尾鳍为蝶尾型的金鱼
118	红顶白龙睛蝶尾	红顶白蝶尾	White moor with red cap and butterfly tail	体色为白色,头顶为红色,眼睛为龙睛型,尾鳍为蝶尾型的金鱼
119	十二红龙睛蝶尾	十二红蝶尾	White moor with twelve red patches and butterfly tail	体色为白色,眼睛、嘴、各鳍尖均为红色,眼睛为龙睛型,尾鳍为蝶尾型的金鱼
120	红眼白龙睛蝶尾	玛瑙眼龙睛蝶尾	White moor with red eyes and butterfly tail	体色为白色,有背鳍,眼睛红色且为龙睛型,尾鳍为蝶尾型的金鱼
121	白短尾龙睛	/	White moor with short tail	体色为白色,有背鳍,眼睛为龙睛型,尾鳍为短尾型的金鱼
122	红短尾龙睛	/	Red moor with short tail	体色为红色,有背鳍,眼睛为龙睛型,尾鳍为短尾型的金鱼
123	黑长尾龙睛	/	Black moor with long tail	体色为黑色,有背鳍,眼睛为龙睛型,尾鳍为长尾型的金鱼
124	红白长尾龙睛	/	Red and white moor with long tail	体色为红白相间,有背鳍,眼睛为龙睛型,尾鳍为长尾型的金鱼
125	红黑白长尾龙睛	/	Tri-colour moor with long tail	体色为红黑相间,有背鳍,眼睛为龙睛型,尾鳍为长尾型的金鱼
126	白龙睛绒球	/	White moor with pompons	体色为白色,有背鳍,眼睛为龙睛型,有一对绒球的金鱼
127	红龙睛白绒球	/	Red moor with white pompons	体色为红色,有背鳍,眼睛为龙睛型,有一对白色绒球的金鱼
128	红白龙睛四绒球	/	Red and white moor with four pompons	体色为红色,有背鳍,眼睛为龙睛型,有两对绒球的金鱼
129	黑白龙睛绒球	喜鹊花龙睛绒球	Black and white moor with pompons	体色为黑白相间,有背鳍,眼睛为龙睛型,有一对绒球的金鱼
130	透明鳞龙睛绒球	/	Matt moor with pompons	鳞片为透明鳞,有背鳍,眼睛为龙睛型,有一对绒球的金鱼
131	红龙睛珍珠	/	Red moor with pearl-scale	红色,眼睛为龙睛型的珍珠鳞金鱼

表 A.1（续）

序号	规范名称	俗名	英文名	主要特征
132	红白龙睛珍珠	/	Red and white moor with pearl-scale	体色为红白相间，眼睛为龙睛型的珍珠鳞金鱼
133	五花龙睛珍珠	/	Calico moor withpearl-scale	体色为 3 种以上颜色相间，眼睛为龙睛型的珍珠鳞金鱼
134	白龙睛高头	白高头龙睛	White moor with oranda	体色为白色，有背鳍，头型为高头型，眼睛为龙睛型的金鱼
135	红眼白龙睛高头	红眼白高头龙睛	White moor with oranda and red eyes	体色为白色，有背鳍，头型为高头型，眼睛红色且为龙睛型的金鱼
136	红龙睛高头	红高头龙睛	Red moor with oranda	体色为红色，有背鳍，头型为高头型，眼睛为龙睛型的金鱼
137	红白龙睛高头	红白高头龙睛	Red and white moor with oranda	体色为红白相间，有背鳍，头型为高头型，眼睛为龙睛型的金鱼
138	红顶黑龙睛高头	红顶黑高头龙睛	Black moor with oranda and red cap	体色为黑色，有背鳍，头型为高头型，帽子为红色，眼睛为龙睛型的金鱼
139	红顶白龙睛高头	红顶白高头龙睛、朱顶白龙睛高头	White moor with oranda and red cap	体色为白色，有背鳍，头型为高头型，帽子为红色，眼睛为龙睛型的金鱼
140	红龙睛高头珍珠	/	Red moor with oranda and pearl-scale	体色为红色，有背鳍，头型为高头型，眼睛为龙睛型的珍珠鳞金鱼
141	黑龙睛高头珍珠	/	Black moor with oranda and pearl-scale	体色为黑色，有背鳍，头型为高头型，眼睛为龙睛型的珍珠鳞金鱼
142	红白龙睛高头珍珠	/	Red and white moor with oranda and pearl-scale	体色为红白相间，有背鳍，头型为高头型，眼睛为龙睛型的珍珠鳞金鱼
143	黑龙睛高头绒球	/	Black moor with oranda and pompons	体色为黑色，有背鳍，头型为高头型，眼睛为龙睛型，有一对绒球的金鱼
144	蓝龙睛高头绒球	/	Blue moor with oranda and pompons	体色为蓝色，有背鳍，头型为高头型，眼睛为龙睛型，有一对绒球的金鱼
145	紫龙睛高头红绒球	/	Chocolate moor with oranda and red pompons	体色为棕色，有背鳍，头型为高头型，眼睛为龙睛型，有一对红色绒球的金鱼
146	红龙睛狮头	/	Red moor with lion head	体色为红色，眼睛为龙睛型的狮头金鱼
147	红白龙睛狮头	/	Red and white moor with lion head	体色为红白相间，眼睛为龙睛型的狮头金鱼
148	红黑龙睛狮头	/	Red and black moor with lion head	体色为红黑相间，眼睛为龙睛型的狮头金鱼
149	红眼白龙睛狮头	/	White moor with lion head and red eyes	体色为白色，眼睛为红色且为龙睛型的狮头金鱼
150	红龙睛颌泡	/	Red moor with two bubbles on lower jaw	体红色，眼睛为龙睛型，下颌有一对水泡的金鱼
151	红眼白龙睛颌泡	红眼白龙睛颌泡	White moor with red eyes and two bubbles on lower jaw	体白色，眼睛为红色且为龙睛型，下颌有一对水泡的金鱼

表 A.1（续）

序号	规范名称	俗名	英文名	主要特征
152	红文望天眼	朱文望天、红文朝天眼	Red celestial-eye with dorsal fin	眼型为望天眼的红色文鱼
153	黑文望天眼	黑文望天、黑文朝天眼	Black celestial-eye with dorsal fin	眼型为望天眼的黑色文鱼
154	红白文望天眼	红白文望天、红白文朝天眼	Red and white celestial-eye with dorsal fin	体色为红白相间，眼型为望天眼的文鱼
155	红顶白文望天眼	红顶白文望天、红顶朝天绒球	White celestial-eye with dorsal fin and red cap	体白色，头顶为红色，眼型为望天眼的文鱼
156	红文望天眼绒球	红文望天绒球、红文朝天绒球	Red celestial-eye with dorsal fin and pompons	体色为红色，眼型为望天眼，有一对绒球的文鱼
157	黑文望天眼绒球	黑文望天绒球、黑文朝天绒球	Black celestial-eye with dorsal fin and pompons	体色为黑色，眼型为望天眼，有一对绒球的文鱼
158	红白文望天眼绒球	红白文望天绒球、红文朝天眼绒球	Red and white celestial-eye with dorsal fin and pompons	体色为红白相间，眼型为望天眼，有一对绒球的文鱼
159	红文望天眼水泡	红文望天水泡、红文朝天眼水泡	Red celestial-eye with dorsal fin and bubble-eye	体色为红色，眼型为望天眼，有一对水泡的文鱼
160	红白文望天眼水泡	红白文望天水泡、红文朝天眼水泡	Red and white celestial-eye with dorsal fin and bubble-eye	体色为红白相间，眼型为望天眼，有一对水泡的文鱼
161	红文水泡眼	红文水泡	Red bubble-eye with dorsal fin	红色，有一对水泡，文鱼型的金鱼
162	白文水泡眼	白文水泡	White bubble-eye with dorsal fin	白色，有一对水泡的文鱼
163	黑白文水泡眼	黑白文水泡	Black and white bubble-eye with dorsal fin	黑白相间体色，有一对水泡的文鱼
164	蓝文水泡眼	/	Blue bubble-eye with dorsal fin	蓝色，有一对水泡的文鱼
165	紫蓝文水泡眼	/	Chocolate and blue bubble-eye with dorsal fin	蓝褐色相间体色，有一对水泡的文鱼
166	红眼文水泡眼	朱砂眼文水泡眼	White bubble-eye with dorsal fin and red eyes	体白色，有一对红色水泡的文鱼
167	黑白文蛙头	/	Black and white frog-head with dorsal fin	黑白相间体色，头型为蛙头型，体型为文鱼型的金鱼
168	五花文蛙头	/	Calico frog-head with dorsal fin	体色含 3 种以上颜色，头型为蛙头型，体型为文鱼型的金鱼
169	红文蛙头珍珠	/	Red frog-head with dorsal fin and pearl-scale	头型为蛙头型，有背鳍的珍珠鳞金鱼
170	红文颌泡水泡眼	红文颌泡水泡	Red bubble-eye with dorsal fin and two bubbles on lower jaw	红色，体型为文鱼型，有一对水泡和一对颌泡的金鱼
171	红白文颌泡水泡眼	红白文颌泡水泡	Red and white bubble-eye with dorsal fin and two bubbles on lower jaw	红白相间体色，体型为文鱼型，有一对水泡和一对颌泡的金鱼
172	红蛋鱼	/	Red egg-fish	红色的蛋鱼（躯干缩短且无背鳍的金鱼称为蛋鱼）
173	蓝蛋鱼	/	Blue egg-fish	蓝色的蛋鱼
174	红头蛋鱼	/	White egg-fish with red head	体白色、头红色的蛋鱼
175	红顶蛋鱼	/	White egg-fish with red cap	体白色、帽子为红色的蛋鱼
176	红白蛋鱼	/	Red and white egg-fish	红白相间体色的蛋鱼
177	红顶丹凤	朱顶丹凤	White egg-fish with red cap and phoenix tail	体白色、帽子为红色、尾鳍为凤尾型的蛋鱼
178	红头白丹凤	/	White egg-fish with red head and phoenix tail	体白色、头部为红色、尾鳍为凤尾型的蛋鱼

表 A.1（续）

序号	规范名称	俗名	英文名	主要特征
179	红丹凤	/	Red egg-fish with phoenix tail	体红色，尾鳍为凤尾型的蛋鱼
180	五花丹凤	/	Calico egg-fish with phoenix tail	体色包含 3 种以上颜色，尾鳍为凤尾型的蛋鱼
181	红蛋绒球	/	Red egg-fish with pompons	体红色，有一对绒球的蛋鱼
182	白蛋绒球	/	White egg-fish with pompons	体白色，有一对绒球的蛋鱼
183	蓝蛋绒球	/	Blue egg-fish with pompons	体蓝色，有一对绒球的蛋鱼
184	红白蛋绒球	/	Red and white egg-fish with pompons	体红白色相间，有一对绒球的蛋鱼
185	青丹凤绒球	/	Green egg-fish with pompons and phoenix tail	体绿色，尾鳍为凤尾型，有一对绒球的蛋鱼
186	红丹凤绒球	/	Red egg-fish with pompons and phoenix tail	体红色，尾鳍为凤尾型，有一对绒球的蛋鱼
187	红蛋珍珠	/	Red egg-fish with pearl-scale	红色，无背鳍的珍珠鳞金鱼
188	红白蛋珍珠	/	Red and white egg-fish with pearl-scale	体红白相间，无背鳍的珍珠鳞金鱼
189	红顶白蛋高头	鹅头红	White egg-fish with red cap	体白色，帽子红色的蛋鱼
190	红顶白高头丹凤	鹤顶红丹凤	white egg-fish with red cap and phoenix tail	体白色，帽子红色，凤尾型的蛋鱼
191	红蛋高头绒球	红蛋高头球	Red egg-fish oranda with pompons	红色，高头型，有一对绒球的蛋鱼
192	五花蛋高头绒球	五花蛋高头球	Calico egg-fish oranda with pompons	体色包含 3 种以上颜色，高头型，有一对绒球的蛋鱼
193	青虎头	青寿星	Green tiger head	绿色，虎头型(头部肉瘤下包至眼以下，无背鳍)金鱼
194	白虎头	白寿星	White tiger head	白色虎头型金鱼
195	红虎头	红寿星	Red tiger head	红色虎头型金鱼
196	红透明虎头	红透明虎头	Red matt tiger head	红色，鳞片透明的虎头型金鱼
197	黑虎头	黑寿星	Black tiger head	黑色虎头型金鱼
198	红白虎头	红白寿星	Red and white tiger head	红白相间体色的虎头型金鱼
199	红黑虎头	红黑寿星	Red and black tiger head	红黑相间体色的虎头型金鱼
200	三色虎头	三色寿星	Tri-colour tiger head	体色为红白黑三色的虎头型金鱼
201	红头白虎头	红头白寿星	white tiger head with red head	白身红头的虎头型金鱼
202	红顶白虎头	朱顶白寿星	Red tiger head with white cap	体白色，头顶肉瘤为红色的虎头型金鱼
203	朱砂眼白虎头	朱砂眼白寿星	White tiger head with red eyes	体白色，眼部红色的虎头型金鱼
204	大尾虎头	大尾寿星	Tiger head with big tail	大尾鳍的虎头型金鱼
205	白长尾虎头	白长尾寿星	White tiger head with phoenix tail	体白色，凤尾型的虎头金鱼
206	红长尾虎头	红长尾寿星	Red tiger head with phoenix tail	体红色，凤尾型的虎头金鱼
207	黑长尾虎头	黑长尾寿星	Black tiger head with phoenix tail	体黑色，凤尾型的虎头金鱼
208	红白长尾虎头	红白长尾寿星	Red and white tiger head with phoenix tail	红白相间体色，凤尾型的虎头金鱼
209	红黑长尾虎头	红黑长尾寿星	Red and black tiger head with phoenix tail	红黑相间体色，凤尾型的虎头金鱼
210	黑白长尾虎头	熊猫长尾寿星	Black and white tiger head with phoenix tail	黑白相间体色，凤尾型的虎头金鱼
211	红顶白宽尾虎头	红顶白宽尾虎头	White tiger head with red cap and broad tail	体白色，头顶肉瘤为红色，尾鳍为宽尾的虎头金鱼
212	红虎头绒球	红寿星球	Red tiger head with pompons	红色，有一对绒球的虎头金鱼

表 A.1（续）

序号	规范名称	俗名	英文名	主要特征
213	蓝虎头绒球	蓝寿星球	Blue tiger head with pompons	蓝色，有一对绒球的虎头金鱼
214	红白虎头绒球	红白寿星球	Red and white tiger head with pompons	红白相间体色，有一对绒球的虎头金鱼
215	五花虎头绒球	五花寿星球	Calico tiger head with pompons	体色包含 3 种以上颜色，有一对绒球的虎头金鱼
216	红兰寿	/	Red Ranchu	红色的日本虎头，其头瘤不及中国虎头发达，尾柄末端向上翘起，尾鳍上部翘起
217	白兰寿	/	White Ranchu	白色的兰寿金鱼
218	红白兰寿	/	Red and white Ranchu	红白相间体色的兰寿金鱼
219	红顶白兰寿	/	White Ranchu with red cap	体白色，头顶部肉瘤为红色的兰寿金鱼
220	三色兰寿	/	Tri-colour Ranchu	体色为红白黑三色相间的兰寿金鱼
221	红头白兰寿	/	White Ranchu with red head	体白色，头部红色的兰寿金鱼
222	黄头白兰寿	/	White Ranchu with yellow cap	体白色，头部黄色的兰寿金鱼
223	红头黑兰寿	/	Black Ranchu with red cap	体黑色，头部红色的兰寿金鱼
224	白透明鳞长尾兰寿	/	White matt Ranchu with long tail	体白色，鳞片透明，长尾鳍的兰寿金鱼
225	红白透明鳞长尾兰寿	/	Red and white matt Ranchu with long tail	红白相间体色，鳞片透明，长尾鳍的兰寿金鱼
226	红蛋龙睛	/	Red egg-fish with dragon eyes	红色，眼为龙睛型的蛋鱼
227	黑白蛋龙睛	/	Black and white egg-fish with dragon eyes	黑白相间体色，眼为龙睛型的蛋鱼
228	五花蛋龙睛	/	Calico egg-fish with dragon eyes	体色包含 3 种以上颜色，眼为龙睛型的蛋鱼
229	红蛋龙睛绒球	/	Red egg-fish with dragon eyes and pompons	红色，眼为龙睛型，有一对绒球的蛋鱼
230	红龙睛虎头	红龙睛寿星	Red tiger head with dragon eyes	红色，眼为龙睛型的虎头型金鱼
231	五花龙睛虎头	五花龙睛寿星	Calico tiger head with dragon eyes	体色包含 3 种以上颜色，眼为龙睛型的虎头型金鱼
232	红龙睛虎头绒球	红龙睛寿星绒球	Red tiger head with dragon eyes and pompons	红色，眼为龙睛型，有一对绒球的虎头型金鱼
233	白望天眼	白望天、白朝天眼	White celestial-eye	白色，无背鳍，眼型为望天眼的金鱼
234	红望天眼	红望天、红朝天眼	Red celestial-eye	红色，无背鳍，眼型为望天眼的金鱼
235	黑望天眼	黑望天、黑朝天眼	Black celestial-eye	黑色，无背鳍，眼型为望天眼的金鱼
236	红白望天眼	红白望天、红白朝天眼	Red and white celestial-eye	红白相间体色，无背鳍，眼型为望天眼的金鱼
237	红顶白望天眼	红顶白望天、红顶白朝天眼	White celestial-eye with red cap	体白色，红色帽子，无背鳍，眼型为望天眼的金鱼
238	红望天眼绒球	红望天绒球、红朝天眼绒球	Red celestial-eye with pompons	体红色，有一对绒球，无背鳍，眼型为望天眼的金鱼
239	紫望天眼绒球	紫望天绒球、紫朝天眼绒球	Chocolate celestial-eye with pompons	体棕色，有一对绒球，无背鳍，眼型为望天眼的金鱼
240	红白透明鳞望天眼绒球	/	Red and white matt celestial-eye with pompons	体红白相间，透明鳞，有一对绒球，无背鳍，眼型为望天眼的金鱼

表 A.1（续）

序号	规范名称	俗名	英文名	主要特征
241	红水泡眼	红水泡	Red bubble-eye	红色，无背鳍，眼型为水泡眼的金鱼
242	白水泡眼	白水泡	White bubble-eye	白色无背鳍的水泡眼金鱼
243	黑水泡眼	黑水泡	Black bubble-eye	黑色无背鳍的水泡眼金鱼
244	黄水泡眼	黄水泡	Yellow bubble-eye	黄色无背鳍的水泡眼金鱼
245	红白水泡眼	红白水泡	Red and white bubble-eye	体色红白相间，无背鳍的水泡眼金鱼
246	红黑水泡眼	红黑水泡	Red and black bubble-eye	体色红黑相间，无背鳍的水泡眼金鱼
247	五花四水泡眼	五花四水泡	Calico bubble-eye with four bubble-eye	体色包含 3 种以上颜色，无背鳍，眼睛下方有两对水泡的金鱼
248	红眼水泡眼	红眼水泡	Red bubble-eye with red eye	体色为红色，眼睛也是红色，无背鳍的水泡眼金鱼
249	红蛋蛙头	红蛙头	Red frog-head	红色，无背鳍，头型为蛙头型的金鱼
250	红白蛋蛙头	红白蛙头	Red and white frog-head	红白相间体色，无背鳍，头型为蛙头型的金鱼
251	红蛙头珍珠	/	Red frog-head with Pearlscale	红色，无背鳍，头型为蛙头型的珍珠鳞金鱼
252	红水泡眼高头	红水泡高头	Red bubble-eye with oranda	红色，无背鳍，眼部带水泡的高头型金鱼
253	黑水泡眼高头	黑水泡高头	Black bubble-eye with oranda	黑色，无背鳍，眼部带水泡的高头型金鱼
254	白水泡眼红高头	白水泡红高头	White bubble-eye with red oranda	体白色，帽子红色，无背鳍，眼部带水泡的高头型金鱼
255	白水泡眼黄高头	白水泡黄高头	White bubble-eye with yellow oranda	体白色，帽子黄色，无背鳍，眼部带水泡的高头型金鱼
256	红白水泡眼高头	红白水泡高头	Red and white bubble-eye with oranda	体红白相间，无背鳍，眼部带水泡的高头型金鱼

ICS 65.150
CCS B 52

中华人民共和国水产行业标准

SC/T 5712—2021

金鱼分级　望天眼

Classification of goldfish—Celestial-eyes

2021-11-09 发布　　2022-05-01 实施

中华人民共和国农业农村部 发布

前　言

本文件按照 GB/T 1.1—2020《标准化工作导则　第 1 部分:标准化文件的结构和起草规则》的规定起草。

请注意本文件的某些内容可能涉及专利。本文件的发布机构不承担识别专利的责任。

本文件由农业农村部渔业渔政管理局提出。

本文件由全国水产标准化技术委员会观赏鱼分技术委员会(SAC/TC 156/SC 8)归口。

本文件起草单位:中国水产科学研究院珠江水产研究所、农业农村部水产种质监督检验测试中心(广州)。

本文件主要起草人:宋红梅、汪学杰、胡隐昌、刘奕、牟希东、刘超、顾党恩、罗渡、杨叶欣、徐猛。

金鱼分级　望天眼

1　范围

本文件界定了金鱼(*Carassius auratus* L. var.)中无背鳍类望天眼品种的术语与定义,规定了技术要求,描述了检验方法,给出了等级判定的规则。

本文件适用于无背鳍类望天眼金鱼的分级。

2　规范性引用文件

下列文件中的内容通过文中的规范性引用而构成本文件必不可少的条款。其中,注日期的引用文件,仅该日期对应的版本适用于本文件;不注日期的引用文件,其最新版本(包括所有的修改单)适用于本文件。

GB/T 5709　金鱼分级　水泡眼

GB/T 18654.3　养殖鱼类种质检验　第3部分:性状测定

SC/T 5701　金鱼分级　狮头

SC/T 5702　金鱼分级　琉金

SC/T 5705　金鱼分级　龙睛

3　术语和定义

GB/T 18654.3、SC/T 5701、SC/T 5702和SC/T 5705界定的以及下列术语和定义适用于本文件。

3.1

望天眼　celestial-eyes

朝天眼

眼球突出且上翻,瞳孔朝向上方的一类金鱼。

3.2

望天绒球　celestial-eyes with pompons

朝天绒球

鼻隔膜外翻衍化为绒球状的望天眼金鱼。

4　技术要求

4.1　基本特征

4.1.1　形态特征

体呈长卵圆形;头略平,两侧眼球突出,瞳孔朝向上方,眼球向上翻转90°,鼻隔膜或正常或衍化为绒球;无背鳍,尾鳍左右各2叶,其余各鳍左右各1叶。望天眼外形特征见附录A。

4.1.2　体色

可为红、黄、蓝、紫、黑、白等单色或复色。

4.2　质量要求

全长≥50 mm;身体左右对称;泳姿端正、身体平衡;体表无病症;鳞片有光泽,完整无缺损。

4.3　分级指标

4.3.1　望天眼

分为Ⅰ级、Ⅱ级和Ⅲ级共3个等级,Ⅰ级为最高质量等级。分级指标按表1规定。

表1 望天眼分级指标

指标	等级		
	Ⅰ级	Ⅱ级	Ⅲ级
体高/体长	≥0.41	≥0.35	≥0.28
体宽/体长	≥0.30	≥0.26	≥0.22
头长/体长	0.38～0.43	0.33～0.37,或0.44～0.48	<0.33或>0.48
尾鳍长/体长	0.50～0.75	0.40～0.49,或0.76～0.90	<0.40或>0.90
眼球径/头长	0.40～0.45	0.35～0.39,或0.46～0.50	<0.35或>0.50
眼球形态	眼球大而突出,左右眼对称	左右眼略有差异	左右眼有较明显差异
瞳孔朝向	瞳孔朝向与身体前后轴及水平轴均垂直	左右瞳孔朝向略有差异	左右瞳孔朝向有明显差异
体色	鲜艳、浓郁,或特征性色彩鲜明	特征性色彩浅淡不鲜明	无特征性色彩

4.3.2 望天绒球

分为Ⅰ级、Ⅱ级和Ⅲ级共3个等级,Ⅰ级为最高质量等级。分级指标按表2规定。

表2 望天绒球分级指标

指标	等级		
	Ⅰ级	Ⅱ级	Ⅲ级
体高/体长	≥0.43	≥0.38	≥0.30
体宽/体长	≥0.32	≥0.27	≥0.25
头长/体长	0.38～0.43	0.33～0.37,或0.44～0.48	<0.33或>0.48
尾鳍长/体长	0.40～0.55	0.35～0.39,或0.56～0.80	<0.35或>0.80
眼球径/头长	0.35～0.45	<0.35或>0.45	
绒球径/眼球径	≥0.50	0.40～0.49	0.30～0.39
眼球形态	眼球大而突出,左右眼对称	左右眼略有差异	左右眼有较明显差异
瞳孔朝向	瞳孔朝向与身体前后轴及水平轴均垂直	左右眼轴朝向略有差异	左右瞳孔有较明显差异
绒球	紧实,左右对称	稍欠紧实,左右略欠对称	松散,或左右明显不对称
体色	鲜艳、浓郁,或特征性色彩鲜明	特征性色彩不鲜明	浅淡杂乱

5 检测方法

5.1 眼球径

眼球的最大直径。按SC/T 5705规定的方法执行。

5.2 绒球径

以绒球根部与球心连线的延长线为纵轴,测量与纵轴垂直的绒球平面的直径。

5.3 其他可量指标的检测

体长、体高、体宽、头长的检测按GB/T 18654.3规定的方法执行。

5.4 外观指标的检测

色质、眼球形态、瞳孔朝向、绒球形态在自然光照下肉眼观察。

5.5 等级判定

每尾鱼的最终等级为全部指标中最低指标所处等级。

附 录 A
（资料性）
望天眼外形模式图

A.1 望天眼侧视图

见图A.1。

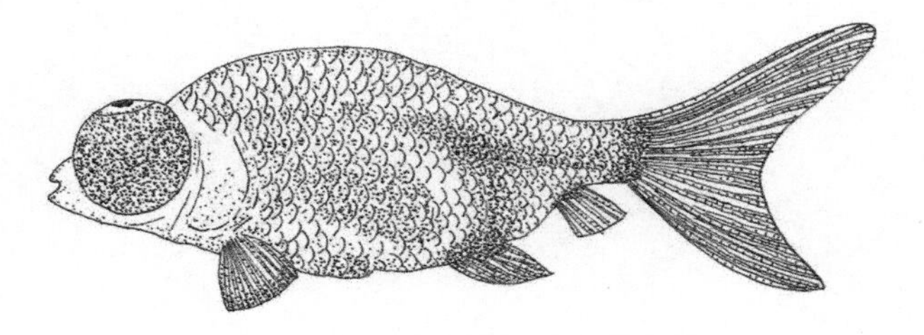

图A.1 望天眼侧视图

A.2 望天眼俯视图

见图A.2。

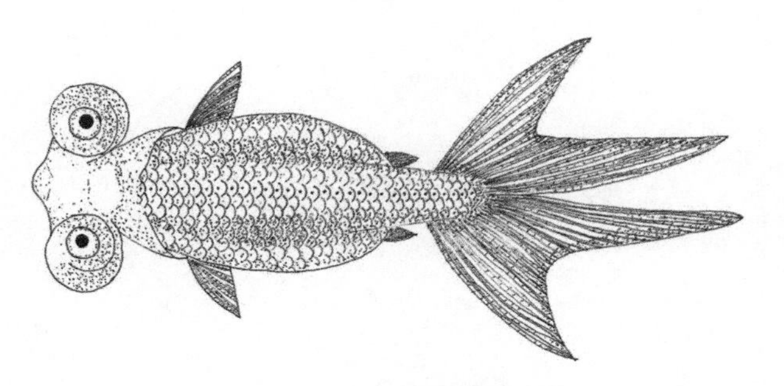

图A.2 望天眼俯视图

A.3 望天绒球俯视图

见图A.3。

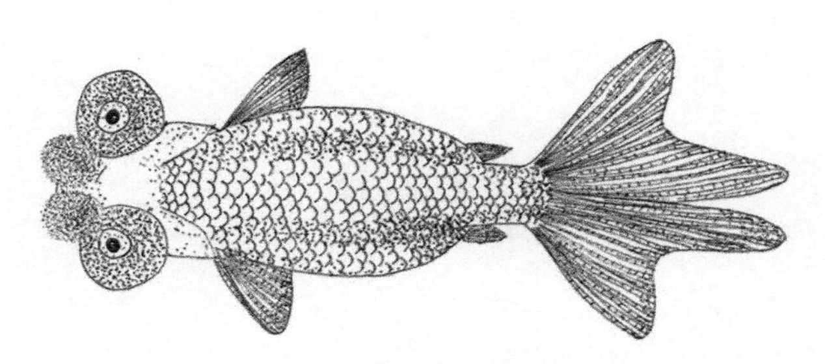

图A.3 望天绒球俯视图

ICS 39.060;65.150
CCS B 50;Y88

中华人民共和国水产行业标准

SC/T 5801—2021

珍珠及其产品术语

Terminology of pearl and its product

2021-11-09 发布 2022-05-01 实施

中华人民共和国农业农村部 发布

前　　言

本文件按照GB/T 1.1—2020《标准化工作导则　第1部分：标准化文件的结构和起草规则》的规定起草。

请注意本文件的某些内容可能涉及专利。本文件的发布机构不承担识别专利的责任。

本文件由农业农村部渔业渔政管理局提出。

本文件由全国水产标准化技术委员会珍珠分技术委员会(SAC/TC 156/SC 9)归口。

本文件起草单位：广东绍河珍珠有限公司、淮安绍河珍珠研究院有限公司、广东海洋大学、广东荣辉珍珠养殖有限公司、广西壮族自治区产品质量检验研究院、浙江阮仕珍珠股份有限公司、浙江情之缘珠宝有限公司、海南京润珍珠科技有限公司、深圳龙之珍珠有限公司。

本文件主要起草人：谢绍河、王钦贵、郭盈岑、林展新、林伟财、谢郁、梁飞龙、邓岳文、尹海养、阮铁军、钱建义、周树立、王海、蔡文江。

珍珠及其产品术语

1 范围

本文件界定了天然珍珠、养殖珍珠及其产品的术语和定义。

本文件适用于珍珠行业生产、流通、科研、教学及管理等相关领域。

2 规范性引用文件

下列文件中的内容通过文中的规范性引用而构成本文件必不可少的条款。其中,注日期的引用文件,仅该日期对应的版本适用于本文件;不注日期的引用文件,其最新版本(包括所有的修改单)适用于本文件。

GB/T 16552 珠宝玉石 名称

GB/T 16553 珠宝玉石 鉴定

GB/T 18781—2008 珍珠分级

GB/T 36193—2018 水产品加工术语

GB/T 37063—2018 淡水育珠品种及其珍珠分类

3 术语和定义

GB/T 16552、GB/T 16553、GB/T 18781—2008、GB/T 36193—2018 界定的以及下列术语和定义适用于本文件。为了便于使用,以下重复列出了 GB/T 36193—2018 中的一些术语和定义。

3.1

天然珍珠 natural pearl

在贝类体内,不经人为因素形成的固态分泌物。它们由碳酸钙(主要为文石)、有机质(主要为贝壳硬蛋白)、水及多种微量元素等组成,呈同心层状、同心层放射状或爆炸状结构,呈珍珠、蜡质或油脂光泽。

[来源:GB/T 18781—2008,3.1,有修改]

3.2

养殖珍珠 cultured pearl

珍珠 pearl

在贝类体内,经人为因素干预形成的固态分泌物。由碳酸钙(主要为文石)、有机质(主要为贝壳硬蛋白)、水及多种微量元素等组成,珍珠层呈同心层状或同心层放射状结构,呈珍珠光泽。

注1:按生长水域不同,分为海水珍珠和淡水珍珠。

注2:按有无珠核,分为有核珍珠和无核珍珠。

注3:按是否附壳,分为附壳珍珠和游离珍珠。

[来源:GB/T 18781—2008,3.2,有修改]

3.3

砗磲天然珍珠 Tridacnacea natural pearl

于砗磲体内形成的天然珍珠。以乳白色为主,包括棕紫色、金黄色,呈蜡质或油脂光泽。

3.4

海水珍珠 seawater pearl

于海水贝类体内形成的珍珠。

注:按贝种不同,分为马氏珠母贝珍珠、大珠母贝珍珠、珠母贝珍珠、企鹅珍珠贝珍珠等。

3.5

马氏珠母贝珍珠 Martens pearl oyster pearl

合浦珠母贝珍珠

于马氏珠母贝体内形成的珍珠。以白色或浅黄色为主，呈珍珠光泽。

3.6

大珠母贝珍珠 ***Pinctada maxima*** **pearl;south ocean pearl**

白蝶贝珍珠，南洋珍珠

于大珠母贝体内形成的珍珠。以白色或金黄色为主，呈珍珠光泽。

3.7

珠母贝珍珠 ***Pinctada margaritifera*** **pearl;black pearl**

黑蝶贝珍珠，黑珍珠

于珠母贝体内形成的珍珠。以青黑色为主，可有孔雀蓝、浓紫、海蓝等彩虹色伴色，呈珍珠光泽。

3.8

企鹅珍珠贝珍珠 ***Pteria penguin*** **pearl**

于企鹅珍珠贝体内形成的珍珠。以古铜色为主，呈珍珠光泽。

3.9

淡水珍珠　freshwater pearl

由淡水贝类形成的珍珠。

注：按蚌种不同，分为三角帆蚌珍珠、池蝶蚌珍珠、褶纹冠蚌珍珠、康乐蚌珍珠、背瘤丽蚌珍珠等。

3.10

三角帆蚌珍珠　Triangle sail mussel pearl

于三角帆蚌体内形成的珍珠。以白色、粉色、紫色为主，呈珍珠光泽。

3.11

池蝶蚌珍珠 ***Hyriopsis schlegelii*** **pearl**

于池蝶蚌体内形成的珍珠。以白色、粉色、紫色为主，呈珍珠光泽。

3.12

褶纹冠蚌珍珠 ***Cristaria plicata*** **pearl**

于褶纹冠蚌体内形成的珍珠。以米黄色为主，珍珠表面多呈褶纹状，珍珠光泽不强。

3.13

康乐蚌珍珠　kang le mussel pearl

于康乐蚌体内形成的珍珠。以白色、粉色、紫色为主，呈珍珠光泽。

3.14

背瘤丽蚌珍珠 ***Lamprotula leai*** **pearl**

于背瘤丽蚌体内形成的珍珠。以白色为主，珍珠光泽暗淡。

3.15

有核珍珠　nucleated pearl

内部含有珠核的珍珠。

注：按生产技术不同，分为异型有核珍珠、造型有核珍珠、再生有核珍珠。

3.16

异型有核珍珠　irregular shaped nucleated pearl

没有明显对称性的有核珍珠。

3.17

造型有核珍珠　modeling nucleated pearl

具有浅浮雕图案造型的有核珍珠。

3.18

再生有核珍珠　regenerated nucleated pearl

利用已形成的珍珠囊，再次植核培育出来的有核珍珠。

3.19

无核珍珠　non-nucleated pearl

内部没有珠核的珍珠。

3.20

附壳珍珠　blister pearl

附着在贝壳凹面上呈固定状态的珍珠。

注:按形态特征不同,分造粒附壳珍珠和造型附壳珍珠。

3.21

造粒附壳珍珠　mabé pearl

表面呈光滑的圆形、椭圆形、水滴形、心形等形态的附壳珍珠。

3.22

造型附壳珍珠　modeling blister pearl

表面有人造物像等图案的附壳珍珠。

3.23

游离珍珠　free pearl

贝类体内形成的非附壳珍珠。

3.24

珍珠粉　pearl powder

用无核珍珠研磨成的粉。

[来源:GB/T 36193—2018,13.15,有修改]

3.25

珍珠层粉　nacreous layer powder

用贝壳珍珠层研磨成的粉。

[来源:GB/T 36193—2018,13.16,有修改]

参 考 文 献

[1]GB/T 18007　咖啡及其制品术语
[2]GB 20553　三角帆蚌
[3]GB/T 22213　水产养殖术语
[4]GB/T 34262　蛋与蛋制品术语和分类
[5]GB/T 35940　海水育珠品种及其珍珠分类
[6]NY/T 2963　薯类及薯制品名词术语
[7]SC/T 2071　马氏珠母贝
[8]SC/T 5001　渔具材料基本术语

索　引

Z

ICS 65.150
CCS B 51

中华人民共和国水产行业标准

SC/T 5802—2021

马氏珠母贝养殖与插核育珠技术规程

Code of practice for pearl oyster,Pinctada fucata martensii,farming,nucleus implantation and pearl culture techniques

2021-11-09 发布　　　　2022-05-01 实施

中华人民共和国农业农村部　发布

前　言

本文件按照 GB/T 1.1—2020《标准化工作导则　第1部分:标准化文件的结构和起草规则》的规定起草。

请注意本文件的某些内容可能涉及专利。本文件的发布机构不承担识别专利的责任。

本文件由农业农村部渔业渔政管理局提出。

本文件由全国水产标准化技术委员会珍珠分技术委员会(SAC/TC 156/SC 9)归口。

本文件起草单位:北海市秀派珠宝有限责任公司、中国科学院南海海洋研究所、广东海洋大学、广西红树林研究中心、广西壮族自治区产品质量检验研究院、广西壮族自治区海洋研究所、广西壮族自治区水产科学研究院、北海市水产技术学校。

本文件主要起草人:贾友宏、何毛贤、邓岳文、郭盈岑、刘如华、阎冰、邹杰、李琼珍、杨创业、叶丽香。

马氏珠母贝养殖与插核育珠技术规程

1　范围

本文件确立了马氏珠母贝(*Pinctada fucata martensii* Dunker,1872)养殖与插核育珠技术的术语和定义、程序的构成,规定了人工育苗、母贝养成、插核、休养与育珠和采珠等阶段的操作指示,描述了追溯方法。

本文件适用于马氏珠母贝人工育苗、养殖和育珠。

2　规范性引用文件

下列文件中的内容通过文中的规范性引用而构成本文件必不可少的条款。其中,注日期的引用文件,仅该日期对应的版本适用于本文件;不注日期的引用文件,其最新版本(包括所有的修改单)适用于本文件。

GB 11607　渔业水质标准

GB/T 18781　珍珠分级

GB/T 35940　海水育珠品种及其珍珠分类

SC/T 2071　马氏珠母贝

SC/T 2072　马氏珠母贝　亲贝和苗种

SC/T 9103　海水养殖水排放要求

3　术语和定义

GB/T 18781、GB/T 35940、SC/T 2071 和 SC/T 2072 界定的术语和定义适用于本文件。

3.1

贝龄　oyster age

马氏珠母贝出池苗转入海区后生长的时间。

3.2

插核　nucleus implantation

把珠核和细胞小片插入到手术贝(见 3.7)内脏团规定位置的操作过程。

3.3

母贝　host oysters

用于插核或制备细胞小片的珍珠贝。

3.4

排贝　rowing oysters

插核前,将手术贝(见 3.7)腹缘朝上紧密排列于透水容器,浸没于水槽内的洁净海水中一段时间的操作过程。

3.5

色线　mantle pigmented line

马氏珠母贝外套肌集束和外套膜边缘之间的一条由腺细胞形成的淡褐色的线。

3.6

施术贝　operated oysters

完成插核后,处于休养(见 3.11)阶段的珍珠贝。

3.7

手术贝　operation oysters

经过术前处理(见 3.8)后,用于插入珠核和细胞小片的珍珠贝。

3.8

术前处理　pre-operative condition

调整母贝(见 3.3)生理状态至符合插核要求的过程。

3.9

栓口　pegged open

把楔形塞子插入手术贝(见 3.7)的前腹角保持贝壳张开的操作过程。

3.10

小片贝　donor oysters

专门用于制备细胞小片的珍珠贝。

3.11

休养　recuperation

调整施术贝(见 3.6)生理状态恢复至正常的过程。

3.12

眼点　eye spot

发育成熟的壳顶幼虫在消化盲囊的腹面,靠近软体部后方出现的深色色素点。

3.13

育珠贝　pearl-culturing oysters

插核后经过休养(见 3.11)进入育珠阶段的珍珠贝。

4　马氏珠母贝养殖与插核育珠程序的构成

马氏珠母贝养殖与插核育珠程序包括 5 个阶段,人工育苗、母贝养成、插核、休养与育珠和收珠。

5　马氏珠母贝养殖与插核育珠

5.1　人工育苗

5.1.1　水质

水源水质应符合 GB 11607 的要求,育苗用水应过滤处理。

5.1.2　亲贝要求

亲贝种质应符合 SC/T 2071 的要求,亲贝质量应符合 SC/T 2072 的要求。雌贝生殖腺呈黄色或浅黄色,表面光滑,富弹性。雄贝生殖腺呈乳白色,流出的精液呈乳白色鲜奶状。亲贝雌雄比例宜为(3∶1)~(8∶1)。

5.1.3　人工授精

5.1.3.1　诱导催产授精

采用阴干流水法、温差法或阴干流水＋温差混合法等方法,刺激亲贝排放精卵,自然受精。

5.1.3.2　解剖法授精

解剖获得内脏团,用消毒脱脂棉擦除内脏团表面黏液,通过吸管吸取或手指挤压生殖腺分别采集精卵,在 0.05‰左右的氨海水中完成授精。

5.1.3.3　授精环境

宜在玻璃容器中进行,海水温度 23 ℃~30 ℃,海水盐度 24~32。授精过程应避免阳光照射。

5.1.4　孵化

受精后每隔 30 min~50 min 用虹吸法换水,换水 2 次~3 次后静置,待幼虫上浮后收集到育苗池。

5.1.5　幼虫培育

5.1.5.1 密度

育苗水体中的幼虫密度以1个/mL～3个/mL为宜。

5.1.5.2 换水

随着幼虫发育，换水量由1/3逐步增加到1/2～2/3，换水前后育苗水体温度变化不宜超过2 ℃、盐度变化不宜超过3。

5.1.5.3 投饵

日投喂2次，换水前4 h以上或换水后投喂。不同发育阶段的饵料种类和投饵量见附录A。

5.1.5.4 充气

置气石0.5个/m^2～1个/m^2，连续充气。在D型幼虫期充气保持水面微波状，壳顶幼虫期后气量逐渐加大，附着后水面微沸状，水体中溶氧量应≥1.5 mL/L。

5.1.5.5 光照

光照强度宜控制在500 lx以下。

5.1.6 附着

20%的幼体出现眼点时，在2 d～3 d分批投完附着基，或在30%的幼体出现眼点时一次性投放附着基。

5.1.7 收苗

贝苗壳长≥0.8 mm时，从附着基上轻柔洗脱收集。苗种质量应符合SC/T 2072的要求。

5.1.8 育苗用海水排放

育苗用海水的排放应符合SC/T 9103的要求。

5.2 母贝养成

5.2.1 场地条件

养殖海区以风浪较平静、潮流畅通、饵料生物丰富，底质为沙泥、沙、砾石或岩礁为宜。水质应符合GB 11607的要求，水温宜≥13 ℃，盐度宜≥20。

5.2.2 养殖方式

常用的养殖方式有短桩式平养、长桩式吊养、棚架式吊养、浮筏式吊养和浮球延绳筏吊养等。不同的场地条件宜采用相应的养殖方式，见附录B。

5.2.3 养殖管理

5.2.3.1 清洗与分疏

清洗笼具和贝体，更换不同网目的笼具并分疏养殖，见附录C。

5.2.3.2 污损及敌害生物清除

将笼具和贝体一同浸泡于淡水中30 min～60 min，或人工清除贝体表面污损生物及笼具中的敌害生物。

5.3 插核

5.3.1 核位

核位有3个，常用左袋和右袋，见附录D。

5.3.2 插核季节

春秋两季，春季为主，水温宜在18 ℃～28 ℃。

5.3.3 插核母贝准备

5.3.3.1 插核母贝选择

贝龄宜≤30个月，贝体健康，壳形完整端正，腹缘鳞片明显，无病虫害。

5.3.3.2 术前处理操作

利用温差、充气刺激诱导插核母贝排放精卵后，将贝装入术前处理笼(见附录E中E.1)中，贝体约占术前处理笼七成容积，吊养在3 m～5 m水层中，处理至插核母贝不长新鳞片、足丝2条左右、生殖腺呈乳白半透明、核位膨胀触碰有弹性。

5.3.4 **小片贝选择**

宜选贝龄≤24 个月，壳高≥5.5 cm，贝体健康，贝壳珍珠层银白或彩虹色、外套膜色泽鲜亮的母贝。

5.3.5 **插核工具**

插核工具包括切片刀、通道针、送核器、小片针、开口器、夹贝台等（见附录 F），插核前应清洁消毒。

5.3.6 **手术贝准备**

插核前对手术贝进行清洁、排贝、栓口，栓口后宜在 30 min 内完成插核。

5.3.7 **珠核准备**

插核前用过滤海水清洗珠核，置于装有过滤海水的浅口碟中。珠核直径与手术贝体重的关系见表 1。

表 1 手术贝的体重与插入珠核直径对照表

手术贝的体重，g	珠核直径，mm	
	左袋	右袋
20	2.5～3.0	2.0～2.5
25	3.5～4.5	3.0～4.0
40	6.0～7.0	5.5～6.5
50	7.0～8.0	6.0～7.0[a]
60	8.0～9.0	7.0～8.0[a]

[a] 视具体情况，可插也可不插。

5.3.8 **细胞小片制备**

5.3.8.1 **取片条**

切断小片贝闭壳肌，打开贝壳，在外套膜肌集束端和色线之间，从唇瓣下方至肛门腹面之间切取片条后，放在清洁、湿润的玻璃板或木块上。切取位置见附录 G。

5.3.8.2 **修片条**

用湿润洁净的棉球轻柔擦拭片条黏液和杂质，以色线为中心线修裁两侧的边缘，使其宽度为 2 mm～3 mm。

5.3.8.3 **切细胞小片**

根据插核方式，调整已修片条贴壳面的朝向，将片条切成长度 2.0 mm～3.5 mm 的小片。珠核直径与细胞小片规格的关系见表 2。

表 2 珠核直径与细胞小片规格对照表

单位为毫米

珠核直径	细胞小片长度
≥9.0	3.0～3.5
7.0～9.0	2.5～3.0
5.0～7.0	2.0～2.5
3.0～5.0	约 2.0

5.3.8.4 **细胞小片处理**

切好的细胞小片立即用 3%的汞溴红溶液（生理盐水或过滤海水配置）浸润，宜于 20 min 内使用。

5.3.9 **插核手术**

5.3.9.1 **切口**

将已栓口的手术贝固定在夹贝台上，用开口器撑开贝壳，在足基部与内脏团交界处开一个弧形切口。切口应在缩足肌的正上方或偏于背面，与足基部的黑线平行或成 30°。刀口深度要浅，切口宽度略小于珠核直径，不要割伤足丝腺。

5.3.9.2 **通道**

用通道针打开通道，通道宽度略小于珠核直径，深度不超过核位。

5.3.9.3 **送珠核、细胞小片**

用送核器将珠核经切口和通道送至核位。用小片针刺在距细胞小片边缘 1/3 处挑起细胞小片，送入核位，细胞小片的贴壳面应完全展开并紧贴珠核。

5.3.9.4 施术贝处理

从施术贝中取出开口器，将贝体腹缘朝上倾斜约 45°，整齐排满休养笼底部（见附录 E.2），表面加网盖。或放入微流动海水中暂养 1 h～4 h，再装入休养笼。下海休养，运输过程干露时间不宜超过 2 h。

5.4 休养与育珠

5.4.1 场地条件

养殖场地宜避风，浪小，潮流平缓畅通，其他条件应符合 5.2.1 的规定。

5.4.2 休养

5.4.2.1 吊养

吊养水层为 3 m～5 m，宜在浮筏上休养。

5.4.2.2 休养管理

休养周期 20 d～30 d，期间应抽查施术贝死亡、吐核情况，并采取相应措施。

5.4.3 育珠

5.4.3.1 育珠贝养殖方式

参见母贝养殖方式（见附录 B），宜采用浮球延绳筏养殖。

5.4.3.2 笼具与养殖密度

根据养殖方式，采用相应养殖笼具和养殖密度，见附录 C。

5.4.3.3 育珠管理

休养期结束后，宜采用 X 光珠核检测仪分选出含珠核的育珠贝进行后期养殖。定期抽样检查珍珠生长情况，调整养殖密度和吊养水层。定期清理敌害和污损生物。片式笼宜用机械设备清洗与清理。

5.5 收珠

珠层厚度达到 GB/T 18781 珠宝级最低要求方可收珠。收珠季节宜在 12 月至翌年 2 月。开贝取珠后，应尽快用加入洗洁精的温淡水清洗干净，干燥后保存。

6 追溯方法

6.1 生产资料建档

应对每批入库的原料、辅料、药品等的验收或检验报告分类存档备查。

6.2 生产记录建档

6.2.1 批次编号

应对人工育苗、母贝养成、插核育珠和收珠每个生产阶段的不同批次分别编号。

6.2.2 建立养殖追溯卡

每个批次应建立养殖类型、批次、种类等内容养殖追溯卡，生产周期结束，归档存放。养殖追溯卡的内容见附录 H。

6.2.3 记录养殖日志

应对每个批次的养殖过程进行记录，生产周期结束，归档存放。养殖日志内容见附录 I。

6.3 追溯

每个批次养殖过程中或结束后，根据存档资料可以追溯贝种、药品等生产资料来源和追查每个生产环节的管理、操作细节。

附 录 A
（资料性）
马氏珠母贝幼体投喂的饵料种类和投饵量

马氏珠母贝幼体不同发育阶段的饵料种类和日投饵量见表 A.1。

表 A.1 马氏珠母贝幼体不同发育阶段的饵料种类和日投饵量参考表

培养天数，d	发育阶段	日投饵量，个/mL	
		亚心形扁藻	湛江等鞭金藻
1	D 型期	—	200
2～6	D 型期	—	200～500
7～13	壳顶初期	500～1 000	600～1 000
14～16	壳顶中期	1 000～1 500	600～1 000
17～23	壳顶后期	1 500～2 000	600～1 000
24～35	眼点幼虫期和幼苗	2 000～3 000	600～1 000
36～60	幼苗至收苗	3 000～4 000	—

附 录 B
（资料性）
母贝常用养殖方式

B.1 短桩式平养

用 1.5 m～1.8 m 的木桩或水泥桩打入海底，桩高保持 1 m，桩间距 3 m～7 m，行距 1.2 m～1.5 m。用直径 10 mm 的聚乙烯绳把 5～10 只方笼连成长串，笼间距约 20 cm 左右，两头固定桩上。在两桩之间，隔两行打一个桩，用直径 10 mm～20 mm 塑料聚乙烯绳纵向固定每行吊绳，预防台风。

适用于低潮时水深 0.1 m～1 m 的沙、沙泥底质，以及潮差大、滩涂平、退潮远的开放型海区。

B.2 长桩式吊养

以长度 1.5 m～7 m 的水泥杆或木桩为柱，柱距 4 m～5 m，行距 5 m～6 m，柱间以直径 0.8 cm～1.0 cm 粗胶丝绳互相牵连，形成长方形（面积 1/3 hm^2～2/3 hm^2）的养殖单元，每单元之间间隔 15 m～20 m。养殖贝笼吊挂胶丝绳上，贝笼吊养间距 50 cm 左右。

适用于最低潮时水深在 1 m～4 m 以上的沙、沙泥底质及潮差小的开放型港湾或海区。

B.3 棚架式吊养

以水泥杆或木桩为柱，高度根据潮差确定，最高潮时棚架表面露出海面。纵横柱距 3.5 m～3.8 m，打桩入土层围成正方形或长方形；用 4 m 长的大梁木（直径≥10 cm）、中梁木（直径 8 cm 左右）、小梁木（直径 5 cm 左右），在柱上搭棚架。梁木互相交接之处用 8 号镀锌铁线（4.0 mm）捆扎牢固。棚架面积大小，视海区底质和风浪大小而定。棚架间留有 5 m～10 m 通道。小梁间距 50～60 cm，贝笼吊养间距 50 cm 左右。

适用于最低潮水深 1.5 m～4 m 的沙、沙泥底质及潮差小的内湾海区。

B.4 浮筏式吊养

用毛竹或木条建造浮筏，面积在 50 m^2～100 m^2，可以每 5 台～10 台浮筏连成一串，四角用桩或铁锚固定，规格大≥500 m^2/个的浮筏单独固定。毛竹或木条间距 50 cm～60 cm，贝笼吊养间距 50 cm 左右。

适用最低潮时水深 5 m～6 m 的沙、沙泥、石砾或岩礁底质海区。

B.5 浮球延绳筏吊养

主缆绳的直径 16 mm～18 mm，长度视养殖海区条件而定，一般为 80 m～200 m。在主缆绳上每个 4 m～5 m 结一个直径 30 cm 的浮球。主缆绳以 4 m～5 m 间距平行并列，两端用桩（锚）固定，脚绳长为水深的 3 倍～7 倍，以适应涨落潮差或强风时位移的需要。用 16 mm 副缆绳，以 16 m～30 m 间隔，横穿主缆绳筏并固定使主缆绳保持等距离。贝笼吊在缆绳上，贝笼吊养间距 100 cm。

适合于最低潮时水深 4 m 以上的沙、沙泥、石砾或岩礁底质海区。风浪季节不宜用于施术贝的休养。

附　录　C
（资料性）
母贝养成阶段的管理

母贝养成不同阶段疏养笼具规格及养殖密度。

表 C.1　母贝养成不同阶段疏养笼具规格及养殖密度

贝的壳高 mm	贝笼[a]（袋[b]）规格 mm	形状	网目规格 mm	养殖密度 个/笼	分笼间隔时间 d	清洗间隔时间 d
2～5	400×600 （宽×长）	袋状	1.0～1.5	1 500～2 000	10～15	10～15
5～10	400×600 （宽×长）	袋状	2.5～4.0	800～1 000	10～15	10～15
10～15	400×600 （宽×长）	袋状	6～10	300～500	15～20	15～20
15～20	300×300×150 （长×宽×高）	方形或拱形	10～15	100～150	20～30	20～30
20～30	250×400 （底径×高）	锥形	15～20	80～100	35～40	35～40
30～40	250×400 （底径×高）	锥形	20～25	60～80	30～40	10～30
40～55	250×400 （底径×高）	锥形	20～25	40～60	40～50	10～30
	450×720 （底长×高）	片形	20～25	70～90	40～50	10～30
＞55	400×300×150 （底径×面径×高）	圆台形 （双圈）	30～35	30～40	40～50	10～30
	450×720 （底长×高）	片形	30～35	60～80	40～50	10～30

[a] 笼，由笼框（材料为 8 号～10 号，热镀锌铁线或塑料包被）、网片（6 支～15 支纱胶丝绳）和吊绳（4 mm～5 mm 胶丝绳）。
[b] 袋，用聚乙烯筛网制作。

附 录 D
(资料性)
马氏珠母贝核位图

马氏珠母贝核位图见图 D.1。

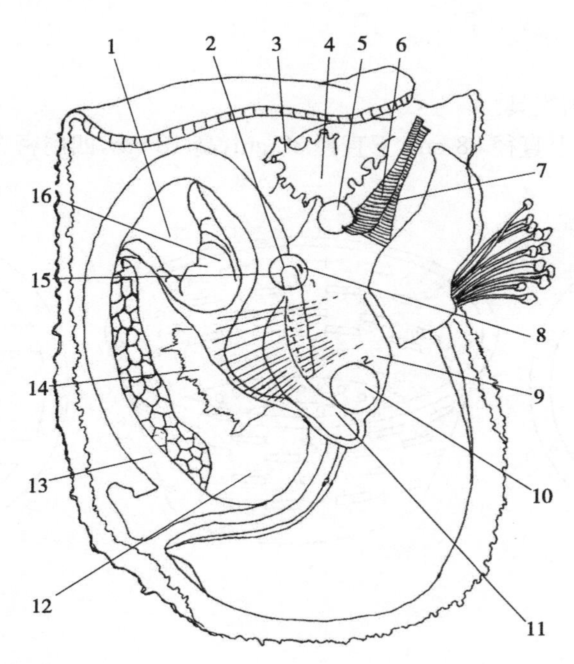

标引序号说明：

1——心室；
2——肾脏；
3——消化盲囊；
4——胃；
5——核位(右袋)；
6——外唇瓣；
7——内唇瓣；
8——泄殖孔；
9——腹嵴；
10——核位(左袋)；
11——肠；
12——闭壳肌；
13——直肠；
14——缩足肌；
15——核位(下足)；
16——心耳。

右袋：位于缩足肌背面、围心腔与泄殖孔之间，适宜较小的珠核。

左袋：位于缩足肌腹面、腹嵴与肠突之间，适宜较大的珠核。

下足：位于贝体左侧，唇瓣末端与泄殖孔之间、偏近泄殖孔的鳃轴外缘正下方，适宜于中等珠核的插核。

图 D.1 马氏珠母贝核位图

附 录 E
(资料性)
术前处理笼和休养笼

E.1 术前处理笼

术前处理笼见图 E.1。

用于处理插核母贝的专用笼具。

聚乙烯塑料笼呈圆桶形,上直径 38 cm,下直径 32 cm,高 18 cm,四周密布细长方形的孔,底部有小圆孔,并配专用塑料盖和底垫。

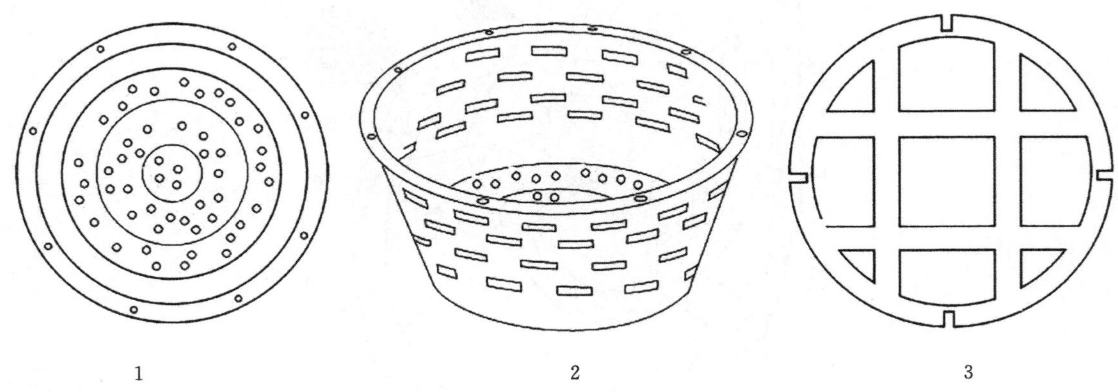

标引序号说明:
1——术前处理笼平面图;
2——术前处理笼示意图;
3——术前处理笼笼盖平面图。

图 E.1 术前处理笼

E.2 休养笼

用于插核后珍珠贝休养的专用笼具。

正方形塑料笼,边长 43 cm,高 10 cm,四周和底部有密布细长方形的孔,配用铁框和 1 cm～3 cm 网目的网片制作的正方形笼盖。

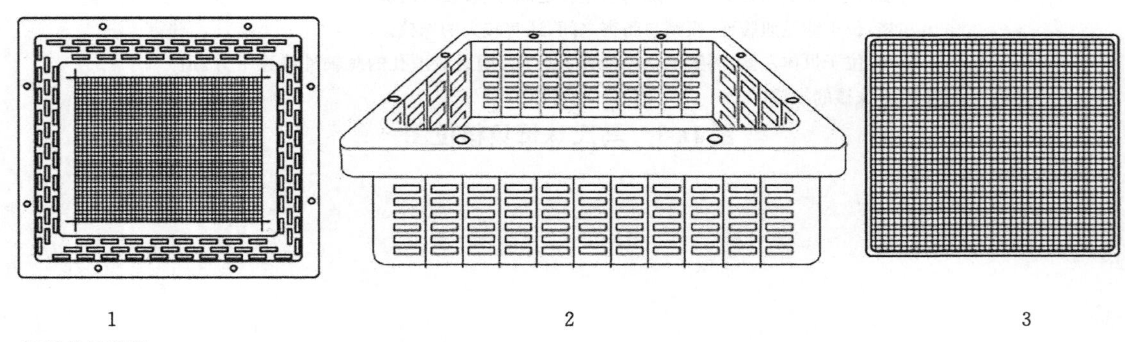

标引序号说明:
1——休养笼平面图;
2——休养笼示意图;
3——休养笼笼盖平面图。

图 E.2 休养笼

附　录　F
（资料性）
插核生产工具

切片和插核工具见图 F.1，插核辅助工具和设备见图 F.2。

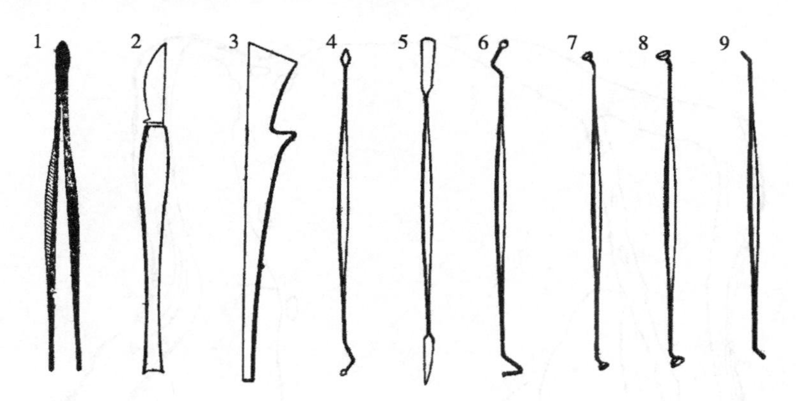

标引序号说明：

1——镊子；
2——开小片贝刀；
3——切小片刀；
4——前导针(上)通道针(下)；
5——平针(上)开切口刀；
6——推核针(上)钩(下)；
7——小号送核器；
8——中号送核器；
9——小片针。

图 F.1　切片和插核工具

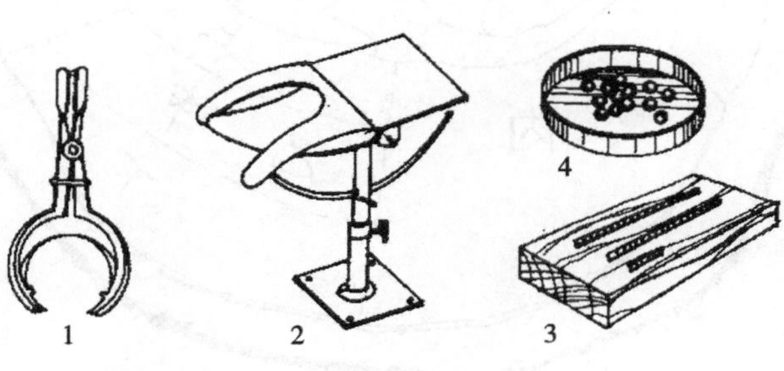

标引序号说明：

1——开口器；
2——夹贝台；
3——珠核及容器；
4——小片及木块。

图 F.2　插核辅助工具和设备

附 录 G
（资料性）
细胞小片切取位置

马氏珠母贝细胞小片切取位置见图 G.1。

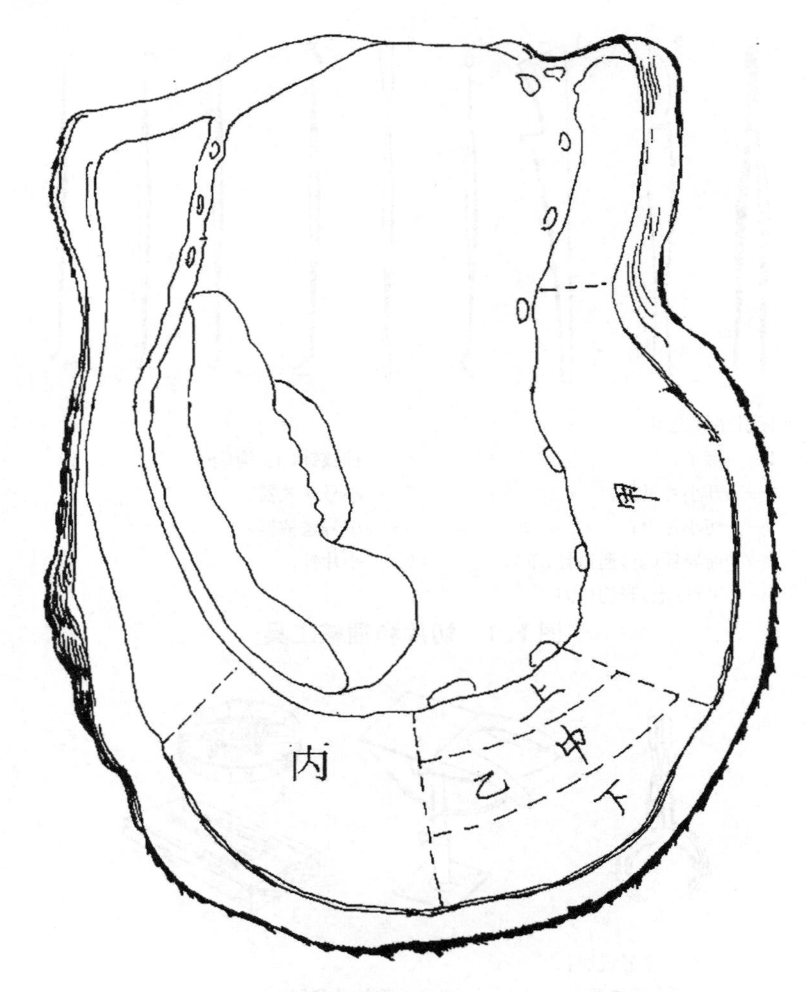

育珠效果：右侧外套膜＞左侧外套膜；下＞中＞上；丙＝乙＞甲。

乙区为插大核、中核用细胞小片位置，丙区为插中核用细胞小片位置，甲区为插小核用细胞小片位置。

图 G.1 马氏珠母贝细胞小片切取位置图

附 录 H
（资料性）
养殖追溯卡

养殖追溯卡见表 H.1。

表 H.1 养殖追溯卡

<table>
<tr><td>单位名称（盖章）</td><td colspan="3"></td><td>建卡人</td><td></td></tr>
<tr><td>生产类型</td><td colspan="2">育苗□</td><td>养成□</td><td colspan="2">插核育珠□</td></tr>
<tr><td>批次编号</td><td></td><td colspan="2">开始时间</td><td colspan="2"></td></tr>
<tr><td>种类</td><td>来源</td><td colspan="2">规格</td><td colspan="2">数量</td></tr>
<tr><td>亲贝□
种苗□
母贝□</td><td></td><td colspan="2"></td><td colspan="2"></td></tr>
<tr><td>备注</td><td colspan="5"></td></tr>
</table>

附 录 I
（资料性）
养 殖 日 志

养殖日志见表 I.1。

表 I.1 养殖日志

<table>
<tr><td colspan="2">批次编号</td><td></td><td>记录时间</td><td></td><td>记录人</td><td></td></tr>
<tr><td colspan="2">生产阶段</td><td colspan="5">育苗□ 养成□ 插核□ 休养□ 育珠□ 收珠□</td></tr>
<tr><td>日常生产管理记录</td><td colspan="6"></td></tr>
<tr><td>病害记录</td><td colspan="6"></td></tr>
<tr><td>备注</td><td colspan="6"></td></tr>
</table>

ICS 65.020.30
CCS B 41

中华人民共和国水产行业标准

SC/T 7011.1—2021
代替 SC/T 7011.1—2007

水生动物疾病术语与命名规则 第1部分：水生动物疾病术语

Terms and nomenclature codes of aquatic animal disease—Part 1: The term of aquatic animal disease

2021-11-09 发布　　　　2022-05-01 实施

中华人民共和国农业农村部　发布

前　言

本文件按照 GB/T 1.1—2020《标准化工作导则　第 1 部分:标准化文件的结构和起草规则》的规定起草。

本文件是 SC/T 7011《水生动物疾病术语与命名规则》的第 1 部分。SC/T 7011 已经发布了以下部分:

——第 1 部分:水生动物疾病术语;

——第 2 部分:水生动物疾病命名规则。

本文件代替 SC/T 7011.1—2007《水生动物疾病术语与命名规则　第 1 部分:水生动物疾病术语》,与 SC/T 7011.1—2007 相比,除结构调整和编辑性改动外,主要技术变化如下:

——增加了一般基础术语(见 3.1);

——增加了病毒及其致病性术语(见 3.2);

——增加了细菌及其致病性术语(见 3.3);

——增加了寄生虫及其致病性术语(见 3.4);

——增加了真菌及其致病性术语(见 3.5)。

请注意本文件的某些内容可能涉及专利。本文件的发布机构不承担识别专利的责任。

本文件由农业农村部渔业渔政管理局提出。

本文件由全国水产标准化技术委员会(SAC/TC 156)归口。

本文件起草单位:上海海洋大学、全国水产技术推广总站、中国水产科学研究院黄海水产研究所。

本文件主要起草人:胡鲲、于秀娟、杨先乐、李清、史成银、梁艳、苏惠冰、佘卫忠、董亚萍、朱凤娇、李怡、邱军强、蔡晨旭。

引　言

本文件是以规范水生动物疾病术语与命名规则、实现水生动物疾病基础研究资源充分共享和相关科学研究可持续发展为目的而制定的。水生动物疾病术语和命名规则在技术上属于相对独立的单元，因此水生动物疾病术语与命名规则分为两个部分。其中，水生动物疾病术语是命名规则的基础和技术依据，水生动物疾病命名规则是在水生动物疾病术语基础上针对病害防控需求的衍生和发展。本文件规定了水生动物疾病术语。在制定过程中，本文件本着以科学性、先进性及历史渊源为主要原则，既结合了我国现有水生动物疾病研究的工作基础，又考虑了我国水产养殖业的特点，尽可能地把水生动物疾病术语科学的描绘出来。

水生动物疾病术语与命名规则 第1部分:水生动物疾病术语

1 范围

本文件给出了水生动物疾病的术语。

本文件适用于水生动物疾病的术语和基本概念的统一理解与使用。

2 规范性引用文件

本文件没有规范性引用文件。

3 术语和定义

3.1 一般性术语

3.1.1

水生动物医学　aquatic animal medicine

研究水生动物疾病发生的原因、流行规律、病原学和病理学,以及诊断、预防和治疗方法的学科。

3.1.2

水生动物疾病　aquatic animal disease

水生动物受到各种生物因素和非生物因素的作用,而导致正常生命活动紊乱以至死亡的现象。按致病原因可分为病原性和非病原性两类,前者是病毒、细菌、真菌、寄生虫等病原体对其机体的感染,后者是生物或非生物的因素对机体造成损害而产生的病变,如机械、环境、营养、药源、藻类毒素等因素造成的损伤,以及其他生物的袭击等。

3.1.3

水生动物疾病防治　prevention and treatment of aquatic animal disease

预防和治疗水生动物病害的技术措施,它包括免疫防治、生态防治、药物防治等。

3.1.4

水生动物病原学　aquatic animal etiology

研究引发水生动物疾病的病原生物的形态、结构、生命活动规律以及与宿主相互关系的一门科学,是水生动物医学的重要分支学科。

3.1.5

水生动物病理学　aquatic animal pathology

研究患病水生动物的机体细胞、组织、器官等在结构、功能和代谢等方面的变化规律的学科。

3.1.6

水生动物疾病流行病学　epidemiology of aquatic animal disease

研究水生动物疾病分布及其相关决定因素,从而为疾病防控策略提供依据的一门学科。

3.1.7

分子流行病学　molecular epidemiology

利用分子生物学原理和技术,从分子水平上研究并阐明病因及其相关的致病过程,并研究疾病的防治和促进健康的策略的科学。

3.1.8

新发病　emerging disease

由新发现的病原体引起的,或由已知病原体演变、或传播至新的地理区域或种群引起的,并对水生动物或公共卫生具有重大影响的疾病。

3.2 病原体及其致病性术语

3.2.1 一般基础术语

3.2.1.1

病原体 pathogen

能引起疾病的微生物和寄生虫的统称。

3.2.1.2

病因 cause of disease

引起疾病主要因素的简称,包括病原性因素(病原体)及非病原性因素。

3.2.1.3

致病性或病原性 pathogenicity

病原生物感染宿主,在宿主体内定居、增殖并引起疾病的特性或能力。

3.2.1.4

毒力 virulence

病原体使机体致病的能力。表示致病性的强弱程度。

3.2.1.5

毒素 toxin

由生物体产生的,极少量即可引起动物中毒的一种特殊毒物。一般根据来源分为细菌毒素、真菌毒素、寄生虫毒素等。

3.2.1.6

最小致死量 minimum lethal dose,LD

使试验生物群体全部死亡的某种病原体的最少数量。

3.2.1.7

半数致死量 median lethal dose,LD_{50}

使试验生物群体产生50%死亡的某种病原体的数量。

3.2.1.8

半数致死时间 median lethal time,LT_{50}

试验生物群体出现50%死亡所需的时间。

3.2.2 病毒及其致病性术语

3.2.2.1

病毒 virus

一类在活细胞内专性寄生的超显微的非细胞型微生物。病毒大小的测量单位是纳米(nm),形态有杆状、球状、卵圆状、砖状、蝌蚪状、子弹状和丝状等。每一种病毒只含有一种核酸,靠宿主代谢系统的协助来复制核酸、合成蛋白质等组分,然后再进行装配而得以增殖。

3.2.2.2

病毒病 viral disease

由于病毒感染引起水生动物发生病理变化甚至死亡的疾病。

3.2.2.3

病毒粒子 virion

成熟、结构完整的单个病毒。它的主要成分是核酸和蛋白质。

3.2.2.4

衣壳 capsid

紧密包在病毒核酸外面的一层蛋白质外衣,由许多衣壳粒按一定几何构型集结而成,是病毒粒子的主要支架结构和抗原成分,对核酸有保护作用。

3.2.2.5

核衣壳 nucleocapsid

核酸和衣壳合在一起的结构。

3.2.2.6

囊膜 envelope

某些病毒在成熟过程中从宿主细胞获得的、含有宿主细胞膜或核膜化学成分的、包被在其核衣壳外的一层类脂或脂蛋白,是来自宿主细胞膜或核膜但被病毒改造成的具有独特抗原特性的膜状结构。

3.2.2.7

包涵体 inclusion body

某些被病毒感染的细胞内,经染色后可用光学显微镜观察到的与正常细胞着色不同的结构,可存在于细胞核内或细胞质内,因感染病毒不同而呈嗜碱或嗜酸性。包涵体或由大量晶格状排列病毒组成,也可以是病毒成分的蓄积。

3.2.3 **细菌及其致病性术语**

3.2.3.1

细菌 bacterium

一大类群结构简单、种类繁多,主要以二分裂繁殖,无色半透明,体积微小的球形、杆形或螺旋形的单细胞原核微生物。一般以微米(μm)为测量单位,有革兰氏阳性细菌和革兰氏阴性细菌之分。

3.2.3.2

革兰氏染色 gram staining

将细菌分为革兰氏阳性细菌和革兰氏阴性细菌的染色法。革兰氏阳性菌被染成蓝紫色,革兰氏阴性菌被染成浅红色。革兰氏阳性细菌一般用 G^+ 表示,革兰氏阴性细菌一般用 G^- 表示。

3.2.3.3

细菌病 bacterial disease

由细菌感染而引起水生动物生命活动紊乱,发生病理变化甚至死亡的疾病。

3.2.3.4

荚膜 capsule

在某些细菌细胞壁外存在着一层厚度不同的胶状物质。荚膜不是细菌的必要细胞组分,对一些致病菌来说,荚膜可保护它们免受宿主白细胞的吞噬。

3.2.3.5

鞭毛 flagellum

长在某些细菌体表的长丝状、波曲的附属物,其数目为一至数十根,具有运动的功能。

3.2.3.6

菌毛 pilus

长在细菌体表的一种纤细(直径 7 nm～9 nm)、中空(内径 2 nm～2.5 nm)、短直、数量较多(250 根～300 根)的蛋白质附属物,常见于革兰氏阴性菌和部分革兰氏阳性菌。

3.2.3.7

芽孢 spore

细菌在一定环境下在细胞内形成的圆形或椭圆形的休眠体,有较厚的芽孢壁,具有高度的抗逆性,在 100 ℃处理数小时方可灭活。

3.2.3.8

产毒性 toxigenicity

致病菌常能产生一种或多种细菌毒素,直接引起宿主的损伤的性质。

3.2.3.9

外毒素　exotoxin

革兰氏阳性菌及某些革兰氏阴性菌在细胞内合成后释放到细胞外，或在细菌死亡溶解后释放出来的有毒物质，通常为可溶性蛋白质。外毒素有高度的特异性，大部分不耐热。

3.2.3.10

内毒素　endotoxin

由革兰氏阴性菌所合成的一种存在于细菌细胞壁外层的脂多糖，只有在细菌死亡和裂解后才释放出的有毒物质。内毒素耐热，100 ℃处理不失活。

3.2.3.11

溶血素　hemolysin

细菌产生的溶解动物红细胞的一种外毒素，其本质为蛋白质。

3.2.3.12

类毒素　toxoid

细菌产生的外毒素在加入甲醛后变成无毒性但仍有免疫原性的生物制品。

3.2.3.13

支原体　mycoplasma

一类无细胞壁的最小原核微生物，可独立营养，可在无细胞的人工培养基中生长，能通过细菌滤器。形态上呈多态性，常为分枝状。

3.2.3.14

衣原体　chlamydia

一类大小介于立克次氏体和病毒之间，能通过细菌滤器，专性活细胞内营专性能量寄生并有独特发育周期的原核微生物。衣原体具细胞构造，细胞内同时含有 DNA 和 RNA 两种核酸，有革兰氏阴性菌特征的含肽聚糖的细胞壁，细胞内含有核糖体，以二等分裂方式进行繁殖，对抗生素敏感。

3.2.3.15

立克次氏体　rickettsia

一类大小介于细菌和病毒之间，大多不能通过细菌滤器，在活细胞内专性寄生的致病性原核微生物。细胞球状、杆状或多形态。在光学显微镜下可见，存在于宿主的胞质或细胞核中。细胞结构与细菌相似，革兰氏染色阴性，对热、干燥、光照、脱水、普通化学药剂抗性较差。

3.2.3.16

类立克次氏体　rickettsia-like organism，RLO

形态、结构和性状与立克次氏体相似的小型杆状细菌，有细胞壁，有固定的形态，存在于寄主细胞的细胞质中。

3.2.4　**寄生虫及其致病性术语**

3.2.4.1

寄生　parasitism

一种生活在另一种较大型生物的体内或体表，从中取得营养和进行生长繁殖，同时使后者受损害甚至被杀死的现象。

3.2.4.2

寄生虫　parasite

寄生于水生动物的动物，包括原虫、蠕虫和甲壳类等。

3.2.4.3

寄生虫病　parasitosis；parasitoses；parasitic disease

寄生虫侵入水生动物而引起的疾病。

3.2.5　**真菌及其致病性术语**

3.2.5.1

真菌　fungus

一大类具有典型细胞核，不含叶绿素，不分根、茎、叶，靠寄生或腐生生活方式生活的真核细胞微生物。真菌细胞核高度分化，有核膜和核仁，胞浆内有完整的细胞器；少数为单细胞，大部分以分枝或不分枝的菌丝体存在的多核细胞。

3.2.5.2

真菌病　fungal disease

由真菌感染引起水生动物发生病理变化甚至死亡的疾病。

3.2.5.3

菌丝　hyphae

真菌营养体的基本单位，直径为 3 μm～10 μm，分无隔菌丝和有隔菌丝两种。

3.3　症状和病理术语

3.3.1

症状　symptom

动物患病后在形态学、解剖学和行为学等方面异常表现的客观描述。

3.3.2

疾病　disease

由致病因素作用于生物机体时扰乱了正常生命活动的现象。

3.3.3

综合征　syndrome

以综合形式同时出现的一组相互关联的医学症状和体征，通常与特定的疾病或功能失调有关。

3.3.4

病变　lesion

机体细胞、组织、器官在致病因素作用下发生的局部或全身异常变化。

3.3.5

病灶　focus

组织或器官遭受致病因素的作用而引起病变的部位。

3.3.6

萎缩　atrophy

因患病或受到其他因素作用，正常发育的细胞、组织、器官发生物质代谢障碍所引起的体积缩小及功能减退的现象。

3.3.7

变性　degeneration

由于某些原因引起细胞的物质代谢障碍，使细胞内或间质内出现了异常物质或正常物质数目异常增多，并伴有形态和功能变化的过程。变性一般而言是可修复的，但严重的变性往往不能恢复而发展为坏死。

3.3.7.1

水样变性　hydropic degeneration

由于感染、中毒、缺氧等损害细胞，线粒体产生的能量减少，细胞膜上钠泵功能下降，细胞内水分增多，形成细胞水肿，严重时称为细胞的水样变性。当原因消除，细胞可以恢复正常，但如果继续发展，则可能形成脂肪变性或坏死。

3.3.7.2

脂肪变性　fatty degeneration

实质细胞质内脂滴量超出正常生理范围或原不含脂肪的细胞出现游离性脂滴的现象。

3.3.7.3

纤维素样变性　fibrinoid degeneration

间质的胶原纤维及小血管壁的一种变性，常见于免疫反应性疾病，病变呈小灶状坏死，原来的组织结构消失，变为一堆边界不清，呈颗粒、小条、小块状物质，HE 染色强嗜酸性，似纤维素样，故称纤维素样变性；由于伴有组织坏死，所以又称纤维素样坏死。

3.3.7.4

透明变性　hyaline degeneration

细胞内或间质中出现了 HE 染色呈碱性、均质无结构、半透明、质韧硬，似毛玻璃样，具有折光性的蛋白性物质的变性，也称玻璃样变性(hyalinization)，简称玻变，常见于结缔组织、血管壁等。

3.3.7.5

黏液样变性　mucoid degeneration

组织间质内出现类黏液积聚的现象。

3.3.7.6

淀粉样变性　amyliod degeneration

组织内有淀粉样物质沉积的现象。

3.3.7.7

空泡变性　vacuolar degeneration

变性细胞的胞质或胞核内出现水分，形成大小不等水泡现象的变性。

3.3.8

变质　alteration

炎症局部组织发生变性和坏死的现象。

3.3.9

坏死　necrosis

活体局部组织和细胞死亡的现象。主要表现为核浓缩、核碎裂、核溶解等细胞、组织的自溶性变化，坏死周围组织常有炎症反应。坏死的形态学变化实际上是组织细胞自溶性改变。

3.3.10

充血　hyperemia

局部组织和器官的血管扩张，含血量超过正常的一种机体的防御和适应性反应。分为动脉性充血(简称充血)和静脉性充血(简称淤血)。

3.3.11

贫血　anemia

机体组织、器官含血量或红细胞、血红蛋白数量低于正常值的现象。

3.3.12

出血　hemorrhage

因血管壁完整性被破坏导致血液从心脏、血管流出或渗出的现象。流出的血液进入组织间隙或体腔内，叫内出血，流到体表外时叫外出血；由外伤引起，因血管壁破裂造成的出血叫破裂性出血；因通透性升高造成的出血叫渗出性出血，多见于某些急性传染病、中毒等；渗出性出血在组织中常表现为小点出血，即瘀点，或小块出血，即瘀块；较多的血液聚集于组织间隙内形成肿块，叫血肿，出血面积较大的叫溢血。

3.3.13

溶血　hemolysis

红细胞破裂，血红蛋白溢出，称红细胞溶解，简称溶血。

3.3.14

败血　septicemia

病原体侵入血液并迅速生长繁殖的现象。

3.3.15

血栓　thrombus

在活体的心脏或血管内，血液发生凝固或血液中某些有形成分析出、凝集所形成的固体质块。

3.3.16

弥漫性血管内凝血　disseminated intravascular coagulation，DIC

血液的凝固性增高，在全身微循环内形成大量由纤维素和血栓细胞构成的微血栓，广泛分布于许多器官和组织的毛细血管和小血管内的现象。

3.3.17

水肿　edema

组织间液在组织间隙内异常增多的现象。

3.3.18

积水　hydrops

组织间液在胸腔、心包腔、腹腔、脑室等浆膜腔内的过量蓄积的现象。

3.3.19

腹水　ascites

腹腔中浆液的不正常积蓄。

3.3.20

炎症　inflammation

由于各种致炎因子的作用和局部损伤，机体所产生的以血管渗出为中心的、以防御为主的应答性反应。炎症局部组织的基本病变包括变质、渗出、增生。变质反映损害的一面，而渗出和增生则反映抗损害的一面。

3.3.20.1

卡他性炎症　catarrhal inflammation

以黏液渗出和上皮细胞变性为主的炎症。

3.3.20.2

化脓性炎症　pyogenic inflammation

以大量多形核白血球渗出，以及变性、坏死为主的一种炎症。

3.3.20.3

出血性炎症　hemorrhagic inflammation

炎症病灶血管壁通透性增大或管壁破裂而致大量红细胞漏出的炎症。

3.3.21

溃疡　ulcer

上皮组织全层或更深组织的局限性组织缺损。

3.3.22

糜烂　erosion

上皮组织表层的局部组织缺损。

3.3.23

脓肿　abscess

组织或器官内形成的局部性脓腔。

3.3.24

水疱　water blister

不含血或脓、带清水样内含物的疱。

3.3.25

疖疮　furuncle

鳞囊、皮下及皮下肌肉的化脓性炎症现象。

3.3.26

渗出　exudation

由于病因的作用，血管通透性增强，在发生局部炎症的血管内，液体沿管壁进入间质、体腔、体表或黏膜表面的过程。

3.3.27

肉芽肿　acestoma

实质细胞和纤维细胞再生形成的呈颗粒状的肉芽。

3.3.28

增生　hyperplasia

细胞分裂增生，数目增多，有时导致组织和器官体积的增大的现象。增生可分生理性和病理性两种，后者又分为再生性增生、过再生性增生及内分泌障碍性增生三种。

3.3.29

肥大　hypertrophy

由于细胞体积的增大或数量的增多而导致组织和器官体积增大的现象。

3.3.30

肿瘤　tumor，neoplasm

机体在各种致瘤因素作用下，局部组织的细胞在基因水平上失掉了对其生长的正常调控，导致异常增生而形成的新生物。简称瘤。

3.4　感染与流行术语

3.4.1

感染　infection

又称传染，病原体侵入生物体并在生物体内繁殖、发展或潜伏，一般可引起机体组织的形态、代谢和功能等方面的反应和损伤。

3.4.1.1

顿挫性感染　abortive infection

病毒进入宿主细胞后，细胞不能为病毒增殖提供所需要的酶、能量及必要的成分，则病毒在其中不能合成本身的成分，或者虽合成部分或全部病毒成分，但不能组装和释放出有感染性的病毒颗粒。

3.4.1.2

内源性感染　endogenous infection

被来自患病动物自身体表或体内的病原生物引起的感染。

3.4.1.3

外源性感染　exogenous infection

被来自其他患病或携带病原动物的病原生物引起的感染。

3.4.1.4

浸浴感染　immersion infection

病原体通过水体媒介所引起水生动物的感染。

3.4.1.5

表面感染　surface infection

病原体在某些器官局部增殖，一般不侵入血液，也不感染其他器官而引起疾病的过程。

3.4.1.6

隐性感染　inapparent infection

当机体免疫力较强或入侵的病原体数量不多或毒力不强时，病原体能在宿主内生长繁殖，但不表现明显临床症状的过程。

3.4.1.7

显性感染　apparent infection

当机体抵抗力较差或入侵的病原体毒力较强、数量较多时，宿主受到严重损害，出现明显临床症状的过程。

3.4.1.8

局部感染　local infection

局限于一定部位的感染。

3.4.1.9

全身感染　systemic infection

感染发生后病原体或其代谢产物向全身扩散，引起各种临床表现。

3.4.1.10

经口感染　peroral infection

病原体经过口腔进入机体的一种感染方式。

3.4.1.11

垂直感染　vertical infection

病原体由母体通过卵细胞或胎盘血循环传给子代的一种感染方式。

3.4.1.12

水平感染　horizontal infection

病原体从生物群体中的一部分传播到另一部分的一种感染方式。

3.4.1.13

急性感染　acute infection

潜伏期短，发病急，病程数日至数周，恢复后机体内不再存在病原体的感染。

3.4.1.14

慢性感染　chronic infection

显性或隐性感染后，病原体并未完全清除，可持续存在于血液或组织中并不断排出体外。

3.4.1.15

持续性感染　persistent infection

病原体在感染机体后可在机体内持续存在数月至数年。

3.4.1.16

潜伏感染　latent infection

经急性或隐性感染后，病原体存在于一定组织或细胞内，不具传染性的感染。

3.4.2

潜伏期　latent period

病原体侵入生物体至出现最初临床症状的一段时间。

3.4.3

传染源　source of infection

病原携带者或传播者。

3.4.4

暴发　outbreak

疾病在一个群体或地区内发病时间高度集中、发病数量明显增加的现象。

3.4.5

流行　epidemic

传染性疾病在一定范围和时间内不断增加和传播的现象。

3.4.6

流行率　prevalence rate

在某一时间内，某一水生动物群中感染的水生动物数量占易感水生动物总数的百分比。

3.4.7

感染率　infection rate

在某一时间内实施检查的水生动物样本中，检出某病原阳性水生动物数量占受检水生动物总数的比例。

3.4.8

发病率　incidence rate

某一水生动物种群在某一时间内新发病例数占易感水生动物总数的百分比。

3.4.9

死亡率　mortality rate

在某一时间内，某一水生动物群中死亡的水生动物数量占易感水生动物总数的百分比。

3.4.10

传染病　infectious disease

由病原微生物（病毒、衣原体、立克次氏体、支原体、细菌、螺旋体、真菌、朊蛋白等）感染水生动物体后所引起的具有传染性的疾病。

3.4.11

流行性疾病　epidemic disease

一类可以感染众多宿主，能在一定时间内广泛蔓延的传染性疾病。

3.4.12

系统性疾病　systemic disease

一类可对动物机体系统造成严重损害的全身性疾病。

3.4.13

急性病　acute disease

形容一类潜伏期短，发作急剧、变化快的疾病。

3.4.14

慢性病　chronic disease

形容一类发作缓慢，病程拖得较长、不能在短期内治愈的疾病。

索　引

汉语拼音索引

B

C

D

F

N

P

Q

R

S

T

W

X

Y

Z

英文对应词索引

A

B

C

D

E

F

G

H

I

L

M

N

O

P

R

S

T

U

V

W

ICS 65.020.30
CCS B 41

中华人民共和国水产行业标准

SC/T 7011.2—2021
代替 SC/T 7011.2—2007

水生动物疾病术语与命名规则 第2部分：水生动物疾病命名规则

Terms and nomenclature codes of aquatic animal disease—
Part 2: The nomenclature codes of aquatic animal disease

2021-11-09 发布 2022-05-01 实施

中华人民共和国农业农村部 发布

前　言

本文件按照 GB/T 1.1—2020《标准化工作导则　第1部分:标准化文件的结构和起草规则》的规定起草。

本文件是 SC/T 7011《水生动物疾病术语与命名规则》的第2部分。SC/T 7011 已经发布了以下部分:

——第1部分:水生动物疾病术语;

——第2部分:水生动物疾病命名规则。

本文件代替 SC/T 7011.2—2007《水生动物疾病术语与命名规则　第2部分:水生动物疾病命名规则》,与 SC/T 7011.2—2007 相比,除结构调整和编辑性改动外,主要技术变化如下:

——增加了25种病毒性疾病新命名,减少10种疾病命名,修改1种疾病命名(见附录A中的A.1);

——增加了14种细菌性疾病新命名,减少21种疾病命名,修改4种疾病命名,合并4种疾病命名(见A.2);

——增加了17种寄生病新命名,减少29种疾病命名,修改1种疾病命名(见A.3);

——增加了4种真菌性疾病新命名,减少5种疾病命名(见A.4);

——删除了非病原性疾病的命名(见2007版的A.7)。

请注意本文件的某些内容可能涉及专利。本文件的发布机构不承担识别专利的责任。

本文件由农业农村部渔业渔政管理局提出。

本文件由全国水产标准化技术委员会(SAC/TC 156)归口。

本文件主要起草单位:上海海洋大学、全国水产技术推广总站、中国水产科学研究院黄海水产研究所。

本文件主要起草人:李清、胡鲲、梁艳、杨先乐、于秀娟、史成银、苏惠冰、余卫忠、董亚萍、朱凤娇、李怡、邱军强、蔡晨旭。

引　言

本文件是以规范水生动物疾病术语与命名规则、实现水生动物疾病基础研究资源充分共享和相关科学研究可持续发展为目的而制定的。水生动物疾病术语和命名规则在技术上属于相对独立的单元，因此水生动物疾病术语与命名规则分为两个部分。其中，水生动物疾病术语是命名规则的基础和技术依据，水生动物疾病命名规则是在水生动物疾病术语基础上针对病害防控需求的衍生和发展。本文件规定了水生动物疾病命名规则。在制定过程中，本文件本着以科学性、先进性及历史渊源为主要原则，既结合了我国现有水生动物疾病研究的工作基础，又考虑了我国水产养殖业的特点，尽可能地把水生动物疾病命名规则准确的描绘出来。

水生动物疾病术语与命名规则
第2部分:水生动物疾病命名规则

1 范围

本文件给出了水生动物疾病的命名规则和方法。

本文件适用于水生动物疾病的命名。

2 规范性引用文件

下列文件中的内容通过文中的规范性引用而构成本文件必不可少的条款。其中,注日期的引用文件,仅该日期对应的版本适用于本文件;不注日期的引用文件,其最新版本(包括所有的修改单)适用于本文件。

SC/T 7011.1　水生动物疾病术语与命名规则　第1部分:水生动物疾病术语

3 术语和定义

SC/T 7011.1界定的以及下列术语和定义适用于本文件。

3.1

命名元素　nomenclature element

组成疾病名称的主要的、不可再缩小的基本组成单位。

3.2

正式名　official name

疾病唯一的、永久的、正式的名称。

3.3

别名　alias

正式的或规范的名称以外的名称,对一种疾病在通常的名称之外的另一种称呼。

3.4

曾用名　former name

水生动物疾病曾经使用过的名称。

4 名称类别及其确定原则

4.1 正式名

正式名需经国内权威学术机构(委员会)或国家(行业)标准对试用名认定或修改后正式发表和颁布。

4.2 别名

正式名称或规范的名称以外的名称。别名亦需国内权威学术机构(委员会)或国家(行业)标准的认定。

仅下列情况允许使用别名:

a) 纪念对科学具有重大贡献的科学家;

b) 该病的原发现地在水生动物疾病的研究上有重大影响和意义;

c) 广泛被生产者所称呼的俗名,但该名又不符合本命名规则而无法被提升为正式名;

d) 国内权威学术机构(委员会)或国家(行业)标准制定和批准者认为可以使用的其他情况。

4.3 英文名或者拉丁名

英文或者拉丁文名称通常与疾病中文名(包括正式名、别名)相对应。任何一个英文名或拉丁名只对应一种疾病，具有唯一性。

5 命名元素

5.1 患病动物

患有该病的动物的中文学名(或简称，但不是俗称)或所属类别名(包括类、科、属等)。

5.2 病因

对病原性因素采用病原体中文学名(或简称，但不是俗称)或所属类别名(包括类、科、属、型等)。

5.3 症状

对水生动物患病后所表现症状的客观描述。在疾病名称中以词尾形式出现时，简称“症”。

5.4 病灶

对病灶部位名称的客观表述。

5.5 原发地

疾病首次被发现的地点的中文名称或译名。

5.6 人名

首次发现该疾病，或对该疾病研究做出重大贡献，或与该病密切相关的人名或姓氏。

5.7 病(症、炎、综合征、瘤或肿瘤)

对疾病发展全过程中出现的与其他疾病表现有所不同的特点以及病情发展的独特规律所作出的概括。在疾病名称中以词尾形式出现。

6 命名模式

6.1 类型

a) 患病动物＋病因＋“病(症、炎、综合征)”；

b) 患病动物＋病灶＋症状＋“病(症、炎、综合征)”；

c) 病灶＋“病、(肿)瘤”。

6.2 使用原则

6.2.1 应优先使用 6.1 a)，b)，仅在下列情况下可采用 c)：

a) 病原体未定或病因未明；

b) 症状十分典型和特别，极有利于认识该病；

c) 两种或两种以上的病原体所致的病害；

d) 病因或病原体名称较长或较别扭，不好记忆或不易书写。

6.2.2 在不引起歧义和混淆的情况下，命名可省略其中的某个命名元素：

a) 省略患病动物名。在下列情况下，可以省略患病动物名：

- 病原体对患病动物有很强的专一性，通过病原体名称即较易联想起所危害的患病动物；
- 病原体危害多种水生动物，而引起的症状和病理特征基本相同；
- 病灶和症状有较大的特殊性；
- 首次命名未涉及患病动物，并一直沿用，已成习惯并能被理解。

b) 省略病灶。在下列情况下，可以省略病灶：

- 病灶不定；
- 病灶较多；
- 全身性疾病；
- 病灶与症状直接相关，不标示也能理解。

c) 省略症状(病理变化)。在下列情况下，可以省略症状(病理变化)：

- 症状或病理特征复杂，难以简短描述；
- 对病灶造成损害，无特别突出的症状或病理变化；

• 要特别突出病灶；
• 词尾形式为“炎”。

6.2.3 修饰语的使用。下列情况下，允许使用以下修饰性词语对疾病的严重程度或性质进行描述：

a) 流行性：
 • 有特定病原体和传染源；
 • 有固定传播途径；
 • 对特定水生动物具有易感性；
 • 疾病可在水生动物种群中大范围传染。

b) 暴发性：
 • 短时间内大批发病；
 • 死亡率大于20%。

c) 传染性：
 • 疾病传染速度较快；
 • 须区分相似症状的其他类的疾病(包括传染性或非传染性的疾病)。

d) 急性：
 • 潜伏期短；
 • 一系列病理过程在短时间内发生；
 • 从发病到死亡的时间非常短。

e) 慢性：
 • 病程延续时间很长；
 • 零星、长时间地呈现陆续死亡的现象。

f) 系统性：
 • 全身性疾病；
 • 对机体系统造成严重损害。

g) 细菌性，或病毒性，或真菌性等：
 • 不同类型的病原体，均会出现同一种明显的症状或病理变化，为避免歧义和混淆时；
 • 需特别强调时。

6.2.4 下列情况下，确切使用词尾“病”、“症”、“炎”、“综合征”、“(肿)瘤”：

a) 优先使用“病”；
b) 以病理过程命名的可使用“症”；
c) 表现为热、红、肿及功能丧失的炎症的急性症状，可使用“炎”；
d) 症状复合多样，形成一组相关症候群的疾病使用“综合征”；
e) 瘤样病变，采用“(肿)瘤”。

7 命名实例

现有主要水生动物疾病的正式名、别名或曾用名见附录A。

附 录 A
（资料性）
水生动物疾病的正式名、别名或曾用名

A.1 病毒性和立克次氏体疾病

见表 A.1。

表 A.1 病毒性和立克次氏体疾病

序号	名称 正式名/别名/ 英文名或拉丁名	主要宿主	病原	主要症状	曾用名
一	鱼类病毒性疾病				
1	鱼痘疮病/*/Fish pox	鲤、鲫等淡水鱼类	鲤疱疹病毒Ⅰ型	体表有痘疮	
2	鲫造血器官坏死病/*/Crucian carp haematopoietic necrosis,CHN	鲫、金鱼	鲤疱疹病毒Ⅱ型(CyHV-2)	体表、下颌充血，鳃严重充血，鳔上有瘀斑性出血	
3	锦鲤疱疹病毒病/*/Koi herpesvirus disease,KHVD	鲤等淡水鱼类	鲤疱疹病毒Ⅲ型	体表有灰白色的不规则斑点，鳃出血、分泌大量黏液	
4	斑点叉尾鮰病毒病/*/Channel catfish virus disease,CCVD	斑点叉尾鮰	鮰疱疹病毒Ⅰ型	肛门红肿，眼球突出，身体发白，摄食减弱，鳃丝发白，腹水增多，心、肝、肾等器官肿大出血	
5	鳗鲡疱疹病毒病/*/Herpesvirus disease of eel	欧洲鳗鲡、美洲鳗鲡、日本鳗鲡	鳗鲡疱疹病毒(AngHV-1)	鱼体黏液增加，胸鳍、鳃盖、鳃丝出血，后期腹部皮肤出血，肾脏肿大。死亡率升高	
6	传染性脾肾坏死病/*/Infectious spleen and kidney necrosis	鳜等鱼类	传染性脾肾坏死病毒(ISKNV)	脾、肾肿大	鳜暴发性出血病
7	淋巴囊肿病/皮肤瘤病/Lymphocystis disease	鲈、鲷等海水鱼类	淋巴囊肿病毒(LCDV)	皮肤肿瘤	
8	流行性造血器官坏死病/*/Epizootic hematopoietic necrosis,EHN	虹鳟、河鲈等淡水鱼类	流行性造血器官坏死病毒(EHNV)	患病鱼体色发黑，皮肤、鳍条和鳃损伤、坏死，垂死鱼运动失衡、鳃盖张开、头部四周充血；解剖后有时可见肝表面有局灶性白色或黄色损伤；患病鱼因肝、脾、肾和其他组织坏死而死亡	
9	真鲷虹彩病毒病/*/Red sea bream iridovirus disease,RSIVD	鲷、石鲽等海水鱼类	真鲷虹彩病毒(RSIV)	被感染的鱼昏睡、严重贫血、鳃有淤点、脾脏和肾脏肿大，脾肿大尤其明显	

表 A.1（续）

序号	名称 正式名/别名/ 英文名或拉丁名	主要宿主	病原	主要症状	曾用名
10	石斑鱼虹彩病毒病/＊/Grouper iridovirus disease	石斑鱼	虹彩病毒科蛙病毒属成员，其中新加坡石斑鱼虹彩病毒(SGIV)和石斑鱼虹彩病毒(GIV)为主要流行株	体色变深，摄食减少，活力差，似昏睡状躺在池底或在水面漂浮、缓慢游动；在养殖水体环境中常伴随头部发红，且到感染晚期发生身体溃烂。鳃苍白，脾和肾肿大，肌肉无弹性	
11	大菱鲆病毒性红体病/＊/Viral reddish body syndrome of turbot	大菱鲆	大菱鲆红体病虹彩病毒(TRBIV)	活力弱，离群，腹面脊椎骨沿线皮下瘀血、发红，严重时整个腹面呈粉红色或暗红色。鳃丝呈暗灰色；血液量少、稀薄，不易凝固；胃肠道水肿；脾、肾肿大	大菱鲆红体病
12	鲤浮肿病/＊/Carp edema	鲤、锦鲤	鲤浮肿病毒(CEV)	烂鳃、体表糜烂、出血、皮下组织水肿、眼球凹陷、食欲不振、吻端和鳍的基部溃疡	昏睡病
13	鲤春病毒血症/＊/Spring viraemia of carp，SVC	鲤等淡水鱼类	鲤春病毒血症病毒(SVCV)	体色变黑，腹部膨大，鳃丝苍白，眼球突出，肛门红肿皮肤、鳃和眼球常伴有出血斑点。骨骼肌震颤，有腹水，肠道严重发炎，肌肉呈红色。肝、脾、肾肿大	鲤鳔炎症、急性传染性腹水、鲤传染性腹水症、春季病毒病
14	传染性造血器官坏死病/＊/Infectious hematopoietic necrosis，IHN	虹鳟等鱼类	传染性造血器官坏死病毒(IHNV)	皮肤变暗，眼球突出，腹部膨胀，鳃苍白，鳍条基部甚至全身点状出血，有的肛门处拖1条不透明或棕褐色的假管型黏液粪便	
15	病毒性出血性败血症/＊/Viral haemorrhagic septicemia，VHS	鲑等鱼类	病毒性出血性败血病毒(VHSV)	出血，贫血症状明显，呈昏睡状态，体色发黑，眼球突出、充血，鳃丝及胸鳍基部皮肤出血	病毒性出血败血病
16	病毒性神经坏死病/病毒性脑病和视网膜病/Viral nervous necrosis，VNN	主要是石斑鱼、鲷、鲈、鲆等海水鱼类	鱼类神经坏死病毒(NNV)	行为不协调，呈螺旋状游泳，食欲下降或停食，眼睛和体色表现异常，鳔肿胀导致腹部膨大，中枢神经组织坏死	

表 A.1（续）

序号	名称 正式名/别名/ 英文名或拉丁名	主要宿主	病原	主要症状	曾用名
17	传染性胰脏坏死病/＊/ Infectious pancreatic necrosis,IPN	鲑鳟等鱼类	传染性胰脏坏死病毒(IPNV)	体色变黑,眼球突出,腹部膨胀,鳍基部和腹部发红、充血,肛门多数拖着线状粪便。腹水,幽门垂出血,肝脏、脾脏、肾脏和心脏苍白;消化道内通常没有食物,充满乳白色或淡黄色黏液	
18	鲑传染性贫血病/＊/ Infectious salmon anaemia,ISA	大西洋鲑、褐鳟和虹鳟	鲑贫血病病毒(ISAV)	鳃部苍白(鳃部有淤血除外)、眼球突出、腹部膨胀、眼前方出血、间或皮肤出血(特别是腹部皮肤)以及鳞片囊水肿	
19	草鱼出血病/＊/ Hemorrhage disease of grass carp	草鱼、青鱼	草鱼呼肠孤病毒(GCRV)	红肌肉型:肌肉充血;红鳍红鳃型:鳍基及鳃瓣充血;肠炎型:肠道严重充血	草鱼呼肠孤病毒病
20	鲑甲病毒病/＊/ Salmonid alphavirus disease	大西洋鲑、虹鳟等鲑科鱼类	鲑甲病毒(SAV)	食欲减退、昏睡;眼球突出;腹水,心脏苍白,肠道没有食物,有黄色黏液	
21	罗非鱼湖病毒病/＊/ Tilapia lake virus disease	罗非鱼	罗非鱼湖病毒(TiLV)	腹部肿胀,皮肤充血和糜烂	
22	牙鲆弹状病毒病/＊/ Hirame rhabdovirus disease	牙鲆	牙鲆弹状病毒(HRV)	体色变黑,动作缓慢,体表和鳍基部充血或出血,腹部膨胀,内有腹水;生殖腺瘀血,肌肉出血,肾脏造血组织坏死,细胞核固缩、破碎、崩解和消失,肾小管上皮崩解、坏死,黑色素大量沉积;脾脏内实质细胞坏死;肠管黏膜固有层、黏膜下肌肉层充血、肿胀,胃黏膜上皮、黏膜下肌肉层显著出血;肝脏毛细血管扩张、充血,肝实质细胞变性坏死	
23	鳜鱼弹状病毒病/＊/ *Siniperca chustse* rhabdovirus disease	鳜、乌鳢、加州鲈、笋壳鱼、黄鳝等淡水鱼	鳜鱼弹状病毒(SCRV)	造血器官坏死,体表及内部器官出血,腹腔积水,被感染鱼出现打转等异常行为	

表 A.1（续）

序号	名称 正式名/别名/ 英文名或拉丁名	主要宿主	病原	主要症状	曾用名
二	甲壳类病毒性疾病				
24	白斑综合征/白斑病/ White spot syndrome	虾、蟹等甲壳类	白斑综合征病毒(WSSV)	厌食，空胃，行动迟缓，弹跳无力，静卧不动或在水面兜圈。头胸甲易剥离，壳与真皮分离，头胸和甲壳上可见白色斑点	
25	肝胰腺细小病毒病/＊/ Hepatopancreatic parvovirus disease	对虾	肝胰腺细小病毒(HPV)	体表附着物多，可导致幼虾生长缓慢	
26	传染性皮下和造血组织坏死病/＊/ Infectious hypodermal and haematopoietic necrosis，IHHN	对虾	传染性皮下和造血组织坏死病毒(IHHNV)	生长缓慢，畸形，患病稚虾额角弯曲或变形	传染性皮下和造血器官坏死病
27	桃拉综合征/＊/ Taura syndrome，TS	对虾	桃拉综合征病毒(TSV)	急性期病虾体全身呈淡红色，尾扇和游泳足呈鲜红色，蜕皮期间易发生死亡；过渡期病虾体表出现不规则黑化斑	
28	罗氏沼虾白尾病/ 白尾病/ *Macrobrachium rosenbergii* nodavirus disease	罗氏沼虾	罗氏沼虾野田村病毒(MrNV)	肌肉出现白斑或呈白浊状	罗氏沼虾肌肉白浊病
29	十足目虹彩病毒病/ 虾虹彩病毒病/ Decapod iridescent virus disease	对虾	十足目虹彩病毒Ⅰ型(DIVⅠ)	肝胰腺萎缩，肌肉发白，鳃和足发黑	
30	传染性肌坏死病/＊/ Infectious myonecrosis	对虾	传染性肌坏死病毒(IMNV)	体色发白，腹节发红，尾部或全身肌肉坏死变白或不透明	
31	黄头病/＊/Yellow head disease，YHD	对虾	黄头病毒基因Ⅰ型(YHVⅠ)	鳃、肝胰腺区发黄	
32	对虾病毒性偷死病/＊/ Viral covert mortality disease，VCMD	对虾	偷死野田村病毒(CMNV)	肝胰腺颜色变浅，甲壳软，生长缓慢，多空肠空胃，偶见腹节肌肉白色斑块	偷死野田村病毒病
33	河蟹螺原体病/＊/ Trembling disease of Chinese mitten crab	中华绒螯蟹、对虾	河蟹螺原体	肢体颤抖、瘫痪、死亡	河蟹颤抖病

表 A.1（续）

序号	名称 正式名/别名/英文名或拉丁名	主要宿主	病原	主要症状	曾用名
34	青蟹呼肠孤病毒病/＊/Mud crab reovirus disease，MCRVD	拟穴青蟹、榄绿青蟹	青蟹呼肠孤病毒	行动迟缓，身体颜色变浅呈灰绿色，鳃丝有些肿胀，剥离甲壳，甲壳内有水样物；解剖可观察到肝胰腺肿大或萎缩，主要组织病理表现为肝胰腺小管间结缔组织坏死、结缔组织细胞萎缩坏死	
三	贝类病毒性和立克次氏体疾病				
35	鲍疱疹病毒病/＊/Infection with abalone herpesvirus	鲍等贝类	鲍疱疹病毒	外套膜萎缩，活力下降，肌肉运动受限，黏液分泌过量，缺乏翻正反射	
36	牡蛎疱疹病毒病/牡蛎疱疹病毒1型感染/Infection with ostreid herpesvirus 1	太平洋牡蛎、葡萄牙牡蛎等贝类	牡蛎疱疹病毒1型微变体	双壳闭合不全，受外界刺激时，双壳闭合缓慢，发病后几天内死亡；病理变化广泛分布于各主要器官的结缔组织，病变组织内常伴有以染色质边集和核固缩为特征的异常细胞核	
37	鲍立克次氏体病/＊/Infection with *Xenohaliotis californiensis*	鲍	加州立克次体	容易从附着物上取下，足部褐色素增加，消化腺病变，严重时腹足萎缩并死亡	
四	两栖爬行类病毒性疾病				
38	两栖类蛙虹彩病毒病/＊/Infection with *ranavirus* in amphibians	大鲵、蛙类等两栖类	感染两栖类的蛙病毒属虹彩病毒	腹部膨大，头部和四肢膨大红肿，体表有白点和出血斑，肝、肾、肺红肿	大鲵虹彩病毒病
＊　表示此项无或缺失。					

A.2 细菌性疾病

见表 A.2。

表 A.2 细菌性疾病

序号	名称 正式名/别名/英文名或拉丁名	主要宿主	病原	主要症状	曾用名
一	鱼类细菌性疾病				
1	链球菌病/＊/Streptococcosis of fish	罗非鱼、虹鳟等淡水鱼类以及牙鲆、平鲷等海水鱼类	海豚链球菌、无乳链球菌、副乳房链球菌、格氏乳球菌	游动不正常、打转，典型症状表现为眼球突出，眼角膜浑浊发白，口腔、下颌和鳃盖充血，引发脑膜炎，最终导致鱼脑神经受损	

表 A.2（续）

序号	名称 正式名/别名/ 英文名或拉丁名	主要宿主	病原	主要症状	曾用名
2	细菌性肾病/＊/ Bacterial kidney disease,BKD	鲑科鱼类	鲑肾杆菌	体表出血、眼球突出、腹部膨胀、肾病变	鲑鱼肾杆菌病
3	诺卡氏菌病/＊/ Nocardiosis	鰤、大黄鱼、乌鳢、虹鳟、鲈等	诺卡氏菌	肝、脾、肾等内脏器官出现大量乳白色结节	
4	弧菌病/＊/ Vibriosis	鲷、鳗鲡等海、淡水鱼类	溶藻胶弧菌、鳗弧菌	鳍条尖端露出、充血、有创伤、脱黏等，也有造成尾部腐烂的情况	
5	竖鳞病/＊/ Lepmorthosis	鲤、鲫、金鱼、草鱼、鲢等淡水鱼类	水型点状假单胞菌、豚鼠气单胞菌、嗜水气单胞菌	鱼体发黑，体表粗糙，鱼体前部的鳞片竖立，向外张开像松球，而鳞片基部的鳞囊水肿，内部积聚着半透明的渗出液，以致鳞片竖起	
6	淡水鱼细菌性败血症/＊/ Bacterial septicemia of freshwater fish	鲫、团头鲂、鲢、鳙、鲤、鲮、鳜、鲈、鳗鲡、斑点叉尾鮰、黄鳝、草鱼和青鱼，以及神仙鱼、金鱼等观赏鱼	嗜水气单胞菌、温和气单胞菌、鲁氏耶尔森氏菌、维氏气单胞菌等	体表严重充血及出血；眼球突出，眼眶周围充血（鲢、鳙更明显）；肛门红肿，腹部膨大，腹腔内积有淡黄色透明腹水或红色浑浊腹水；鳃、肝、肾的颜色均较淡，呈花斑状；肝脏、脾脏、肾脏肿大，脾呈紫黑色；胆囊肿大，肠系膜、肠壁充血，无食物，有的出现肠腔积水或气泡	细菌性败血病
7	打印病/＊/ Stigmatosis	乌鳢、黄鳝、鲢、鳙、大鲵等淡水鱼类以及两栖类	点状气单胞菌点状亚种等	皮肤及其下层肌肉出现红斑，鳞片脱落，肌肉腐烂，形成溃疡，严重时甚至露出骨骼或内脏	
8	细菌性肠炎病/＊/ Bacterial enteritis	鲤、草鱼、鲈等淡水鱼类	嗜水气单胞菌、豚鼠气单胞菌、肠型点状气单胞菌	离群独游，游动缓慢，体色发黑，食欲减退。发病早期剖开腹部，可见肠壁充血发红、肿胀发炎，肠腔内没有食物或只在肠的后段有少量食物，肠内有较多黄色或黄红色黏液。发病后期可见全肠充血发炎，肠壁呈红色或紫红色；腹部膨大，腹壁有红斑，肝脏常有红色斑点状瘀血，肛门常红肿外突，呈紫红色	

表 A.2（续）

序号	名称 正式名/别名/英文名或拉丁名	主要宿主	病原	主要症状	曾用名
9	疖疮病/＊/Furunculosis of carp	鲤、草鱼等淡水鱼类	疖疮型点状气单胞菌	在皮下肌肉内形成感染病灶，皮肤、肌肉发炎，化脓形成脓疮，脓疮内部充满脓汁、血液和大量细菌。患部软化，向外隆起，用手触摸有柔软浮肿的感觉。隆起的皮肤先是充血，以后出血，继而坏死、溃烂，形成火山口形的溃疡口	
10	赤皮病/＊/Red-skin disease	青鱼、草鱼淡水鱼类	荧光假单胞菌	体表、鳞片出血发炎、脱落	
11	大黄鱼内脏白点病/＊/Visceral white spot disease of *Pseudosciaena crocea*	大黄鱼	变形假单胞菌、杀香鱼假单胞菌、恶臭假单胞菌	脾、肾、肝等内脏有大量白色结节	内脏白点病
12	柱状黄杆菌病/＊/*Flavobacterium cloumnare* disease	鲤等淡水鱼类和大黄鱼、鲷等海水鱼类	柱状黄杆菌	吻部、皮肤和尾鳍溃烂；行动缓慢、反应迟钝，常离群独游；体色发黑；鳃盖骨内表皮充血；鳃丝上常见白色或土黄色黏液；鳃丝腐烂、末端黏液很多，带有污泥和杂物碎屑	细菌性烂鳃病、鱼柱状黄杆菌病
13	类结节病/＊/Pseudotuberculosis	鲷等鱼类	分枝杆菌	体表、肝脏、肾脏、脾脏形成许多灰白色或黄褐色的小结节，有时则形成小的坏死灶	
14	鳗鲡红点病/＊/Red spot disease of eel	日本鳗鲡、欧洲鳗鲡	鳗败血假单胞菌	体表点状出血，尤以下颌、鳃盖、胸鳍基部及躯干部严重；腹膜点状出血；肝、脾、肾肿大，严重瘀血、出血；肠道也明显充血、出血	
15	斑点叉尾鮰传染性套肠症/＊/Infectious intussusception of Channel catfish	斑点叉尾鮰	嗜麦芽寡养单胞菌	鳍条基部、下颌及腹部充血、出血，腹部膨大，体表出现大小不等的圆形或椭圆形的褪色斑。肛门红肿，有的病例肠道脱出，肛门形成脱肛现象，常于后肠出现 1 个～2 个肠套叠，部分鱼还可见前肠回缩进入胃	
16	杀鲑气单胞菌病/＊/Infection with *Aeromonas salmonicida*	鲑、鲈、大菱鲆等	杀鲑气单胞菌	皮肤发红、溃疡或疖疮	

表 A.2（续）

序号	名称 正式名/别名/ 英文名或拉丁名	主要宿主	病原	主要症状	曾用名
17	上皮囊肿病/*/ Epitheliocystis disease	牙鲆、鲑、鲷等多种海、淡水鱼类	衣原体	游泳无力，呼吸困难，常在水面处呼吸，食欲下降，鳃丝分泌大量黏液，鳃丝和体表等组织的上皮细胞因衣原体寄生而形成大量的白色或淡黄色的包囊	
二	甲壳类细菌性疾病				
18	急性肝胰腺坏死病/*/ Acute hepatopancreatic necrosis disease, AHPND	凡纳滨对虾等甲壳类	致急性肝胰腺坏死病副溶血弧菌等	体色发白，虾壳变软，肝胰腺明显萎缩，空肠空胃	
19	对虾肝杆菌感染/*/ Infection with *Hepatobacter penaei*	凡纳滨对虾	对虾肝细菌	肝胰腺萎缩，鳃发黑，壳变软	坏死性肝胰腺炎
三	贝类细菌性疾病				
20	文蛤弧菌病/*/ Vibriosis of clam	文蛤	副溶血弧菌、弗尼斯弧菌、溶藻弧菌	闭壳肌松弛，壳缘周围黏液增多，消化道内细菌大量繁殖	
21	鲍脓疱病/*/ Pustule disease of abalone	皱纹盘鲍等	河流弧菌Ⅱ	病鲍足肌上有白色脓疱，破裂的脓疱流出大量白色浓汁，呈溃烂状	
22	三角帆蚌气单胞菌病/*/ Aeromonasis of *Hyriopsis cumingii*	三角帆蚌	嗜水气单胞菌	分泌大量黏液，两壳微开，斧足残缺，胃无食物	
四	两栖爬行类细菌性疾病				
23	*/红脖子病/ Red neck disease	中华鳖、乌龟、三线闭壳龟、黄喉拟水龟、四眼斑龟	嗜水气单胞菌、温和气单胞菌、豚鼠气单胞菌	颈部充血发红	
24	*/穿孔病/ Perforation disease of soft-shelled turtle	中华鳖、乌龟、黄喉拟水龟、黄缘闭壳等	嗜水气单胞菌、产碱菌、普遍变形菌、肺炎可雷伯菌等	背甲、腹甲、四肢等处出现小疖疮，随着病情加重，疖疮逐渐增大，将疖疮揭去可见孔洞	
25	鳖溃烂病/*/ Ulcerative disease of soft-shelled turtle	中华鳖、龟	嗜水气单胞菌、假单胞菌及无色杆菌等	体表有破溃点、溃烂，头部、颈部、四肢、尾部等处皮肤糜烂或溃烂，出现溃疡。病情进一步发展时，皮肤组织坏死，患处可出现骨骼外露，趾爪脱落	腐皮病
26	红底板病/*/ Red abdominal disease	鳖	嗜水气单胞菌	底板布满红斑或整个底板变红	

表 A.2（续）

序号	名称 正式名/别名/ 英文名或拉丁名	主要宿主	病原	主要症状	曾用名
27	蛙脑膜炎败血症/*/ *Elizabethkingia meningoseptica* of frog disease	蛙、鳖等水生动物	伊丽莎白菌	运动机能失调、头部歪斜、身体失去平衡，内脏和脑部有大量细菌	蛙脑膜炎败血金黄杆菌病
五	多种水生动物共患病				
28	鱼爱德华氏菌病/*/ Edwardsiellosis	大菱鲆、牙鲆、海鲈、鳗鲡和斑点叉尾鮰(淡水品种)、牛蛙、鳖	迟缓爱德华氏菌、杀鱼爱德华氏菌、鳗爱德华氏菌和鲶爱德华氏菌	体表色素脱失、眼球突出、眼睛浑浊不透明、腹部肿胀凸起、鱼鳍和皮肤出现点状出血，脱肛	
* 表示此项无或缺失。					

A.3 寄生虫病

见表 A.3。

表 A.3 寄生虫病

序号	名称 正式名/别名/ 英文名或拉丁名	主要宿主	病原	主要症状	曾用名
一	鱼类寄生虫病				
1	卵鞭虫病/卵甲藻病/ Amyloodiniosis	金鲳、斑石鲷、草鱼、青鱼、鲢、鲤等多种海水、淡水鱼类	眼点淀粉卵涡鞭虫(*Amyloodinium ocellatum*)	病鱼皮肤、鳍、鳃、口部出现许多小白点，在水中狂游或不断摩擦身体，呼吸急促，体型消瘦	
2	黏孢子虫病/*/ Myxosporidiosis	鲤、鲫、鲮、草、鲢、鳙等淡水鱼	鲢碘泡虫、饼形碘泡虫、圆形碘泡虫、鲮单极虫、异形碘泡虫、洪湖碘泡虫、吴李碘泡虫、吉陶单极虫、武汉单极虫等	虫体寄生在不同的部位引起不同的症状，但大多数种类均有一个到数个特异寄生部位，有些种类可引起病鱼大量死亡	
3	小瓜虫病/*/ Ichthyophthiriasis	淡水鱼类	多子小瓜虫	上皮细胞不断增生，形成肉眼可见的小白点，严重时体表似有一层白色薄膜，鳞片脱落，鳍条裂开、腐烂。病鱼反应迟钝，漫游于水面，不时在其他物体上蹭擦，不久即成群死亡	
4	刺激隐核虫病/*/ Cryptocaryoniosis	海水鱼类	刺激隐核虫	皮肤、鳃和眼出现大量小白点为特征，黏液增多	
5	盾纤毛虫病/*/ Parallembus digitiformis	鲷等海水鱼类	指状拟舟虫	体表、鳍溃烂，严重时肌肉糜烂	嗜腐虫病、指状拟舟虫病、纤毛虫病
6	复口吸虫病/白内障病/ Diplostomulumiasis (Pearl eye disease)	淡水鱼类	复口吸虫	白内障；病鱼急游，或水中翻身旋转	

表 A.3（续）

序号	名称 正式名/别名/ 英文名或拉丁名	主要宿主	病原	主要症状	曾用名
7	华支睾吸虫病/＊/ Clonorchiasis	鲤科鱼类	华支睾吸虫	疾病早期没有明显症状，严重时在鱼体表看到有很多小黑点	
8	大西洋鲑三代虫病/＊/ Infection with *Gyrodactylus salaries*	大西洋鲑、虹鳟等鲑鳟鱼类	大西洋鲑三代虫	病鱼常出现蹭擦池壁、跃出水面的行为，体表有闪光点。后期由于体表附着黏液而体表灰白，背鳍、尾鳍和胸鳍的边缘出现糜烂	
9	指环虫病/＊/ Dactylogyriasis	草鱼、鲢等淡水鱼类	指环虫	鳃丝肿胀、黏液增多、全部或部分苍白，病鱼游动缓慢，呼吸困难	
10	拟指环虫病/＊/ Pseudodactylogyrosis	鳗鲡	鳗鲡伪指环虫	虫体寄生在鳃上，病鱼鳃黏液增多，极度不安，游动缓慢，呼吸困难	伪指环虫病
11	本尼登虫病/＊/ Benedeniasis	石斑鱼、鲷等海水鱼类	本尼登虫	皮肤粗糙或变白，出现溃烂、出血；体表有白斑，眼球肿胀	
12	头槽绦虫病/＊/ Bothriocephalosis	草鱼、鲤等淡水鱼类	鳊头槽绦虫	黑瘦，口常张开，前腹部膨胀	
13	舌状绦虫病/＊/ Ligulaosis	鲤科鱼类	舌状绦虫、双线绦虫	腹部膨大，侧游上浮或腹部朝上；剖检可见大量白色带状虫体，看不见内脏，肠呈橘黄色线条状；消瘦，严重贫血	
14	裂头绦虫病/＊/ Diphyllobothriumiasis	淡水鱼类	裂头绦虫裂头蚴	病鱼没有明显症状，解剖鱼体，内脏及肌肉中可发现裂头蚴	
15	似嗜子宫线虫病/ 红线虫病/ Philometroidesiasis (Red eelworm disease)	草鱼、鲫等淡水鱼类	似嗜子宫线虫雌虫	充血、发炎，鳞片竖起，眼球脱落，出现不规则的瘤状囊肿	
16	鱼虱病/＊/ Caligusiasis	鲑鳟、石斑鱼等	海虱	烦躁不安，常跳出水面，或间歇性在水面急游，有时可见患病鱼在网片摩擦，表皮破损；严重时，病鱼无力游动，伤口过多容易继发细菌病造成死亡	
17	鲺病/＊/ Arguliosis	淡水鱼	鲺	体表形成很多伤口并出血、发炎、极度不安、急剧狂游和跳跃，严重影响食欲，继而消瘦	
18	中华鳋病/鳃蛆病/ Sinergasiliasis (Gill maggot disease)	淡水鱼类	中华鳋	鳃多黏液，尾上叶常露出水面	

表 A.3（续）

序号	名称 正式名/别名/英文名或拉丁名	主要宿主	病原	主要症状	曾用名
19	鱼蛭病/＊/ Piscieolaiosis	鲤、鲫、黄鳝、豹纹鳃棘鲈等鱼类	尺蠖鱼蛭、缘拟扁蛭、中华湖蛭、哲罗湖湖蛭、阿鲁加姆锡兰蛭等	病鱼表现出不安，鳃及体表出血、溃烂、黏液增多，呼吸困难，消瘦、贫血	
20	鱼波豆虫病/＊/ Ichthyobododiasis	淡水鱼类	鱼波豆虫	游动缓慢，食欲减退，呼吸困难，皮肤及鳃上黏液增多，充血、水肿、发炎、糜烂	
21	鳗匹里虫病/＊/ Plistophorosis	鳗鲡	匹里虫	肌肉有许多包囊	
二	甲壳类寄生虫病				
22	梭子蟹肌孢虫病/＊/ Muscular microsporidiosis of portunid crab	梭子蟹和青蟹	梭子蟹肌孢虫	严重感染蟹腹面和关节，感染部位呈明显的“白化”症状	
三	贝类寄生虫病				
23	才女虫病/＊/ Polydoraiosis of shellfish	鲍、扇贝等	凿贝才女虫	贝壳内壁发炎、脓肿、溃疡、近中心部形成黑褐色的痂皮	
24	奥尔森派琴虫病/＊/ Infection with *Perkinsus olseni*	蛤仔、扇贝、牡蛎、鲍和贻贝等	奥尔森派琴虫	消化腺苍白，严重消瘦，裂壳，外套膜萎缩，性腺退化或生长缓慢，有时软体组织发生白色小溃疡或穿孔性溃疡，严重时可导致死亡	
25	海水派琴虫病/＊/ Infection with *Perkinsus marinus*	蛤仔、扇贝、牡蛎、鲍和贻贝等	海水派琴虫	消化腺苍白，严重消瘦，裂壳，外套膜萎缩，性腺退化或生长缓慢，有时软体组织发生白色小溃疡或穿孔性溃疡，严重时可导致死亡	
26	折光马尔太虫病/＊/ Infection with *Marteilia refringens*	牡蛎、鹑螺、鸟蛤、贻贝、巨蛤	折光马尔太虫、悉尼马尔太虫	消化腺苍白，肉质变薄如水样，外套膜收缩，双壳闭合不全，严重时可导致死亡	
27	包纳米虫病/＊/ Bonamiasis	牡蛎	牡蛎包纳米虫、杀蛎包纳米虫等	鳃丝、外套膜褪色或形成黄色、灰色的小溃疡，或形成较深的穿孔性溃疡	

A.4 真菌病

见表 A.4。

表 A.4 真菌病

序号	名称 正式名/别名/ 英文名或拉丁名	主要宿主	病原	主要症状	曾用名
一	鱼类真菌病				
1	流行性溃疡综合征/*/Epizootic ulcerative syndrome,EUS	淡水及咸淡水鱼类	丝囊霉菌	体表、头、鳃盖和尾部可见红斑,到后期出现较大的红色或灰色的浅部溃疡,并伴有棕色坏死	
2	鳃霉病/*/Branchiomycosis	淡水鱼类	鳃霉	鳃黏液增多,有出血、瘀血或缺血等斑点,呈花鳃;严重时鳃为青灰色	
二	甲壳类真菌病				
3	虾肝肠胞虫病/*/Infection with *Enterocytozoon hepatopenaei*	对虾	虾肝肠胞虫	肝胰腺萎缩、发软,颜色变深,生长缓慢或停滞	
4	丝囊霉菌感染/*/Infection with *Aphanomyces astaci*	螯虾、中华绒螯蟹	丝囊霉菌	运动失调,肌肉变白或棕色	螯虾瘟
三	两栖爬行类真菌病				
5	箭毒蛙壶菌感染/*/Infection with *Batrachochytrium dendrobatidis*	两栖类	箭毒蛙壶菌	表皮严重腐烂,运动不协调,肌肉痉挛,正常反射消失	
四	多种水生动物共患病				
6	水霉病/*/Saprolegniasis	鱼、虾、蟹、龟鳖、两栖类	水霉科中水霉属和绵霉属的真菌	体表、卵长出灰白色棉絮状的菌丝	
* 表示此项无或缺失。					

索　　引

汉语拼音索引

A

B

C

D

M

N

P

Q

S

T

W

X

Y

Z

英文对应词索引

A

B

C

D

E

F

G

H

I

K

L

M

N

P

R

S

T

U

V

W

Y

ICS 65.020.30
CCS B 41

中华人民共和国水产行业标准

SC/T 7023—2021

草鱼出血病监测技术规范

Technical specification of surveillance for grass carp haemorrhagic disease

2021-11-09 发布 2022-05-01 实施

中华人民共和国农业农村部 发布

前　言

本文件按照 GB/T 1.1—2020《标准化工作导则　第 1 部分：标准化文件的结构和起草规则》的规定起草。

请注意本文件的某些内容可能涉及专利。本文件的发布机构不承担识别专利的责任。

本文件由农业农村部渔业渔政管理局提出。

本文件由全国水产标准化技术委员会(SAC/TC 156)归口。

本文件起草单位：中国水产科学研究院珠江水产研究所、全国水产技术推广总站、广西壮族自治区水产科学研究院。

本文件主要起草人：王庆、蔡晨旭、王英英、梁艳、曾伟伟、韦信贤、余卫忠、李清、石存斌、尹纪元、童桂香、李莹莹。

草鱼出血病监测技术规范

1 范围

本文件规定了草鱼出血病监测工作的通用要求，描述了对应的试验方法，给出了监测对象、监测点的设置、采样、样品包装和送样、实验室检测、检测结果报告和阳性场处置等内容。

本文件适用于参与水生动物疫病监测计划的渔业主管部门、水生动物疫病预防控制机构、水生动物疫病检测机构等进行草鱼出血病的监测。

2 规范性引用文件

下列文件中的内容通过文中的规范性引用而构成本文件必不可少的条款。其中，注日期的引用文件，仅该日期对应的版本适用于本文件；不注日期的引用文件，其最新版本（包括所有的修改单）适用于本文件。

GB/T 18088 出入境动物检疫采样

GB/T 36190 草鱼出血病诊断规程

SC/T 7015 染疫水生动物无害化处理规程

3 术语和定义

下列术语和定义适用于本文件。

3.1

水生动物疫病监测计划 plan of aquatic animal disease surveillance

对水生动物疫病发生、流行等情况进行监测的工作任务，用以及时掌握我国重要水生动物疫病情况。国家级监测计划由农业农村部渔业主管部门制定，省级监测计划由省（自治区、直辖市）级渔业主管部门制定。

3.2

监测 surveillance

在一定范围内，针对某一特定水生动物群体，对于某种或多种疫病长期系统地观测，收集和分析疫病的动态分布和影响因素资料，跟踪疫病的发生、分布和变化趋势，并将信息及时上报和反馈，以便进一步开展调查研究，对疫病进行预警预报，提出有效防控对策和措施，从而达到防控疫病的目的。

3.3

监测点 surveillance spot

需要监测的独立的流行病学单元。

3.4

草鱼出血病 GCHD, grass carp haemorrhagic disease

由草鱼呼肠孤病毒（Grass carp reovirus, GCRV）引起的、具有高度传染性和致死性的病毒性疾病。临床表现包括体色发黑，肌肉有点状或块状出血，口腔、鳃盖和鳍条基部出血（见附录 A）。当前我国草鱼呼肠孤病毒流行毒株为基因型Ⅱ型 GCRV。

4 缩略语

下列缩略语适用于本文件。

DMEM：改良 Eagle 培养基（Dulbecco's Modified Eagle Medium）

GCRV：草鱼呼肠孤病毒（Grass Carp Reovirus）

M199:M199 培养基(M199 Medium)

MEM:基础必须培养基(Minimum Essential Medium)

RT-PCR:逆转录-聚合酶链反应(Reverse Transcription-Polymerase Chain Reaction)

5 监测对象

草鱼、青鱼等易感种类。

6 监测点设置

6.1 监测点应包括以下草鱼和青鱼等易感种类的养殖场:

a) 国家级、省级原良种场和引育种中心;

b) 近 2 年内 GCRV 监测结果呈阳性的养殖场。

6.2 监测点还可选择以下草鱼和青鱼等易感种类的养殖场:

a) 从单一苗种场引种或引种产地检疫证明完整或能溯源的成鱼养殖场;

b) 自繁自养或引种产地检疫证明完整的苗种场。

7 采样

7.1 采样要求

7.1.1 采样人员

应经过省级以上水生动物疫病预防控制机构(水产技术推广机构)组织的采样技术培训或了解相关采样要求的人员。

7.1.2 采样水温

20 ℃~33 ℃,优先选择 25 ℃~28 ℃。

7.1.3 采样规格

应选择体长 20 cm 以下的草鱼或青鱼鱼种。

7.1.4 采样数量

依据 GB/T 18088 的规定,无临床症状的鱼,每个监测点随机采集苗种 150 尾;具有疑似临床症状的鱼,不少于 30 尾。优先采集具有临床症状的鱼。

7.1.5 采样频次

符合 6.1 的监测点,每年采样 2 次,且 2 次采样应间隔 1 个月以上;符合 6.2 的监测点,每年采样 1 次~2 次,如果采样 2 次,2 次采样应间隔 1 个月以上。

7.1.6 采样形式

7.1.6.1 活鱼样品

采集的活鱼样品装入活鱼运输袋,24 h 内送检。

7.1.6.2 组织样品

脑、肝、脾和肾组织,每 15 尾鱼的组织等量混合在一起作为一个检测小样放置到 50 mL 离心管中,按 1∶5 的比例(*W/V*)加入含 50%甘油的磷酸盐缓存液或含 50%甘油的 M199、MEM、DMEM 等细胞培养液,按 2%比例加入浓度为 1 000 IU/mL 的青霉素和 1 000 μg/mL 的链霉素,并在离心管上标明样品编号和日期,在 0 ℃~10 ℃ 48 h 内运至检测实验室。

也可以采用质量相当的商品化组织保存液,按照试剂盒说明书操作。

7.2 采样程序

7.2.1 采样准备

采样单位应提前与监测点及样品检测单位确定采样和送检时间,同时按附录 B 中 B.1 的要求填写监测点备案表,承担国家水生动物疫病监测计划的采样单位应将监测点信息上传至国家水生动物疫病监测信息管理系统。

按B.2的要求,确定采样人员、运载工具、准备采样工具、容器和现场采样记录表等。

7.2.2 采样实施

7.2.2.1 孵化车间

随机采集孵化池(缸)数量不少于10个,共采集150尾作为一个样。如果孵化池(缸、环道)数量小于或等于10个,则每个孵化池(缸、环道)都要采集。

7.2.2.2 养殖场

随机采集养殖单元(池塘、水泥池、网箱等)数量不少于10个,共采集150尾作为一个样。如果养殖单元(池塘、水泥池、网箱等)数量小于或等于10个,则每个养殖单元都要采集。

7.2.3 采样记录

采样时需按B.2的要求填写现场采样记录表,相关人员签字确认采集样品的真实性,并提供采样影像资料。现场采样记录表一式三份,一份由监测点留存,一份由采样单位留存,一份随同样品转运至检测单位。

同时,采样单位应将采样信息录入国家水生动物疫病监测信息管理系统。

8 样品包装和送样

8.1 包装

8.1.1 活鱼样品

用活鱼运输袋充氧并打包,在包装袋外加冰袋或冷冻瓶装水等冷媒,装入泡沫箱后,再装入相应大小的纸箱中,用胶带密封。

8.1.2 组织样品

用自封袋包装后放入泡沫箱中,同时在泡沫箱里加适量的冰袋或冷冻瓶装水等冷媒,再装入相应大小的纸箱中,用胶带密封。

8.2 标签

包装好后每份样品及时加贴采样标签,标签应符合B.3的要求。

8.3 运输

活鱼样品24 h内,组织样品48 h内运达指定检测实验室。

9 实验室检测

9.1 样品处理

活鱼样品,将样品随机分成小样,每个小样取15尾鱼组织(脑、肝、脾、肾),且每个小样均需检测;组织样品,直接进行检测。

9.2 病原检测

检测单位按附录C的要求进行检测和鉴定。

检测单位应做好实验室管理、病原体保存和无害化处理等工作。

10 检测结果报告

10.1 检测单位在接到样品后3周内完成检测,按B.4的要求向委托检测单位(各省级水生动物疫控机构)提供检测报告,并将检测结果、阳性样品核酸序列以及其他相关信息上传至国家水生动物疫病监测信息管理系统。

10.2 省级水生动物疫控机构应将检测结果上报本级渔业主管部门,并及时反馈相关养殖场和县级水生动物疫控机构。如果检测结果为阳性,应按B.5的要求填写阳性检测结果报告,并上报本级渔业主管部门。

11 阳性场处置

省级水生动物疫控机构指导阳性养殖场按照SC/T 7015的规定执行相关处理,组织开展流行病学调查和病原溯源工作,及时将相关信息上传至国家水生动物疫病监测信息管理系统。

附 录 A
（资料性）
草鱼出血病简介

A.1 病原学

草鱼出血病的病原为草鱼呼肠孤病毒(Grass carp reovirus，GCRV)，属呼肠孤病毒科刺突病毒亚科水生呼肠孤病毒属。GCRV基因组由11条分节段的双链RNA组成，11个片段可分为3组，即3条大片段(L1、L2、L3)、3条中等片段(M4、M5、M6)和5条小片段(S7、S8、S9、S10、S11)。GCRV病毒粒子为二十面体和5∶3∶2对称的球形颗粒，直径为60 nm～80 nm，具双层衣壳，无囊膜；病毒耐酸(pH 3)、耐碱(pH 10)、耐热(56 ℃)，对氯仿不敏感。GCRV不同分离株表现出基因组带型、基因组序列、宿主致病性、细胞敏感性等方面的明显差异。由于水生呼肠孤病毒至今尚未建立标准血清型，还无法进行血清学分型。根据基因组带型和序列差异，GCRV至少分成3个基因型，代表株分别是873(Ⅰ型)、HZ08(Ⅱ型)和104(Ⅲ型)。目前在我国能够引起草鱼出血病、造成重大经济损失的流行毒株为基因Ⅱ型GCRV，对宿主致病性强，但对细胞敏感性较差，在已有细胞中增殖不产生明显的细胞病变。

A.2 流行病学

A.2.1 易感宿主

自然情况下，养殖草鱼、青鱼都可发病，尤其是草鱼苗种和当年龄的小草鱼；GCRV也可感染稀有鮈鲫和麦穗鱼，导致其发病并大量死亡；此外，GCRV还能感染鲢、鳙、鲫、鲤等淡水鱼类，不发病但携带病毒，可能作为一种传染源传播病毒。

A.2.2 易感条件：鱼龄、季节、水温等

每年4月下旬至10月底是草鱼出血病主要流行季节。草鱼出血病主要危害两个阶段的草鱼，第一个发病高峰期是5月初至7月初(南方部分地区提前到4月下旬)，主要危害前一年春季投放的夏花鱼种经过一年饲养并越冬以后的春片鱼种，并造成大量死亡；第二个高峰期是9月至10月，主要侵害当年草鱼种，死亡率可达90%以上。发病水温在20 ℃～30 ℃、25 ℃～28 ℃为流行高峰。

A.2.3 传染源、传播途径

传染源是已经患病的或带毒的草鱼，主要传播途径是水平传播，也可能通过卵进行垂直传播。

A.3 临床症状

患病初期，病鱼离群独游水面，反应迟钝，摄食减少或停止。从外表症状上看，病鱼体色一般暗黑色或

图A.1 红肌肉型

微红。按其症状表现和病理变化的差异，大致可分为3个类型，病鱼可以有其中一种或几种临床症状：

a) 红肌肉型(见图A.1)：主要症状为肌肉明显出血，全身肌肉呈鲜红色，鳃丝因严重出血而苍白，多见于5 cm～10 cm的小草鱼种；

b) 红鳍红鳃盖型(见图A.2)：主要症状为鳍基、鳃盖严重出血，头顶、口腔、眼眶等处有出血点，多见于10 cm以上的较大草鱼种；

图A.2 红鳍红鳃盖型

c) 肠炎型(见图A.3)：主要症状为肠道严重充血，肠道全部或局部呈鲜红色，内脏点状出血，体表亦可见到出血点，在各种规格的草鱼种中均可见到。

图A.3 肠炎型

附 录 B
(规范性)
监测工作相关表格

B.1 监测点备案表

见表B.1。

表B.1 监测点备案表

__________省(自治区、直辖市)__________病

<table>
<tr><td colspan="2">监测点地址</td><td colspan="3"></td></tr>
<tr><td colspan="2" rowspan="2">监测点名称</td><td rowspan="2"></td><td>联系人</td><td></td></tr>
<tr><td>电话</td><td></td></tr>
<tr><td rowspan="3">监测点
基本信息</td><td>监测点类型</td><td colspan="3">□国家级原良种场； □省级原良种场； □苗种场； □观赏鱼养殖场；
□成鱼养殖场； □引育种中心</td></tr>
<tr><td>养殖品种</td><td colspan="3"></td></tr>
<tr><td>监测品种</td><td colspan="3"></td></tr>
<tr><td rowspan="5">养殖基本信息</td><td>养殖条件</td><td colspan="3">□海水； □淡水； □半咸水</td></tr>
<tr><td>养殖模式</td><td colspan="3">□池塘； □网箱； □网围； □滩涂； □工厂化； □海上筏式；
□底播； □其他</td></tr>
<tr><td>养殖场水源</td><td colspan="3">□海水； □地下水； □河水； □降雨； □山泉水； □沟渠； □湖水；
□其他</td></tr>
<tr><td>进排水系统</td><td colspan="3">□独立； □不独立； □无</td></tr>
<tr><td>苗种来源</td><td colspan="3">□自繁； □外购</td></tr>
</table>

填报单位负责人： (单位公章)

年 月 日

B.2 现场采样记录表

见表B.2。

表B.2 现场采样记录表

__________病

<table>
<tr><td rowspan="3">监
测
点</td><td>名称</td><td colspan="3"></td></tr>
<tr><td>通信地址</td><td></td><td>邮编</td><td></td></tr>
<tr><td>联系人</td><td></td><td>电话</td><td></td></tr>
<tr><td rowspan="3">采
样
单
位</td><td>名称</td><td colspan="3"></td></tr>
<tr><td>通信地址</td><td></td><td>邮编</td><td></td></tr>
<tr><td>联系人</td><td></td><td>电话</td><td></td></tr>
</table>

表 B.2 （续）

________________病

<table>
<tr><td rowspan="5">样品信息</td><td>样品名称</td><td colspan="3"></td><td>采样编号</td><td></td></tr>
<tr><td>样品数量</td><td colspan="3"></td><td>样品规格</td><td></td></tr>
<tr><td>样品状态</td><td colspan="5">□无病症；　□有病症；　□濒死；　□死亡</td></tr>
<tr><td>保存方式</td><td colspan="5">□酒精；　□冰冻；　□活鱼；　□其他</td></tr>
<tr><td>采样时
环境条件</td><td>水温(℃)</td><td colspan="2"></td><td>pH</td><td></td></tr>
<tr><td>监测点签署</td><td colspan="3">本次采样始终在本人陪同下完成，上述记录经核实无误，承认以上各项记录的合法性。

负责人签字：

年　月　日</td><td>采样单位签署</td><td colspan="2">本次采样已按要求及产品标准执行完毕，样品经双方人员共同封样，并做记录如上。

采样人签字：

年　月　日</td></tr>
</table>

B.3 采样标签

见表 B.3。

表 B.3 采样标签

被采样单位：________________
样 品 编 号：________________
采　样　人：________________
采 样 时 间：　　　年　月　日

B.4 检测报告

见表 B.4。

表 B.4 检测报告

××××××检测机构

检测报告

1. 委托检测单位

单位名称：　　　　单位地址：

2. 样品信息

样品名称：　　　　样品数量：

样品规格：　　　　采样日期：

养殖场名称：　　　　养殖场地址：

3. 检测信息

收样日期：　　　　检测日期：

检测项目及方法：

检测结果：

编制人：

审核人：　　　　检测机构章

批准人：　　　　年　月　日

B.5 阳性检测结果报告

见表 B.5。

表 B.5 阳性检测结果报告

(渔业行政主管部门名称):

我省××养殖场,由××实验室,检出××疫病病原阳性。该疫病为××类疫病(或近年国内新发疫病)。详见下表。特此报告。

(疫控机构名称)

负责人签字: 年 月 日

<table>
<tr><td rowspan="5">阳性
养殖场信息</td><td>监测点名称及地址</td><td colspan="3">市 县 镇 村 养殖场</td></tr>
<tr><td>监测点联系人</td><td></td><td>联系电话</td><td></td></tr>
<tr><td>监测点类型</td><td colspan="3">□国家级原良种场 □省级原良种场 □苗种场
□观赏鱼养殖场 □成鱼/虾养殖场</td></tr>
<tr><td>养殖品种</td><td></td><td>养殖方式</td><td></td></tr>
<tr><td>养殖面积(亩)</td><td></td><td>采样时间</td><td>年 月 日</td></tr>
<tr><td rowspan="4">发病
情况</td><td>有无临床症状</td><td colspan="3">有□ 无□</td></tr>
<tr><td rowspan="3">发病概况
(有临床症状的填写)</td><td>发病面积(亩)</td><td colspan="2"></td></tr>
<tr><td>死亡情况(按尾数测算)(%)</td><td colspan="2"></td></tr>
<tr><td>经济损失(元)</td><td colspan="2"></td></tr>
</table>

附 录 C
（规范性）
草鱼呼肠孤病毒实验室检测流程

C.1 总则

基因Ⅱ型草鱼呼肠孤病毒采用套式 PCR 方法进行检测和序列分析。上述检测和序列分析确认为阳性的样品，可出具检测报告。

C.2 样品处理

按 GB/T 36190 的规定执行，体长≤4 cm 的鱼苗去尾后取整条（尾）鱼；体长为 4 cm～6 cm（含）的鱼，取脑、内脏（包括肾）；体长＞6 cm 的鱼，则取脑、肝、肾和脾。

C.3 套式 RT-PCR 检测

C.3.1 套式 RT-PCR 引物

GCRV-Ⅱ Nest-SP：5′-CGC GAT TTC ATA CCC TTT CT-3′；

GCRV-Ⅱ Nest-OutP：5′ -TAG CTG CCG TAC TTG GGA TGA-3′；

GCRV-Ⅱ Nest-InP：5′ -CAT ACG ATC GCT CCC AAC TCC-3′。

C.3.2 核酸提取

取不超过 100 mg 待检组织样品置于匀浆器中，加入 1 mL Trizol 试剂，充分研磨，室温放置 5 min；加入 200 μL 三氯甲烷，涡旋振荡 30 s 混匀，室温放置 15 min；12 000 *g* 离心 10 min；取上层水相至一新的离心管中，加等体积异丙醇，上下颠倒数次混匀，－20 ℃放置 20 min；12 000 *g* 离心 10 min；弃上清液，沉淀用 1 mL 75％乙醇清洗；8 000 *g* 离心 10 min，弃上清液，沉淀室温干燥 5 min；加 20 μL DEPC 水溶解 RNA 沉淀。4 ℃冰箱保存备用，RNA 溶液应避免反复冻融，并尽快用于检测。

也可以采用质量相当的商品化 RNA 提取试剂盒，按照说明书进行操作。

C.3.3 cDNA 模板制备

逆转录时取 6 μL RNA，加入 20 μmol/L 下游引物 Nest-OutP 1 μL，70 ℃水浴 5 min。冰浴 2 min 后，依次加入 5×逆转录酶缓冲液 4 μL，dNTPs（10 nmol/L）1 μL，DTT（0.1 mol/L）2 μL，M-MLV 逆转录酶（5 U/μL）0.5 μL，RNA 酶抑制剂 0.5 μL，DEPC 水 5 μL。混匀后，置 PCR 仪上 37 ℃反应 30 min 合成 cDNA，85 ℃灭活 5 min 后进行 PCR 或置－20 ℃保存。

cDNA 模板制备也可以根据不同商品化试剂盒说明书操作。

C.3.4 套式 RT-PCR 反应

第一步反应：在 0.2 mL PCR 薄壁管或八联管中，按每个样品 25 μL 扩增体系配置，包括 10×缓冲液 2.5 μL、10 mmol/L 的 dNTPs 0.5 μL、5 U/μL *Taq* 酶 0.5 μL、20 μmol/L 上游引物（GCRV-Ⅱ Nest-SP）和下游引物（GCRV-Ⅱ Nest-OutP）各 0.5 μL、双蒸水 18 μL、cDNA 模板 2.5 μL。同时，设置不含 cDNA 模板的空白对照、阳性对照和阴性对照，检测体系配制方法相同。扩增程序：95 ℃ 3 min；95 ℃ 30 s，56 ℃ 30 s，72 ℃ 30 s，共 35 个循环；72 ℃ 10 min，4 ℃保存。

第二步反应：在 0.2 mL PCR 薄壁管或八联管中，按每个样品 25 μL 扩增体系配置，包括 10×缓冲液 2.5 μL、10 mmol/L dNTPs 0.5 μL、5 U/μL *Taq* 酶 0.5 μL、20 μmol/L 上游引物（GCRV-Ⅱ Nest-SP）和下游引物（GCRV-Ⅱ Nest-InP）各 0.5 μL、模板加第一步反应产物 1 μL～5 μL，双蒸水补齐到 25 μL。扩增程序：95 ℃ 3 min；95 ℃ 30 s，56 ℃ 30 s，72 ℃ 30 s，共 35 个循环；72 ℃ 10 min，4 ℃保存。

具有同样扩增效率的商业化一步法 RT-PCR 试剂盒也同样适用。

C.3.5 琼脂糖电泳

用 TBE 电泳缓冲液配制 1.5%的琼脂糖平板。将平板放入水平电泳槽,使电泳缓冲液刚好淹没胶面。将 5 μL 扩增产物和适量加样缓冲液混合后加入孔内。在电泳时使用核酸分子量标准参照物作对照。110 V 恒压下电泳 30 min～45 min。当溴酚蓝到达琼脂糖凝胶的底部时停止。将电泳好的凝胶放到紫外投射仪或凝胶成像系统上观察结果并拍照,进行判定并记录。

C.3.6 结果判定

用紫外照射仪或用凝胶成像仪观察扩增带并判断结果。

若阳性对照出现一条相对应大小的 DNA 条带,阴性对照和空白对照无扩增条带,实验有效。

待测样品第一步扩增出现 408 bp 或第二步扩增出现 363 bp 大小条带,并经测序验证,结果判定为阳性;待测样品第二次 PCR 扩增无条带或者在 363 bp 大小位置上无条带,则判定为阴性。

ICS 65.020.30
CCS B 41

中华人民共和国水产行业标准

SC/T 7024—2021

罗非鱼湖病毒病监测技术规范

Technical specification of surveillance for tilapia lake virus disease

2021-11-09 发布 2022-05-01 实施

中华人民共和国农业农村部 发布

前　言

本文件按照 GB/T 1.1—2020《标准化工作导则　第1部分：标准化文件的结构和起草规则》的规定起草。

请注意本文件的某些内容可能涉及专利。本文件的发布机构不承担识别专利的责任。

本文件由农业农村部渔业渔政管理局提出。

本文件由全国水产标准化技术委员会(SAC/TC 156)归口。

本文件起草单位：深圳市检验检疫科学研究院、全国水产技术推广总站、深圳海关动植物检验检疫技术中心、中国水产科学研究院珠江水产研究所、广西壮族自治区水产科学研究院。

本文件主要起草人：郑晓聪、蔡晨旭、曾伟伟、梁艳、刘荭、余卫忠、贾鹏、王庆、李清、韦信贤、王英英、童桂香。

罗非鱼湖病毒病监测技术规范

1 范围

本文件规定了罗非鱼湖病毒病监测工作的通用要求，描述了对应的试验方法，给出了监测对象、监测点的设置、采样、样品包装和送样、实验室检测、检测结果报告和阳性场处置等内容。

本文件适用于参与水生动物疫病监测计划的渔业主管部门、水生动物疫病预防控制机构、水生动物疫病检测机构等进行罗非鱼湖病毒病的监测。

2 规范性引用文件

下列文件中的内容通过文中的规范性引用而构成本文件必不可少的条款。其中，注日期的引用文件，仅该日期对应的版本适用于本文件；不注日期的引用文件，其最新版本（包括所有的修改单）适用于本文件。

SC/T 7015 染疫水生动物无害化处理规程

SC/T 7103 水生动物产地检疫采样技术规范

3 术语和定义

下列术语和定义适用于本文件。

3.1

水生动物疫病监测计划 plan of aquatic animal disease surveillance

对水生动物疫病发生、流行等情况进行监测的工作任务，用以及时掌握我国重要水生动物疫病情况。国家级监测计划由农业农村部渔业主管部门制定，省级监测计划由省（自治区、直辖市）级渔业主管部门制定。

3.2

监测 surveillance

在一定范围内，针对某一特定水生动物群体，对于某种或多种疫病长期系统地观测，收集和分析疫病的动态分布和影响因素资料，跟踪疫病的发生、分布和变化趋势，并将信息及时上报和反馈，以便进一步开展调查研究，对疫病进行预警预报，提出有效防控对策和措施，从而达到防控疫病的目的。

3.3

监测点 surveillance spot

需要监测的独立的流行病学单元。

3.4

罗非鱼湖病毒病 tilapia lake virus disease

罗非鱼湖病毒病是由罗非鱼湖病毒（Tilapia lake virus，TiLV）引起的一种罗非鱼急性病毒性传染病，主要症状为昏睡、游动异常、食欲不振，体色发黑、体表充血糜烂、腹部肿胀、眼球凸出、鳃丝苍白等。

4 缩略语

下列缩略语适用于本文件。

DMEM：改良 Eagle 培养基（Dulbecco's Modified Eagle Medium）

M199：M199 培养基（M199 Medium）

MEM：基础必需培养基（Minimum Essential Medium）

RT-PCR：逆转录-聚合酶链反应（Reverse Transcription-Polymerase Chain Reaction）

TiLV：罗非鱼湖病毒（Tilapia Lake Virus）

5 监测对象

罗非鱼湖病毒易感种类，包括罗非鱼及其变种(见附录 A)。

6 监测点设置

6.1 监测点应包括以下罗非鱼养殖场：

a) 国家级、省级原良种场和引育种中心；

b) 近 2 年内 TiLV 监测结果呈阳性的养殖场。

6.2 监测点还可选择以下罗非鱼的养殖场：

a) 从单一苗种场引种或引种产地检疫证明完整或能溯源的成鱼养殖场；

b) 自繁自养或引种产地检疫证明完整的苗种场。

7 采样

7.1 采样要求

7.1.1 采样人员

应经过省级以上水生动物疫病预防控制机构(水产技术推广机构)组织的采样技术培训或了解相关采样要求的人员。

7.1.2 采样水温

宜在水温 22 ℃～30 ℃时进行采样。

7.1.3 采样规格

各种规格的罗非鱼均可采集，优先采集鱼苗和鱼种。

7.1.4 采样数量

依据 SC/T 7103 的规定，无临床症状的鱼，每个监测点随机采集 150 尾；具有疑似临床症状的鱼(见 A.3)，不少于 30 尾。优先采集具有临床症状的鱼。

7.1.5 采样频次

符合 6.1 的监测点，每年采样 2 次，且 2 次采样应间隔 1 个月以上；符合 6.2 的监测点，每年采样 1 次～2 次，如果采样 2 次，应间隔 1 个月以上。

7.1.6 采样形式

7.1.6.1 活鱼样品

采集的活鱼样品装入活鱼运输袋，24 h 内送检。

7.1.6.2 组织样品

按附录 B 中 B.2 的要求取组织样品，每 15 尾鱼的组织样品等量混合在一起作为一个检测小样放置到 50 mL 离心管中，按 1∶5 的比例(W/V)加入磷酸盐缓存液或含 1 000 IU/mL 的青霉素和 1 000 μg/mL 的链霉素的 M199、MEM、DMEM 等细胞培养液，并在离心管上标明样品编号和日期，在 0 ℃～10 ℃ 48 h 内运至检测实验室。

7.2 采样程序

7.2.1 采样准备

采样单位提前与监测点以及具有罗非鱼湖病毒检测资质的单位取得联系确定采样和送检时间。同时按附录 C 中 C.1 填写监测点备案表，承担国家水生动物疫病监测计划的采样单位应将监测点信息上传至国家水生动物疫病监测信息管理系统。

按 C.2 的要求确定采样人员、运载工具、准备采样工具、容器和现场采样记录表等。

7.2.2 采样实施

7.2.2.1 孵化车间

随机采集孵化池(缸)数量不少于10个,共采集150尾作为一个样。如果孵化池(缸、环道)数量小于或等于10个,则每个孵化池(缸、环道)都要采集。

7.2.2.2 养殖场

若养殖单元(池塘、水泥池、网箱等)数量不少于10个,则随机选取10个养殖单元采集,共采集150尾作为一个样;若养殖单元(池塘、水泥池、网箱等)数量小于或等于10个,则每个养殖单元都要采集,共采集150尾作为一个样。

7.2.3 采样记录

采样时需按C.2的要求填写现场采样记录表,相关人员签字确认采集样品的真实性,并提供采样影像资料。现场采样记录表一式三份,一份由监测点留存,一份由采样单位留存,一份随同样品转运至承检单位。

同时,采样单位应将采样信息录入国家水生动物疫病监测信息管理系统。

8 样品包装和送样

8.1 包装

8.1.1 活鱼样品

用活鱼运输袋充氧并打包,在包装袋外加冰袋或冷冻瓶装水等冷媒,装入泡沫箱后,再装入相应大小的纸箱中,用胶带密封。

8.1.2 组织样品

用自封袋包装后放入泡沫箱中,同时在泡沫箱里加适量的冰袋或冷冻瓶装水等冷媒,再装入相应大小的纸箱中,用胶带密封。

8.2 标签

包装好后每份样品应及时加贴采样标签,标签应符合C.3的要求。

8.3 运输

活鱼样品24 h内,组织样品48 h内运达指定检测实验室。

9 实验室检测

9.1 样品处理

活鱼样品,将样品随机分成小样,每个小样取15尾鱼组织(肝、脑、脾、肾),且每个小样均需检测;组织样品,直接进行检测。

9.2 病原检测

检测单位按附录B进行检测和鉴定,先用实时荧光RT-PCR方法进行检测,检测结果为阴性的,可直接出具阴性结果报告;检测结果为阳性的,用套式RT-PCR方法进行确认。

检测单位应做好实验室管理、病原体保存和无害化处理等工作。

10 检测结果报告

10.1 检测单位在接到样品后3周内完成检测,按C.4向委托检测单位(各省级水生动物疫控机构)提供检测报告,并将检测结果、阳性样品核酸序列以及其他相关信息上传至国家水生动物疫病监测信息管理系统。

10.2 省级水生动物疫控机构应将检测结果上报本级渔业主管部门,并及时反馈相关养殖场和县级水生动物疫控机构。如果检测结果为阳性,按C.5的要求填写阳性检测结果报告,并上报本级渔业主管部门。

11 阳性场处置

省级水生动物疫控机构指导阳性养殖场按照SC/T 7015的规定执行相关处理,组织开展流行病学调查和病原溯源工作,及时将相关信息上传至国家水生动物疫病监测信息管理系统。

附 录 A
（资料性）
罗非鱼湖病毒病简介

A.1 病原学

罗非鱼湖病毒病是由罗非鱼湖病毒（Tilapia Lake Virus，TiLV）引起的一种罗非鱼急性病毒性传染病。TiLV 是一种新型的 RNA 病毒，国际病毒分类委员会（ICTV）于 2019 年将其单独列为罗非鱼病毒科（Amnoonviridae）罗非鱼病毒属（*Tilapinevirus*）罗非鱼病毒种（*Tilapia tilapinevirus*）。TiLV 基因组是分段、单链的负链 RNA，由 10 个基因片段组成。TiLV 病毒粒子具包膜，二十面体结构，大小为 55 nm～75 nm，病毒颗粒对有机溶剂（乙醚和氯仿）敏感。在一般养殖条件下，大多数常用消毒剂对 TiLV 均有较好的灭活效果，如 5 000 mg/L Virkon® 消毒粉可在 1 min 灭活病毒，2.5 mg/L 碘、10 mg/L 次氯酸钠、300 mg/L 过氧化氢可在 10 min 灭活病毒。

A.2 流行病学

A.2.1 易感宿主

TiLV 主要感染罗非鱼及其变种，也有感染实验表明，TiLV 能感染丝足鲈（*Osphronemus goramy*）、施氏高体鲃（*Barbonymus schwanenfeldii*）、大鲵（Osphronimus goramy）以及斑马鱼（*Danio rerio*）。

A.2.2 易感阶段、水温、季节等

TiLV 能够感染罗非鱼的所有生命阶段，包括受精卵、卵黄囊幼体、鱼苗和成鱼等。感染主要在高温季节暴发，发病水温为 22 ℃～32 ℃。

A.2.3 传染源、传播途径

目前，尚不清楚 TiLV 的最初来源，野生或养殖的受 TiLV 感染的鱼群是目前已知的唯一传染源。有证据表明，病鱼的眼睛、大脑和肝脏常常含有高浓度的病毒，其肌肉组织也存在病毒。因此，发病死亡的罗非鱼可能是重要的病毒污染源。

直接水平传播是其主要传播途径，罗非鱼的活体交易和运输最有可能传播疾病。此外，在罗非鱼早期发育阶段的受精卵和卵黄囊幼体中检测到 TiLV 病毒核酸，表明该病毒可能存在垂直传播的情况。

A.3 临床症状

主要表现为昏睡、游动异常、食欲不振，体色发黑、体表充血糜烂、腹部肿胀、眼球凸出、鳃丝苍白等，肝脏和肾脏出血等。

附　录　B
（规范性）
罗非鱼湖病毒实验室检测流程

B.1　总则

罗非鱼湖病毒检测，先用实时荧光 RT-PCR 方法进行检测，检测结果为阴性的，可直接出具阴性结果报告；检测结果为阳性的，再用套式 RT-PCR 方法进行确认。

B.2　取组织样品

体长≤4 cm 的鱼苗取整条，若是带卵黄囊的鱼应去掉卵黄囊；体长 4 cm～6 cm 的鱼苗取内脏（包括肾）；体长大于 6 cm 的鱼则取肝、脑、肾和脾；鱼卵则取卵膜。

B.3　检测方法

B.3.1　实时荧光 RT-PCR

B.3.1.1　实时荧光 RT-PCR 引物

TILV-F1：5′-CGAACTGTTGCCTTTGGAAATT-3′；

TILV-R1：5′-TGAAGAATAAGTGGATTGCCTTTG-3′；

TILV-P1：5′-FAM-CCGCGGCTGGCCTTCCAG-BHQ1-3′。

B.3.1.2　核酸提取

取 20 mg～50 mg 待检样品组织，加入 1 mL Trizol 试剂，用移液器充分吹打 10 次～20 次，室温放置 5 min；加入 200 μL 三氯甲烷，涡旋振荡 30 s 混匀，室温放置 15 min；12 000 *g* 离心 10 min；取上层水相至一新的离心管中，加等体积异丙醇，上下颠倒数次混匀，－20 ℃放置 20 min；12 000 *g* 离心 10 min；弃上清液，沉淀用 1 mL 75％乙醇清洗；8 000 *g* 离心 10 min，弃上清液，沉淀室温干燥 5 min；加 20 μL DEPC 水溶解 RNA 沉淀。4 ℃冰箱保存备用，RNA 溶液应避免反复冻融，并尽快用于检测。提取后的 RNA 应尽快用于逆转录合成 cDNA 模板。

具备同样抽提效率的商品化 RNA 抽提试剂盒也同样适用。

B.3.1.3　cDNA 模板制备

取 18.5 μL RNA 溶液，加 10 倍逆转录酶浓缩缓冲液 2.5 μL、dNTPs 1 μL、40 U/μL 的 RNA 酶抑制剂 1 μL、5 U/μL 的 AMV 逆转录酶 1 μL、20 μmol/L 下游引物（TILV-R1）1 μL。混匀后，置 PCR 仪上 50 ℃反应 30 min，95 ℃反应 10 min，－20 ℃保存。

B.3.1.4　核酸扩增

在 0.2 mL PCR 薄壁管或八联管中，按每个样品 10 倍 *Taq* 酶浓缩缓冲液 2.5 μL、10 mmol/L 的 dNTPs 0.5 μL、5 U/μL 的 *Taq* 酶 0.5 μL、20 μmol/L 的上游引物和下游引物各 0.5 μL、10 μmol/L *Taq*Man 探针 0.5 μL、双蒸水 17.5 μL、cDNA 模板 2.5 μL，配制反应体系。同时，设置不含 cDNA 模板的空白对照、阳性对照和阴性对照，检测体系配制方法相同。95 ℃ 5 min；95 ℃ 15 s，60 ℃ 45 s，40 个循环。

具有同样扩增效率的商品化一步法荧光 RT-PCR 试剂盒也同样适用。

B.3.1.5　结果判定

若阳性对照 *Ct* 值小于或等于 35，阴性对照和空白对照 *Ct* 值大于或等于 40，实验有效；检测样品的 *Ct* 值≤35.0，判断为阳性；无典型"S"形扩增或 *Ct* 值＞35.0，判断为阴性。

B.3.2 套式 RT-PCR

B.3.2.1 套式 RT-PCR 方法引物序列

F1:5′-TATGCAGTACTTTCCCTGCC-3′;

F2:5′-TATCACGTGCGTACTCGTTCAGT-3′;

R:5′-GTTGGGCACAAGGCATCCTA-3′。

引物 F1 和 R 扩增 415 bp 目的基因;引物 F2 和 R 扩增 250 bp 目的基因。

B.3.2.2 RNA 提取

参照 B.3.1.2。

B.3.2.3 cDNA 模板制备

参照 B.3.1.3。

B.3.2.4 核酸扩增

第一步反应:在 0.2 mL PCR 薄壁管或八联管中,按每个样品 10 倍 *Taq* 酶浓缩缓冲液 2.5 μL、10 mmol/L的 dNTPs 0.5 μL、5 U/μL *Taq* 酶 0.5 μL、20 μmol/L 上游引物(F1)和下游引物(R)各 0.5 μL、双蒸水 18 μL、cDNA 模板 2.5 μL,配制反应体系。同时,设置不含 cDNA 模板的空白对照、阳性对照和阴性对照,检测体系配制方法相同。扩增程序为 95 ℃ 2 min;95 ℃ 30 s,55 ℃ 30 s,72 ℃ 30 s,共 35 个循环,72 ℃ 10 min,4 ℃保存。

第二步反应:在 0.2 mL PCR 薄壁管或八联管中,按每个样品 10 倍 *Taq* 酶浓缩缓冲液 2.5 μL、10 mmol/L dNTPs 0.5 μL、5 U/μL *Taq* 酶 0.5 μL、20 μmol/L 上游引物(F2)和下游引物(R)各 0.5 μL、双蒸水 18 μL、模板加第一步反应产物 2.5 μL,配制反应体系。扩增程序为 95 ℃ 2 min;95 ℃ 30 s,55 ℃ 30 s,72 ℃ 30 s,共 35 个循环,72 ℃ 10 min,4 ℃保存。

具有同样扩增效率的商品化一步法 RT-PCR 试剂盒也同样适用。

B.3.2.5 琼脂糖电泳

用 TBE 电泳缓冲液配制 1.5%的琼脂糖平板。将平板放入水平电泳槽,使电泳缓冲液刚好淹没胶面。将 6 μL 扩增产物和 2 μL 溴酚蓝指示剂溶液混匀后加入孔内。电泳时,使用核酸分子量标准参照物作对照。5 V/cm 电泳约 0.5 h,当溴酚蓝到达琼脂糖凝胶的底部时停止。

B.3.2.6 结果判定

用紫外照射仪或用凝胶成像仪观察扩增带并判断结果。若阳性对照出现一条相对应大小的 DNA 条带,阴性对照和空白对照没有该扩增带,实验有效。

若检测样品电泳后在相应 DNA 位置上,第一步反应出现 415 bp 或第二步反应出现 250 bp 大小条带,取 PCR 扩增产物进行测序,测序结果需与 GenBank 收录的 TiLV 序列进行比较确认,相似性达到 95%以上的判定为阳性。

若检测样品在第二步反应后电泳在相应 DNA 位置上无扩增,则判定为阴性。

附　录　C
（规范性）
监测相关表格

C.1　监测点备案表

见表C.1。

表C.1　监测点备案表

__________省（自治区、直辖市）__________病

<table>
<tr><td colspan="2">监测点地址</td><td colspan="3"></td></tr>
<tr><td colspan="2" rowspan="2">监测点名称</td><td rowspan="2"></td><td>联系人</td><td></td></tr>
<tr><td>电话</td><td></td></tr>
<tr><td rowspan="3">监测点
基本信息</td><td>监测点类型</td><td colspan="3">□国家级原良种场；□省级原良种场；□苗种场；□观赏鱼养殖场；□成鱼养殖场；□引育种中心</td></tr>
<tr><td>养殖品种</td><td colspan="3"></td></tr>
<tr><td>监测品种</td><td colspan="3"></td></tr>
<tr><td rowspan="5">养殖基本信息</td><td>养殖条件</td><td colspan="3">□海水；　□淡水；　□半咸水</td></tr>
<tr><td>养殖模式</td><td colspan="3">□池塘；　□网箱；　□网围；　□滩涂；　□工厂化；　□海上筏式；
□底播；　□其他</td></tr>
<tr><td>养殖场水源</td><td colspan="3">□海水；　□地下水；　□河水；　□降雨；　□山泉水；　□沟渠；　□湖水；
□其他</td></tr>
<tr><td>进排水系统</td><td colspan="3">□独立；　□不独立；　□无</td></tr>
<tr><td>苗种来源</td><td colspan="3">□自繁；　□外购</td></tr>
</table>

填报单位负责人：　　　　　　　　　　　　　　　　　　　　　　（单位公章）

年　月　日

C.2　现场采样记录表

见表C.2。

表C.2　现场采样记录表

__________病

<table>
<tr><td rowspan="3">监
测
点</td><td>名称</td><td colspan="3"></td></tr>
<tr><td>通信地址</td><td></td><td>邮编</td><td></td></tr>
<tr><td>联系人</td><td></td><td>电话</td><td></td></tr>
<tr><td rowspan="3">采
样
单
位</td><td>名称</td><td colspan="3"></td></tr>
<tr><td>通信地址</td><td></td><td>邮编</td><td></td></tr>
<tr><td>联系人</td><td></td><td>电话</td><td></td></tr>
</table>

表 C.2（续）

<table>
<tr><td rowspan="5">样品信息</td><td>样品名称</td><td colspan="2"></td><td>采样编号</td><td></td></tr>
<tr><td>样品数量</td><td colspan="2"></td><td>样品规格</td><td></td></tr>
<tr><td>样品状态</td><td colspan="4">□无病症；□有病症；□濒死；□死亡</td></tr>
<tr><td>保存方式</td><td colspan="4">□酒精；□冰冻；□活鱼；□其他</td></tr>
<tr><td>采样时
环境条件</td><td>水温(℃)</td><td></td><td>pH</td><td></td></tr>
<tr><td>监测点签署</td><td colspan="2">本次采样始终在本人陪同下完成，上述记录经核实无误，承认以上各项记录的合法性。
负责人签字：
年　月　日</td><td>采样单位签署</td><td colspan="2">本次采样已按要求及产品标准执行完毕，样品经双方人员共同封样，并做记录如上。
采样人签字：
年　月　日</td></tr>
</table>

C.3 采样标签

见表 C.3。

表 C.3 采样标签

被采样单位：＿＿＿＿＿＿＿＿
样 品 编 号：＿＿＿＿＿＿＿＿
采　样　人：＿＿＿＿＿＿＿＿
采 样 时 间：＿＿＿＿年　月　日

C.4 检测报告

见表 C.4。

表 C.4 检测报告

××××××检测机构
检测报告

1. 委托检测单位
单位名称：　　　　单位地址：
2. 样品信息
样品名称：　　　　样品数量：
样品规格：　　　　采样日期：
养殖场名称：　　　　养殖场地址：
3. 检测信息
收样日期：　　　　检测日期：
检测项目及方法：
检测结果：

编制人：
审核人：　　　　检测机构章
批准人：　　　　年　月　日

C.5 阳性检测结果报告

见表C.5。

表C.5 阳性检测结果报告

(渔业行政主管部门名称):

我省××养殖场,由××实验室,检出××疫病病原阳性。该疫病为××类疫病(或近年国内新发疫病)。详见下表。特此报告。

(疫控机构名称)

负责人签字: 年 月 日

<table>
<tr><td rowspan="5">阳性
养殖场信息</td><td>监测点名称及地址</td><td colspan="3">市 县 镇 村 养殖场</td></tr>
<tr><td>监测点联系人</td><td></td><td>联系电话</td><td></td></tr>
<tr><td>监测点类型</td><td colspan="3">□国家级原良种场 □省级原良种场 □苗种场 □观赏鱼养殖场
□成鱼/虾养殖场</td></tr>
<tr><td>养殖品种</td><td></td><td>养殖方式</td><td></td></tr>
<tr><td>养殖面积(亩)</td><td></td><td>采样时间</td><td>年 月 日</td></tr>
<tr><td rowspan="4">发病
情况</td><td>有无临床症状</td><td colspan="3">有□ 无□</td></tr>
<tr><td rowspan="3">发病概况
(有临床症状的填写)</td><td>发病面积(亩)</td><td colspan="2"></td></tr>
<tr><td>死亡情况(按尾数测算)(%)</td><td colspan="2"></td></tr>
<tr><td>经济损失(元)</td><td colspan="2"></td></tr>
</table>

ICS 65.020.30
CCS B 41

中华人民共和国水产行业标准

SC/T 7215—2021

流行性造血器官坏死病诊断规程

Code of diagnosis for epizootic haematopoietic necrosis

2021-11-09 发布 2022-05-01 实施

中华人民共和国农业农村部 发布

前　　言

本文件按照 GB/T 1.1—2020《标准化工作导则　第 1 部分：标准化文件的结构和起草规则》的规定起草。

请注意本文件的某些内容可能涉及专利。本文件的发布机构不承担识别专利的责任。

本文件由农业农村部渔业渔政管理局提出。

本文件由全国水产标准化技术委员会(SAC/TC 156)归口。

本文件起草单位：全国水产技术推广总站、中国检验检疫科学研究院、北京市水产技术推广站。

本文件主要起草人：张旻、王姝、余卫忠、王娜、潘勇、景宏丽、徐立蒲、蔡晨旭。

流行性造血器官坏死病诊断规程

1 范围

本文件给出了流行性造血器官坏死病(epizootic haematopoietic necrosis,EHN)诊断程序、试剂和材料、仪器设备、临床症状、采样、病毒的分离和检测及综合判定的要求。

本文件适用于流行性造血器官坏死病的流行病学调查、诊断、检疫和疫情监测。

2 规范性引用文件

下列文件中的内容通过文中的规范性引用而构成本文件必不可少的条款。其中,注日期的引用文件,仅该日期对应的版本适用于本文件;不注日期的引用文件,其最新版本(包括所有的修改单)适用于本文件。

GB/T 6682 分析实验室用水规格和试验方法

GB/T 18088 出入境动物检疫采样

SC/T 7103 水生动物产地检疫采样技术规范

3 术语和定义

本文件没有需要界定的术语和定义。

4 缩略语

BF-2:蓝鳃太阳鱼细胞系(bluegill fry cell line)

CPE:细胞病变效应(cytopathic effect)

CTAB:十六烷基三甲基溴化铵(cetyltrimethylammonium bromide)

dATP:三磷酸腺嘌呤脱氧核苷酸(deoxyadenosine triphosphate)

dCTP:三磷酸胞嘧啶脱氧核苷酸(deoxycytidine triphosphate)

dGTP:三磷酸鸟嘌呤脱氧核苷酸(deoxyguanosine triphosphate)

dNTP:脱氧核糖核苷三磷酸(deoxy-ribonucleoside triphosphate)

dTTP:三磷酸胸腺嘧啶脱氧核苷酸(deoxythymidine triphosphate)

EB:溴化乙啶(ethidium bromide)

EDTA:乙二胺四乙酸(ethylenediaminetetraacetic acid)

ELISA:酶联免疫吸附试验(enzyme-linked immunosorbent assay)

EPC:鲤上皮瘤细胞系(epithelioma papulosum cyprini cell line)

FHM:胖头鲂肌肉细胞系(fathead minnow cell line)

GCO:草鱼性腺细胞系(*Ctenopharyngodon idellus* ovary cell line)

HEPES:4-羟乙基哌嗪乙磺酸[4-(2-Hydroxyethyl)-1-piperazineethanesulfonic acid]

IgG:免疫球蛋白 G(immunoglobulin G)

MCP:主要衣壳蛋白(major capsid protein)

OD:光密度(optical density)

PBST:含有 Tween-20 的磷酸盐缓冲液(phosphate buffered saline)

PCR:聚合酶链式反应(polymerase chain reaction)

Taq:水生嗜热菌(*Thermus aquaticus*)DNA 聚合酶

TMB:3,3′,5,5′-四甲基联苯胺(3,3′,5,5′-Tetramethylbenzidine)

5 诊断程序

流行性造血器官坏死病的诊断程序包括5个阶段。其中,病毒分离培养阶段分为2个步骤,PCR检测阶段分为3个步骤。诊断流程图如图1所示。

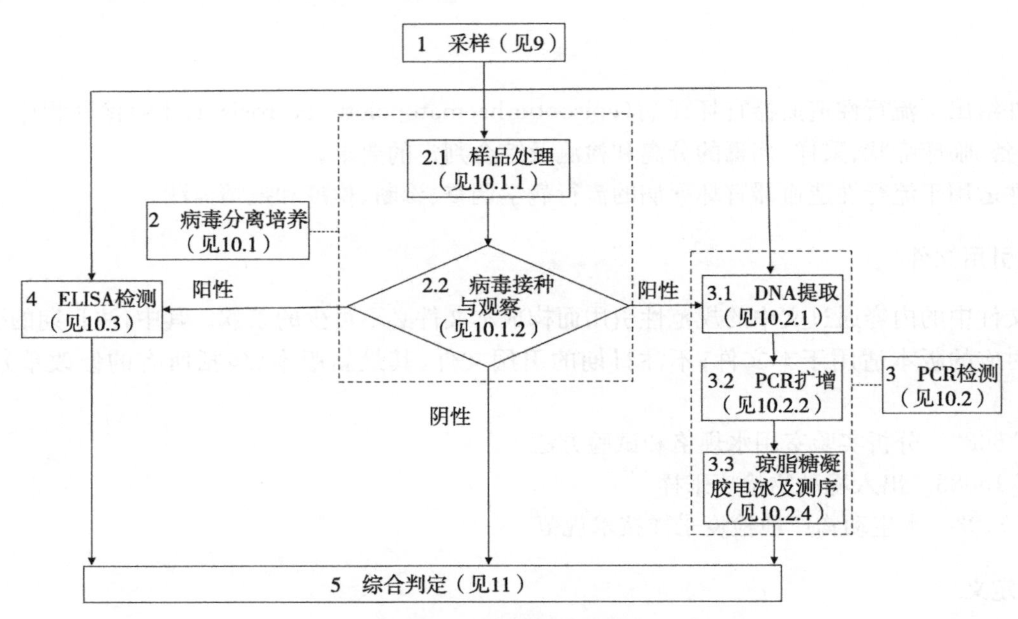

图1 诊断流程图

6 试剂和材料

6.1 水:符合GB/T 6682中一级水的规格。

6.2 流行性造血器官坏死病毒参考株:由动物防疫主管部门指定单位提供。

6.3 流行性造血器官坏死病毒单克隆抗体:由动物防疫主管部门指定单位提供。

6.4 抗流行性造血器官坏死病毒血清:由动物防疫主管部门指定单位提供。

6.5 酶标二抗IgG:按照说明书使用。

6.6 细胞系:EPC、BF-2、FHM或GCO。

6.7 *Taq* DNA聚合酶:5 U/μL,-20 ℃保存。

6.8 dNTPs:含dCTP、dGTP、dATP、dTTP各2.5 mmol/L,-20 ℃保存。

6.9 $MgCl_2$:25 mmol/L,-20 ℃保存。

6.10 引物:浓度为10 μmol/L。序列如下:

正向引物F:5′CGC-AGT-CAA-GGC-CTT-GAT-GT 3′;

反向引物R:5′AAA-GAC-CCG-TTT-TGC-AGC-AAA-C 3′;

扩增蛙病毒MCP编码基因(见附录A),预期长度为585 bp。

6.11 无水乙醇:分析纯,使用前-20 ℃预冷。

6.12 琼脂糖:电泳纯。

6.13 封闭液:1%明胶。

6.14 终止液:2 mol/L的硫酸。

6.15 PCR阳性对照:含有已知EHNV参考株的细胞悬液或已知感染EHNV的组织。

6.16 PCR阴性对照:不含EHNV病毒的正常细胞悬液或正常组织。

6.17 细胞培养液:按照附录B中的B.1配制,也可使用商品化试剂。

7 仪器设备

7.1 超净工作台。

7.2 生化培养箱。

7.3 倒置显微镜。

7.4 普通冰箱及超低温冰箱。

7.5 冷冻离心机。

7.6 高压灭菌锅。

7.7 组织研磨器。

7.8 PCR 仪。

7.9 电泳仪。

7.10 微波炉。

7.11 凝胶成像仪。

7.12 酶标仪。

8 临床症状

患病鱼临床症状见附录 C。

9 采样

9.1 采样对象

虹鳟和河鲈等易感鱼类。

9.2 采样数量、方法和保存运输

采样数量、方法及保存运输等应符合 GB/T 18088 和 SC/T 7103 的规定。

9.3 样品的采集

体长≤4 cm 的鱼苗，切除头和尾，取余下组织；体长 4 cm～6 cm 的鱼苗取内脏(包括肾)；体长>6 cm 的鱼则取肝、脾、肾。所取样品应立即进行检测。或暂时保存于−80 ℃，避免反复冻融。

10 病毒的分离和检测

10.1 病毒分离培养

10.1.1 样品处理

用组织研磨器将样品匀浆成糊状，按 1∶10 的比例将其重悬于含有 1 000 IU/mL 青霉素和 1 000 μg/mL 链霉素的细胞培养液中，于 15 ℃下孵育 2 h～4 h 或 4 ℃下孵育 6 h～24 h。7 000 r/min，4 ℃离心 20 min，收集上清液。

10.1.2 病毒接种与观察

10.1.2.1 用细胞培养液对 1∶10 组织匀浆上清液再作 2 次 10 倍稀释，然后将 1∶10、1∶100 和 1∶1 000三个稀释度的上清液接种到生长约 24 h 的单层 EPC、BF-2、FHM 或 GCO 细胞上，每个样品至少接种 3 孔，每孔接种 100 μL，置于 22 ℃培养。试验设置 3 孔阳性对照(接种病毒参考株)和 3 孔空白对照(未接种病毒的细胞)。

10.1.2.2 用倒置显微镜观察 CPE 是否出现，连续观察 7 d。CPE 表现为细胞收缩变圆，进而大量崩解，单层细胞形成空洞，边缘细胞颗粒化，最终细胞全部脱落。如果 7 d 内接种组织匀浆上清液的细胞培养物未出现 CPE，需盲传一次。盲传时，将接种组织匀浆上清液的细胞培养物冻融一次后收集，7 000 r/min，4 ℃离心 20 min，收集上清液。将上清液 100 μL 接种到同种长满单层新鲜细胞的 96 孔板中，置于 22 ℃培养，再观察 7 d。

10.1.2.3　如果空白对照细胞形态正常，阳性对照孔细胞出现CPE，当接种被检匀浆上清稀释液的细胞或盲传后的细胞出现CPE时，立即取病毒悬液用PCR或ELISA方法进行病毒的检测。

10.1.3　**结果判定**

在阳性对照出现CPE的情况下：

a)　样品经过接种细胞或盲传后也有CPE出现，需PCR方法或ELISA方法进一步检测；

b)　样品经过接种细胞和盲传后均没有CPE出现，则结果判为阴性。

阳性对照未出现CPE，则试验无效，应重新进行试验。

10.2　PCR检测

10.2.1　DNA提取

10.2.1.1　取50 mg～100 mg组织，或100 μL～200 μL冻融2次的细胞培养物。先加入150 μL CTAB溶液(按照B.2配制)，用组织研磨器将样品匀浆成糊状，放入1.5 mL的离心管中，再将CTAB溶液补加至900 μL。若样品为出现CPE的细胞悬液，则先将细胞悬液反复冻融3次，再取450 μL细胞悬液加入450 μL CTAB溶液混匀。25 ℃作用2 h～2.5 h。

10.2.1.2　在含有样品的离心管中加入600 μL抽提液Ⅰ(按照B.3配制)，充分混合不少于30 s。

10.2.1.3　以12 000 r/min离心5 min，取上层水相(约800 μL)，再加入700 μL抽提液Ⅱ(按照B.4配制)，充分混合至少30 s。

10.2.1.4　12 000 r/min离心5 min，取上层水相(约600 μL)，再加入－20 ℃预冷的1.5倍体积的无水乙醇(约900 μL)，颠倒数次混匀后，－20 ℃沉淀8 h以上。

10.2.1.5　12 000 r/min离心30 min，弃上清液。室温干燥后加20 μL水溶解，用作PCR模板。

10.2.1.6　也可使用同等抽提效果的其他方法或使用商品化试剂盒抽提病毒DNA。

10.2.2　PCR扩增

在PCR管中加入以下试剂：10×PCR缓冲液(不含Mg^{2+})10 μL、25 mmoL/L的$MgCl_2$ 10 μL、dNTPs 8.0 μL、上下游引物各2.5 μL、*Taq* DNA聚合酶1 μL，模板6 μL，加水至总体积为100 μL。瞬时离心，将反应管置于PCR扩增仪，反应条件：95 ℃预变性4 min，95 ℃ 1 min，55 ℃ 1 min，72 ℃ 1 min，扩增35个循环；72 ℃延伸10 min，最后4 ℃保存。

10.2.3　设立对照

实验过程中须设立阳性对照(见6.15)、阴性对照(见6.16)和空白对照(水)。

10.2.4　琼脂糖凝胶电泳及测序

使用1×电泳缓冲液(按照B.5和B.6配制)，配制1.5%的琼脂糖凝胶(含0.5 μg/mL EB，按照B.7配制，或其他经过验证的等效染色试剂)。将5 μL样品和1 μL 6×上样缓冲液(按照B.8配制)混匀后加入样品孔进行电泳。5 V/cm电泳约0.5 h，当溴酚蓝到达底部时停止，将凝胶置于凝胶成像仪上观察。

10.2.5　结果判定

PCR产物电泳后，阳性对照会出现585 bp的DNA片段，阴性对照和空白对照均没有该核酸带。在阳性对照和阴性对照都成立的情况下：

a)　待测样品PCR扩增后，在585 bp的位置上有条带，并经测序验证为EHNV MCP片段序列，可判定为EHNV阳性；

b)　待测样品PCR扩增后，无扩增条带，或扩增条带位置不符合585 bp，或扩增产物测序验证非EHNV MCP片段序列，判定为EHNV阴性。

10.3　ELISA检测

10.3.1　用pH 9.6的包被液(按照B.9配制)按说明书稀释纯化的EHNV单克隆抗体，包被ELISA板，每孔100 μL，4 ℃孵育过夜。

10.3.2　用0.01 mol/L PBST(按照B.10和B.11配制)洗板3次。

10.3.3　用1%明胶(PBST配制)(200 μL/孔)封闭，37 ℃孵育1 h，PBST洗3次。

10.3.4 加入2倍或4倍系列稀释的组织研磨上清液或者细胞培养物、参考株(阳性对照)、正常组织样品(阴性对照)和细胞培养液(空白对照),各加2孔,每孔100 μL,37 ℃孵育1 h。PBST洗3次。

10.3.5 将抗EHNV血清用细胞培养液稀释到工作浓度,每孔加100 μL,37 ℃孵育1 h。PBST洗3次。

10.3.6 加入0.1% H_2O_2(用双蒸水稀释),每孔150 μL,37 ℃孵育15 min,PBST洗2次。

10.3.7 将辣根过氧化物酶标记的IgG(酶标二抗)用细胞培养液稀释到工作浓度,每孔100 μL,37 ℃孵育1 h。PBST洗3次。

10.3.8 加入底物(按照B.12、B.13和B.14配制),每孔100 μL,37 ℃,避光反应10 min~30 min,当阳性对照出现明显蓝色、阴性对照无色时,加入终止液每孔150 μL,用酶标仪测量各孔在450 nm波长时的光密度值(OD_{450}值)。

10.3.9 结果判定:以空白对照的OD_{450}值为零点,先计算阳性对照和阴性对照的OD_{450}值之比。如果阳性对照孔的OD_{450}值(P)与阴性对照孔的OD_{450}值(N)之比大于2.1(即$P/N \geqslant 2.1$),表明对照成立。再计算待测样品孔与阴性对照孔的OD_{450}值之比。当样品孔的OD_{450}值(P)与阴性对照孔OD_{450}值(N)之比大于或等于2.1(即$P/N \geqslant 2.1$)时,判为阳性;若小于2.1(即$P/N < 2.1$)时,判为阴性。

11 综合判定

11.1 疑似病例的判定

易感宿主出现临床症状,且细胞培养物中出现明显的CPE,或ELISA检测结果显示阳性,或PCR方法为阳性,符合其中一项则判定为疑似病例。

11.2 确诊病例的判定

易感宿主出现临床症状,且病毒分离显示有明显CPE的情况下,符合以下任一结果,判定为确诊病例:

a) ELISA检测细胞悬液结果显示阳性;

b) PCR方法扩增到585 bp的DNA条带,且测序结果确认为EHNV。

附 录 A
(资料性)
流行性造血器官坏死病毒扩增产物的参考序列

1 CGCAGTCAAG GCCTTGATGT TTATGGTGCA GAACGTCACA CACCCTTCCG TCGGCTCCAA
61 TTACACCTGC GTCACTCCCG TCGTGGGAGT CGGCAACACG GTCCTGGAGC CAGCCCTTGC
121 GGTAGATCCC GTCAAGAGCG CCAGCCTGGT GTACGAAAAC ACCACAAGGC TCCCCGACAT
181 GGGAGTCGAG TACTACTCGC TGGTGGAGCC CTGGTACTAT GCCACCTCCA TCCCAGTCAG
241 CACCGGGCAC CACCTCTACT CTTATGCCCT CAGCCTGCAG GACCCCCACC CATCCGGATC
301 CACCAATTAC GGTAGACTGA CCAACGCCAG CCTTAACGTC ACCCTGTCCG CTGAGGCCAC
361 CACGGCCGCC GCAGGAGGTG GAGGTAACAA CTCTGGGTAC ACCACCGCCC AAAAGTACGC
421 CCTCATCGTT CTGGCCATCA ACCACAACAT TATCCGCATC ATGAACGGCT CGATGGGATT
481 CCCAATCTTG TAAAGAGTAT TTTTCAGCGC AAAGTCTTTT CCGTCATGGG TCCTCCATGA
541 TGGAAATAAA ACATGAAGTG TCCGTTTGCT GCAAAACGGG TCTTT

注:下划线处为引物。

附 录 B
(规范性)
试剂配方

B.1 细胞培养液

使用 M199 培养基(含 Earle's 盐),按说明书的要求,用一级水配制,然后加入 10%经 56 ℃ 30 min 灭活的胎牛血清,用 $NaHCO_3$ 粉末调节培养液的 pH 为 7.2~7.4。过滤除菌,分装后-20 ℃保存。在开放系统使用时,如 96 孔细胞培养板,需要加入过滤除菌的 HEPES,使其在培养液中的终浓度为 0.02 mol/L。

B.2 CTAB 溶液

NaCl	8.19 g
EDTA	0.74 g
Tris	1.21 g
水	60 mL

充分混匀后,用浓 HCl(0.25 mL~0.3 mL)调节 pH 至 7.5~8.0,加入 2 g CTAB,完全溶解后定容至 100 mL。使用前,加巯基乙醇至终浓度为 0.25%。

B.3 抽提液Ⅰ

1 moL/L Tris 饱和酚:氯仿:异戊醇=25:24:1 混合,密闭避光保存。

B.4 抽提液Ⅱ

将氯仿/异戊醇按 24:1 的比例混合,密闭避光保存。

B.5 50×电泳缓冲液

Tris	242 g
$Na_2EDTA \cdot 2H_2O$	37.2 g

加入约 800 mL 水,充分搅拌溶解。

冰乙酸	57.1 mL
加水定容至	1 000 mL

室温储存。

B.6 1×电泳缓冲液

50×电泳缓冲液	20 mL
加水定容至	1 000 mL

室温储存。

B.7 溴化乙锭(EB)

用水配制成 10 mg/mL 的浓缩液。用时,每 10 mL 电泳液或琼脂中加 1 μL。

B.8 6×上样缓冲液

蔗糖	40 g

加水溶解，定容至	100 mL
溴酚蓝	0.25 g

溶解后，4 ℃保存。

B.9 包被液(pH 9.6)

Na_2CO_3	1.59 g
$NaHCO_3$	2.93 g
水	1 000 mL

充分搅拌溶解后，4 ℃保存。

B.10 磷酸盐缓冲液(0.01 mol/L PBS，pH 7.4)

NaCl	8.0 g
$Na_2HPO_4 \cdot 12H_2O$	3.58 g
KH_2PO_4	0.27 g
KCl	0.2 g
水	1 000 mL

充分搅拌溶解后，4 ℃保存。

B.11 洗涤液 PBST

0.01 mol/L PBS 缓冲液	1 000 mL
Tween-20	0.5 mL

充分搅拌溶解后，4 ℃保存。

B.12 TMB 储存液

TMB(TMB 硫酸盐)	250 mg
DMF(N，N-Dimethylformamide 5 mL/瓶)	25 mL

4 ℃保存。

B.13 底物缓冲液(pH 5.0 柠檬酸-磷酸缓冲液)

$C_6H_8O_7 \cdot H_2O$	1.02 g
$Na_2HPO_4 \cdot 12H_2O$	3.68 g
蒸馏水	100 mL

B.14 底物(用时新鲜配制)

底物缓冲液	10 mL
TMB 储存液	0.1 mL
30% H_2O_2	4 μL

附 录 C
(资料性)
流行性造血器官坏死病(Epizootic hematopoietic necrosis, EHN)

C.1 EHN的临床症状与流行情况

流行性造血器官坏死病是由流行性造血器官坏死病毒(Epizootic hematopoietic necrosis virus, EHNV)引起的鱼的一种全身性疾病。该病主要感染河鲈和虹鳟鱼,患病鱼临床症状为体色发黑、运动失衡、游动减缓、头部出现红色斑点、鳃和鳍基部出血,腹部膨胀并伴有腹膜积水。所有年龄的虹鳟和河鲈对EHNV均易感,鱼苗和幼鱼临床症状更明显。EHNV对虹鳟是低感染率,高死亡率;对于河鲈来说则是高感染率和高死亡率。目前该病毒分布于澳大利亚以及欧洲、东南亚、北美。

C.2 病原和病理学特征

EHNV属于虹彩病毒科蛙病毒属,为二十面体,直径150 nm～180 nm,基因组为双链DNA,大小为150 kb～170 kb。病毒粒子在细胞核和胞浆内复制,在胞浆组装。

EHNV极其耐干燥并且在水中可以存活数月。它可以在冷冻的鱼组织中存活2年或在冰冻的死鱼体内存活至少1年。病毒的抵抗力较大,感染培养物于23 ℃可以存活几个月,并能耐受反复的冻融处理。置于−20 ℃以下保存,病毒可存活20个月。据以上原因推测,EHNV将在养殖场水域、淤泥,植物和养殖设备上存活几个月至几年。EHNV对酒精、次氯酸钠、乙醚或氯仿敏感,加热至60 ℃持续15 min失活。

解剖发现肾脏、脾脏或肝脏的肿大,内脏有出血点,肝脏坏死处呈现白色或黄色的病灶。甲醛固定苏木素伊红染色的肾脾切片,可见少量嗜碱性胞浆包涵体。特别是在围绕坏死部位的肝肾区域更易见。电子显微镜观察细胞病灶,可见肾、肝、脾病变组织含有坏死细胞,细胞中含有大量的胞浆包涵体。胞浆内无囊膜的二十面体病毒集群明显可见,单个病毒也存在。可见完整的病毒通过胞膜穿出。感染的细胞核常边缘化且扭曲变形。

C.3 宿主

已经确认的EHNV易感宿主有:黑鮰(*Ameirus melas*)、河虹银汉鱼(*Melanotaenia fluviatilis*)、东部食蚊鱼(*Gambusia holbrooki*)、河鲈(*Perca fluviatilis*)、澳洲麦氏鲈(*Macquaria australasica*)、食蚊鱼(*Gambusia affinis*)、山南乳鱼(*Galaxias olidus*)、梭子鱼(*Esox lucius*)、白梭吻鲈(*Sander lucioperca*)、虹鳟(*Oncorhynchus mykiss*)和澳洲银鲈(*Bidyanus bidyanus*)。

附录

国家卫生健康委员会
农　业　农　村　部
国家市场监督管理总局
公　告
2021年　第4号

根据《中华人民共和国食品安全法》规定，经食品安全国家标准审评委员会审查通过，现发布《食品安全国家标准　食品中农药最大残留限量》(GB 2763—2021，代替 GB 2763—2019)等5项食品安全国家标准。其编号和名称如下：

GB 2763—2021　食品安全国家标准　食品中农药最大残留限量

GB 23200.118—2021　食品安全国家标准　植物源性食品中单氰胺残留量的测定　液相色谱-质谱联用法

GB 23200.119—2021　食品安全国家标准　植物源性食品中沙蚕毒素类农药残留量的测定　气相色谱法

GB 23200.120—2021　食品安全国家标准　植物源性食品中甜菜安残留量的测定　液相色谱-质谱联用法

GB 23200.121—2021　食品安全国家标准　植物源性食品中331种农药及其代谢物残留量的测定　液相色谱-质谱联用法

以上标准自发布之日起6个月正式实施。标准文本可在中国农产品质量安全网(http://www.aqsc.org)查阅下载，文本内容由农业农村部负责解释。

特此公告。

中华人民共和国农业农村部公告
第 423 号

《转基因生物及其产品食用安全检测　模拟胃液和模拟肠液中外源蛋白质消化稳定性试验方法》等22项标准业经专家审定通过，现批准发布为中华人民共和国国家标准，自2021年11月1日起实施。

特此公告。

附件：《转基因生物及其产品食用安全检测　模拟胃液和模拟肠液中外源蛋白质消化稳定性试验方法》等22项国家标准目录

农业农村部

2021年5月7日

附件：

《转基因生物及其产品食用安全检测　模拟胃液和模拟肠液中外源蛋白质消化稳定性试验方法》等22项国家标准目录

序号	标准号	标准名称	代替标准号
1	农业农村部公告第423号—1—2021	转基因生物及其产品食用安全检测　模拟胃液和模拟肠液中外源蛋白质消化稳定性试验方法	农业部公告第869号—2—2007
2	农业农村部公告第423号—2—2021	转基因植物分子特征　第1部分：数据资料	
3	农业农村部公告第423号—3—2021	转基因植物及其产品成分检测　抗虫棉花DAS-21Ø23-5及其衍生品种定性PCR方法	
4	农业农村部公告第423号—4—2021	转基因植物及其产品成分检测　抗虫棉花DAS-24236-5及其衍生品种定性PCR方法	
5	农业农村部公告第423号—5—2021	转基因植物及其产品成分检测　抗虫耐除草剂玉米C0030.1.1及其衍生品种定性PCR方法	
6	农业农村部公告第423号—6—2021	转基因植物及其产品成分检测　抗虫耐除草剂玉米C0030.2.3及其衍生品种定性PCR方法	
7	农业农村部公告第423号—7—2021	转基因植物及其产品成分检测　抗虫耐除草剂玉米ZZM030及其衍生品种定性PCR方法	
8	农业农村部公告第423号—8—2021	转基因植物及其产品成分检测　耐除草剂玉米C0010.2.2及其衍生品种定性PCR方法	
9	农业农村部公告第423号—9—2021	转基因植物及其产品成分检测　玉米常见转基因成分筛查	
10	农业农村部公告第423号—10—2021	转基因植物及其产品成分检测　转基因成分定量检测结果不确定度评定与表示	
11	农业农村部公告第423号—11—2021	转基因植物环境安全检测　花粉活力的测定	
12	农业农村部公告第423号—12—2021	转基因植物环境安全检测　抗虫植物对非靶标生物影响　二斑叶螨	
13	农业农村部公告第423号—13—2021	转基因植物环境安全检测　外源杀虫蛋白对非靶标生物影响　第9部分：家蚕	
14	农业农村部公告第423号—14—2021	转基因植物及其产品环境安全检测　耐除草剂棉花　第1部分：除草剂耐受性	
15	农业农村部公告第423号—15—2021	转基因植物及其产品环境安全检测　耐除草剂棉花　第2部分：生存竞争能力	
16	农业农村部公告第423号—16—2021	转基因植物及其产品环境安全检测　耐除草剂棉花　第3部分：外源基因漂移	
17	农业农村部公告第423号—17—2021	转基因植物及其产品环境安全检测　耐除草剂棉花　第4部分：生物多样性影响	
18	农业农村部公告第423号—18—2021	转基因植物环境安全评价　第1部分：抗虫植物对非靶标生物影响的评价技术导则	
19	农业农村部公告第423号—19—2021	转基因植物环境安全评价　第2部分：耐除草剂植物对非靶标除草剂耐受性的评价技术导则	

（续）

序号	标准号	标准名称	代替标准号
20	农业农村部公告第 423 号—20—2021	转基因植物及其产品环境安全检测　耐除草剂苜蓿　第 2 部分：生存竞争能力	
21	农业农村部公告第 423 号—21—2021	转基因植物及其产品环境安全检测　耐除草剂苜蓿　第 3 部分：外源基因漂移	
22	农业农村部公告第 423 号—22—2021	转基因植物及其产品环境安全检测　耐除草剂苜蓿　第 4 部分：生物多样性影响	

中华人民共和国农业农村部公告
第424号

《有机肥料》等153项标准业经专家审定通过，现批准发布为中华人民共和国农业行业标准。《有机肥料》标准自2021年6月1日起实施，其他标准自2021年11月1日起实施。

特此公告。

附件：《有机肥料》等153项农业行业标准目录

农业农村部

2021年5月7日

附件：

《有机肥料》等153项农业行业标准目录

序号	标准号	标准名称	代替标准号
1	NY/T 525—2021	有机肥料	NY 525—2012
2	NY/T 3829—2021	含硅水溶肥料	
3	NY/T 3830—2021	非水溶中量元素肥料	
4	NY/T 3831—2021	有机水溶肥料　通用要求	
5	NY/T 1868—2021	肥料合理使用准则　有机肥料	NY/T 1868—2010
6	NY/T 3832—2021	设施蔬菜施肥量控制技术指南	
7	NY/T 3833—2021	微生物肥料菌种保藏技术规范	
8	NY/T 1973—2021	水溶肥料　水不溶物含量和pH的测定	NY/T 1973—2010
9	NY/T 3834—2021	肥料中16种稀土元素的测定电感耦合等离子体质谱法	
10	NY/T 3835—2021	土壤中6种酰胺类除草剂残留量的测定　气相色谱-质谱法	
11	NY/T 3836—2021	米粉专用稻	
12	NY/T 593—2021	食用稻品种品质	NY/T 593—2013
13	NY/T 3837—2021	稻米食味感官评价方法	
14	NY/T 3838—2021	机插水稻无土基质育秧技术规范	
15	NY/T 3839—2021	水稻钵苗机插栽培技术规程	
16	NY/T 3840—2021	南方稻田绿肥种植与利用技术规范	
17	NY/T 2632—2021	玉米-大豆带状复合种植技术规程	NY/T 2632—2014
18	NY/T 3841—2021	玉米互补增抗生产技术规范	
19	NY/T 3842—2021	东北产区花生生产技术规程	
20	NY/T 3843—2021	旱地豆科绿肥种子生产技术规程	
21	NY/T 3844—2021	高山蔬菜越夏生产技术规程	
22	NY/T 3845—2021	日光温室黄瓜气肥水一体化施用技术规程	
23	NY/T 3846—2021	双孢蘑菇工厂化生产技术规程	
24	NY/T 3847—2021	枇杷生产技术规程	
25	NY/T 3848—2021	设施草莓生产技术规程	
26	NY/T 3849—2021	设施蓝莓生产技术规程	
27	NY/T 3850—2021	设施果菜秸秆原位还田技术规程	
28	NY/T 3851—2021	谷子抗旱性鉴定技术规程	
29	NY/T 3852—2021	稻田莎草科杂草抗药性监测技术规程	
30	NY/T 1248.14—2021	玉米抗病虫性鉴定技术规范　第14部分:南方锈病	
31	NY/T 3853—2021	猪殃殃对乙酰乳酸合成酶抑制剂类除草剂靶标抗性检测技术规程	
32	NY/T 3854—2021	看麦娘对乙酰辅酶A羧化酶抑制剂类除草剂靶标抗性检测技术规程	
33	NY/T 3855—2021	小麦孢囊线虫检测技术规程	

（续）

序号	标准号	标准名称	代替标准号
34	NY/T 3856—2021	小麦中镰刀菌毒素管控技术规程	
35	NY/T 3857—2021	十字花科蔬菜抗根肿病鉴定技术规程	
36	NY/T 3858—2021	番茄抗匍柄霉叶斑病鉴定技术规程	
37	NY/T 3859—2021	果品中交链孢霉菌鉴定技术规程	
38	NY/T 3860—2021	芹菜抗根结线虫鉴定技术规程	
39	NY/T 3861—2021	猕猴桃主要病虫害防治技术规程	
40	NY/T 3862—2021	茶云纹叶枯病监测技术规程	
41	NY/T 3863—2021	茶云纹叶枯病综合防治技术规程	
42	NY/T 2288—2021	黄瓜绿斑驳花叶病毒检疫检测与鉴定方法	NY/T 2288—2012
43	NY/T 3864—2021	黄瓜棒孢叶斑病、蔓枯病、炭疽病抗病性鉴定技术规程	
44	NY/T 3865—2021	草地贪夜蛾防控技术规范	
45	NY/T 3866—2021	草地贪夜蛾测报技术规范	
46	NY/T 796—2021	稻水象甲防治技术规范	NY/T 796—2004
47	NY/T 3867—2021	粮油作物产品中黄曲霉毒素 B_1、环匹阿尼酸毒素、杂色曲霉毒素的快速检测　胶体金法	
48	NY/T 3868—2021	玉米及玉米淀粉糊化特性测定　快速黏度仪法	
49	NY/T 3869—2021	薰衣草中樟脑、芳樟醇、乙酸芳樟酯和乙酸薰衣草酯的测定　气相色谱法	
50	NY/T 3870—2021	硒蛋白中硒代氨基酸的测定　液相色谱-原子荧光光谱法	
51	NY/T 3871—2021	大蒜中蒜氨酸的测定　高效液相色谱法	
52	NY/T 3872—2021	食用菌中 L-麦角硫因的测定　超高效液相色谱法	
53	NY/T 1658—2021	大通牦牛	NY 1658—2008
54	NY/T 3873—2021	浦东鸡	
55	NY/T 3874—2021	种猪术语	
56	NY/T 14—2021	高产奶牛饲养管理规范	NY/T 14—1985
57	NY/T 636—2021	猪人工授精技术规程	NY/T 636—2002
58	NY/T 3875—2021	驴骡马源性成分鉴定　实时荧光定性 PCR 法	
59	NY/T 3876—2021	猪肉中卡拉胶的检测　液相色谱-串联质谱法	
60	NY/T 3877—2021	畜禽粪便土地承载力测算方法	
61	NY/T 3384—2021	畜禽屠宰企业消毒规范	NY/T 3384—2018 (SB/T 10660—2012)
62	NY/T 212—2021	饲料原料　碎米	NY/T 212—1992
63	NY/T 115—2021	饲料原料　高粱	NY/T 115—1989
64	NY/T 117—2021	饲料原料　小麦	NY/T 117—1989
65	NY/T 118—2021	饲料原料　皮大麦	NY/T 118—1989
66	NY/T 119—2021	饲料原料　小麦麸	NY/T 119—1989
67	NY/T 3878—2021	饲料原料　喷浆玉米皮	
68	NY/T 3879—2021	饲料中 25-羟基维生素 D_3 的测定	
69	NY/T 1640—2021	农业机械分类	NY/T 1640—2015

（续）

序号	标准号	标准名称	代替标准号
70	NY/T 1418—2021	深松机械　质量评价技术规范	NY/T 1418—2007
71	NY/T 3880—2021	深松播种机　质量评价技术规范	
72	NY/T 3881—2021	遥控飞行播种机　质量评价技术规范	
73	NY/T 3882—2021	种子超声波处理机　质量评价技术规范	
74	NY/T 1142—2021	种子加工成套设备　质量评价技术规范	NY/T 1142—2006
75	NY/T 3883—2021	秸秆收集机　质量评价技术规范	
76	NY/T 3884—2021	农田捡石机　质量评价技术规范	
77	NY/T 3885—2021	向日葵联合收获机　质量评价技术规范	
78	NY/T 1415—2021	马铃薯种植机　质量评价技术规范	NY/T 1415—2007
79	NY/T 3886—2021	绞盘式喷灌机　质量评价技术规范	
80	NY/T 998—2021	谷物联合收割机　修理质量	NY/T 998—2006
81	NY/T 3887—2021	油菜毯状苗移栽机　作业质量	
82	NY/T 3888—2021	水稻机插秧同步侧深施肥作业技术规范	
83	NY/T 3889—2021	甘蔗全程机械化生产技术规范	
84	NY/T 3890—2021	免耕播种机质量调查技术规范	
85	NY/T 3891—2021	小麦全程机械化生产技术规范	
86	NY/T 3892—2021	农机作业远程监测管理平台数据交换技术规范	
87	NY/T 3893—2021	遥控飞行喷雾机棉花脱叶催熟作业规程	
88	NY/T 3894—2021	连栋温室能耗测试方法	
89	NY/T 3895—2021	规模化养鸡场机械装备配置规范	
90	NY/T 3896—2021	生物天然气工程技术规范	
91	NY/T 3897—2021	农村沼气安全处置技术规程	
92	NY/T 3898—2021	生物质热解燃气质量评价	
93	NY/T 419—2021	绿色食品　稻米	NY/T 419—2014
94	NY/T 285—2021	绿色食品　豆类	NY/T 285—2012
95	NY/T 421—2021	绿色食品　小麦及小麦粉	NY/T 421—2012
96	NY/T 893—2021	绿色食品　粟、黍、稷及其制品	NY/T 893—2014
97	NY/T 435—2021	绿色食品　水果、蔬菜脆片	NY/T 435—2012
98	NY/T 426—2021	绿色食品　柑橘类水果	NY/T 426—2012
99	NY/T 1048—2021	绿色食品　笋及笋制品	NY/T 1048—2012
100	NY/T 1709—2021	绿色食品　藻类及其制品	NY/T 1709—2011
101	NY/T 754—2021	绿色食品　蛋及蛋制品	NY/T 754—2011
102	NY/T 657—2021	绿色食品　乳与乳制品	NY/T 657—2012
103	NY/T 753—2021	绿色食品　禽肉	NY/T 753—2012
104	NY/T 842—2021	绿色食品　鱼	NY/T 842—2012
105	NY/T 841—2021	绿色食品　蟹	NY/T 841—2012
106	NY/T 3899—2021	绿色食品　可食用鱼副产品及其制品	
107	NY/T 422—2021	绿色食品　食用糖	NY/T 422—2016

（续）

序号	标准号	标准名称	代替标准号
108	NY/T 2111—2021	绿色食品　调味油	NY/T 2111—2011
109	NY/T 751—2021	绿色食品　食用植物油	NY/T 751—2017
110	NY/T 901—2021	绿色食品　香辛料及其制品	NY/T 901—2011
111	NY/T 1040—2021	绿色食品　食用盐	NY/T 1040—2012
112	NY/T 1884—2021	绿色食品　果蔬粉	NY/T 1884—2010
113	NY/T 1886—2021	绿色食品　复合调味料	NY/T 1886—2010
114	NY/T 2107—2021	绿色食品　食品馅料	NY/T 2107—2011
115	NY/T 2108—2021	绿色食品　熟粉及熟米制糕点	NY/T 2108—2011
116	NY/T 1890—2021	绿色食品　蒸制类糕点	NY/T 1890—2010
117	NY/T 1512—2021	绿色食品　生面食、米粉制品	NY/T 1512—2014
118	NY/T 1888—2021	绿色食品　软体动物休闲食品	NY/T 1888—2010
119	NY/T 1889—2021	绿色食品　烘炒食品	NY/T 1889—2017
120	NY/T 1330—2021	绿色食品　方便主食品	NY/T 1330—2007
121	NY/T 2106—2021	绿色食品　谷物类罐头	NY/T 2106—2011
122	NY/T 3900—2021	绿色食品　豆类罐头	
123	NY/T 1047—2021	绿色食品　水果、蔬菜罐头	NY/T 1047—2014
124	NY/T 2105—2021	绿色食品　汤类罐头	NY/T 2105—2011
125	NY/T 432—2021	绿色食品　白酒	NY/T 432—2014
126	NY/T 273—2021	绿色食品　啤酒	NY/T 273—2012
127	NY/T 3901—2021	绿色食品　谷物饮料	
128	NY/T 433—2021	绿色食品　植物蛋白饮料	NY/T 433—2014
129	NY/T 1054—2021	绿色食品　产地环境调查、监测与评价规范	NY/T 1054—2013
130	NY/T 391—2021	绿色食品　产地环境质量	NY/T 391—2013
131	NY/T 394—2021	绿色食品　肥料使用准则	NY/T 394—2013
132	NY/T 1056—2021	绿色食品　储藏运输准则	NY/T 1056—2006
133	NY/T 3902—2021	水果、蔬菜及其制品中阿拉伯糖、半乳糖、葡萄糖、果糖、麦芽糖和蔗糖的测定　离子色谱法	
134	NY/T 3903—2021	枸杞中黄酮类化合物的测定	
135	NY/T 3904—2021	肉及肉制品中杂环胺检测　液相色谱-串联质谱法	
136	NY/T 3905—2021	冷冻肉解冻失水率的测定	
137	NY/T 3906—2021	硫酸软骨素用原料	
138	NY/T 3907—2021	非浓缩还原果蔬汁用原料	
139	NY/T 3908—2021	非浓缩还原苹果汁	
140	NY/T 3909—2021	非浓缩还原果蔬汁加工技术规程	
141	NY/T 3910—2021	非浓缩还原果蔬汁冷链物流技术规程	
142	NY/T 3911—2021	火龙果采收储运技术规范	
143	NY/T 3912—2021	无花果采收储运技术规范	
144	NY/T 3913—2021	绿茶低温储藏保鲜技术规范	

（续）

序号	标准号	标准名称	代替标准号
145	NY/T 3914—2021	蒜薹低温物流保鲜技术规程	
146	NY/T 3915—2021	蜂花粉干燥技术规范	
147	NY/T 3916—2021	西蓝花干燥加工技术规范	
148	NY/T 3917—2021	柑橘全果果汁(浆)加工技术规程	
149	NY/T 3918—2021	太阳能果蔬干燥设施设计规范	
150	NY/T 3919—2021	动物检疫隔离场建设标准	
151	NY/T 3920—2021	马铃薯种薯储藏窖建设标准	
152	NY/T 3921—2021	面向农业遥感的土壤墒情和作物长势地面监测技术规程	
153	NY/T 3922—2021	中高分辨率卫星主要农作物长势遥感监测技术规范	

中华人民共和国农业农村部
国家卫生健康委员会
国家市场监督管理总局
公 告
第388号

根据《中华人民共和国食品安全法》规定，经食品安全国家标准审评委员会审查通过，现发布《食品安全国家标准　牛可食性组织中氨丙啉残留量的测定　液相色谱-串联质谱法和高效液相色谱法》(GB 31613.1—2021)等36项食品安全国家标准，自2022年2月1日起实施。标准编号和名称见附件，标准文本可在中国农产品质量安全网(http://www.aqsc.org)查阅下载。

附件：《食品安全国家标准　牛可食性组织中氨丙啉残留量的测定　液相色谱-串联质谱法和高效液相色谱法》(GB 31613.1—2021)等36项食品安全国家标准目录

农业农村部
国家卫生健康委员会
国家市场监督管理总局
2021年9月16日

附件:

《食品安全国家标准　牛可食性组织中氨丙啉残留量的测定　液相色谱-串联质谱法和高效液相色谱法》(GB 31613.1—2021)等36项食品安全国家标准目录

序号	标准号	标准名称	代替标准号
1	GB 31613.1—2021	食品安全国家标准　牛可食性组织中氨丙啉残留量的测定　液相色谱-串联质谱法和高效液相色谱法	
2	GB 31613.2—2021	食品安全国家标准　猪、鸡可食性组织中泰万菌素和3-乙酰泰乐菌素残留量的测定　液相色谱-串联质谱法	
3	GB 31613.3—2021	食品安全国家标准　鸡可食性组织中二硝托胺残留量的测定	
4	GB 31656.1—2021	食品安全国家标准　水产品中甲苯咪唑及代谢物残留量的测定　高效液相色谱法	
5	GB 31656.2—2021	食品安全国家标准　水产品中泰乐菌素残留量的测定　高效液相色谱法	
6	GB 31656.3—2021	食品安全国家标准　水产品中诺氟沙星、环丙沙星、恩诺沙星、氧氟沙星、噁喹酸、氟甲喹残留量的测定　高效液相色谱法	
7	GB 31656.4—2021	食品安全国家标准　水产品中氯丙嗪残留量的测定　液相色谱-串联质谱法	
8	GB 31656.5—2021	食品安全国家标准　水产品中安眠酮残留量的测定　液相色谱-串联质谱法	
9	GB 31656.6—2021	食品安全国家标准　水产品中丁香酚残留量的测定　气相色谱-质谱法	
10	GB 31656.7—2021	食品安全国家标准　水产品中氯硝柳胺残留量的测定　液相色谱-串联质谱法	
11	GB 31656.8—2021	食品安全国家标准　水产品中有机磷类药物残留量的测定　液相色谱-串联质谱法	
12	GB 31656.9—2021	食品安全国家标准　水产品中二甲戊灵残留量的测定　液相色谱-串联质谱法	
13	GB 31656.10—2021	食品安全国家标准　水产品中四聚乙醛残留量的测定　液相色谱-串联质谱法	
14	GB 31656.11—2021	食品安全国家标准　水产品中土霉素、四环素、金霉素、多西环素残留量的测定	GB/T 22961—2008
15	GB 31656.12—2021	食品安全国家标准　水产品中青霉素类药物多残留的测定　液相色谱-串联质谱法	GB/T 22952—2008
16	GB 31656.13—2021	食品安全国家标准　水产品中硝基呋喃类代谢物多残留的测定　液相色谱-串联质谱法	
17	GB 31657.1—2021	食品安全国家标准　蜂蜜和蜂王浆中氟胺氰菊酯残留量的测定　气相色谱法	
18	GB 31657.2—2021	食品安全国家标准　蜂产品中喹诺酮类药物多残留的测定　液相色谱-串联质谱法	GB/T 20757—2006、GB/T 23411—2009、GB/T 23412—2009
19	GB 31658.1—2021	食品安全国家标准　动物性食品中头孢噻呋残留量的测定　高效液相色谱法	

（续）

序号	标准号	标准名称	代替标准号
20	GB 31658.2—2021	食品安全国家标准　动物性食品中氯霉素残留量的测定　液相色谱-串联质谱法	
21	GB 31658.3—2021	食品安全国家标准　猪尿中巴氯芬残留量的测定　液相色谱-串联质谱法	
22	GB 31658.4—2021	食品安全国家标准　动物性食品中头孢类药物残留量的测定　液相色谱-串联质谱法	
23	GB 31658.5—2021	食品安全国家标准　动物性食品中氟苯尼考及氟苯尼考胺残留量的测定　液相色谱-串联质谱法	
24	GB 31658.6—2021	食品安全国家标准　动物性食品中四环素类药物残留量的测定　高效液相色谱法	
25	GB 31658.7—2021	食品安全国家标准　动物性食品中17β-雌二醇、雌三醇、炔雌醇和雌酮残留量的测定　气相色谱-质谱法	
26	GB 31658.8—2021	食品安全国家标准　动物性食品中拟除虫菊酯类药物残留量的测定　气相色谱-质谱法	
27	GB 31658.9—2021	食品安全国家标准　动物性食品及尿液中雌激素类药物多残留的测定　液相色谱-串联质谱法	
28	GB 31658.10—2021	食品安全国家标准　动物性食品中氨基甲酸酯类杀虫剂残留量的测定　液相色谱-串联质谱法	
29	GB 31658.11—2021	食品安全国家标准　动物性食品中阿苯达唑及其代谢物残留量的测定　高效液相色谱法	
30	GB 31658.12—2021	食品安全国家标准　动物性食品中环丙氨嗪残留量的测定　高效液相色谱法	
31	GB 31658.13—2021	食品安全国家标准　动物性食品中氯苯胍残留量的测定　液相色谱-串联质谱法	
32	GB 31658.14—2021	食品安全国家标准　动物性食品中α-群勃龙和β-群勃龙残留量的测定　液相色谱-串联质谱法	
33	GB 31658.15—2021	食品安全国家标准　动物性食品中赛拉嗪及代谢物2,6-二甲基苯胺残留量的测定　液相色谱-串联质谱法	
34	GB 31658.16—2021	食品安全国家标准　动物性食品中阿维菌素类药物残留量的测定　高效液相色谱法和液相色谱-串联质谱法	
35	GB 31658.17—2021	食品安全国家标准　动物性食品中四环素类、磺胺类和喹诺酮类药物残留量的测定　液相色谱-串联质谱法	
36	GB 31659.1—2021	食品安全国家标准　牛奶中赛拉嗪残留量的测定　液相色谱-串联质谱法	

中华人民共和国农业农村部公告
第 487 号

《农作物品种试验规范　粮食作物》等 110 项标准业经专家审定通过，现批准发布为中华人民共和国农业行业标准，自 2022 年 5 月 1 日起实施。

特此公告。

附件：《农作物品种试验规范　粮食作物》等 110 项农业行业标准目录

农业农村部

2021 年 11 月 9 日

附件：

《农作物品种试验规范　粮食作物》等110项农业行业标准目录

序号	标准号	标准名称	代替标准号
1	NY/T 3923—2021	农作物品种试验规范　粮食作物	
2	NY/T 3924—2021	农作物品种试验规范　油料作物	
3	NY/T 3925—2021	农作物品种试验规范　糖料作物	
4	NY/T 3926—2021	农作物品种试验规范　蔬菜	
5	NY/T 3927—2021	农作物品种试验规范　果树	
6	NY/T 3928—2021	农作物品种试验规范　茶树	
7	NY/T 3929—2021	农作物品种试验规范　热带作物(橡胶树)	
8	NY/T 3930—2021	辣椒杂交种生产技术规程	
9	NY/T 3931—2021	茄果类蔬菜嫁接育苗技术规程	
10	NY/T 3932—2021	苎麻种子繁育技术规程	
11	NY/T 3933—2021	水稻品种籼粳鉴定技术规程　SNP分子标记法	
12	NY/T 3934—2021	生态茶园建设指南	
13	NY/T 3935—2021	土壤调理剂及使用规程　餐厨废物原料	
14	NY/T 3936—2021	土壤调理剂及使用规程　烟气脱硫石膏原料	
15	NY/T 3937—2021	土壤调理剂及使用规程　牡蛎壳原料	
16	NY/T 3938—2021	梨树腐烂病抗性鉴定技术规程	
17	NY/T 3939.1—2021	甘薯主要病害抗性鉴定技术规程　第1部分：黑斑病	
18	NY/T 3939.2—2021	甘薯主要病害抗性鉴定技术规程　第2部分：茎线虫病	
19	NY/T 3939.3—2021	甘薯主要病害抗性鉴定技术规程　第3部分：根腐病	
20	NY/T 3939.4—2021	甘薯主要病害抗性鉴定技术规程　第4部分：蔓割病	
21	NY/T 3939.5—2021	甘薯主要病害抗性鉴定技术规程　第5部分：薯瘟病	
22	NY/T 3939.6—2021	甘薯主要病害抗性鉴定技术规程　第6部分：疮痂病	
23	NY/T 3940—2021	棉籽品质快速测定　近红外法	
24	NY/T 3941—2021	粮食中植酸含量的测定　高效液相色谱法	
25	NY/T 3942—2021	水果及其制品中L-苹果酸和D-苹果酸的测定　高效液相色谱法	
26	NY/T 3943—2021	水果中葡萄糖、果糖、蔗糖和山梨醇的测定　离子色谱法	
27	NY/T 3944—2021	食用农产品营养成分数据表达规范	
28	NY/T 3945—2021	植物源性食品中游离态甾醇、结合态甾醇及总甾醇的测定　气相色谱串联质谱法	
29	NY/T 3946—2021	动物源性食品中肌肽、鹅肌肽的测定　高效液相色谱法	
30	NY/T 3947—2021	畜禽肉中硒代胱氨酸、甲基硒代半胱氨酸和硒代蛋氨酸的测定　高效液相色谱-原子荧光光谱法	
31	NY/T 3948—2021	植物源农产品中叶黄素、玉米黄质、β-隐黄质的测定　高效液相色谱法	
32	NY/T 3949—2021	植物源性食品中酚酸类化合物的测定　高效液相色谱-串联质谱法	

（续）

序号	标准号	标准名称	代替标准号
33	NY/T 3950—2021	植物源性食品中10种黄酮类化合物的测定　高效液相色谱-串联质谱法	
34	NY/T 3951—2021	马铃薯中龙葵素含量的测定　液相色谱-串联质谱法	
35	NY/T 3952—2021	日光温室全产业链管理通用技术要求　辣椒	
36	NY/T 3953—2021	日光温室全产业链管理通用技术要求　茄子	
37	NY/T 3954—2021	日光温室全产业链管理通用技术要求　西葫芦	
38	NY/T 3955—2021	水稻土地力分级与培肥改良技术规程	
39	NY/T 3956—2021	果园土壤质量监测技术规程	
40	NY/T 3957—2021	农用地土壤重金属污染风险管控与修复　名词术语	
41	NY/T 3958—2021	畜禽粪便安全还田施用量计算方法	
42	NY/T 3959—2021	农业外来入侵昆虫监测技术导则	
43	NY/T 3960—2021	水生外来入侵植物监测技术规程	
44	NY/T 3961—2021	畜禽屠宰加工人员防护技术规范	
45	NY/T 3962—2021	畜禽肉分割技术规程　鸭肉	
46	NY/T 1564—2021	畜禽肉分割技术规程　羊肉	NY/T 1564—2007
47	NY/T 3963—2021	畜禽肉分割技术规程　牦牛肉	
48	NY/T 3964—2021	畜禽屠宰操作规程　牦牛	
49	NY/T 3965—2021	畜禽屠宰加工设备　家禽自动分割生产线技术条件	
50	NY/T 3966—2021	畜禽屠宰加工设备　禽笼清洗设备	
51	NY/T 3967—2021	畜禽屠宰加工设备　快速冷却输送设备	
52	NY/T 3968—2021	畜禽屠宰加工设备　猪头浸烫设备	
53	NY/T 3969—2021	饲料原料　鸡肉粉	
54	NY/T 3970—2021	饲料原料　啤酒酵母粉	
55	NY/T 3971—2021	饲料添加剂　二丁基羟基甲苯	
56	SC/T 1135.2—2021	稻渔综合种养技术规范　第2部分：稻鲤（梯田型）	
57	SC/T 1151—2021	池蝶蚌	
58	SC/T 1152—2021	高体革鯻	
59	SC/T 1153—2021	乌龟　亲龟和苗种	
60	SC/T 1154—2021	乌龟人工繁育技术规范	
61	SC/T 1155—2021	黑斑狗鱼	
62	SC/T 1156—2021	鲂　亲鱼和苗种	
63	SC/T 2102—2021	绿鳍马面鲀	
64	SC/T 2103—2021	黄姑鱼	
65	SC/T 2105—2021	红毛菜	
66	SC/T 2106—2021	牡蛎人工繁育技术规范	
67	SC/T 2107—2021	单体牡蛎苗种培育技术规范	
68	SC/T 2108—2021	鲍人工繁育技术规范	
69	SC/T 2109—2021	日本对虾人工繁育技术规范	

（续）

序号	标准号	标准名称	代替标准号
70	SC/T 2111—2021	浅海多营养层次综合养殖技术规范　海带、牡蛎、海参	
71	SC/T 3204—2021	虾米	SC/T 3204—2012
72	SC/T 3305—2021	调味烤虾	SC/T 3305—2003
73	SC/T 3307—2021	速食干海参	SC/T 3307—2014
74	SC/T 4001—2021	渔具基本术语	SC/T 4001—1995
75	SC/T 4009.1—2021	钓竿通用技术要求　第1部分:术语、分类与标记	
76	SC/T 4048.4—2021	深水网箱通用技术要求　第4部分:网线	
77	SC/T 5025—2021	蟹笼通用技术要求	
78	SC/T 5053—2021	金鱼品种命名规则	
79	SC/T 5712—2021	金鱼分级　望天眼	
80	SC/T 5801—2021	珍珠及其产品术语	
81	SC/T 5802—2021	马氏珠母贝养殖与插核育珠技术规程	
82	SC/T 7011.1—2021	水生动物疾病术语与命名规则　第1部分:水生动物疾病术语	SC/T 7011.1—2007
83	SC/T 7011.2—2021	水生动物疾病术语与命名规则　第2部分:水生动物疾病命名规则	SC/T 7011.2—2007
84	SC/T 7023—2021	草鱼出血病监测技术规范	
85	SC/T 7024—2021	罗非鱼湖病毒病监测技术规范	
86	SC/T 7215—2021	流行性造血器官坏死病诊断规程	
87	NY/T 1520—2021	木薯	NY/T 1520—2007
88	NY/T 491—2021	西番莲	NY/T 491—2002
89	NY/T 3972—2021	西番莲　种苗	
90	NY/T 3973—2021	澳洲坚果　等级规格	
91	NY/T 3974—2021	香蕉品质评价规范	
92	NY/T 3975—2021	植物品种特异性、一致性和稳定性测试指南　可可	
93	NY/T 3976—2021	热带作物种质资源描述规范　辣木	
94	NY/T 3977—2021	热带作物种质资源描述规范　可可	
95	NY/T 3978—2021	辣木叶茶	
96	NY/T 605—2021	焙炒咖啡	NY/T 605—2006
97	NY/T 3979—2021	生咖啡　粒度分析　手工和机械筛分	
98	NY/T 3980—2021	橡胶树种植土地质量等级	
99	NY/T 3981—2021	橡胶树自根幼态无性系种苗组培快繁技术规程	
100	NY/T 3982—2021	天然橡胶鲜胶乳生物快速凝固技术规程	
101	NY/T 924—2021	浓缩天然胶乳　氨保存离心胶乳加工技术规程	NY/T 924—2012
102	NY/T 1475—2021	热带作物主要病虫害防治技术规程　香蕉	NY/T 1475—2007
103	NY/T 3983—2021	椰子主要食叶害虫调查技术规程　椰心叶甲和椰子织蛾	
104	NY/T 3984—2021	橡胶树寒害减灾技术规程	
105	NY/T 3985—2021	天然橡胶加工废水处理技术规程	

（续）

序号	标准号	标准名称	代替标准号
106	NY/T 3986—2021	天然橡胶初加工机械　切胶机　质量评价技术规范	
107	NY/T 3987—2021	农业信息资源分类与编码	
108	NY/T 3988—2021	农业农村行业数据交换技术要求	
109	NY/T 3989—2021	农业农村地理信息数据管理规范	
110	NY/T 3990—2021	数字果园建设规范　苹果	

中华人民共和国农业农村部公告
第 504 号

《苯噻酰草胺可湿性粉剂》等 89 项标准业经专家审定通过，现批准发布为中华人民共和国农业行业标准，自 2022 年 6 月 1 日起实施。

特此公告。

附件：《苯噻酰草胺可湿性粉剂》等 89 项农业行业标准目录

农业农村部

2021 年 12 月 15 日

附件：

《苯噻酰草胺可湿性粉剂》等89项农业行业标准目录

序号	标准号	标准名称	代替标准号
1	NY/T 3991—2021	苯噻酰草胺可湿性粉剂	HG/T 3720—2003
2	NY/T 3992—2021	苯噻酰草胺原药	HG/T 3719—2003
3	NY/T 3993—2021	氟啶脲乳油	
4	NY/T 3994—2021	氟啶脲原药	
5	NY/T 3995—2021	氟硅唑乳油	
6	NY/T 3996—2021	氟硅唑水乳剂	
7	NY/T 3997—2021	氟硅唑微乳剂	
8	NY/T 3998—2021	腐霉利可湿性粉剂	
9	NY/T 3999—2021	腐霉利原药	
10	NY/T 4000—2021	高效氯氟氰菊酯水乳剂	
11	NY/T 4001—2021	高效氯氟氰菊酯微囊悬浮剂	
12	NY/T 4002—2021	己唑醇水分散粒剂	
13	NY/T 4003—2021	己唑醇微乳剂	
14	NY/T 4004—2021	己唑醇悬浮剂	
15	NY/T 4005—2021	己唑醇原药	
16	NY/T 4006—2021	氰霜唑悬浮剂	
17	NY/T 4007—2021	炔丙菊酯原药	
18	NY/T 4008—2021	噻虫胺水分散粒剂	
19	NY/T 4009—2021	噻虫胺悬浮剂	
20	NY/T 4010—2021	噻虫胺原药	
21	NY/T 4011—2021	噻呋酰胺水分散粒剂	
22	NY/T 4012—2021	噻呋酰胺悬浮剂	
23	NY/T 4013—2021	噻呋酰胺原药	
24	NY/T 4014—2021	噻菌灵悬浮剂	
25	NY/T 4015—2021	噻菌灵原药	
26	NY/T 4016—2021	棉花种子活力测定　低温发芽法	
27	NY/T 4017—2021	农作物品种纯度田间小区种植鉴定技术规程　稻	
28	NY/T 4018—2021	农作物品种纯度田间小区种植鉴定技术规程　玉米	
29	NY/T 2745—2021	水稻品种真实性鉴定　SNP标记法	NY/T 2745—2015
30	NY/T 4019—2021	水稻种质资源鉴定技术规范	
31	NY/T 4020—2021	无花果苗木	
32	NY/T 4021—2021	小麦品种真实性鉴定　SNP标记法	
33	NY/T 4022—2021	玉米品种真实性鉴定　SNP标记法	
34	NY/T 4023—2021	豇豆主要病虫害绿色防控技术规程	
35	NY/T 4024—2021	韭菜主要病虫害绿色防控技术规程	

（续）

序号	标准号	标准名称	代替标准号
36	NY/T 4025—2021	芹菜主要病虫害绿色防控技术规程	
37	NY/T 3349—2021	畜禽屠宰加工人员岗位技能要求	NY/T 3349—2018、NY/T 3382—2018、NY/T 3385—2018、NY/T 3387—2018、NY/T 3395—2018、NY/T 3396—2018
38	NY/T 3375—2021	畜禽屠宰加工设备　牛剥皮机	NY/T 3375—2018
39	NY/T 4026—2021	冷却肉加工及流通技术规范	
40	NY/T 3350—2021	生猪屠宰兽医卫生检验人员岗位技能要求	NY/T 3350—2018
41	NY/T 4027—2021	I群禽腺病毒检测方法	
42	NY/T 4028—2021	白羽肉鸡运输屠宰福利准则	
43	NY/T 4029—2021	蛋禽饲养场兽医卫生规范	
44	NY/T 4030—2021	动物土拉杆菌病诊断技术	
45	NY/T 4031—2021	动物源性食品中住肉孢子虫检测方法	
46	NY/T 4032—2021	封闭式生猪运输车辆生物安全技术	
47	NY/T 4033—2021	感染非洲猪瘟养殖场恢复生产技术	
48	NY/T 4034—2021	规模化猪场生物安全风险评估规范	
49	NY/T 4035—2021	鸡滑液囊支原体感染诊断技术	
50	NY/T 557—2021	马鼻疽诊断技术	NY/T 557—2002
51	NY/T 4036—2021	马蹄叶炎诊断技术	
52	NY/T 4037—2021	毛皮经济动物饲养场兽医卫生规范	
53	NY/T 4038—2021	奶牛瘤胃酸中毒诊断、群体风险预警及治疗技术	
54	NY/T 4039—2021	禽偏肺病毒感染诊断技术	
55	NY/T 4040—2021	肉禽饲养场兽医卫生规范	
56	NY/T 4041—2021	水貂阿留申病诊断技术	
57	NY/T 4042—2021	水貂病毒性肠炎诊断技术	
58	NY/T 4043—2021	中华蜜蜂囊状幼虫病诊断技术	
59	NY/T 4044—2021	种畜场口蹄疫免疫无疫控制技术	
60	NY/T 4045—2021	种鸡场新城疫免疫无疫控制技术规范	
61	NY/T 1240—2021	草原鼠荒地治理技术规范	NY/T 1240—2006
62	NY/T 4046—2021	畜禽粪水还田技术规程	
63	NY/T 4047—2021	家禽精液品质检测方法	
64	NY/T 4048—2021	绒山羊营养需要量	
65	NY/T 4049—2021	肉兔营养需要量	
66	NY/T 816—2021	肉羊营养需要量	NY/T 816—2004
67	NY/T 4050—2021	天府肉鹅	
68	NY/T 4051—2021	奶业通用术语	
69	NY/T 4052—2021	生牛乳菌落总数控制技术规范	

（续）

序号	标准号	标准名称	代替标准号
70	NY/T 4053—2021	生牛乳质量安全生产控制技术规范	
71	NY/T 4054—2021	生牛乳质量分级	
72	NY/T 4055—2021	生牛乳中碘的控制技术规范	
73	NY/T 4056—2021	大田作物物联网数据监测要求	
74	NY/T 4057—2021	农产品市场信息采集产品分级规范　新鲜水果	
75	NY/T 4058—2021	农产品市场信息采集产品分级规范　叶类蔬菜	
76	NY/T 4059—2021	农产品市场信息采集产品分级规范　瓜类蔬菜	
77	NY/T 4060—2021	农产品市场信息长期监测点管理要求	
78	NY/T 4061—2021	农业大数据核心元数据	
79	NY/T 4062—2021	农业物联网硬件接口要求　第1部分：总则	
80	NY/T 4063—2021	农业信息系统接口要求	
81	NY/T 1638—2021	沼气饭锅	NY/T 1638—2008
82	NY/T 4064—2021	沼气工程干法脱硫塔	
83	NY/T 4065—2021	中高分辨率卫星主要农作物产量遥感监测技术规范	
84	NY/T 4066—2021	青花菜生产全程质量控制技术规范	
85	NY/T 4067—2021	藜麦等级规格	
86	NY/T 4068—2021	藜麦粉等级规格	
87	NY/T 4069—2021	ω-3多不饱和脂肪酸强化鸡蛋	
88	NY/T 4070—2021	ω-3多不饱和脂肪酸强化鸡蛋生产技术规范	
89	SC/T 1135.3—2021	稻渔综合种养技术规范　第3部分：稻蟹	

图书在版编目（CIP）数据

中国农业行业标准汇编．2023．水产分册 / 标准质量出版分社编．—北京 ：中国农业出版社，2023.1

（中国农业标准经典收藏系列）

ISBN 978-7-109-30382-9

Ⅰ.①中… Ⅱ.①标… Ⅲ.①农业—行业标准—汇编—中国②水产养殖—行业标准—汇编—中国 Ⅳ.①S-65

中国国家版本馆 CIP 数据核字（2023）第 018255 号

中国农业出版社出版

地址：北京市朝阳区麦子店街 18 号楼

邮编：100125

责任编辑：刘 伟 廖 宁

版式设计：杜 然 责任校对：周丽芳

印刷：北京印刷一厂

版次：2023 年 1 月第 1 版

印次：2023 年 1 月北京第 1 次印刷

发行：新华书店北京发行所

开本：880mm×1230mm 1/16

印张：30.25

字数：1000 千字

定价：300.00 元
